本书为教育部人文社科青年基金项目（11YJC770084）的最终结项成果
并蒙洛阳师范学院专门史重点学科与河洛文化国际研究中心创新团队的资助

十至十三世纪

生态环境变迁与
宋代畜牧业发展响应

张显运 ◎ 著

科学出版社
北京

图书在版编目(CIP)数据

十至十三世纪生态环境变迁与宋代畜牧业发展响应/张显运著.
—北京:科学出版社,2015.3
　ISBN 978-7-03-043817-1

　Ⅰ.①十⋯　Ⅱ.①张⋯　Ⅲ.①生态环境-变迁-影响-畜牧业经
济-农业经济发展-中国-宋代　Ⅳ.①F326.39 ②X321.2

　中国版本图书馆 CIP 数据核字(2015)第 053710 号

责任编辑:陈　亮　杨　静/责任校对:胡小洁
责任印制:张　倩/封面设计:黄华斌
编辑部电话:010-64026975
E-mail:chenliang@mail.sciencep.com

科 学 出 版 社 出版
北京东黄城根北街16号
邮政编码:100717
http://www.sciencep.com

三河市骏杰印刷有限公司 印刷
科学出版社发行　各地新华书店经销

*

2015年4月第　一　版　开本:720×1000　1/16
2015年4月第一次印刷　印张:19 1/2　插页:2
字数:348 000
定价:78.00元
(如有印装质量问题,我社负责调换)

序

　　历史的经验告诉我们：史学研究应更多地关注现实社会中的具体与热点问题。历史研究只有面对现实问题，才会取得令人满意的理论研究成果，其研究成果才会具有重要的创新意义与现实价值。生态环境史学，可以说，就是历史学中与现实结合最为密切的一个研究领域。可喜的是：近些年来，随着生态环境问题的凸显，人们在深入思考当今日趋严重的环境问题的同时，试图通过对历史时期生态环境与生态文化的研究来探寻自然环境与人类社会变迁的状况及其特点与规律，这样不仅可以拓宽我们探索中国历史变化原因的范围，而且还能够帮助我们"复原"出真实的历史和人类走过的真实足迹，进而服务于现代社会与经济建设的现实，为社会的可持续发展在保护环境和进行环境教育方面提供有益的历史启示，为建设一个人与自然和谐共处的社会提供有益的历史借鉴。

　　事实上，近来有关生态环境史的研究已然成为一个热门的学术课题，其大量的新的研究成果也开始有了长足的进步。这些新的课题或学术成果，不仅研究的问题有许多突破了传统史学的研究领域，而且扩大了历史学的研究视野，对历史问题的解释也更加深入与全面，有的研究成果甚至还为解决一些现实的环境问题提供了有益的历史借鉴。可以说，这既是新时代的发展对历史学科的新的要求，也是传统史学与时俱进的必然结果。

　　譬如讲，长期以来，我们在解释中国历史上的曲折发展时大多只注重人类社会活动的本身，尤其是在论述中国历史上的改朝换代的变化时大多只是归因于当时社会的黑暗，统治者的腐朽，经济剥削的严酷，赋税的繁重等等。这些说法虽然都没有错，但问题是，改朝换代的原因是不是就只有这些？事实上，中国历史上每一次改朝换代的原因虽然千差万别，除了形形色色的各种人为社会原因之外，其实最根本的原因都是与生态环境的变化密切相关，或者说，历史上不同时期的气候变化所导致的气候奇寒、或降雨量减少等及其引起的粮食减产所造成的饥荒、瘟疫、土地沙化与草原退化等，就是造成社会大规模的动荡、人口大规模的迁徙、不同民族或地区之间的大规模的战争的一个关键性的诱因。

总体而言，生态环境史学领域相关研究成果不仅有大量宏观的涉及整个社会发展或历史进程等与生态环境的复杂关系问题，而且也有许多微观的涉及具体行业或个别灾荒等与生态环境的因果联系问题。其中，相对微观的生态环境问题的研究成果，张显运的《十至十三世纪生态环境变迁与宋代畜牧业发展响应》一书可谓其典型代表。

显运博士研究两宋时期的畜牧业问题已有多年，可谓硕果累累。记得他随民生教授读博士时就对畜牧业史研究有浓厚的兴趣，开始时做些小题目，发表了不少学术论文，后来一个一个题目做下来，研究的领域越来越广，其成果也越来越多，前些年就先后出版过《宋代畜牧业研究》（中国文史出版社，2009 年）与《历史时期河南畜牧研究》（中国社会科学出版社，2014 年）等学术专著，现又有《十至十三世纪生态环境变迁与宋代畜牧业发展响应》即将面世。从这一著作来看，其学术视野较之前越来越开阔，其所涉内容也越来越全面，其史料收集也越来越广泛，其论述分析也越来越深入！

《十至十三世纪生态环境变迁与宋代畜牧业发展响应》一书，可以说是目前国内从生态环境角度研究两宋时期的畜牧业发展的一部较有深度的专著。读者可以看出书中有关研究能够做到下列几点：

一是学术视野开阔。作者研究两宋时期的畜牧业发展，不是就事论事地论述宋代畜牧业的种类、数量、地理分布等发展概况，而是从生态环境的角度关注到了这一时期畜牧业发展的气候、植被、地貌包括区域纬度与各种自然灾害等生态环境要素问题，论述了不同生态环境条件下不同畜牧种类发展或变化及其区域分布差异的根本原因。众所周知，水牛、黄牛、马、羊、骆驼等牲畜的放养与地域分布就会受到气候、地貌、植被等生态条件的严格限制，而这些畜牧业条件，对当时社会的发展进程及其民族关系的变化又有着决定性的意义。如马的分布，在冷兵器时代作为重要的战争工具，其对宋辽、宋夏、宋金之间军事行为的后果就产生了决定性的影响。

　　二是内容涉及面广。该书研究的是十至十三世纪生态环境与宋代畜牧业发展的关系，其内容包括十至十三世纪环境变迁及其对畜牧业的影响、宋代自然灾害及其对畜牧业的影响、十至十三世纪的农牧争地、宋代畜禽的空间分布与生态环境变迁、宋政府为保护生态环境与畜牧业发展采取的应对措施等章，各章纲举目张，论述相对全面，内容较为丰富。十至十三世纪生态环境变迁与宋代畜牧业发展是一个极为复杂的问题，既有宋代气候、水文、土壤、植被等自然环境因素，还有人口增长、战争、垦田、农业等社会因素。其中气候、植被、地貌与自然灾害等对当时畜牧业发展有着重大影响。古人很早就指出，北方高纬度地区"水草甚佳，地势高寒，必宜马性"，或曰"马性利高寒"；至于低纬度的中原与南方地区，则多因"地卑湿"，不利盛产马匹，好马更是难觅，即使养马，也多"因暑而马死者众"。据现代科学研究，南方地区由于高温多雨，不大适合马匹的生存。这是因为，炎热多雨的环境下马匹散热受阻，体温升高，皮肤充血，呼吸困难，中枢神经受高温影响而导致体内机能障碍，这样就造成了马的放养与分布及其使用等自然对辽、夏、金等北方民族政权在对宋的战争中更为有利。

　　三是史料收集齐备。历史学尤其是涉及生态环境史的研究是一门实证性学科，而且宋代有关生态环境史的资料相当缺乏，研究这一问题大多只能使用相关代用资料等来加以解决。然而，只有史料收集齐备才可能对十至十三世纪生态环境与宋代畜牧业发展的过程有较全面的了解，才有论述问题的基础。事实上，该书对两宋时期畜牧业史料的收集可谓基本齐全，对这一时期相关的研究生态环境的代用资料也遗漏有限。从该书史料来源看，所收古籍包括大量官修正史、宋人文集、笔记小说、考古资料与出土文献等诸多类别约数百种之多。这是需要花大功夫的。

　　四是论述深入透彻。该书第一次对十至十三世纪的生态环境变迁与宋代畜牧业发展关系进行了动态分析，从这一时期的气候、水文、土壤、植被、动物分布等五个方面的变化入手，深入系统地研究了环境变迁对宋代畜牧业发展的影响以及它们之间的互动关系。以往学术界对这一问题较少关注，或仅有零星研究，因此深入剖析这一问题可谓宋史研究领域的一大新突破；同时，对复杂时期的十至十三世纪生态环境变迁与宋代畜牧业发展中涉及的气候、水文、土壤、植被等自然环境因素与人口增长、战争、垦田、农业等社会因素，基本上都进行了系统的梳理，对这一时期的生态环境与农业史、畜牧业史等相关的问题等均按时空顺序进行了较为深入的论述，并为当今协调畜牧业生产与生态环境的关系提供了历史的借鉴。

当然，该书在论述的过程中也提出了一些值得继续深入探讨的问题。例如，作者认为："两宋时期由于疆域的狭小与人口的迅速增长，农田的大面积开垦，导致生态环境开始恶化，环境的恶化极大地影响了宋代畜牧业发展。"对此，我认为，如果说宋代的生态环境已开始出现恶化的话，那么，这种恶化的生态环境状况，究竟是出现在北宋还是在南宋？或是大致在宋代的什么时候？至于是生态环境的整体恶化还是局部恶化？是生态环境要素某个方面的恶化还是局部地区某个环境要素的恶化？此书内容已极为丰富，诸如此类的问题都是作者未来需继续系统分析与深入论证的方面，这样才能提出一个明确而详细的结论，让读者得到一个清晰的印象，感到结论的可靠与可信。

由于"十至十三世纪生态环境变迁与宋代畜牧业发展响应"是一项内容极为宏富的论题，作者已倾心竭力穷尽其中问题，但难免是瑕不掩瑜。我与作者已有十余年的交往，对他当年在华中师范大学的刻苦学习经历仍历历在目，对他近年来在学术研究上所取得显著成就感到十分欣慰。在本书即将出版之际，嘱为之序，欣然从命。并祝其在科学研究的殿堂中更上高楼。

张全明

2015 年 4 月 12 日

目　录

第 一 章

绪　　论

第一节　十至十三世纪生态环境研究现状及宋代畜牧业研究进展

生态环境属于生物与环境科学的概念，是指影响人类与生物生存和发展的一切外界条件的总和。生态环境是人类社会产生和发展的前提之一。马克思说："自然界一方面在这样的意义上给劳动提供生活资料，即没有劳动加工的对象，劳动就不能存在，另一方面，自然界也在更狭隘的意义上提供生活资料，即提供工人本身肉体生存所需的资料。"①显然，马克思在这里强调了，自然界即生态环境对人类社会发展的意义。历史时期生态环境的优劣，不仅直接关系到人类的生存质量，而且对社会文明的演进与盛衰也会产生巨大的影响。反过来讲，历史时期人类活动、人类文明的进程与生产方式也对生态环境的变迁造成了深远的影响。

目前，史学界关于古代生态环境的研究主要从气候、水文、地形与土壤、生物资源四个方面着手。生态环境是经济与社会发展的基础，是畜牧业生产的基础条件，也是保障畜牧业可持续发展的基石。自从人类历史诞生了畜牧业，其生产就受到生态环境的影响与制约；同时，畜牧业生产也不断作用于生态环境的演变和更替。因此，研究生态环境变迁与畜牧发展之间的互动关系，是摆在我们面前的一个全新课题。

---

① 马克思、恩格斯著，中共中央马克思恩格斯列宁斯大林著作编译局译：《马克思恩格斯全集》卷42，北京：人民出版社，1956年版，第92页。

　　十至十三世纪是历史上生态环境变迁异常显著的一个时期，频繁的战乱，水患的肆虐，大量的毁林开荒，人口的飞速增长，以及农牧之间的矛盾与冲突，对生态环境造成了极大的影响和破坏。这种长时间序列的环境变迁不可能仅从今天的生态环境现状作简单的推测，大量的古代文献和考古资料证实，这一时期的生态环境变迁对宋代畜牧业生产产生了极为深远的影响。当前学术界关于十至十三世纪生态环境变迁与宋代畜牧业发展关系仍有相关探讨，简要概括如下。

一、　十至十三世纪生态环境变迁研究

　　环境史的兴起是当前史学领域引人注目、意义深远的大事。十九世纪以来，以工业为核心的现代化进程，在推动人类社会经济迅猛发展的同时，也出现了日益严重的生态环境恶化，并对人类存在和发展造成现实的威胁，环境保护研究因而风起云涌，环境史学科亦应运而生。至二十世纪末的西方国家，环境史研究已蔚然成风，并逐渐发展成为一门显学。在中国，环境史的研究也越来越受到人们的关注。那么，何谓"环境史"呢？美国环境史学会定义为："环境史是关于历史上人类与自然世界相互作用的跨学科研究，它试图理解自然如何给人类活动提供可能和设限，人们怎样改变其所栖居的生态系统，以及关于非人类世界的不同文化观念如何深刻地塑造各种信仰、价值观、经济、政治和文化。"[①]英国著名环境史研究学者伊懋可先生将环境史定义为："为透过历史时间来研究特定的人类系统与其他自然系统相会的界面。'其他自然系统指气候、地形、岩石、土壤、水、植被、动物和微生物'。这些系统生产、制造能量及可供人类开发的资源，并重新利用废物。"[②]我国南开大学环境史学者王利华先生认为生态环境史是："运用现代生态学思想理论，并借鉴多学科方法处理史料，考察一定时空条件下人类生态系统产生、成长和演变的过程。它将人类社会和自然环境视为一个相互依存的动态整体，致力于揭示两者之间双向互动（彼此作用，互相反馈）和协同演变的历史关系和动力机制。"[③]美国著名学者J. 唐纳德·休斯指出环境史研究的主题有："环境因素对人类社会的影

---

　　① 田丰、李旭明：《环境史：从人与自然的关系叙述历史》，见：王利华：《生态环境史的学术界域与学科定位》，北京：商务印书馆，2011年版，第16页。

　　② Mark Elvin. "Introduction". *In* Mark Elvin, Liu Ts'ui-jung(eds). *Sediments of Time：Environment and Society in Chinese History*. Cambridge and New York：Cambridge University Press, 1998, p. 5.

　　③ 田丰、李旭明：《环境史：从人与自然的关系叙述历史》，见：王利华：《生态环境史的学术界域与学科定位》，北京：商务印书馆，2011年版，第21页。

响，人类活动引起的自然环境的变化及其反过来对人类历史的影响，以及人类关于自然界及其运行之思考的历史。"①可见，环境史研究既与自然科学有关，又与社会科学有关，是介于自然科学与社会科学之间的交叉学科，其主要探讨人类社会与自然环境之间互动关系的一门学科。

中国环境史的研究兴起于二十世纪八九十年代，但目前国内环境史研究仍处于初级阶段，就整体水平而言，与西方相比存在较大差距。十至十三世纪是生态环境变迁的一个关键时期，已引起了诸多学者的关注，它们从不同学科、不同视角展开广泛探讨，涉及历史时期的气候变迁、野生动物分布以及植被状况、水文和土壤状况、灾害与疾疫等诸多方面。下面笔者从以下几个方面分别详细概述。

（一）十至十三世纪生态环境变迁的宏观研究

1. 历史时期生态环境变迁宏观研究的论著

王玉德、张全明的《中华五千年生态文化》（1999）是目前有关古代生态环境研究的一部扛鼎之作。该书描述了历史上各时期气候、土壤、植被、水文的大致轮廓，尤其第五章中关于"宋元时期的生态文化"详细论及了十至十三世纪生态环境变迁。蓝勇的《历史时期西南经济开发与生态变迁》（1992）则是区域环境史研究的经典之作，探究了西南地区的森林分布变迁，野生动物的衰亡与灭绝等与历史时期西南地区经济开发与生态环境变迁的关系。朱士光的《黄土高原地区环境变迁及其治理》（1994）指出自然和人为因素是导致黄土高原地区环境恶化的两个根本原因。吴祥定的《历史时期黄河流域环境变迁与水沙变化》（1994）从历史地理学的视角出发，探讨了历史时期黄河流域气候波动，历史时期黄土高原植被变迁、人类活动及其对环境的影响，黄河下游河道的变迁与水沙变化，历史时期黄河中游土壤侵蚀自然背景值的推估等，且对古代黄河流域生态环境的变迁进行了历史考察。程遂营的《唐宋开封生态环境研究》（2002）是第一部对唐宋开封的生态环境变迁予以全面、深入、系统研究的专著，认为开封地区生态环境的变迁以十二世纪为界，分为前后两个阶段：第一阶段的绝大部分时间里开封生态环境基本上处于良性循环状态；十二世纪后随着宋室的南迁，黄河泛滥的加剧，开封的生态环境明显恶化。王利华主编的《中国历史上的环境与社会》（2007）从环境史研究的理论与方法，经济活动与环境变迁，水利、国家、社会、民生，灾害、疾病与生态环境，山林薮泽，野生动物

---

① 〔美〕J. 唐纳德·休斯著，梅雪芹译：《什么是环境史》，北京：北京大学出版社，2008年版，第19页。

五个方面对生态环境变迁与社会发展之间的关系给予了全面深入的探讨。杨果、陈曦的《经济开发与环境变迁研究——宋元明清时期的江汉平原》(2008)以宋元明清时期为中心,上溯期源自唐、五代,下察其流至民国初年,着重从河道变迁、堤防修筑、农田垦殖、资源利用等诸方面探讨了江汉平原经济开发与环境变迁的历史,研究开发与环境变迁之间的互动关系。张纯成的《生态环境与黄河文明》(2010)探讨了环境变迁对黄河文明造成的影响,认为气候和黄河水患导致了黄河文明中心的转移。张建民、鲁西奇的《历史时期长江中游地区人类活动与环境变迁专题研究》(2011)以长江中游地区为视角,探讨了历史时期这一地区气候、水文、森林植被、动物的变迁与人类活动之间的互动关系。田丰、李旭明主编的《环境史:从人与自然的关系叙述历史》(2011)从人与自然关系的视角出发,对生态环境史研究的理论与方法、环境变迁对中华文明的影响,以及环境变迁对世界文明的影响进行了深入研究。

2. 十至十三世纪生态环境变迁研究的专门论著

郑学檬、陈衍德的《略论唐宋时期自然环境的变化对经济重心南移的影响》(1991),对唐宋时期自然环境的变化给予了宏观概述,认为北方生态环境的恶化是导致经济重心南移的重要原因之一。张全明、王玉德的《生态环境与区域文化史研究》(2005)一书收录了张全明先生有关区域生态环境变迁的专题研究,分别从气候、水文、植被和动物分布四个方面对十至十三世纪的环境变迁进行了深入系统的研究。金勇强的《宋夏战争与黄土高原地区生态环境关系研究》(2007)阐述了宋夏战争的历史背景,以及北宋黄土高原地区的生态环境状况,分析了宋夏战争的起因,并从地貌、气候、水源、植被四个角度概述了北宋黄土高原地区的生态状况;其《军事屯田背景下北宋西北地区生态环境变迁》(2010)指出北宋对周边少数民族地区大规模屯田、垦荒使西北民族失去畜牧业基地,草场日益退化,虽然短期内获得了粮食,但最终造成农牧业两败俱伤,导致黄土高原地区生态环境的恶化。丁欢的《宋代以来江西八景与生态环境变迁》(2010)运用了多种研究方法探讨了宋代以来江西"八景"景观与生态环境变迁的密切关系,指出"八景"景观名称的异同可以反映当地环境变迁的状况,而环境变迁又会带来景观数量的变化。此外,一些有关历史地理研究的论著,或总体研究,或区域考察,往往也涉及这一时期生态环境变迁。邹逸麟的《黄淮海平原历史地理》(1993)、吴必虎的《历史时期苏北平原地理系统研究》(1996)均将环境变迁列为重点探讨的内容。丁一汇、王守荣的《中国西北地区气候与生态环境概论》(2004)考察了历史上西北地区气候的变化与自然灾害,以及气候变化对生态环境的影响。韩茂莉的《宋代农业地理》

(1993)研究了宋代农业分布的地理特征，指出两宋时期生态环境的变化决定其农业生产的发展方向，影响农业生产部门的结构和耕作制度。

3.其他历史时期生态环境变迁研究的论著

王振忠的《近600年来自然灾害与福州社会》(1996)、李心纯的《黄河流域与绿色文明——明代山西河北的农业生态环境》(1999)、冯贤亮的《明清江南地区的环境变动与社会控制》(2002)、宋豫秦的《中国文明起源的人地关系简论》(2002)、王星光的《生态环境变迁与夏代的兴起与探索》(2004)、王子今的《秦汉时期生态环境研究》(2007)等，虽然研究对象并非局限在十至十三世纪这一时段，但也为本书的研究提供诸多研究思路与研究方法的指导。

综合以上，十至十三世纪生态环境变迁的宏观研究主要集中在两个方面：一方面是作为通史的研究，将这一时期放在历史的长河中进行考察，有助于了解该时期生态环境变化在整个古代生态环境史中所处的地位。但由于时间长、跨度大，很难将这一时期生态环境变迁进行系统、全面的研究。另一方面是将十至十三世纪生态环境变迁作为断代环境史的研究，有助于全面深入地了解这一时期环境变迁的原因、状况。梳理上述成果，可以发现十至十三世纪区域生态环境变迁的研究主要集中在黄河流域、尤以开封等史料较为丰富的地区为多，而那些史料保存较少的区域，生态环境的研究则较为薄弱。

（二）十至十三世纪气候变迁的研究

气候是生态环境变迁的主导因素，历史时期因气象变化引起的灾害占57%，居群灾之首。[1] 基于此，历史上气候环境的变化是历史地理学科关注的热点问题之一，自20世纪20年代至今已取得了令人欣喜的进展。据统计，目前已有300篇(部)论著对此问题进行了探索。其代表性的有蒙文通的《中国古代北方气候方略》(1920)、《由禹贡至职方时代之地理知识所见古今之变》(1933)，竺可桢的《中国历史上之气候变迁》(1925)、《中国历史时代气候之变迁》(1933)，胡厚宣的《气候变迁与殷代气候之检讨》(1933)，王树民的《古代河域气候有如今江域说》(1934)，台湾学者刘昭民的《中国历史上气候之变迁》(1982)，文焕然和文榕生的《中国历史时期冬半年气候冷暖变迁》(1996)，牟重行的《中国五千年气候变迁的再考证》(1996)，满志敏的《黄淮海平原北宋至元中叶的气候冷暖状况》(1933)，王

---

① 田丰、李旭明：《环境史：从人与自然的关系叙述历史》，见：王利华：《生态环境史的学术界域与学科定位》，北京：商务印书馆，2011年版，第227页。

嘉川的《气候变迁与中华文明》(2007)等论著，都从不同角度考察了历史时期的气候变迁，气候变化对于以农业为主体经济形式的社会影响，气候冷暖对生态环境和人类活动的影响。以上论著尽管是较为宏观的研究，但对宋代气候也进行了较为深入的考察和分析，为研究十至十三世纪气候的变迁提供了一些借鉴和参考。

专门研究十至十三世纪气候变迁的代表性学者有程民生、张全明和韩茂莉等。程民生先生以北宋开封地区的气候与气象变化为研究视角，先后发表和出版了《北宋开封气象对历史的影响》(2011)、《靖康年间开封的异常天气述略》(2011)、《宋太宗朝开封气象编年》(一、二)(2012)、《宋英宗朝开封气象编年》(2011)、《宋徽宗朝开封气象编年》(2011)、《北宋开封气象编年史》(2012)等论著，认为"天人合一"的传统观念使宋人对开封气象极为敏感，开封气象已然从关乎本地的自然现象，上升为事关国家大计方针的大问题。突出表现在迫使皇帝广开言路、自省悔过，改换年号及改变政局、调整政府人事，改善民生及赦免囚犯等。具有牵一发而动全身作用的开封气象，牵动着全国的敏感神经，也牵动着北宋的兴衰变化。

张全明先生是生态环境研究卓有成就的学者，他主编的《中国历史地理论纲》(1996)、《中华五千年生态文化》(1999)、《生态环境与区域文化史研究》(2005)及其学术论文《论北宋开封地区的气候变迁及其特点》(2007)等对两宋时期生态环境的变迁和气候变化都有精到的论述。《论北宋开封地区的气候变迁及其特点》一文指出："北宋开封地区的气候，绝大部分时间表现为继唐代以来我国气候变迁史上第三个温暖期的延续。其转变为第三个寒冷期的时间不是如近几十年来学者们承竺可桢所说的北宋前期，而是在北宋后期的徽宗初年。建中靖国元年前后，该地气候突然发生明显变化而进入了新的寒冷期。其间尽管这里的气候在徽宗、钦宗年间曾出现过由温暖期向寒冷期的突变，但总体上是一个渐进的变化过程。在当时每一段温暖期与另一段寒冷期气候交替变化的周期中，每一个较长时间的气候变化周期内都有若干个气候暖、冷交替变化的短周期，甚至在每一个短的气候暖、冷变化的周期内还有一些特别偏寒冷或偏温暖的年份。"[①]从而对第三个寒冷期时间界定的定论提出了质疑。

韩茂莉也是以生态环境研究见长的学者，陆续发表了《宋代农业地理》(1993)、《辽金农业地理》(1999)、《辽金时期西辽河流域农业开发核心区的转移与环境变迁》(2003)、《辽代西拉木伦河流域聚落分布与环境选择》(2004)、《辽金时期西辽河流域农业开发与人口容量》(2004)、《辽代西辽

---

① 张全明：《论北宋开封地区的气候变迁及其特点》，《史学月刊》2007年第1期，第98页。

河流域气候变化及其环境特征》(2004)、《中国北方农牧交错带的形成与气候变迁》(2005)、《草原与田园——辽金时期西辽河流域农牧业与环境》(2006)等论著，对十至十三世纪宋辽金时期的生态环境变迁、农牧业的发展和气候变化进行了全面系统地研究。《辽代西辽河流域气候变化及其环境特征》一文采用^{14}C测年、花粉分析、历史文献记载、考古调查等相关成果对辽代西辽河流域气候与环境变迁进行了历史考察，指出在十至十三世纪，西辽河流域处于气候温暖期，生态环境处于良性发展阶段，为辽王朝的崛起提供了基础；西辽河流域在典型草原的背景上，仍然分布有成片的沙地，且时常存在风沙现象。[①]

以上论著对十至十三世纪气候变化从不同角度进行了研究。研究重点的多集中在宋、辽、金等时期，就地域而言主要以北宋都城开封为主，而对五代时期以及其他地域的气候变化关注不够。

（三）十至十三世纪水土流失的研究

土壤条件也是基本的生态环境条件之一。这一点，自《禹贡》成书的时代起就已经受到地理学者的重视。日本学者原宗子的《古代中国的开发与环境：〈管子·地员〉研究》(1994)、《古代中国の开发と环境——〈管子〉地员篇研究》(1994)、《"农本"主义与"黄土"的发生——古代中国的开发与环境2》(2005)以土壤条件的历史分析为主题，涉及地表水、地下水、植被、环境变迁的人为因素，以及生态环境的其他方面。陈桥驿先生的《历史上浙江省的山地垦殖与山林破坏》(1983)对历史时期浙江省的山地垦殖与山林破坏进行了探讨，指出自康、乾以来，随着玉米和番薯的先后传入，浙江省内大量人口拥入山区，而随着人口机械变迁而来的自然增殖又导致人口数量的猛增，为了养活突然增加的大量人口，只好不断扩大垦殖，增加粮食产量，这便造成了山区植被的极度破坏和水土的大量流失，导致生态平衡遭到了破坏。蓝勇的《历史上长江上游水土流失及其危害》(1998)分析了长江上游地区水土流失严重的原因及其对生态环境变迁的影响。史念海的《黄土高原历史地理研究》(2002)是对历史上黄土高原生态环境变迁研究的扛鼎之作，开创了黄土高原历史植被的研究，其筚路蓝缕之功不可没，其中第四编——《生态环境编》论述了黄土高原土壤的性质，水土流失的原因、生态平衡失调的影响及治理方略。以上论著仅是着眼历史时期区域土壤状况与水土流失的研究，而对宋代的研究则相对很少。

方宝璋的《略论宋代水土生态综合治理思想》(2007)对宋代水土流失的

---

① 韩茂莉：《辽代西辽河流域气候变化及其环境特征》，《地理科学》2004年第5期，第551页。

情况第一次进行了专题研究，指出了宋代水土流失的原因、宋人对水土流失的治理，以及其对当代的借鉴意义。陈名实的《宋代莆田人的水土保持意识》指出："宋代莆田地区人多地少，旱涝灾害频繁，水土流失严重。莆田人民从生活中认识到水土保持的重要性，努力改造自然、保护环境，从士林阶层到普通民众都有较强的水土保持意识。"[①]此外，梁中效、王建革、庄华锋、郭文佳等学者对十至十三世纪的水土流失问题也进行了专题研究。[②]

（四）十至十三世纪野生动物变迁的研究

有关历史时期野生动物分布研究的成果，代表作有：何叶恒的《中国珍稀兽类的历史变迁》（1993）、《中国珍稀鸟类的历史变迁》（1994），文焕然的《中国历史时期植物与动物变迁研究》（1995）、《中国虎与中国熊的历史变迁》（1996）、《中国珍稀爬行类两栖类和鱼类的历史变迁》（1997）等。学者从古生物学和古地理学的角度出发，探讨中国古代珍稀动物的分布和迁徙情况，以及珍稀动物濒临灭绝的自然原因和人为原因。当然因这些论著均是通史性的，对十至十三世纪动物变迁的情况亦有介绍。专门论及十至十三世纪野生动物分布的研究成果有杭红秋的《宋代长江鱼类及水生动物资源蠡测》（1985），依据陆游的《入蜀记》的相关记载，对宋代长江鱼类资源进行了分析与考察，认为两宋时期长江的鱼类与生物资源非常丰富。张全明先生的《论宋代的生物资源保护》一文指出，两宋时期由于当时社会、生态环境发生了较大变化，政府制定并实施了一系列保护生物资源的措施，如设置其管理、保护机构，进行生物资源保护的宣传、教育，制定其保护法令，禁止乱砍滥伐森林，不得非时、违法捕猎鸟兽，不许向朝廷上贡珍禽异兽，鼓励植树造林，营建保护性的林带、园林与苑囿等，一定程度上减缓了当时生态环境受到破坏或在局部地区继续恶化的现象。[③] 张全明的另一研究成果《辽宋西夏金时期的动物分布与变迁述论》（此文未刊出）指出，辽夏金时期我国大象、孔雀的分布逐步南移，种群不断缩小，数量不断减少，反映了当时生态环境的变化，探讨了这一时期动物分布与环境变迁的互动关系。曹志红的《唐宋时期黄土高原兽类资源生态环境变

① 陈名实：《宋代莆田人的水土保持意识》，《亚热带水土保持》2009年第2期，第68页。

② 梁中效：《宋代汉水上游的水利建设与经济开发》，《中国历史地理论丛》1995年第2期，第35页；王建革：《宋元时期太湖东部地区的水环境与塘浦置闸》，《社会科学》2008年第1期，第134—142页；庄华锋、丁雨晴：《宋代长江下游圩田开发与水利纠纷》，《中国农史》2007年第3期，第104页；郭文佳：《论宋代劝课农桑兴修水利的举措》，《农业考古》2009年第3期，第25—27页。

③ 张全明：《论宋代的生物资源保护》，《史学月刊》2000年第6期，第48页。

迁原因》以兽类为例，通过对唐宋时期历史文献中的动物资料进行搜集、整理和分析，结合相关研究成果，一定程度上复原了当时分布在黄土高原地区兽类资源的种群、数量和时空分布特征，将其与目前该地区的兽类资源状况进行对比，分析其前后变迁情况及其引起变迁的原因。[①]

魏华仙的《试论宋代对野生动物的捕杀》指出宋代由于社会商品经济的发展，城市人口的增多，商业市场的活跃，人们生活水平有所提高，对野生动物的食用、药用、器用价值的追求热情日盛，使得野生动物经济价值凸显，这是导致野生动物被捕杀的根本原因，由此对当时和后世生态环境产生了深远影响。[②] 程民生的《宋代老虎的地理分布》指出除京师开封外宋代各路均有老虎分布，人地矛盾的加剧，致使虎患时有发生，老虎总体上数量在减少，栖息地也随之缩小。[③]。

（五）十至十三世纪森林植被变迁的研究

关于历史时期森林植被变迁的研究，史念海、朱士光、文焕然、周云庵等学者均发表了相关成果，得出一些颇有价值的结论。史念海先生成就卓著，他先后撰写的《历史时期黄河中游的森林》(1981)、《黄河中游森林的变迁及其经验教训》(1988)，《森林地区的变迁及其影响》(1991)，《历史时期森林变迁的研究及相关的一些问题》(1991)等，都是具有经典意义的论著，对历史上黄土高原一带植被的变化，以及农牧矛盾进行了深入研究。文焕然的《中国历史时期植物与动物变迁研究》(1995)采用古生物学、考古学、植物学，以及 ^{14}C 断代法、孢粉分析等多学科的研究成果与研究方法，对中国历史时期的森林、竹林和柑橘、荔枝等植物进行了深入的研究，通过分析它们的地理分布与变迁状况来探讨与生态环境变迁之间的关系。朱士光的《历史时期我国东北地区的植被变迁》(1992)、周云庵的《秦岭森林的历史变迁及其反思》(1993)，分别以区域森林和植被变迁为研究视角，对东北和秦岭地区植物和植被变迁情况进行了系统探究。

专门论述十至十三世纪林业资源与植被变化的论著有：谢志诚先生的《宋代的造林毁林对生态环境的影响》(1996)、《从生态效益看宋代在平原区造林的意义》(1997)指出宋朝十分重视林业建设，在平原地区营造了多种林木，其中以桑林最广，还有果木林、园林、行道林、护堤林、监牧林，军事防御林等，并有相应的奖惩制度作保障。这些林木本来各有用

---

① 曹志红：《唐宋时期黄土高原兽类资源生态环境变迁原因》，陕西师范大学 2004 年硕士学位论文。

② 魏华仙：《试论宋代对野生动物的捕杀》，《中国历史地理论丛》2007 年第 2 期，第 53 页。

③ 程民生：《宋代老虎的地理分布》，《社会科学战线》2010 年第 3 期，第 65 页。

途,但从生态角度看,它们在改良平原地区小气候,减少水土流失、防御自然灾害等方面起到了一定作用。王丽的《宋代国家林木经营管理研究》探讨了宋代国家林木经营管理制度,主要通过对宋代国家林木资源的类型、林木资源的生产与采购、竹木税收、林木采购的运输、林木资源的消费、管理机构的设置、管理与保护制度等方面的研究,探析宋代国家林木经营管理的新特点,对于我们了解和认识中国古代的林木经营管理有一定的意义。① 郭友亮先生的《两宋时期林业政策述论》认为两宋时期,统治阶级非常重视林业建设,朝廷还设置有专门的林业管理机构,并且颁布了一系列政策和法律制度,为林业的发展和建设提供保障。② 程民生先生的《宋代林业简论》认为,宋代比任何朝代都重视林业,这主要是经济发展的结果,也反映了宋代社会经济生活的繁荣。宋代的林业政策,缓和了林业危机,有利于保护和发展森林资源,促进农业的发展。③ 白宏刚的《宋代林业政策研究》就宋代林业分布状况,林业资源的利用和破坏,林业资源的保护等进行了深入全面的考察,指出宋代南方森林资源总体上优于北方,论证充分,合理正确。④

(六) 十至十三世纪水文变迁的研究

历史时期水文状况也是环境史研究者较为关注的一个方向。岑仲勉先生的《黄河变迁史》(1957)对历史上黄河水患的原因、黄河的改道、水文状况、流域变迁均有详尽的讨论。谭其骧先生的《何以黄河在东汉后会出现一个长期安流的局面》,指出王景治理黄河后能出现千年之久长期安流的局面,关键不在于下游修防工事的得失,而在于中游土地利用情况的前后不同。⑤ 邹逸麟先生的《千古黄河》(1990),对古代黄河水文状况也进行了深入探讨。中国科学院地理研究所的《长江中下游河道特性及其演变》(1985),分析了长江中下游河道岸线变化的主要因素,指出河岸崩塌,泥沙淤积及人类活动等是河道岸线演变的主要原因。王元林先生的《泾洛流域自然环境变迁研究》(2005),以水系为主要研究对象,以流域为研究区域范围,对历史时期泾、洛流域河湖地下水之水文状况变化等用力甚深,着墨较多。此外,王会昌先生的《一万年来白洋淀的扩张与收缩》(1983)、

---

① 王丽:《宋代国家林木经营管理研究》,陕西师范大学 2009 年硕士学位论文。
② 郭友亮:《两宋时期林业政策述论》,《农业考古》2009 年第 4 期,第 244 页。
③ 程民生:《宋代林业简论》,《农业考古》1995 年第 1 期,第 266 页。
④ 白宏刚:《宋代林业政策研究》,广西师范大学 2010 年硕士学位论文。
⑤ 谭其骧:《何以黄河在东汉后会出现一个长期安流的局面》,《学术月刊》1962 年第 2 期,第 23 页。

徐润滋等先生的《红水河阶地与极限洪水》(1986)、杨达源的《洞庭湖的演变及其整治》(1986)、曹银真的《中国东部地区河湖水系与气候变化》(1989)等，分别对历史时期白洋淀、红水河、洞庭湖以及中国东部湖泊等河湖水系的变迁和气候变化进行了研究。以上论著虽不是专门论述十至十三世纪河湖水系的变化和环境变迁，但不可否认，他们对这一特殊时期的水文状况也着墨不少。

　　学者对两宋时期的水文和水患状况，尤其是黄河水患和治理的研究青睐有加，其代表性的论著有王照年先生的《北宋黄河水患研究》，指出北宋黄河水患除了自然和历史因素外，还在于治河不当，导致了许多人为的河患，以及政府在经略西北时，对西北植被破坏严重，且战火绵延，造成环境恶化。[①] 郭志安先生的《北宋黄河中下游治理若干问题研究》，考察了北宋时期黄河中下游地区水患频发的原因和宋政府的治理措施，指出黄河中下游的频繁决溢也是引发黄河下游河道变迁的重要因素。[②] 周珍先生的《宋仁宗时期黄河水患应对措施研究》，选取宋仁宗时期黄河水患的应对措施为考察对象，指出仁宗时期先后设立的三司河渠司及都水监等机构在治理河患方面发挥了相当重要的作用。[③] 王元林先生的《宋金元时期黄渭洛汇流区河道变迁》，分析了宋、金、元时期黄、渭、洛等河道变迁的原因，指出它是明清以来河道决徙泛滥的开始，是前代河流决溢的继续，起着承上启下的作用。宋政府每年征调大批修河兵夫进行定期维护河堤与堵塞决口、开分水河、修筑堤埽乃至回复河道等多项水利工程，在应对黄河水患方面也发挥了应有的作用。[④] 仇惟嘉的《论金代河患》，分析了金代黄河泛滥的情况及统治阶级对黄河的治理措施。[⑤] 程遂营先生的《唐宋开封生态环境研究》(2002)，对北宋都城开封水文状况如自然水道、湖泊、沼泽的形成、发展乃至消亡的原因进行了历史考察。

二、　宋代畜牧业研究进展

　　宋代是我国古代畜牧业发展的一个重要阶段。官营畜牧业尤其是牧牛业和牧羊业取得了飞速发展。私营畜牧业更是硕果累累，相当兴盛。改革开放以来，随着宋史研究的蓬勃发展，宋代畜牧业的研究也逐渐引

---

　　① 王照年：《北宋黄河水患研究》，西北师范大学 2005 年硕士学位论文。

　　② 郭志安：《北宋黄河中下游治理若干问题研究》，河北大学 2007 年博士学位论文。

　　③ 周珍：《宋仁宗时期黄河水患应对措施研究》，上海师范大学 2008 年硕士学位论文。

　　④ 王元林：《宋金元时期黄渭洛汇流区河道变迁》，《中国历史地理论丛》1996 年第 4 期，第 161 页。

　　⑤ 仇惟嘉：《论金代河患》，辽宁师范大学 2007 年硕士学位论文。

起了学者的广泛关注。为了进一步推动宋代畜牧业发展与生态环境变迁的互动关系的研究，现将国内外有关这一问题的探讨作一简要回顾和总结。

（一）宋代畜牧业的总体性研究

学术界对宋代畜牧业的总体性研究开始于二十世纪五十年代。王毓瑚先生出版的《中国畜牧史料》(1958)，是一本综合性的、有关古代畜牧业文献的资料汇编，部分内容涉及宋代，虽算不上研究性的专著，但其开创之功不可没。同年，谢成侠先生的《中国兽医学史略》，介绍了中国古代兽医学发展的历史，对兽医技术也进行了探讨。[①] 从二十世纪五十年代到八十年代初，宋代畜牧业的研究基本上处于停滞状态。八十年代后，陆续发表了一些论著，推动了宋代畜牧业研究的进一步深入，如李元放先生的《中国古代畜牧业经济》，对宋代畜牧业几乎是一笔带过，认为宋代马政不昌，政府对其他牲畜则完全听任民间自流，从未有过兴旺时期。[②] 作者对宋代畜牧业的相关研究，对宋代史料和文献知识也是相对缺乏，所以得出的结论未免武断和以偏概全。其实，宋政府为了鼓励发展畜牧业，先后颁布了《厩牧令》、《厩库敕》等律令条文，对官方和民间畜牧业的发展作出了种种规范，为畜牧业的发展提供保障，官私畜牧业都有了较大的发展。安岚先生的《中国古代畜牧业发展简史》，主要从畜牧科技发展的角度出发，探讨了宋代畜牧业的发展状况，认为宋代北方养马业大大衰落，南方畜牧业继续发展，畜牧业在数量上，尤其是饲养技术上有明显的进步。[③] 客观而言，宋代养马业不如唐代，但较之五代时期还是非常兴盛的，有宋一朝养马业并非都是一蹶不振，在北宋前期尤其是宋真宗朝较为发达。宋代畜牧业由于气候和地理环境等因素的影响，一些牲畜的饲养，诸如马、驴、骆驼、羊等，北方远比南方发达；而牛、猪、鸡、鸭、鹅等，南方又较北方兴盛。1990 年程民生先生发表的《宋代畜牧业略述》一文，是第一篇专门论述宋代畜牧业的文章，探讨了宋代官营畜牧业、民间畜牧业的发展状况，畜牧业的社会经济价值和宋政府发展、保护畜牧业的措施，认为宋代畜牧业从地域上讲比唐代衰退了，但在相应的领域里比唐代有了较大发展。[④] 此篇研究成果为笔者

[①] 谢成侠：《中国兽医学史略》《畜牧与兽医》，1958 年第 3 期，第 28 页。

[②] 李元放：《中国古代畜牧业经济》，《农业考古》1986 年第 1 期，第 367 页。

[③] 安岚：《中国古代畜牧业发展简史》，《农业考古》1988 年第 2 期，第 360 页；1989 年第 2 期，第 341 页。

[④] 程民生：《宋代畜牧业略述》，《河北学刊》1990 年第 4 期，第 90 页。

的研究奠定了基础。两年以后程民生先生在其专著《宋代地域经济》
(1992)一书中，再次论述了宋代畜牧业的发展概况和畜力的分布，着重
探讨了宋代的养马业和养羊业，认为宋代畜牧业的重心在北方地区，这
和当时的经济重心是一致的。二十世纪九十年代后出版的邹介正先生和
文龙先生编的《中国古代畜牧兽医史》(1994)，对宋代监牧和畜牧政策作
了简单的介绍，对民间畜牧业略有提及，认为宋代民间家庭的养猪、养
鸡、鸭也没有多大发展，其观点值得商榷。客观地讲，宋代民间猪、鸡、
鸭的饲养相当发达，出现了不少专业户，一些大城市如东京和杭州等还
有专门的禽畜销售市场。

目前关于宋代畜牧业研究较为全面系统的论著是《宋代畜牧业研究》
(2009)一书，是笔者在博士学位论文的基础上进一步修改的成果。该论著
研究了宋代官营与私营畜牧业的发展状况、管理机制、畜牧技术，指出宋
代畜牧业与前代及周边少数民族政权相比有萎缩的一面，但在许多领域仍
在继续发展，主要表现在数量，尤其是饲养管理技术方面有明显的进步。
诚如程民生先生在《宋代畜牧业研究·序》中所言："该书是第一部关于畜
牧业研究的专著，自然也是目前最系统、最全面的关于宋代畜牧业研究的
专著。全书主要从宋代畜牧业的管理机构、管理措施、有关畜牧业的律令
政策、官私畜牧业的主要部门、发展概况、畜牧技术等方面进行了探讨，
有关畜牧业的衍生行业也有所论及。这就弥补了宋代畜牧业研究的不足，
丰富了我国古代经济、科技史的研究内容，为学术发展做出了贡献。"程民
生先生虽对该书评价很高，其实书中有很多不尽如人意的地方，如有关畜
牧业发展与环境变迁的互动关系论述不够深入，畜牧业衍生行业如皮毛加
工业、牲畜贸易等还有较大的研究空间，畜牧业与农业互动关系研究还有
待加强。

(二) 区域畜牧业研究

近年来宋代区域畜牧业逐渐引起了学者的广泛关注，研究者的视角主
要聚焦在北方地区。程民生先生出版的《中国北方经济史》(2004)，论述了
古代北方经济重心形成、演变、南移的过程，也涉及古代畜牧业，从宏观
上概述了北宋时期北方地区官营和民营畜牧业的发展状况。另外，他的
《河南经济简史》(2005)一书，探讨了古代河南经济发展演变的概况和趋
势，对北宋时期的河南畜牧业给予了关注，认为宋代河南畜牧业获得了前
所未有的发展，官营养马业盛况空前。张显运的《历史时期河南畜牧业研
究》(2014)一书对历史上河南畜牧业发展状况、发展原因、影响畜牧业发
展的因素、畜牧技术等进行了较为系统的研究，对宋代河南畜牧业也进行

了深入探讨。薛瑞泽先生的《唐宋时期沙苑地区的畜牧业》，介绍了唐宋时期沙苑地区畜牧业的发展状况及其作用。[①] 张显运的《试论北宋时期西北地区的畜牧业》(2009)，指出北宋西北地区河东路、永兴军路和秦凤路畜牧业发展迅猛，是宋政府主要的牲畜供应地。"地气高寒"的气候、地理条件和庞大的社会需求是西北地区畜牧业发展的重要因素。除上述地区外，宋代西南和东南各路的畜牧业也有较大的发展，尤其是牧牛业和家禽饲养业堪称发达，遗憾的是尚未引起学界的重视。当然，这也与南方地区气候炎热，总体上不大适合畜牧业生长有关。

(三) 宋代牧马业研究

在冷兵器时代，马是消除内乱、抵御外辱、战胜敌人的必备战斗力："马者，甲兵之本，国之大用。安宁则以别尊卑之序，有变则以济远近之难。"[②]马政是国家最重要的事情之一。正如宋代大臣文彦博所言："国之大事在祀与戎，戎之事中马政为重。"[③]作为宋代畜牧业的一个重要组成部分，养马业很早就引起了学者的关注。日本学者曾我部静雄的《宋代之马政》，详细探讨了两宋时期马政的建立、管理，买马的区域，纲马运输的方式，为进一步深入研究养马业提供了一定条件。[④] 谢成侠先生的《中国养马史》(1959)，论述了历史上各时期养马业的发展状况，对宋代官营牧马业、监牧沿革、市马状况也有所论及，把官营牧马业衰落的主要原因归结于宋代人事制度的不全面。其实，宋代官营牧马业的衰落有诸多因素，比如宋代丧失了西北地区传统的畜牧业基地，农牧争地的矛盾，马政腐败等许多因素。

二十世纪八十年代以来，学界发表了一系列关于马政和茶马贸易的文章，如陈汛舟先生的《南宋茶马贸易与西南少数民族》，认为南宋与西南少数民族进行的茶马贸易主要是为了改善民族关系，达到巩固统治的目的。[⑤]此观点未免偏颇。其实，南宋政府与西南少数民族进行的茶马贸易除改善关系外，还有一个重要原因，即为军事上提供所需的马匹。他的另一篇文章《北宋时期川陕的茶马贸易》，认为茶马贸易加强了与四川各民族的经济联系，保持了四川的安定局面，有利于宋王朝统治，但同时指出茶马贸易

---

① 薛瑞泽：《唐宋时期沙苑地区的畜牧业》，《渭南师范学院学报》2006 年第 6 期，第 15 页。
② (南朝·宋)范晔：《后汉书》卷 24《马援传》，北京：中华书局，1965 年版，第 840 页。
③ (宋)文彦博：《潞公文集》卷 21《论监牧事》，文渊阁四库全书本，第 1100 册，第 707 页。
④ 曾我部静雄：《东北大学文学部研究年报》第 10 号，1959 年度。
⑤ 谢成侠：《中国养马史》，《西南民族学院学报》1980 年第 1 期。

是历代封建王朝剥削各族人民的一种手段。[①] 林瑞翰的《宋代监牧》对宋代监牧的兴废、管理和监牧衰败的原因进行了研究。[②] 韩茂莉先生的《唐宋牧马业地理分布论析》，用历史地理学的方法论述了唐宋牧马业的分布特点及原因，指出北宋乏马的根本原因在于不能确保良好的牧监用地，此见解有一定的道理。[③] 魏天安先生的《北宋买马社考》，对结社买马的时间、宋政府对买马社提供的条件及买马社的作用进行了考证。[④] 林文勋先生的《宋代西南地区的市马与民族关系》，分析了宋代设置在四川、广西两地市马场的数量、起始和关闭时间、交易情况，指出市马贸易是羁縻制度的一项重要补充，加强了与西南各民族之间的联系，有利于西南边疆的安定。[⑤] 此外，胡瑗、黄永豪、朱重圣、陈振等先生与同一时期也都发表了有关"马政"的文章。

二十世纪九十年代以来对宋代马政问题进行了较为深入的研究。如杜文玉先生的《宋代马政研究》，分析两宋300多年来马政的建立、演变及衰落过程，同时比较唐、宋马政的不同。[⑥] 杜建录先生在《固原师专学报》上发表了3篇有关宋代市马和养马业的文章，分别是：《宋代沿边市马贸易述论》(1991)、《宋代市马钱物考》(1992)、《论宋代民间养马制度》(1993)。这些文章对宋代市马的钱物，北宋市马贸易的发展，南宋秦、川、广市马状况以及民间养马制度进行了深度剖析。江天健先生的《北宋市马之研究》(1995)对北宋市马的背景、市马的途径、数量、各个时期茶马贸易的特点、边区经济的发展状况进行了详论，材料新颖，颇多创建，尤其是书中附有大量的图表无疑是很费工夫的。刘复生先生的《宋代"广马"以及相关问题》，对宋代马政问题进行了较为深入的考察。[⑦] 龚延明先生的《宋代官制辞典》(1997)，也涉及宋代马政的相关问题，如宋代官方畜牧业管理机构，群牧司的沿革及其人员的设置。作者引经据典进行了详细的解释，颇费工夫，为进一步研究官营牧马业的管理机制提供了一些帮助。拙作《宋代私人养马业探研》介绍了宋代私人养马业的发展概况和原因，认为宋代私人养马业地区发展不平衡，无论就马匹数量还是质量而言，北宋和北方

---

① 陈汛舟：《南宋茶马贸易与西南少数民族》，《西南民族学院学报》1983年第2期。

② 林瑞翰：《宋代监牧》，《宋史研究集》第十四辑，台北：台湾"国立"编译馆，1984年版，第236页。

③ 韩茂莉：《唐宋牧马业地理分布论析》，《中国历史地理论丛》1987年第2期，第55页。

④ 魏天安：《北宋买马社考》，《晋阳学刊》1988年第4期，第66页。

⑤ 林文勋：《宋代西南地区的市马与民族关系》，《思想战线》1989年第2期，第66页。

⑥ 杜文玉：《宋代马政研究》，《中国史研究》1990年第2期，第78页。

⑦ 刘复生：《宋代"广马"以及相关问题》，《中国史研究》1995年第3期，第132页。

地区都占绝对优势，养马业受自然条件、战争和国家政策等诸多因素的影响；①《简论宋代官马管理和役使的律令措施》，指出宋代法律对官马的注籍、烙印、饲养、孳育、役使等方面作出了详尽的规定，为牧马业的发展保驾护航；②《北宋前期官营牧马业的兴盛及原因》，梳理了北宋前期官营牧马业发展状况，认为宋政府出台了许多有关官马管理和役使的律令措施，对官马的饲养、管理、疾病防治、孳育、牧场建设、残损官马肢体的处罚等诸方面作出了详尽的规定，北宋前期官营牧马业兴盛的主要原因。③宋政府通过主观努力，在一定程度上弥补了因气候地理条件不利而造成的官马不昌的缺憾。此外，陈保银、周宗贤、王晓燕等也都有专文论述宋代"马政"及茶马贸易的问题。以上论文和专著主要从政治和军事的视角来探讨宋代牧马业，很少从畜牧学、经济学的角度出发，不能不说是一大缺憾。

（四）宋代牛、驴等大牲畜研究

我国牛耕技术出现较早，春秋时期中原地区已开始使用牛耕。但直到魏晋南北朝时期，牛耕一般只用于农业经济比较发达的关中和中原地区，南方地区很少使用，多是刀耕火种。唐宋时期随着南方的开发，牛耕技术也在东南发展起来，形成了又一个以牛耕为主的农业经济区域。④ 随着牛耕技术的出现和推广，牛耕和农业之间存在着天然联系，牛成了稼穑之本。正如宋代农学家陈旉所说的那样："农者，天下之大本，衣食财用之所从出，非牛无以成其事耶！"⑤正因为如此，牧牛业也引起了学者的注意。谢成侠先生的《中国养牛羊史》（1985），探讨了中国牛羊类家畜的起源，牛羊的利用及其发展过程，中国古代的相牛术，牛羊的饲养技术及其副产品的利用等。因其是一部通史性著作，故叙及宋代较少。邢铁先生的《宋代的耕牛出租与客户地位》，从宋代的耕牛出租与客户地位两个方面入手，来探讨宋代农业经济的发展和客户地位的变化，认为同前代佃农相比，客户的社会地位并没有提高。⑥ 文中也涉及宋代牧牛业的发展状况，耕牛的作用，耕牛奇缺的社会原因，官、私牛出租的方式与租额。笔者先后发表

---

① 张显运：《宋代私人养马业探研》，《甘肃社会科学》2008 年第 3 期，第 174 页。

② 张显运：《简论宋代官马管理和役使的律令措施》，《温州大学学报》2009 年第 1 期，第 54 页。

③ 张显运：《北宋前期官营牧马业的兴盛及原因》，《东北师范大学学报》2010 年第 1 期，第 86 页。

④ 邢铁：《宋代的耕牛出租与客户地位》，《中国史研究》1985 年第 3 期，第 81 页。

⑤ （宋）陈旉著，万国鼎校注：《陈旉农书校注》卷中《牛说》，北京：农业出版社，1965 年版，第 47 页。

⑥ 邢铁：《宋代的耕牛出租与客户地位》，《中国史研究》1985 年第 3 期，第 86 页。

了 4 篇文章对牧牛业给予了高度关注,分别是《宋代私营牧牛业述论》
(2007)、《宋代耕牛贸易述论》(2008)、《宋代官营牧牛业述论》(2008)、
《宋代耕牛牧养技术探析》(2009)。文章详细论述了宋代官、私牧牛业的发
展概况及其原因,认为宋代牧牛业的发展远远超过了唐代;牧牛业的迅猛
发展与宋代农田的广泛开垦和耕牛饲养技术的提高密不可分。此外,唐晔
的《宋代牧牛业》(2008)及其《宋代政府对耕牛贸易的干预与评价》(2010),
从牛的生产、流通,以及政府保护政策等三个角度对宋代养牛业进行了考
察。比较而言,宋代养驴业研究很少,仅仅是笔者在《宋代畜牧业研究》、
《简论宋代牧驴业及其社会效益》等论著中进行了粗浅的探讨,介绍了宋代
官、私牧驴业发展情况,宋政府发展、保护牧驴业的措施及其在社会经济
生活中的作用。① 一些问题的论述也仅是宏观分析,不少问题的研究尚待
深入。

(五) 宋代猪、羊等小牲畜探讨

宋代民间猪、羊、犬等家畜的饲养十分普遍。它们除供给人们丰富的
肉食之外还能够为手工业生产提供皮毛等原料,提高了人们的生活水平。
随着宋代畜牧业研究的深入,近 30 年来,研究者对猪羊等小牲畜饲养业也
产生了兴趣。刘敦愿、张仲葛先生的《我国养猪史话》,对我国历史上农户
养猪的起源,发展进行了概述,对宋代养猪业简单提及。② 程民生先生的
《宋代饮食生活中羊的地位》,认为在宋代饮食中羊占重要地位,羊肉是肉
食消费的最主要食品。③ 张显运的《宋代牧羊业及其在社会经济生活中的作
用》,在前人研究的基础上,进一步论述了牧羊业在宋代餐饮业、毛纺织
业、皮革加工业中的作用。④ 其《北宋官营牧羊业初探》,对宋代官营牧羊
业给予了关注,认为庞大的社会需求、饲养技术的进步与宋政府的重视是
官营牧羊业发展的重要原因。⑤

(六) 宋代畜牧业的其他方面探讨

二十世纪九十年代以来,宋代畜牧业的研究无论深度还是广度都超过
了以前。学者们除对畜牧业基本的生产部门继续探讨外,还对宋代的牧

---

① 张显运:《简论宋代牧驴业及其社会效益》,《内蒙古农业大学学报》2008 年第 3 期,第
282—284 页。

② 刘敦愿、张仲葛:《我国养猪史话》,《农业考古》1981 年第 1 期,第 103—105 页。

③ 程民生:《宋代饮食生活中羊的地位》,《中国烹饪》1986 年第 12 期,第 84 页。

④ 张显运:《宋代牧羊业及其在社会经济生活中的作用》,《河南大学学报》2007 年第 3 期,
第 46—51 页。

⑤ 张显运:《北宋官营牧羊业初探》,《辽宁大学学报》,2008 年第 5 期,第 82—86 页。

地、牲畜的疫病、牲畜的价格以及畜牧业的衍生行业等问题进行了研究。徐黎丽先生的《两宋牧田探析》，对宋代牧马草地进行了剖析，指出宋代牧田兴置的重要原因与两宋频繁的战争有重大的关系。① 徐黎丽仅从政治与军事的角度对牧田的建设进行了论述，其实在边境开辟牧地还有重要的自然原因，即这些地区气候温凉、干燥，地理条件相对适合发展畜牧业。韩毅先生的《宋代的牲畜疫病及政府的应对——以宋代政府诏令为中心的讨论》，以宋代政府诏令为中心，讨论了宋代牲畜疫病的流行情况及特点，牲畜疫病的原因及对农业生产、交通运输和军事战争所产生的重大影响，分析和梳理了宋代通过政府诏令对不同时期发生的牲畜疫病所采取的应对措施，认为宋代由于国营监牧的南移和饲养方式的变化，导致了牲畜疫病的频繁发生和流行。② 此种看法颇有道理。除此之外，宋代牲畜疫病的流行还和当时自然灾害的频频发生有重要关系。宋代的 320 年间，大的自然灾害达 1200 多次，超过以往任何时期，而且每一次大的灾害都会导致瘟疫的发生，对牲畜而言有时竟是灭顶之灾。程民生先生的《宋代牲畜价格考》广征博引，对宋代畜禽的市场价格进行了详尽的考察，认为从北宋到南宋牲畜的价格处于上涨趋势，畜禽价格因地域不同存在着一定的差异。③ 史料翔实，见解独到。王晓民的《宋代肉食品消费研究》指出，宋代肉食品消费主要有阶级性、地域性和季节性三大特点，是影响宋人肉食品消费的主要特点。④

尤为难能可贵的是，有些学者对畜牧史研究的内容和方法进行了探讨。如谢成侠、孙玉民先生的《关于中国畜牧史研究的若干问题》，就中国畜牧史研究的有关问题从六个方面进行了论述，这六个方面是：关于家畜的起源与进化；中国畜牧兽医在国际科学史上的地位；畜牧业在各族人民社会生产中的作用；关于古代畜牧生产的经验和理论；如何评价畜牧业的历史成就和历史人物；有关发展畜牧业的自然历史和社会经济的生态因素。⑤ 这篇文章为宋代畜牧业的研究提供了指导性的意见，堪称畜牧史研究的圭臬。遗憾的是，有关畜牧史研究方法的论著还只是凤毛麟角，所以这方面的研究还有待深入探讨。

宋代畜牧业研究肇始于二十世纪五十年代，但由于国内各种政治风波

---

① 徐黎丽：《两宋牧田探析》，《开发研究》1994 年第 4 期，第 62 页。

② 韩毅：《宋代的牲畜疫病及政府的应对——以宋代政府诏令为中心的讨论》，《中国科技史杂志》2007 年第 2 期，第 132—146 页。

③ 程民生：《宋代牲畜价格考》，《中国农史》2008 年第 1 期，第 51—59 页。

④ 王晓民：《宋代肉食品消费研究》，陕西师范大学 2013 年硕士学位论文。

⑤ 谢成侠、孙玉民：《关于中国畜牧史研究的若干问题》，《古今农业》1992 年第 4 期，第 1—7 页。

打断了畜牧业研究的进程。直到近 30 多年来，宋代畜牧业的研究才出现了不断深化、拓展、创新的趋势。对畜牧业研究的梳理与回顾，为进一步全面深入地探讨生态环境变迁与宋代畜牧业的互动关系打下了基础。因条件和学识所限，很难做到涓滴不露，甚至于挂一漏万。在这些论著中，学术界从宏观上探讨了宋代官营畜牧业、民间畜牧业的发展状况，畜力的分布，畜牧业的社会经济价值和宋政府发展、保护畜牧业的措施。同时，对宋代马政给予了高度重视，探讨了两宋时期马政的建立、管理机制，茶马贸易，纲马运输的方式以及官马不昌的原因，为宋代畜牧业的拓展研究奠定了坚实的基础。尽管如此，上述研究还存在一些不足：首先，宋代畜牧业的一些部门及其衍生行业研究还有进一步拓展的必要，宋代畜牧业发展与环境变迁的互动关系研究还有待深入，两宋时期农业的发展，以及农田的大量开垦对畜牧业发展的影响仍需进一步研究；其次，由于研究者受自身研究领域的限制一定程度上影响了对畜牧业研究的准确性和科学性，有些从事畜牧史和农业史研究的学者缺乏必备的史学修养，对宋代文献很难做到谙熟于心，往往采用二手或三手材料，有时甚至断章取义，史料的引用上出现了不可避免的错误。有些史学工作者虽然在引用史料上较为严谨，但研究方法较为单一，很少采用相关学科的理论。

三、　十至十三世纪环境变迁与宋代畜牧业互动关系研究

综上所述，学者们在研究历史上生态环境变迁时，大多集中在环境变迁对气候、水文、土壤、河流、森林植被等影响的研究，对宋代畜牧业的研究，往往关注更多的是官、私畜牧业发展的概况、畜牧生产部门和畜牧技术，很少从环境变迁的视角去探讨。环境变迁对畜牧业发展造成的影响，以及过度放牧对草场植被与生态环境造成的恶劣影响鲜有人论及。即，环境变迁与畜牧业发展的互动关系关注度远远不够，十至十三世纪生态环境变迁与宋代畜牧业发展的互动关系更是零星研究。就笔者所及有韩茂莉的《草原与田园——辽金时期西辽河流域农牧业与环境》(2006)，该书探讨了辽金时期西辽河流域农业与牧业交替轮回的原因、过程及其对生态环境变迁造成的影响。史念海的《黄土高原历史地理》(2002)，研究了从西周到隋唐时期农牧分界线的转移及其规律，指出每一次农牧交错地带的偏移与气候和生态环境的变迁相关。遗憾的是作者对十至十三世纪以来畜牧业和生态环境变迁的互动关系没有探讨。韩茂莉的《中国北方农牧交错带的形成与气候变迁》指出，中国北方农牧交错带是在气候变迁因素的推动下形成的，在形成过程中呈现出与气候要素相吻合的分布

趋势，这一农牧交错带的形成表现出依时间次序自西向东的推进过程，它在形成初期表现为以家庭或部落为依托的兼业行为，随后演进为插花式的空间分布形式，最终实现农耕区与畜牧区的空间分离。①王子今先生指出："生态环境是人类社会发展的最重要的自然条件之一。社会史受到生态史的影响，生态条件的变化，在一定意义上有时曾改变了社会史的进程。以农业和牧业作为主体经济形式的社会更是如此。"②可见，在古代以农业和畜牧业为主要经济形式的国家，环境变迁对其社会生产方式、经济形态的变化都有着重要影响。环境变迁与畜牧业发展互动关系的研究意义重大。

总之，以上论文和专著或多或少地涉及十至十三世纪生态环境变迁和宋代畜牧业发展问题，从内容与方法上为本书的研究提供了诸多借鉴。可以概括为：一方面较为全面地探讨了十至十三世纪环境变迁状况，为本书的拓展研究奠定了一定的基础。

另一方面上述涉及生态环境变迁问题的研究较注重环境变迁对农业、自然灾害的影响，对宋代畜牧业的影响很少论及；环境变迁导致农牧矛盾激化，环境变迁与畜牧业生产的互动关系则较少人论及。目前较少学者从生态环境史的视角去研究宋代畜牧业发展变化。

第二节 本书研究理论和研究方法

马克思和恩格斯在《德意志意识形态》一文中写道："我们仅仅知道一门唯一的科学，即历史科学。历史可以从两方面来考察，可以把它划分为自然史和人类史。但这两方面是密切相连的，只要有人存在，自然史和人类史就彼此相互制约。"③《十至十三世纪生态环境变迁与宋代畜牧业发展响应》的研究既是自然史研究的范畴，又是人类史研究关怀的对象。换句话说，本研究既属于古代史范畴，又属于生态环境史、畜牧史、经济史研究。正因为它是一门跨学科研究，资料的搜集上务必"上穷碧落下黄泉"，不说是一网打尽，但一定要多方面、多视角，尽可能地收集到更多的资料。但历史文献因其记载内容的侧重点不同，其重要性呈现出一定的层次和差异。因此在资料的收集过程中，官方编辑的正史、文书既

① 韩茂莉：《中国北方农牧交错带的形成与气候变迁》，《考古》2005年第10期。

② 王子今：《秦汉时期生态环境研究》，北京：北京大学出版社，2007年版，第1—2页。

③ 马克思、恩格斯著，中共中央马克思恩格斯列宁斯大林著作编译局译：《马克思恩格斯选集》，北京：人民出版社，1972年版，第1卷，第66页。

要阅读，方志以及考古资料和出土文献、私人撰写的笔记小说也要涉猎。此外，生态学、经济学、畜牧学、草地学、气候学、地理学等相关学科的理论也要吸收借鉴，甚至还要田野考古。由于关涉到诸多学科的理论知识，本书在研究上除了运用传统历史学的方法外，其他学科先进的研究方法也要吸收和借鉴。

一、　资料来源

本研究既属于古代史范畴，又涉及生态环境史、畜牧史、经济史研究。官方正史、笔记小说、考古资料、出土文献均是笔者要参考的资料。

（一）正史、政书类

"生态环境变迁与宋代畜牧业发展响应的研究"需要大量翔实的史料，不可否认，官修或私人所修的正史、政书之类是笔者所依据的最主要史料，如《新五代史》、《旧五代史》、《宋史》、《辽史》、《金史》、《五代会要》、《宋会要辑稿》、《续资治通鉴长编》、《玉海》、《文献通考》、《建炎以来系年要录》等。尽管正史或政书有为"尊者讳"之嫌疑，但就史料的全面性与丰富性而言是其他文献所无法比拟的。比如，大量的有关这一时期马政的资料、自然灾害的史料以及农牧关系的材料是本书研究过程中不可或缺的文献。

（二）地理方志类

地理方志有全国性的地理总志和地方性的州郡府县志两类。地理、方志文献包括各地的地理沿革、人口、物产、土贡等，记载非常翔实，是研究区域经济史和民间畜牧业不可或缺的史料。本书研究过程中引用了乐史的《太平寰宇记》、王存的《元丰九域志》、王象之的《舆地纪胜》、祝穆的《方域胜览》等地理类的总志。尤其是影印出版的宋元地方志，为本书的写作提供了许多有价值的素材。有关都城类的著作，如孟元老的《东京梦华录》、周密的《武林旧事》、耐得翁的《都城纪胜》以及佚名的《西湖老人繁盛录》等，本书在研究过程中也大量征引。

（三）考古文献与出土文物资料

出土文物是古代文化信息的载体，能够较为真实地反映古代某一时期的社会政治和经济状况。近一个世纪以来，宋代文物考古取得了丰硕的成果，出土了大量的文物，与畜牧业相关的有陶鸡、陶鸭、猪圈、鸡圈等。这些出土文物为畜牧业和生态环境变迁的研究提供了非常珍贵的实物资料。

（四）宋代法律文献

《宋刑统》、《天圣令》、《庆元条法事类》等是两宋时期编撰的重要法律文献。其他如《宋会要辑稿·刑法》、《宋史·刑法志》《续资治通鉴长编》、《宋大诏令集》等书中也有许多关于环境保护和畜牧业的政策法令，如林业资源和动物资源的保护律令，牧地管理，牲畜养饲、孳育、损耗、役使等诸多条文，以及牲畜走失、伤人、偷盗、屠杀官私牲畜的处罚措施详细完备，是本书研究的基础性资料。

（五）宋人文集

文集是一人或数人作品汇编而成的书，里面包含有大量的奏议、行状、墓志铭和诗词等，具有极高的文学价值和史料价值。有些文集还有丰富的畜牧和生态史料。本书在写作的过程中，引用了欧阳修、苏轼、苏辙、曾巩、司马光、王安石、陆游等数十人文集中的大量史料。如苏轼关于"杭州西湖的生态环境变迁"的记载，陆游《入蜀记》对长江流域沿途环境与地理的记载等都显得弥足珍贵。

（六）笔记小说

五代、两宋时期笔记小说众多，内容丰富，描写了各地的风土人情、奇闻逸事、社会生活，其间有不少生态史料与畜牧业材料。本书研究过程中，粗略统计引用笔记小说中的史料有200多条。

（七）畜牧业与生态环境史研究的成果

近年来生态环境史的研究成为一门显学，前贤的相关论著很多，也出现了一些在学界颇有影响的生态环境研究的专家，诸如朱士光、文焕然、牟重行、满志敏、蓝勇、王子今、王利华、程民生、张全明、韩茂莉等。他们的研究成果是本书得以继续深入研究的基础。比较而言，十至十三世纪生态史与畜牧史的研究成果相对较少，只有个别学者略有论及，如业师程民生先生对宋代官、私畜牧业的论述以及牲畜价格的研究等，为本书的纵深研究提供了一些借鉴和方法论指导。

二、 研究理论和研究方法

（一）计量史学的研究方法

计量史学研究法就是"运用自然科学中数学方法对历史资料进行定量

分析"。计量分析方法在史学中的应用，可以追溯到远古时代，古代的中国与世界上其他国家都已开始使用数字工具进行历史的记录和分析。传统历史学的缺陷之一就是大多采用模糊的语言去描述历史，得出的结论也就缺乏精密性和可信度。而计量史学则在一定程度上纠正了这种偏差，使历史研究更加接近于历史的真实和客观。本书也试图采用计量史学的研究方法，把宋代时期各路官营牧监牧的分布、马匹的数量、市马数额等进行统计和定量分析，从而分析出马匹的增减与宋代监牧发展之间的关系。对宋代的自然灾害，譬如疫灾，也采用了计量史学的研究方法，逐一统计，通过量化分析宋代牲畜孳育和死亡率与生态环境变迁、自然灾害之间的关系，以便更好地理解十至十三世纪生态环境变迁与宋代畜牧业发展之间的相互影响。

（二）历史比较法

历史比较法是指"将有一定关联的历史现象和概念，进行比较对照，判断异同、分析缘由，从而把握历史发展进程的共同规律和特殊规律，认识历史现象的性质和特点的一种研究方法"。比较是认识事物的基本方法。史学研究中采用比较方法才能更好地揭示历史事物的特征，在研究中才能开阔视野，启发思路，提出新观点。对生态环境变迁与宋代畜牧业发展互动响应的研究也是如此，既要横向比较，同周边国家辽、夏、金的畜牧业相比较；还要纵向比较，和唐五代畜牧业发展相比较；不仅如此，研究十至十三世纪生态环境变迁时还要和其他时期的生态环境变迁进行纵向比较。只有这样，才能更好地揭示宋代畜牧业的特点、发展方向，理解和把握宋代畜牧业发展的全貌及其在社会经济中的地位，分析畜牧业的发展与生态环境变迁之间的关系。

（三）交叉学科研究法

本书在写作的过程中，涉及畜牧学、草地学、家畜生态学、气候学、现代经济学、地理学的一些理论。如宋代畜牧业发展的地理环境因素及其分布，就要考虑到当时的温度、热量、水分、土壤等自然条件，因为气候对禽畜的品种和质量都有很大的影响，有时甚至是决定性的影响。

总之，本书的研究在采用传统的历史学研究方法的同时，还博采生态学、畜牧学、计量学多学科的研究方法之长，全面、系统地梳理十至十三世纪生态环境变迁与宋代畜牧业发展的响应。

第三节　本书的学术价值及创新

一、　研究内容

《十至十三世纪生态环境变迁与宋代畜牧业发展响应》是一个非常庞大的课题，既要研究这一时期的生态环境变迁，宋代畜牧业发展的概况，还要研究生态环境变迁对宋代畜牧业发展的影响，以及畜牧业对生态环境变迁的作用。由于水平有限，本书在研究的过程中不可能面面俱到，大体而言，主要分为以下几个方面：

第一章为绪论部分，主要探讨本课题研究现状、研究目的、资料来源、研究方法和创新之处，以期从宏观上对十至十三世纪生态环境变迁与宋代畜牧业发展的互动关系研究有所了解。第二章为十至十三世纪生态环境变迁对宋代畜牧业发展的影响，从宋代的地形地貌、气候变化、水土流失、森林植被、野生动物的南迁等五个方面探讨生态环境变迁对畜牧业发展的影响。第三章为自然灾害及其对畜牧业的影响。两宋是自然灾害极为频繁的一个时期，主要的自然灾害有水灾、旱灾、蝗灾、地震、瘟疫等。这些自然灾害给畜牧业带来了很大的危害，轻者导致牧地土壤沙化，载畜量减少，重者致使牲畜大量患病，甚至死亡。第四章为十至十三世纪农牧关系。这一时期是我国古代农牧关系较为紧张的一个阶段。五代、辽、宋、金以及元等政权都存在着激烈的农牧冲突，在农牧关系的博弈中，最终以农业胜利而告终。这也表明中国传统上是以农业为主的国家，农业是根本，畜牧业只是其必要的补充。第五章为宋代畜禽的地域分布和生态环境变迁。宋代以农区畜牧业为主，有官营和私营畜牧业两种类型。宋代畜牧业的分布因受环境变迁的影响，有明显的地域特征。一般而言，黄河沿岸及其以北主要是马、驼、羊饲养为主；中原地区饲养牛、驴、猪、鸡等畜禽；淮河以南水牛、鹅、鸭等广泛饲养。第六章为宋政府为保护生态环境与畜牧业采取的应对措施。两宋时期，为了保护生态环境与畜牧业的良性发展，政府采取了植树造林、禁止非时屠杀野生动物、废田为湖、兴修水利、加强牧地管理和疫病治疗等措施，客观上有利于生态环境的保护和畜牧业的发展。

二、　学术价值和现实意义

《十至十三世纪生态环境变迁与宋代畜牧业发展响应》的研究具有重要

的学术价值和现实意义。首先，本书第一次对十至十三世纪的生态环境变迁与宋代畜牧业发展关系进行动态的分析，从这一时期的气候、水文、土壤、植被、动物迁徙五个方面的变化入手，深入系统地研究环境变迁对宋代畜牧业发展的影响，以及它们之间的互动关系。以往学术界对这一问题较少关注，或仅有零星的研究，因此深入剖析这一问题是宋史领域研究的一个新的生长点。其次，十至十三世纪生态环境变迁与宋代畜牧业发展问题很复杂，涉及面很宽，触及层次很深，既有气候、水文、土壤、植被等自然环境因素，还有人口增长、战争、垦田、农业等社会因素。因此，全面系统地梳理这一课题，既是这一时期生态环境史、农业以及畜牧业研究的需要，又是推动该时期历史纵深研究的必要。最后，本书的研究为当今协调畜牧业生产与生态环境的关系提供借鉴。

目前，"由于环境遭到污染和破坏，我们在一个被毒化了的世界里生活"①。2006 年，联合国发表的一份关于牲畜与环境的报告中指出，无论是从地方或全球的角度而言，畜牧业都是造成严重环境危机前三名最主要的元凶之一。如何改善人类赖以生存的地球的生态环境，促进畜牧业的和谐发展成了二十一世纪人类普遍关心的问题。因此本书具有现实意义。两宋时期由于疆域的狭小与人口的迅速增长，农田的大面积开垦，导致生态环境开始恶化，环境的恶化极大地影响了宋代畜牧业发展。尽管如此，宋代畜牧业仍取得了一定成就，官营马匹一度达到 20 多万。宋政府在改善畜牧业生产与生态环境关系方面采取了一些措施，如植树造林、退耕还牧、退牧还林、保护野生动物、颁布禁屠诏令等。这些政策和措施一定程度上起到了积极的效果，也为改善现代畜牧业的发展与生态环境的关系提供了一些经验，具有重要的现实意义。

三、 学术创新

一是研究内容的创新，第一次从生态环境史的视角来系统、全面地研究宋代畜牧业，详细探讨环境变迁对宋代畜牧业生产的影响。尤其是对学界关注较少的宋政府为协调环境与畜牧业发展的关系所采取的应对措施倾注更多的笔墨；对十至十三世纪农牧关系的博弈进行了较为深入的探讨，涉及五代、辽、宋、夏、金、元等诸多国家，学界以前仅有零星的研究成果。因为农牧反反复复的斗争，一定程度上不仅影响了畜牧业的发展，还造成了生态环境的破坏。

二是研究方法的创新，在方法上试图综合运用历史学、生态学、畜牧

---

① 刘湘溶：《生态文明论》，长沙：湖南教育出版社，1999 年版，第 14 页。

学、考古学与计量学等多学科研究方法之长，以期对传统历史学研究提供某种方法论层面的借鉴。

三是比较翔实的数据纠正和增补关于宋代虎患及疫病统计的次数。宋代虎患猖獗，魏华仙教授统计为 11 次，笔者依据《宋史·五行志》记载，进行了细致的梳理，得出了《宋史》记载宋代虎患为 15 次的结论。宋代疫病流行，前贤已多有统计，但遗漏较多。笔者尽力梳理宋代文献以及各地地方志，得出了两宋时期疫病为 189 次，牲畜疫病为 20 次的结论。

总之，《十至十三世纪生态环境变迁与宋代畜牧业发展响应》从生态史的角度研究畜牧业，从畜牧史的角度来观照环境变迁。无论对畜牧史的研究还是环境史的研究而言都是一次全新的尝试，相信本书通过对相关问题的探讨必将为学界相关研究提供一些方法论的借鉴意义。

本 章 小 结

十至十三世纪是历史上生态环境变迁异常显著的一个时期，又是畜牧业发展的一个重要时期，这一时期生态环境变迁与宋代畜牧业之间的关系如何？环境变迁对畜牧业造成了怎样的影响？畜牧业的发展对生态环境变迁又起到了怎样的作用？对于这个问题，目前学术界相关成果并不多见。本章中，笔者回顾了十至十三世纪环境变迁与宋代畜牧业发展研究的现状，指出了本书的研究目的和意义、研究方法、资料来源、研究内容与创新之处，从宏观上对这样一个重大的学术问题进行概述，以期为后面的研究起到一个提纲挈领的作用。

第 二 章

宋代环境变迁及其对畜牧业的影响

人类社会是以自然环境为条件发生和发展的。马克思和恩格斯指出：有关"人类历史的第一个前提"的"第一个需要确定的具体事实"，包括"他们与自然界的关系"也就是"人们所遇到的各种自然条件——地质条件、地理条件、气候条件以及其他条件。"这些"自然条件"制约着人的生存条件和发展条件，"任何历史记载都应当从这些自然基础以及它们在历史进程中由于人们的活动而发生的变更出发"①。生态环境是影响和制约人类社会的最重要因素之一。王子今认为："生态环境是人类社会发展的最重要的自然条件之一。社会史受到生态史的影响，生态条件的变化，在一定意义上有时曾改变了社会史的进程。以农业和牧业作为主体经济形式的社会更是如此。回顾历史可以发现，生产力水平越低下，则生态条件对社会发展的制约作用越显著。"②而一个国家的地理位置和疆域又是影响和制约其生态环境变迁和畜牧业发展的基本条件。这是因为，畜牧业生产是生物的再生产，各种牲畜都与其周围的环境保持着密切的联系，进行持续的能量与物质交换。发展畜牧业的自然条件根据生态学的观点，可分为非生物的与生物的两大类。前者包括光、热、水分、大气，后者包括植物、动物、微生物等。在生态系统中，各种牲畜都与上述诸因素存在着直接或间接的联系，受其影响或支配。生态系统是由生物群落与无机环境构成的统一整体。生态系统的范围可大可小，相互交错，最大的生态系统是生物圈。一个国家的地理位置、疆域大小、生产方式与文化习俗对生态系统有重要的影响。

---

① 马克思、恩格斯著，中共中央马克思恩格斯列宁斯大林著作编译局译：《马克思恩格斯选集》第 1 卷，北京：人民出版社，1995 年版，第 24 页。

② 王子今：《秦汉时期生态环境研究》，北京：北京大学出版社，2007 年版，第 1—2 页。

第一节　地貌特征及其对畜牧业的影响

一、　宋代的疆域

疆域和地理位置是决定一个国家自然地理面貌的基础，是畜牧业生产的重要物质条件。程民生曾有言，宋代疆域是我国古代历史上统一王朝中较为狭小的一个，甚至有学者指出，宋代是我国历史上的后三国时代，从来就没有建立过统一的政权。就北宋而言，其领土局限在北纬20°—40°的区域，统治着东自霸州（今河北霸州）经雄州（今河北雄县），北至河套、长城一线，西至陕西、甘肃、河西走廊以东的黄河中下游流域，西南到西藏、云南以东及南方广大地区。国土面积最大时仅254万平方公里[1]，不到我国现有领土面积的1/3。与周边王朝相比，宋朝疆域面积远不及辽国，辽国的疆域则包括今天的东北三省和外蒙古全部、内蒙古中东部、河北北部、朝鲜东北部、俄罗斯外兴安岭以南地区，面积超过480万平方公里。[2]也不及后来兴起的大金，金熙宗皇统二年面积最大时为361万平方公里。[3]就畜牧业而言，尤为致命的是宋王朝统治的疆域历史上是以农业为主的区域，畜牧业发展的地域空间极为有限。

宋沿袭五代之旧，960年建都开封，结束了自安史之乱以来的分裂局面。宋建立后，统治者亦致力于开疆拓土。宋太祖、宋太宗时期，为完成统一大业，南征北战，最终结束了五代十国的分裂局面。宋真宗、宋仁宗在位时，外交上采取怀柔政策，力图守住祖宗家业，几乎很少主动发起战争，边境也相对稳定。宋神宗时期，王韶在西北宋夏边境拓辟疆土，在与西夏的作战方面，宋王朝取得了绥（今陕西绥德）、熙（今甘肃临洮）、河（今甘肃临夏）、洮（今甘肃临潭）、岷（今甘肃岷县）、兰（今甘肃兰州）等州。宋哲宗时又进一步取得了湟水流域，洮河上游与贵德一带的土地。宋徽宗宣和三年（1121）西安州（今宁夏海原县西）、怀德军（今属宁夏固原）又被西夏所取。1125年宋金联合攻灭辽国，宋收回了失去100多年的幽云十六州，疆土面积进一步扩大。但好景不长，两年后，北宋灭亡，赵构建立南宋。

---

① 张显运：《宋代畜牧研究》，北京：中国文史出版社，2009年版，第3页。
② 谭其骧：《中国历史地图集》，北京：地图出版社，1982年版，第3—4页。
③ http://wenku.baidu.com/view/1da98e5077232f60ddcca1c4.html.

宋高宗建炎南渡之后，宋朝领土仅限于秦岭淮河以南、岷山以东地区，可谓偏安一隅。南宋疆域狭小，面积仅有 172 万平方公里，所辖领土北部边界已退缩到秦岭、淮河一线，1142 年，绍兴议和，宋金之间形成了东起淮水（今淮河）、西至大散关（今陕西宝鸡西南）的分界线。从纬度位置上看，南宋国土局限在北纬 20°—32° 的狭窄区域，相当于我国的热带、亚热带地区。

总之，宋代疆域狭小，就经度位置而言，宋代位于东经 101°—122° 的区域，东西跨度为 21°；就纬度位置来看，北宋处于北纬 20°—40°，南宋处于北纬度 20°—32° 的狭窄区域。狭小的疆域对其自然地理的特点、气候、生态环境及畜牧业的发展有重要影响和限制。

二、 宋代的行政区划

在行政区划上，宋初沿袭了唐朝的道，宋太宗淳化四年（993）将全国划为 10 道，即河南、河东、河北、关西、剑南、淮南、陕西、江南东西、浙东西、广南道。之后不久，宋王朝汲取唐朝藩镇割据的教训，一级行政区划由"道"改为"路"。宋太宗至道三年（997）始定为 15 路，包括京东、京西、河北、河东、陕西、淮南、江南、荆湖南、荆湖北、两浙、福建、西川、峡西、广南东、广南西。宋真宗咸平四年（1001）分西川为利州、益州二路，分峡西为夔州、梓州二路。真宗天禧四年（1020）分江南路为江南东、江南西二路。宋仁宗时期分全国为 19 路，京东路的开封府与京西路的一部分划为京畿路。分河北路为高阳关路、大名府路、真定府路、定州路，另外又改湖南路、湖北路为荆湖南路、荆湖北路，其余不变。[①] 宋神宗熙宁五年（1072）分京西路为南北二路，分淮南路为东西二路，分陕西为永兴军、秦凤二路。元丰三年（1080）分全国为 23 路，一个特别行政区。宋徽宗时，全国划为 26 路。崇宁五年（1106）又将开封府升为京畿路，其余诸路不变。宣和四年（1122）宋金签订盟约，约定灭辽后宋得燕山府路和云中府路，但后来并未设置。

建炎帝南渡后，宋朝失去了半壁江山，北宋时期的京东东路、京东西路、京畿路、京西北路、河北东路、河北西路、河东路、永兴军路、燕山府路、云中府路全部为金人占有。宋朝行使权力的只有两浙东、两浙西、江南东、江南西、淮南东、淮南西、荆湖南、荆湖北、京西南、成都府、潼川府、夔州、利州、福建、广南东、广南西等 16 路。宋朝的行政区划设置与地方政治制度可谓强干弱枝，从经济、财政两方面高度加强中央集

---

①　曹尔琴：《宋代行政区划的设置与分布》，《中国历史地理论丛》1992 年第 3 期。

权。此种设置虽然避免了藩镇割据的局面,但导致地方防务贫弱,也让终宋一代外患不止。

三、 宋代地貌的基本特征

地貌是一个地区的地表形态。在特定的地质基础与新构造运动等内力因素和复杂多变的气候、水文、生物等外力因素的作用下,我国地貌轮廓具有以下基本特征:地势西高东低,呈三级阶梯状下降;地形多种多样,山区面积广大,山脉纵横,呈定向排列并交织成网格状。依据现代自然地理的划分,今青藏高原区是我国第一阶梯,由许多东西向、南北向的一系列山脉组成。两宋时期,这一区域基本为吐蕃政权所占有。所以,宋朝版图基本局限在第二阶梯、第三阶梯范围内。

(一) 第二阶梯地貌的基本特征

第二阶梯是由青藏高原的外援至大兴安岭——太行山——巫山——雪峰山一线之间的高原和盆地。分布在甘肃、陕西、云南、贵州、新疆及内蒙古,海拔一般在 1000—2000m,个别在 2500m 左右,主要高原有内蒙古高原、黄土高原、云贵高原等;主要的盆地有四川盆地、准噶尔盆地和塔里木盆地。[①] 宋代的利州路、成都府路、梓州路、夔州路、秦凤路、永兴军路、河东路等属于第二阶梯。这一区域以高原和盆地为主,地表起伏较大,是典型的宋代农牧混合区。

四川所在的川西高原主要以山脉、盆地为主,地表崎岖。成都府路北部、西部、南部都是山区,只有成都府、汉、彭、邛、绵、蜀等州有成片的平原和丘陵,也是该路经济最为富庶的地区。"蜀地险隘,多碛少衍,侧耕危稼,田事孔难。惟成都、彭、汉平原沃壤,桑麻满野"。[②] 如彭州(今四川彭州)"乃井络之名区,民俗淳和,壤土饶沃"[③]。又如蜀州(今四川崇州)"在井络之维,处陆海之沃"[④]。其他如陵州(今四川仁寿)等地地表崎岖不平,"在崎岖山谷中……土田瘠卤"。雅州(今四川雅安)"地多瘠卤,岭峭川激"[⑤]。梓州路虽在四川盆地之中,但地表也是崎岖不平,"多是山

---

① 王清义等:《中国现代畜牧业生态学》,北京:中国农业出版社,2008 年版,第 4 页。

② (宋)魏了翁:《鹤山集》卷 100《汉州劝农文》,文渊阁四库全书本,第 1173 册,第 455 页。

③ (宋)文同:《丹渊集》卷 30《回彭州守鲍郎中启》,文渊阁四库全书本,第 1096 册,第 736 页。

④ (宋)张方平:《张方平集》卷 36《蜀州修建天目寺记》,《全宋文》(第 19 册)卷 817,成都:巴蜀出版社,1991 年版,第 487 页。

⑤ (宋)魏了翁:《鹤山集》卷 39《雅州振文堂记》,文渊阁四库全书本,第 1172 册,第 452 页。

田，又无灌溉之利"①。普州(四川安岳)"普地千里，屺崦走伏，率无良畴，大田若箕"②。资州(今四川资中)"地狭民贫，无土以耕"③。利州路大多是山区，"山居而谷饮"④。夔州路周围完全是群山环绕，"夔峡之间，大山深谷，土地硗确，民居鲜少"⑤，地广人稀。畜种有马、黄牛、骆驼、绵羊、山羊等。总之，四川一带大部分地区山脉纵横，地表崎岖，人们因地制宜发展农业和畜牧业。

秦凤路、永兴军路、河东路地处黄土高原和秦岭关中一带，地表起伏很大，既有八百里秦川，又有沟壑纵横的黄土高原，还有地势险要的华山、秦岭、太行山等。如陕西秦凤路泾州(今甘肃泾川北)、原州(今宁夏固原)等地"川原甚广，土地甚良"⑥。陕西的腹心地带关中以平原为主，"壤地饶沃，四川如掌……岐山之阳，盖周原也，平山尽处，修竹流水，弥望无穷"⑦。关中土地肥沃，是宋代重要的农耕和畜牧之地。永兴军路地跨陕西、甘肃东部、山西南部、河南西部，境内既有高山大川，也有平原丘陵。其东南端的商州(今陕西商州)、虢州(今河南灵宝)一带以山区为主，"良材松柏，赡给中都"是京师开封重要的木材供应地。东北部的鄜州(今陕西富县)、延州(今陕西延安)，土地盐碱化严重，土壤贫瘠。"鄜、延地皆荒瘠"⑧。北部的保安军(陕西志丹)"地寒霜早，不宜五谷"⑨种植业落后，以畜牧经济为主。河东路位于黄土高原和太行山脉之间，"地高气寒……陵阜多而川泽少"。山多水少，地气高寒，不利于农业的发展，却是畜牧业生产的理想场所。总之，黄土高原中上游一带处于东部季风区和西北干旱区的分界线上，畜牧业尤其发达，是宋代重要的马匹输出地。

处于第二阶梯的京西路，"东暨汝颍，西被陕服，南略鄢、郢，北抵河津。……然土地褊薄，迫于营养……唐、邓、汝、蔡率多旷田"⑩。境内有高山丘陵，又有平原广布，其西部河南府一带以山地丘陵为主，西南部有

①　(宋)汪应辰：《文定集》卷4《御札问蜀中旱歉画一回奏》，北京：学林出版社，2009年版，第27页。

②　(宋)李新：《跨鳌集》卷16《普州铁山福济庙记》，文渊阁四库全书本，第1124册，第528页。

③　(宋)王象之：《舆地纪胜》卷157《资州》，北京：中华书局，1992年版，第4257页。

④　(宋)苏辙：《苏辙集》卷29《安宗说知利州》，北京：中华书局，1999年版，第488页。

⑤　(宋)彭度正：《性善堂稿》卷6《重庆府到任条奏便民五事》，文渊阁四库全书本，第1170册，第194页。

⑥　(宋)李焘：《续资治通鉴长编》卷50，咸平四年十二月壬戌，北京：中华书局，2004年版，第1094页。

⑦　(宋)郑刚中：《北山集》卷13《西征道里记》，文渊阁四库全书本，第1138册，第146页。

⑧　(元)脱脱等：《宋史》卷332《赵离传》，北京：中华书局，1977年版，第10685页。

⑨　(宋)乐史：《太平寰宇记》卷37《保安军》，北京：中华书局，2007年版，第790页。

⑩　(元)脱脱等：《宋史》卷85《地理志》一，北京：中华书局，1977年版，第2117页。

南阳盆地，盆地内唐、邓、汝、蔡等州有农田密布。东部郑州周边地势平坦。因山地、丘陵较多，"其壤地瘠薄，多旷而不种，户口寡少，多惰而不力，故租赋之入，于他路为最贫"①。土地利用价值不大，加之人烟稀少，民户相对贫困。直到北宋中后期，京西路才得以大规模的垦荒。同时，该路因人口稀少，农垦面积小，宋政府将这里置为牧马草地，是畜牧业的重要区域，畜牧业与农业用地之比在10％以上。②

（二）第三阶梯区地形地貌的基本特征

第二阶梯以东至海边为第三阶梯，海拔主要在500m以下，地形以广阔的平原和低缓的丘陵组成。这里分布有华北平原、黄淮海平原、长江中下游平原和江南丘陵。宋代版图大部分分布在第三阶梯，该区域是宋代人口稠密、农业最为发达的地区，也是宋代政治、经济和文化中心。

第三阶梯由于地势低平，从黄河和长江中上游冲刷下来的泥沙经常堆积到这一区域，导致水流不畅，土壤沙化，尤其是黄河中下游地区特别严重。"凡大河、漳水、滹沱、涿水、桑乾之类，悉是浊流。今关、陕以西，水行地中，不减百余尺，其泥岁东流，皆为大陆之土，此理必然"。③ 两宋时期，由于黄河上游过度放牧导致土壤大量侵蚀和土地沙化，带来黄河上中游地区生态平衡被严重破坏，水土流失极为严重。上游地区大量的水土流失，致使黄河泥沙含量加大，下游河床抬高，泛滥成灾。据邱云飞统计，两宋时期的水灾有628次，其中大部分都发生在黄河中下游地区。④频繁的水灾对黄河中下游的地形地貌有很大影响，一方面上游带来的大量泥沙在下游堆积，使得黄河河床被抬高形成地上河，严重威胁到下游地区的开封、河北路、京东路一带人民的生命财产安全；另一方面，由于流水的长年冲积，使下游地区土壤沙化和盐碱化非常严重。如京师开封一带，"都城土薄水浅，城南穿土尺余已沙湿"⑤，"风吹沙度满城黄"⑥干旱少雨，土壤沙化非常严重。王安石在一首诗中这样描述开封的地貌："驼冈似沙苑，惟阜带川洲。"⑦因土壤沙化严重，一旦遇到大风很容易出现沙尘暴天

---

① （宋）苏辙：《苏辙集》卷23《京西北路转运使题名记》，北京：中华书局，1999年版，第398页。

② 江天健：《北宋市马之研究》，台北：台湾编译馆，1995年版，第80页。

③ （宋）沈括：《梦溪笔谈》卷24《杂志》，呼和浩特：远方出版社，2004年版，第140页。

④ 邱云飞：《中国灾害通史·宋代卷》，郑州：郑州大学出版社，2008年版，第42页。

⑤ （宋）江少虞：《宋朝事实类苑》卷61《土厚水深无病》，上海：上海古籍出版社，1981年版，第815页。

⑥ （宋）王安石：《王文公文集》卷76《读诏书》，上海：上海人民出版社，1974年版，第809页。

⑦ （宋）吕祖谦：《宋文鉴》卷16，江休复：《牟驼冈阅马》，光绪丙戌(1886年)，南京：江苏书局，第29页。

气。宋太宗端拱二年(989)开封出现了第一次沙尘天气,"京师暴风起东北,尘沙曀日,人不相辨"①。以后沙尘暴天气有越演越烈之势。据周宝珠统计,北宋一朝开封的沙尘暴天气发生40余次。②今人王文楷指出:"唐宋时期开封的基本植物物种为暖温带落叶阔叶林,其代表植物主要有杨、柳、榆、槐、桐等落叶阔叶乔木,以及松、柏、桑、竹等树种;在盐碱地及沙地上则有一些沙蓬、碱蓬、蒺藜等生长。"③从另一个角度说明了开封一带土壤沙化和盐碱化的情况。

河北郡县,"地形倾注,诸水所经。如滹沱、漳、塘,类皆湍猛,不减黄河,流势转易不常,民田因缘受害"④。其中相州(今河南安阳)、魏州(今河北大名)、磁州(河北磁县)等"南滨大河"⑤,由于经常遭受水患的侵袭,许多地方皆"今皆斥卤不可耕"⑥,沧(今河北沧州东南)、瀛(今河北河间)、深(今河北深州)、冀(今河北冀州)、邢(今河北邢台)、洺(今河北永年东南)、大名(今河北大名东北)界的西北,均有许多"泊淀不毛"⑦之地,土壤盐碱化非常严重。

京东路位于黄河流域的最下游,一旦黄河发生水患,这里就成了一片汪洋。因常年受河水的冲刷,地瘠民贫。如登州"下临涨海,人淳事简,地瘠民贫"⑧。京东路曹、济、濮、广济等州军,"地势汙下,累年积水为患,虽丰岁亦不免为忧"⑨。当然京东路有些州县地理环境还是挺好的,不能一概而论。

位于第三阶梯的长江中下游一带地势低平,湖泊众多,水资源丰富。如湖北号称千湖之国,"火耕水耨,人食鱼稻。以渔猎山水为业,蠃蛤食物常足,人偷生朝夕,取给而无积聚"⑩。人们因地制宜,以渔猎为生。江西"有陂池川泽之利,民饱稻鱼,乐业而易治"⑪,有川泽渔猎之利,人们安居乐业。两浙地区地形、地貌差别很大。浙西是水乡泽国,碧波荡漾;

① (元)脱脱等:《宋史》卷67《五行志》5,北京:中华书局,1977年版,第1468页。
② 周宝珠:《宋代东京研究》,开封:河南大学出版社,1999年版,第670—672页。
③ 王文楷等:《河南地理志》,开封:河南人民出版社,1990年版,第408页。
④ (清)徐松:《宋会要辑稿·食货》61之73,北京:中华书局,1957年版,第5910页。
⑤ (元)脱脱等:《宋史》卷86《地理志》2,北京:中华书局,1977年版,第2130页。
⑥ (宋)李焘:《续资治通鉴长编》卷104,天圣四年八月辛巳,北京:中华书局,2004年版,第2416页。
⑦ (宋)欧阳修:《欧阳修全集》卷118《论河北财产上时相书》,北京:中华书局,2001年版,第1852页。
⑧ (宋)苏轼:《苏轼文集》卷67《登州谢上表》二,北京:中华书局,1999年版,第660页。
⑨ (清)徐松:《宋会要辑稿·方域》17之11,北京:中华书局,1957年版,第7602页。
⑩ (宋)乐史:《太平寰宇记》卷112《鄂州》,北京:中华书局,2007年版,第2276页。
⑪ (宋)谢薖:《竹友集》卷8《狄守祠堂记》,广州:中山大学出版社,2011年版,第393页。

浙东多是丘陵逶迤，崎岖不平。如浙西太湖流域一带地势平坦，河湖密布，"大江以南，镇江府以往地势极高，至常州地形渐低……秀州及湖州地形极低，而平江府居在最下之处。使岁有一尺之水，则湖州、平江之田无高下皆满溢。每岁夏潦秋涨，安得无一尺之水乎"①！苏轼亦言道："杭之为邦，山泽相半。十日之雨则病水，一月不雨则病旱。"②浙东诸州尽在群山环绕之中，土地稀少。如处州(今浙江丽水)"山瘠地贫"③。越州(今浙江绍兴)，"有山无木，有水无鱼……地无三尺土"④，可谓造化弄人，穷乡僻壤。

福建路地形以山地为主，八山一水一分田。如福建路经济相对较好的四州军(建州、南剑、汀州和邵武军)也是群山环绕，崎岖不平。如建州(今福建建瓯)"建之为州，统县凡七，皆山谷延袤相属，田居其间，才什四三。岁甚丰，民食仅告足，一或小歉，则强者挺为武，弱者死沟隍中。山瘠民贫"⑤。汀州(今福建长汀)"汀山多田少，土瘠民贫"⑥。南剑州(今福建三明、南平区一带)许多县"环邑皆山，层高而田，尺敷寸垦，耰锄艰辛。竭地之力，仅足自食"⑦。山多地少，不得不在山上开辟梯田，即使是丰年，也仅能满足基本生活。经济状况较差的下四州山多、濒海、地狭。如漳州漳浦县(今福建漳州)，"其地俭隘，故其民窭以啬"⑧。泉州(今福建泉州)"土薄濒海，民多艰食"⑨。兴化军(今福建莆田)"七闽诸郡，莆田最为濒海。地多碱卤，而可耕之地，又皆高仰，无川渎沟洫之利"⑩。比较而言，福建路只有福州(今福建福州)有零星的平原分布。"福州治侯官，于闽为土中，所谓闽中也。其地于闽为最平，以广四出之山皆远。而长江在其南，大海在其东"⑪。总之，福建路虽位于第三阶梯，但地貌仍以山地为主，山间点缀有零星的平原和梯田。

① (清)徐松：《宋会要辑稿·食货》8之31，北京：中华书局，1957年版，第4950页。
② (宋)苏轼：《苏轼文集》卷62《祈雨吴山祝文》，北京：中华书局，1999年版，第1914页。
③ (明)杨士奇等：《历代名臣奏议》卷108《仁民》，文渊阁四库全书本，第436册，第123页。
④ (宋)庄绰：《鸡肋编》卷上《越州谚语》，北京：中华书局，1983年版，第10页。
⑤ (宋)《西山先生真文忠公文集》卷24，《建宁府广惠仓记》，四部丛刊影印明正德刊本，第377页。
⑥ 张国淦：《张国淦文集》(上册)之《永乐大典方志辑本》，北京：燕山出版社，2006年版，第309页。
⑦ (清)徐松：《宋会要辑稿》，北京：中华书局，1957年版，第5447页。
⑧ (宋)程俱：《北山集》卷24《黎确龙图阁待制知漳州》，文渊阁四库全书本，第1130册，第239页。
⑨ (宋)陈耆卿：《筼窗集》卷4《代上请乞输钱札子》，文渊阁四库全书本，第1178册，第38页。
⑩ (宋)方略：《兴化军祥应庙记》，载民国《福建通志·福建金石志》卷9，第11页。
⑪ (明)唐顺之：《文编》卷56之《道山亭记》，文渊阁四库全书本，第1378册，第431—432页。

四、　地形地貌对畜牧业的影响

两宋时期的地形地貌以平原、丘陵为主，周边地区零星点缀着一些山脉，各地地形条件有一定的差异。"地形条件的差异，破坏了农业地理要素的规律性分布，导致了水热条件的重新分配，增加了各地农业生产类型的复杂性，进而形成各地独具特色的农业生产特征与土地利用方式"。[①] 正因为如此，宋代牧区也有农业的生产，传统上以农业生产为主的地区，也不乏牧区的分布，如在黄河沿岸就非常明显。

因受地形的影响，宋代骆驼、绵羊等耐旱性牲畜一般分布在西北干旱的草原沙漠地区，如河东路、永兴军路、陕西路。黄河沿岸一带，如河北路、京西路等有广阔的冲积扇平原，地势平坦，牧地广阔，适合马匹的饲养，是宋代官营养马业的主要分布区域，养马最多时达 20 余万匹。黄河以南、淮河以北地区有一些荒山草坡，适合喜干旱的牲畜驴的生存，因而驴在这里广泛饲养，培育出沁阳驴等名优畜种。长江流域、珠江流域一带山多、水多，是宋代牧牛业，尤其是水牛的主要分布地区，农户还利用山多、水多的地形地貌特征广泛饲养鸭鹅。在第五章中详细论述了地形地貌、生态环境与畜牧业分布之间的关系。

第二节　气候特征及其对畜牧业的影响

气候是长时间内气象要素和天气现象的平均或统计状态，时间尺度为月、季、年、数年到数百年以上。早在远古时期，人们已经知道观测天象，记载气候的变化。宋人高承在《事物纪原·正朔历数·气候》中云："《礼记·月令》注曰：'昔周公作时训，定二十四气，分七十二候，则气候之起，始于太昊，而定于周公也'。"[②]气候是以冷、暖、干、湿这些特征来衡量的，通常由某一时期的平均值和离差值表征。气候的形成主要是由于热量的变化而引起的。气候是一种资源，是地球上生物赖以生存和发展的基本条件、物质和能源基础，也是自然环境的重要组成部分。在自然界诸要素中，气候最为活跃，当气候发生变化时，其他许多要素，诸如动物、植物、河流、冰川、雪线等也会随之发生变化。在古代科技较为落后的情况下，气候变化对于农业和畜牧业的发展至关重要。

---

① 韩茂莉：《宋代农业地理》，太原：山西古籍出版社，1993 年版，第 10 页。

② （宋）高承：《事物纪原》卷 1《正朔历数》，北京：中华书局，1989 年版，第 9 页。

一、 宋代的气候特征

由于大气运动、大气环流、纬度、海陆分布，以及地形、地势等影响，加之光、热、水等地区分布存在的差异，从而形成不同的气候类型。在宋代疆域上，西南部有巍巍的群山、广阔的四川盆地，西北部分布着黄土高原，中东部则有宽广的华北平原、黄淮海平原、长江以南区域则有长江中下游平原和丘陵山地，东部是漫长的海岸线和星罗棋布的岛屿。尽管如此，依据谭其骧先生主编的《中国历史地图集(宋·辽·金时期)》来看，今天的黑龙江、内蒙古自治区、吉林、辽宁、新疆全部及河北、陕西、山西、甘肃、青海的部分地区为辽、夏等政权所有，西南地区的西藏、云南的全部和贵州部分地区则为吐蕃和大理的版图。宋代基本上局限在温带大陆性气候和亚热带季风气候范围内，从气候条件上看不太适合畜牧业的发展。

南宋偏安江南，领土更为狭小，淮河以北的领土几乎丧失殆尽，仅有今长江流域、珠江流域和淮河以南的部分地区。所以，就南北宋的版图而言，基本上局限在大兴安岭西麓—燕山—大青山—六盘山—巴颜喀拉山—唐古拉山—念青唐古拉山连线的以东、以南区域。依据自然地理，这一区域正好属于东部季风区。此分界线以东降水丰富，为湿润区；分界线以西，除天山、祁连山、阿尔泰山等山地降水量稍多外，其他地区都比较干旱。

宋代属于东部季风区。季风区的气候是雨热同季，在夏季，季风从低纬度的太平洋和印度洋的温湿气候带来丰富的水汽，因此夏季绝大部分降水充沛，约占全年降水的 60%—80%；在冬季，季风来自中高纬度的寒冷干气流，气候冷而干旱。因此，降水量的分布大致与距海距离的远近成比例，距海越远，降水越少，气候越干旱。[①]

前述提到，就纬度位置而言，北宋位于北纬 20°—40°的区域，南宋位于北纬 20°—32°之间的区域。两宋时期的气候冷暖是怎样的呢？依据中国科学院自然区域委员会以日温≥10℃持续期温度总和为参考指标，从南至北，将全国划分为六个温度带，详见表 2-1。

表 2-1　中国的温度带[②]

温度带	纬度分布	≥10℃持续期活动积温	主要自然特征
赤道带	北纬 15°以南	9500 左右	终年暑热，热带雨林，砖红壤

---

① 王清义等:《中国现代畜牧业生态学》，北京：中国农业出版社，2008 年版，第 2 页。
② 王清义等:《中国现代畜牧业生态学》，北京：中国农业出版社，2008 年版，第 3 页。

续表

温度带	纬度分布	≥10℃持续期活动积温	主要自然特征
热带	北纬15°—13°	8000—9000	最冷月平均温度在16℃以上,热带季雨林,稻可一年三熟,砖红壤
亚热带	北纬22°—34°	4500—8000	最冷月平均温度0—10℃,亚热带季雨林和常绿阔叶林,稻可一年二熟
暖温带	北纬32°—43°	3200—4500	最冷月平均气温−6—0℃,落叶林,农作物两年三熟,棕壤、褐色土、黑土及棕色荒漠土
温带	北纬36°—52°	1700—3200	最冷月平均温度−24℃左右,针叶林及落叶阔叶混交林,作物一年一熟,棕壤、黑钙土、栗钙土、灰棕荒漠土
寒温带	北纬50°以北	1700以下	最冷月平均温度−24℃以下,勉强栽种春小麦、马铃薯等,泰加林、冷棕壤

由表 2-1 对比两宋所处的纬度位置可知,北宋主要以亚热带、暖温带气候为主,南宋主要是亚热带季风气候。从理论上讲,两宋时期,气温较高,不大适合畜牧业的发展,却为种植业的发展提供了较为理想的条件。但由于地形、气候的复杂性,两宋的 320 年间气候总体而言偏冷,直到十三世纪以后气候才逐渐转暖。

依据气象学家竺可桢先生的研究可知,我国近 5000 年来的气候经历了一个寒暖交替的变化过程。两宋时期正处于第 3 个寒冷期(其他 3 个寒冷期分别是西周、南北朝、明清时期),特别是北宋末年到南宋末年,即十二世纪初到十三世纪中后期。[①] 龚高法等先生认为,隋唐温暖时期,亚热带北界位置较之现代北移 1 个多纬度;而宋代寒冷时期,亚热带北界位置较之现在则南移 1 个纬度以上。[②] 宋史专家张全明先生也曾指出,北宋自 960—1127 年的 168 年间,寒冷的冬天约占 2/3 以上,越到后来冷冬越来越频繁,寒冷程度也越来越强烈,寒冷区域很广。[③] 也有些学者提出了不同的观点。如满志敏先生指出,唐代气候以八世纪中叶为界可分为前后两个时期,前期气候冷暖的总体特征与现代相近,后期气候明显转寒,气候带要比现代南退 1 个纬度。而在五代北宋之际至元中叶,包括黄淮海平原在内的我国东部地区大部分时间都有偏暖的迹象。[④] 何业恒先生认为,唐

[①] 竺可桢:《中国近五千年来气候变迁的初步研究》,《考古学报》1972 年第 1 期,第 18—19 页。

[②] 龚高法:《历史时期我国气候带的变迁及生物分布界限的推移》,《历史地理》第 5 辑,上海:上海人民出版社,1987 年版。

[③] 王玉德、张全明:《中华五千年生态文化》,武汉:华中师范大学出版社,1999 年版,第 425 页。

[④] 满志敏:《唐代气候冷暖分期及各期气候冷暖特征的研究》,《历史地理》第 8 辑,上海:上海人民出版社,1990 年版;满志敏:《黄淮海平原北宋至元中叶的气候冷暖状况》,《历史地理》第 11 辑,上海:上海人民出版社,1993 年版。

至北宋，华南气温较高，北宋末年气温逐渐降低。[①] 通过梳理宋代文献史料可以发现，两宋时期，气候与前代相比还是相当寒冷的，经常出现冻死人畜的极端天气。

> 天禧元年十一月，京师大雪苦寒，人多冻死，路有僵尸。遣中使埋之四郊。
> 天禧二年正月，永州大雪，六昼夜方止，江溪鱼皆冻死。
> 政和三年十一月，大雨雪，连十余日不止，平地八尺余，冰滑，人马不能行，诏百官乘轿入朝，飞鸟多死。[②]

宋真宗天禧年间京师开封的大雪竟然导致"人多冻死"，其寒冷由此可见一斑。天禧二年（1018）的永州大雪使得"江溪鱼皆冻死"。永州是今天湖南省永州市零陵区，地跨北纬26°，属于亚热带地区，现在冬天很难见到雪花，大雪"六昼夜方止，江溪鱼皆冻死"的现象几乎很难出现。宋徽宗政和三年（1113）十一月开封连续十多天的一场大雪，致使"飞鸟多死"。以上如此寒冷的天气在今天的开封和零陵实属罕见。又如，宋徽宗大观年间福建长乐的一场大雪，"雨雪数寸，遍山皆白。土人莫不相顾惊叹，盖未尝见也。……是岁，荔枝木皆冻死，遍山连野，弥望尽成枯朽。后年春，始于旧根株渐抽芽蘖，又数年，始复繁盛……是三百五十年间未有此寒也"[③]。长乐位于北纬25°40′—26°04′之间的区域，属热带和亚热带气候，暖热湿润，年平均气温19.3℃，积温6375.6℃，虽然境内多山，但海拔不高。一场大雪竟导致许多荔枝树被冻死"三百五十年间未有此寒也"，可见当时寒冷程度。以上事例充分说明，宋代气候确实比现在要严寒得多，这是其气候寒冷的又一佐证。

南宋时期，寒冷的气候依然持续。周去非记载钦州，"数十年前冬常有雪，岁乃大灾"[④]。钦州即今广西钦州，宋代钦州冬季下雪已经成了常态，而且还经常带来雪灾，显然气候非常寒冷。可见在十二世纪时，我国的降雪界线至少南移到钦州一带。而钦州处于北回归线（北纬23.5°）以南，在温度带的划分上属于热带地区，现今气候条件下是很难下雪的。此外，这一时期，寒潮向南侵袭的趋势日益加剧，如宋光宗绍熙元年（1190）三月

---

① 何业恒：《近五千年来华南气候冷暖的变迁》，《中国历史地理论丛》1999年1期，第201页。
② （元）脱脱等：《宋史》卷62《五行志》1下，北京：中华书局，1977年版，第1342页。
③ （宋）彭乘：《墨客挥犀》卷6《岭南无雪》，北京：中华书局，2002年版，第351页。
④ （宋）周去非著，杨武泉校注：《岭外代答校注》卷4《雪雹》，北京：中华书局，1999年版，第150页。

"留寒至立夏不退。十二月，建宁府大雪深数尺"①。建宁府即今福建建瓯，其雪深达数尺，可见气候异常寒冷。

二、 气候对畜牧业的影响

据《中国农业地理总论》一书的观点，我国农牧业区分界线是：从东北的大兴安岭东麓—辽河中上游—阴山山脉—鄂尔多斯高原东缘（除河套平原）—祁连山（除河西走廊）—青藏高原的东缘，此线以南以东是农区，以西以北是牧区。② 据此界线，宋代适合畜牧的区域基本上都被周边少数民族政权所占有。如宋的北部、西北部、东北部，被辽、夏、金所统治，西北、西南周边地区，存在着高昌、吐蕃、大理等少数民族政权，只有北部边界上陕西、山西、甘肃、河北等部分地区是农牧混合区。韩茂莉先生通过对《宋史·地理志》中记载的各地贡赋研究，得出了宋代农牧分界线由雁门关经岢岚、河曲、西渡黄河至无定河谷地，循横山、陇山一线，沿青藏高原的东缘南下，此线以东是农耕区，以西为畜牧区的结论。③ 虽然这两条线基本吻合，但实际上由于地形、气候的复杂性，有宋一代适合畜牧的区域又南移了将近2个纬度。④

气候变化对植物群落的分布，草原牧场的进退，牲畜种类和数量都有直接的影响。两宋时期长期持续的寒冷干燥气候使得华北平原北部退耕还牧的趋势得到加强，农业和牧区的分界线逐渐南移，大致移到今天的陇海线附近，即此线以北区域是牧区和农牧混合区，以南主要以种植业为主。学界先贤不少人提出了类似看法，如郑学檬先生谈到："宋金时期北方继十六国北朝之后出现第二次改农为牧的高潮，这虽与游牧民族入主中原有关，却也是农业区在寒冷气候之下向南推移的表现。"⑤葛金芳先生也曾提到："宋辽夏金时期的农牧分界线已从外长城（即秦汉所建长城）退缩到内长城（即明代长城）一线，即从位于东北方向的碣石（今河北昌黎县碣石山）向西南蜿蜒延伸到龙门（今山、陕间禹门口所在的龙门山）一线。"⑥笔者通过对宋代官营牧马业和马监牧地分布的研究也得出了相同的结论。宋代长期存在的牧马监有16所，其中分布在京西路5监：洛阳（今河南洛阳）监、

---

① （元）脱脱等：《宋史》卷62《五行志》1下，北京：中华书局，1977年版，第1343页。

② 吴传钧、郭焕成：《中国农业地理总论》，北京：科学出版社，1980年版，第286页。

③ 韩茂莉：《宋代农业地理》，太原：山西古籍出版社，1993年版，第4页。

④ 葛金芳：《中国经济通史》第5卷，长沙：湖南人民出版社，2002年版，第50页。

⑤ 郑学檬：《中国古代经济重心南移和唐宋江南经济研究》，长沙：岳麓书社，2003年版，第41页。

⑥ 葛金芳：《中国经济通史》第5卷，长沙：湖南人民出版社，2002年版，第53页。

管城(今河南郑州)原武监、白马(今河南滑县东)灵昌监、许州(今河南许昌)单镇监、中牟(今河南中牟东)淳泽监;京东路1监:郓州(今山东东平)东平监;河北路7监:澶州(今河南濮阳)镇宁监、洺州广平(今河北广平)2监、卫州(今河南卫辉)淇水2监、安阳(今河南安阳)监、邢州(今河北邢台)安国监;陕西3监:同州(今陕西大荔)病马监、同州沙苑2监。此外,东京开封还有左右天驷4监和左右天厩2坊。① 这些监牧除许州单镇监外,基本上都分布在黄河沿岸地区,即今天的河南(据笔者统计,河南在北宋时期陆续建了35所牧马监)、陕西、山西、河北、山东等地。宋代马监牧地之所以分布在黄河两岸,一方面是由于国防安全的需要"汉、唐都长安,故养马多在汧陇三辅之间;国家都大梁,故监牧在郓、郑、相、卫、许、洛之间,各取便于出入"②。另一方面也表明这些地区的气候条件相对较为适合畜牧,如陕西沿边"地寒霜早,不宜五谷"③,河东路"地多山瘠"④,"其地高寒,必宜马性"⑤;河南洛阳、开封一带"土薄水浅"⑥,"风吹沙度满城黄"⑦干旱少雨,不大适合种植业的发展,却是发展畜牧业的理想场所,"中牟以南,地广沙平,尤宜牧马","汴河以南县邑,长陂广野,多放牧之地"⑧。宋政府因地制宜建立监牧,充分考虑了当地的自然条件因素。又如河北"南滨大河"⑨,由于经常遭受水患的侵袭,许多地方皆"斥卤不可耕"⑩,沧(今河北沧州东南)、瀛(今河北河间)、深(今河北深州)、冀(今河北冀州)、邢(今河北邢台)、洺(今河北永年东南)、大名(今河北大名东北)界的西北,均有许多"泊淀不毛"之地。⑪ 很显然,这里的自然条件不太适合发展农业,宋政府便在此建立了10多所牧马监,发展官营畜牧业。

　　竺可桢先生指出,从南宋宁宗开始,我国气候又进入一个温暖期,南

---

① (清)徐松:《宋会要辑稿·兵》21之4至5,北京:中华书局,1957年版,第7126—7127页。

② (宋)李焘:《续资治通鉴长编》卷364,元祐元年正月丁巳,北京:中华书局,2004年版,第8736页。

③ (宋)乐史:《太平寰宇记》卷37《保安军》,文渊阁四库全书本,第469册,第321页。

④ (宋)范纯仁:《范忠宣集》卷16《张景宪行状》,文渊阁四库全书本,第1104册,第713页。

⑤ (宋)欧阳修:《欧阳修全集》卷112《论监牧札子》,北京:中华书局,2001年版,第1703页。

⑥ (宋)江少虞:《宋朝事实类苑》卷61《土厚水深无病》,上海:上海古籍出版社,1981年版,第815页。

⑦ (宋)王安石:《王文公文集》卷76《读诏书》,上海:上海人民出版社,1974年版,第809页。

⑧ (宋)吕祖谦:《宋文鉴》卷2,杨侃《皇畿赋》。北京:中华书局,1990年版,第21页注文。

⑨ (元)脱脱等:《宋史》卷86《地理志》2,北京:中华书局,1977年版,第2130页。

⑩ (宋)李焘:《续资治通鉴长编》卷104,天圣四年八月辛巳,北京:中华书局,2004年版,第2416页。

⑪ (宋)欧阳修:《欧阳修全集》卷118《论河北财产上时相书》,北京:中华书局,2011年版,第1852页。

宋后期正处于这一时期。如在十三世纪初，前一段时间多冰雪的杭州开始回暖，1200、1213、1216 和 1220 年，杭州无任何冰雪；1200—1264 年间杭州终雪日期（三月十一日、十二日）与现代相同。① 显然，十三世纪以后气候逐渐转暖。

综上所述，两宋时期因幽云十六州的丧失，疆域狭小，传统的畜牧区域大多集中在周边国家辽夏金的版图内，这种地理环境对发展畜牧业是不利的。尽管如此，由于气候的寒冷，农牧分界线逐渐南移，在某种程度上缓和了牧马草地不足的状况，为发展畜牧业提供了一定的条件。但由于气候地形的复杂性，并不排斥农业区内存在着畜牧业，畜牧区内存在着农耕生产，即农牧混合现象，这也是导制农牧争地的重要原因。

由上可知，两宋时期从温度带而言，版图主要集中于温带和亚热带，从理论上讲，其最冷月平均气温一般应该在 -6—$0℃$，但两宋由于正好处于我国历史上的第三个寒冷期，气候总体上讲要比现今严寒得多，降雪界线也南移了不少。这种严寒的气候对农业生产是不利的，却为畜牧业生产提供了可能。

第三节　森林植被及其对畜牧业的影响

植被就是覆盖地表的植物群落的总称。它是一个植物学、生态学、农学或地球科学的名词。"在生态环境系统中，植被是构成生态环境最为活跃的因素之一，也是反映不同历史时期生态环境状况的一个重要指标。无论自然条件的变化，还是人类社会的发展，每个时期都会在植被的分布上留下历史变化的痕迹"。植被可以因为生长环境的不同而被分类，譬如高山植被、草原植被、海岛植被等。环境因素如光照、温度和雨量等都会影响植物的生长和分布，因此形成了不同的植被。就植被情况来看，两宋时期总体发展良好。"江南、荆楚，淮甸、西洛，山水深秀，茂林硕材，所至丛生"。② 但也存在着天然林逐渐减少的趋势。诚如张全明先生所言，宋代植被的分布状况是"原生植被的逐渐缩减，次生植被的时多时少，栽培植被的不断扩展"③。各地区由于生产方式的差异、开发的早晚以及经济发

---

① 竺可桢：《南宋时代我国气候之揣测》，《竺可桢文集》，北京：科学出版社，1979 年版，第 52—57 页。

② （宋）释觉范：《石门文字禅》卷 24《送演胜远序》，四部丛刊本，第 7 册，第 7 页。

③ 张全明、王玉德：《中华五千年生态文化》，武汉：华中师范大学出版社，1999 年版，第 428 页。

展的程度不同，植被状况也存在很大差异。宋代植被的分布情况学界也多有研究，其代表性的有张全明、王玉德的《中华五千年生态文化》，其中详细探讨了宋元时期植被的分布情况；王丽的《宋代国家林木经营管理研究》，对宋代国家林木的分布及管理进行了全面深入的研究①；此外，胡建华的《宋代林业简论》②与程民生的《宋代林业简论》③探讨了宋代林业分布的区域，政府对林业的重视，以及保护林业资源的措施。

综上所述，学界对宋代植被的研究主要集中在森林上，对其他植被，比如草原，则关注不多。植被的类型及多少不仅影响畜牧业的分布，还是生态环境变迁的一个重要指标，下面以流域为单元对宋代植被情况进行简要概述。

一、 黄河流域的森林植被

历史时期黄河流域是人类生存和繁衍的重要区域，由于频繁的人类活动、农牧业生产、战争以及黄河水患，各时期的生态植被有很大的变化。史念海先生指出黄土高原的森林植被遭受破坏可分为四个时期：第一个时期是西周至春秋战国时期，当时，现在的陕西中部和山西西南部等所谓平原地区的森林，绝大部分都受到破坏，林区明显缩小；第二个时期是春秋至魏晋南北朝时期，由于上述平原地区的森林受到更为严重的破坏，这一时期行将结束时，平原上已经基本没有林区可言了；第三个时期是隋唐时期，由于平原已无林区，森林的破坏开始移向更远的山区；第四个时期是明清以来，特别是明代中叶以后，黄土高原森林受到摧毁性的破坏，除了少数几处深山，一般说来，各处都已达到难以恢复的地步。④情况真如史念海先生所言吗？我们就以十至十三世纪黄河流域的植被状况作一阐述。

十至十三世纪的 300 余年间，黄河流域的生态植被变化很大。北宋中后期以前，植被相对良好，随着大规模的开山采木、毁林开荒和退牧还耕，到北宋后期，黄河流域的植被破坏较为严重。北宋前期，西北地区黄河中上游一带，植被茂密，是重要的木材输出地。秦州夕阳镇"西北接大菽，材植所出，戎人久擅其利"⑤。《宋史·贾逵传》记载："秦山多巨木，

① 王丽：《宋代国家林木经营管理研究》，陕西师范大学 2009 年硕士学位论文。
② 胡建华：《宋代林业简论》，《晋阳学刊》1990 年第 4 期，第 54—56 页。
③ 程民生：《宋代林业简论》，《农业考古》1990 年第 2 期，第 226—230 页。
④ 史念海：《黄土高原历史地理研究》，郑州：黄河水利出版社，2001 年版，第 298—299 页。
⑤ （宋）李焘：《续资治通鉴长编》卷 3，建隆三年六月辛卯，北京：中华书局，2004 年版，第 68 页。

与夏人错壤，遂引轻兵往采伐。羌酋驰至，画地立表约决胜负。"①陕西路虢亭一带"森森松栢围先陇，漦漦牛羊满近坡"②。到处是满眼翠绿，牛羊满坡。河东路忻（今山西忻州）、代州（今山西代县）、宁化军（今山西宁武）等地，"山林险阻，仁宗、神宗常有诏禁止采斫，积有岁年，茂密成林，险固可恃，犹河朔之有塘泺也"③。河东路火山军（今山西河曲东北）、宁化军一带，"山林绕富，财用之薮也……林木薪炭，足以供一路，麋鹿雉兔，足以饱数州"④。林木茂盛，野兽成群。黄河中下游一带也是林木参天，太行山中段地区多"茂林异松"⑤，"木阴浓似盖"⑥。其树种有"斛、栗、楸、榆、椴、桐、槐、银杏、松、柏、桧等"⑦。这里出产木材，五代、北宋时仅林县一地就设有两个伐木场双泉务和磻阳务，每场600人之多，用以冶铁烧瓷。⑧

京西路河南府一带植被茂密，生态环境非常良好，是许多动物的栖息地。唐朝时期，当地很多民户都以狩猎为生，"唐之东都，连虢州，多猛兽，人习射猎而不耕蚕，迁徙无常，俗呼为山棚"⑨。河南府伊阳县（今河南汝阳）一带，"多材木、林竹、薪蒸、橡栗之饶……浮伊而下，循渠引行，萃于城中，物众售平，人用赖焉"⑩。京西路福昌县（今河南宜阳）也盛产林木，"波头伐木欲成梁，落日樵苏下山去"⑪，成为重要的木材供应地。宋人张耒在富昌县为官时记述了当地草木丰茂、动物成群的境况。

予官福昌，福昌古邑之废者也。官舍依山为地十余亩，其竹与木

---

① （元）脱脱等：《宋史》卷349《贾逵》，北京：中华书局，1977年版，第11051页。

② （宋）韩琦：《安阳集》卷8《虢亭道中农居》，文渊阁四库全书本，第1089册，第267页。

③ （清）徐松：《宋会要辑稿·刑法》2之80，北京：中华书局，1957年版，第6535页。

④ （宋）李焘：《续资治通鉴长编》卷371，元祐元年三月戊辰，北京：中华书局，2004年版，第8989页。

⑤ 嘉靖《彰德府志》卷2，（宋）柳开《游太平山记》，《天一阁藏明代方志选刊》，上海：上海古籍书店，1964年版，第112页。

⑥ 林县志编纂委员会：民国《林县志》卷14《金石上》，（宋）佚名《游太平山留题·过桃林》，郑州：河南人民出版社，1989年版，第261页。

⑦ 嘉靖《彰德府志》卷2，（元）刘祁《游林虑山记》，《天一阁藏明代方志选刊》，上海：上海古籍书店，1964年版，第113页。

⑧ 嘉靖《彰德府志》卷2，《天一阁藏明代方志选刊》，上海：上海古籍书店，1964年版，第126页。

⑨ （宋）赵彦卫：《云麓漫钞》卷3，北京：中华书局，1996年版，第50页。

⑩ （宋）蔡襄：《莆阳居士蔡公文集》卷20《导伊水记》，北京：北京图书馆出版社，2004年版，第8页。

⑪ （宋）张耒撰，李逸安等点校：《张耒集》卷13《秋风三首》，北京：中华书局，1990年版，第229页。

居十六，地旷人寡，草木茂遂。其大者皆百余年，根干蔽覆，若幄若屋，交罗笼络，蒙以茑蔓，凡日将旦夕将晦，鸟鸣兽号，声音百千，终日阒然，不闻人声。①

西京河南府"比户清风人种竹，满川浓绿土宜桑"②。也是遍地竹林，桑麻成群。伊阙县（今河南伊川西南）"天开岭阜竦双阙，地杂桑麻隘一川"③。黄河中游一带由于植被良好，成为大型猫科动物栖息的场所，给过往行人带来了安全隐患，为此宋政府不得不募人猎捕。如宋太祖乾德年间，政府诏令开封浚仪人李继宣前往陕州（今河南三门峡）捕虎，他"杀二十余，生致二虎、一豹以献"④。一次就猎杀 20 余只老虎，陕州一带虎豹之猖獗，生态植被之良好由此可见。

黄河下游的河北路、京东路一带植被也相当茂密。"今齐、棣间数百里，榆柳桑枣，四望绵亘，人马实难驰骤"⑤。数百里的森林植被成了阻隔辽军的天然屏障。良好的生态吸引了一些虎豹等大型猫科动物，如泰山周边地区"素多虎，自兴功以来，虽屡见，未尝伤人，悉相率入徂徕山，众皆异之。诏王钦若就岳祠祭谢，仍禁其伤捕"⑥。宋真宗天禧年间，有武臣赴官青社（今山东青州）、齐州（今山东济南）北部边境，"武臣以橐驼十数头负囊箧，冒暑宵征。有虎蹲于道右，驼既见，鸣且逐之，虎大怖骇，弃三子而走。役卒获其子而鬻之"⑦。没有成片的天然森林，老虎是不可能在这里经常出没的。

黄河流域良好的森林植被为宋政府提供了大量的木材。宋政府在沿黄河流域一带设置了许多采造务，将砍伐的木材运往京师开封。早在宋太祖建隆年间高防任秦州（今甘肃天水）知州，"因建议置采造务，辟地数百里，筑堡据要害，戍卒三百人，自渭而北则属诸戎，自渭而南则为吾有，岁获

① （宋）张耒撰，李逸安等点校：《张耒集》卷 50《伐木记》，北京：中华书局，1990 年版，第 771 页。

② （宋）司马光撰，李之亮笺注：《司马温公集编年笺注》卷 14《和子骏洛中书事》，第 2 册，成都：巴蜀书社，2009 年版，第 467 页。

③ （宋）司马光撰，李之亮笺注：《司马温公集编年笺注》卷 7《送王太祝豫知伊阙》，第 1 册，成都：巴蜀书社，2009 年版，第 507 页。

④ （宋）脱脱等：《宋史》卷 308《李继宣传》，北京：中华书局，1977 年版，第 10144 页。

⑤ （宋）李焘：《续资治通鉴长编》卷 235，熙宁五年七月辛卯，北京：中华书局，2004 年版，第 5707 页。

⑥ （宋）李焘：《续资治通鉴长编》卷 69，大中祥符元年五月壬午，北京：中华书局，2004 年版，第 1546 页。

⑦ （宋）江少虞：《宋朝事实类苑（下）》卷 60《虎畏橐驼》，上海：上海古籍出版社，1981 年版，第 787 页。

大木万本，以给京师"①。陕西因林木茂盛，宋仁宗时期，三司请求每年在当地"市材木二十九万"，为了减轻民户的负担，仁宗下诏"减其半"②。西北黄河中上游一带因每年数以万计的林木遭到砍伐，到宋真宗时，秦州的林木日渐减少，在知州杨怀忠的请求下，宋政府不得不将采造务西移到马鬃寨③。宋真宗大中祥符七年(1014)，采造务西移到陇州(今陕西陇县)西山、胡田、浇水等处。④ 为了减轻西北地区输送木材的负担，宋政府在京西路一带陆陆续续建造了十几处采造务，详细情况如表2-2所示。

表 2-2　京西路竹木务、监一览表

机构名称	设置地点	今地	职能	史料记载	史料来源
伊河竹木务	伊、洛河	不详	掌修诸路水运材值及抽算诸河商贩竹木	三班借职、监伊河竹木务、兼本镇烟火、修整石佛像、石道公事……安定、胡汛同至	武亿:《授堂金石跋》郑州:中州文献出版社,1993年版,第381页
西京南山采造务	西京	洛阳	掌管政府材薪的购买和管理山林	己未,上览银台司进诸州奏状,见西京南山采造务役卒日有逃亡,谓王钦若等曰:"此辈或力役太烦,或衣食不给,可速遣使驰传,察其事实"	李焘:《续资治通鉴长编》卷65,景德四年六月己未
西京竹木务	西京	洛阳	同上	公吴氏讳某,字德仁,龙图阁学士,赠太尉讳遵路之子也……历官自监西京竹木务	张耒:《柯山集》卷49《吴大夫墓志铭》
西京长泉采柴务	河清县	孟县西	同上	朝散大夫范君讳子仪,字中存……监西京长泉税兼采柴务	范纯仁:《范忠宣集》卷16《范大夫墓表》
贾谷山采造务	郑州	郑州	为官府采伐木材,保护和管理当地林业资源	昭应宫言郑州贾谷山采修宫石段辇载颇难,望遣使计度,自汴河运送。从之	李焘:《续资治通鉴长编》卷71,大中祥符二年正月己亥

---

① (宋)李焘:《续资治通鉴长编》卷3,建隆三年六月辛卯,北京:中华书局,2004年版,第68页。

② (宋)李焘:《续资治通鉴长编》卷111,明道元年三月戊子,北京:中华书局,2004年版,第2579页。

③ (宋)李焘:《续资治通鉴长编》卷72,大中祥符二年九月癸亥,北京:中华书局,2004年版,第1630页。

④ (宋)李焘:《续资治通鉴长编》卷82,大中祥符七年六月己巳,北京:中华书局,2004年版,第1881页。

续表

机构名称	设置地点	今地	职能	史料记载	史料来源
虢州采造务	虢州	灵宝	官方采伐树木	西京商、虢、汝州采造至河阴窑务，指挥使至长行，自四千至一千，凡四等	毕仲衍撰，马玉臣辑校：《'中书备对'辑佚校注》，开封：河南大学出版社，2007年版，第277页
汝州采造务	汝州	临汝		同上	同上
巩县柴务	巩县	巩义	同上	咸平元年九月，河南府巩县柴务牡丹华	马端林：《文献通考》卷299《物异考》五
西京采柴务	西京	洛阳	同上	废西京采柴务，以山林赋民，官取十之一	李焘：《续资治通鉴长编》卷117，景祐二年秋七月癸卯
竹园司	新安县	新安	负责商贩竹木的抽算	崇宁五年，岁在丙戌，九月二十有五日，承议郎、知河南府新安县、管勾学事、管勾劝农公事、兼管勾竹园司、赐绯鱼袋	华镇：《云溪居士集》卷28《新安县威显灵霈公受命庙记》
太阴监	陆浑县	嵩县	掌采伐林木之事	太阴监在陆浑县，伊阳监在伊阳县。录事各一人，监作各四人……监掌采伐林木之事，辨其名物而为之主守	孙逢吉：《职官分纪》卷22《百工就谷》
伊阳监	伊阳县	栾川东北	同上	同上	同上

依据表2-2可知，北宋时期仅西京河南府就建立了12处竹木采造务，这些竹木监建立后，导致西京周边的林木巨竹被大量采伐。长时间的滥砍滥伐，导致黄河流域的生态植被遭到了严重破坏。

　　于是聚吏徒集斧斤，一日之役十夫，不三日而尽伐之，剖根穷本芟伐翦剔，大者备梁柱，小者中橡桷，弱者补藩篱，恶者从薪蒸，洒扫垦除，平地乃见，阴阳疏通，表里洞然，屋室阶阔，如涌而出。于是鸟兽之声，狐貉之迹不复至矣。[1]

---

[1] （宋）张耒撰，李逸安等点校：《张耒集》卷50《伐木记》，北京：中华书局，1990年版，第771页。

　　河东路、京西路的林木也因滥砍滥伐，数量急剧减少。史载，宋神宗熙宁年间：

　　　　陕府、虢、解等州与绛州，每年差夫共约二万人，至西京等处采黄河梢木，令人夫于山中寻逐采斫，多为本处居民于人夫未到之前收采已尽，却致人夫贵价于居人处买纳，及纳处邀难，所费至厚，每一夫计七八贯文，贫民有卖产以供夫者。[①]

　　宋政府每年招募两万人到陕府、虢、解、绛等州伐木，到宋神宗熙宁年间几乎无木可采，不得不让人出高价到民间购买。北宋仁宗时期，政府在河北、京东路等地大规模地科率木材，诚如欧阳修所言："臣风闻河北、京东诸州军见修防城器具，民间配率甚多。澶州、濮州地少林木，即今澶州之民为无木植送纳，尽伐桑柘纳官……兼闻澶州民桑已伐及三四十万株。"[②]因大肆砍伐，河北路个别的县已无天然林木可伐，民户不得不砍伐桑树以上交。沈括在《梦溪笔谈》里记述道："今齐、鲁间松林尽矣，渐至太行、京西、江南，松山太半皆童矣。"[③]可见到北宋中后期，从齐鲁大地到京西路，整个黄河中下游，乃至江南一带已经是濯濯童山了，森林植被遭到了严重破坏。有学者估计唐宋时期黄河中游的森林覆盖率已下降到32%。[④]

　　靖康之乱，北宋灭亡，衣冠人物萃于东南，黄河流域一带因人烟稀少以及大片农田荒废，次生林有所恢复。南宋时期，范成大出使金国发现从安肃军（今河北徐水）到白沟（今属河北高碑店）古出塞路一带，"夹道古柳参天"[⑤]，路两旁已经是绿树成荫了。

　　黄河流域一带除拥有成片的天然森林外，还有大量的人工林。宋政府非常重视在黄河沿岸植树造林，早在宋太祖建隆三年（962）十月，就诏"沿黄、汴河州县长吏，每岁首令地分兵种榆柳以壮堤防"。要求士兵在黄河沿岸种植榆柳以加固堤防。开宝五年（972）正月，宋太祖再次诏令：

　　　　自今沿黄、汴、清、御河州县人户，除准先敕种桑枣外，每户并须

　　①　（宋）范纯仁：《范忠宣奏议》卷上《条列陕西利害》，文渊阁四库全书，第1104册，第750—751页。
　　②　（宋）欧阳修：《欧阳修全集》卷103《论乞止绝河北伐民桑柘札子》，北京：中华书局，2001年版，第1574页。
　　③　（宋）沈括：《梦溪笔谈》卷24《杂志一》，呼和浩特：远方出版社，2004年版，第136页。
　　④　《古黄土高原是草木丰茂的千里沃野》，《科学动态》第58期，1980年版，转引自：张全明《中华五千年生态文化》，第431页。
　　⑤　（宋）范成大：《揽辔录》，北京：中华书局，2002年版，第22页。

创柳及随处土地所宜之木。量户力高低，分五等：第一等种五十株，第二等四十株，第三等三十株，第四等二十株，第五等十株。如人户自欲广种者，亦听。孤老、残患、女户、无男女丁力作者，不在此限。①

明确要求在黄河、汴河、清河、御河沿岸州县种植桑枣、榆柳等树，并按照户等的高低种植数额不等的树木，鳏寡孤独、女户和无劳动能力者不在此列。宋真宗大中祥符五年(1012)，"令河北缘边官道左右及时植榆柳"②。宋仁宗天圣三年(1025)三月，陈尧佐担任并州(今山西太原)知府期间，"每汾水涨，州人忧溺，尧佐为筑堤，植柳数万本，作柳溪亭，民赖其利"③。令人修筑汾水堤防，并在大堤上植柳数万棵，起到了保持水土的作用。宋神宗熙宁五年(1072)，政府打算"自沧州东接海，西抵西山，植榆、柳、桑、枣"。熙宁七年(1074)，河北诸屯田司，"又言于沿边军城植柳莳麻，以备边用"④。宋徽宗政和八年(1118)下诏："诏滑州、浚州界万年堤，全藉林木固护堤岸，其广行种植，以壮地势。"⑤在洪灾频繁的黄河下游滑州(今河南滑县)、浚州(今河南浚县东)广植林木。

这一时期，黄河流域的平原地区还生长有大片的竹林。史念海研究发现，陕西的周至、鄠县，经武功县直到凤翔原上到处是成片的竹林。宝鸡、阳平以南也生长有郁郁葱葱的竹林。太行山以南的沁阳盆地，竹林更是一望无际。⑥京西路河南府洛阳的周围和永兴军路的陕州(今河南陕县)、虢州(今河南灵宝)也生长有茂密的竹子，尤其是洛阳周边地区竹林茂盛。欧阳修说："洛最多竹，樊铺棋错。"韩琦在诗歌中写道："西都无限竹，泪色似湘川。"⑦范纯仁言道："周公作邑遗成康……千家花竹间田桑。"⑧伊河两岸大山上的竹林郁郁葱葱，绵延数百里。"伊濒大山，属连数百里，其生植深远无穷，多材木、林竹、薪蒸、橡栗之饶"。苏轼在汝州为官时为建造房屋曾专门去伊川买竹。有诗为证："先君昔爱洛城居，我今亦过嵩

① (清)徐松：《宋会要辑稿·方域》14之1，北京：中华书局，1957年版，第7546页。

② (宋)李焘：《续资治通鉴长编》卷79，大中祥符五年十一月庚申，北京：中华书局，2004年版，第1806页。

③ (宋)李焘：《续资治通鉴长编》卷102，天圣三年三月丙子，北京：中华书局，2004年版，第2378页。

④ (元)脱脱等：《宋史》卷95《河渠志》5，北京：中华书局，1977年版，第2362页。

⑤ (元)脱脱等：《宋史》卷93《河渠志》3，北京：中华书局，1977年版，第2315页。

⑥ 史念海：《黄土高原历史地理研究》，郑州：黄河水利出版社，2001年版，第463页。

⑦ (宋)韩琦：《安阳集》卷45《仁宗皇帝挽辞三首》，文渊阁四库全书本，第1089册，第489页。

⑧ (宋)范纯仁：《范忠宣集》卷4《和子骏洛中书事》，文渊阁四库全书本，第1140册，第579页。

山麓。水南卜宅吾岂敢，试向伊川买修竹。"①可见伊川竹产量大，质量优，是当地的名牌产品。福昌县竹林茂盛，"萧萧九月草木变，独有修竹犹禁寒"②。深秋季节当草木日渐凋零时，唯有修竹枝繁叶茂。张耒在福昌县为官时，官舍周围布满了茂密的竹林和槐树，"修竹高槐交映门，公居潇洒近山云"③。"颊肥节脑瘦，薪水长笛材。洛阳袁氏坞，此竹旧移来"。④ 显然，北宋时期洛阳周边竹林密布，郁郁葱葱。

草原也是黄河流域重要的植被，黄土高原的上游地区自古以来就是我国传统的畜牧业基地。唐朝时期这里是政府官营牧马业的重要场所，有大量的牧马草地。

> 至于唐世牧地，皆与马性相宜，西起陇右、金城、平凉、天水，外暨河曲之野，内则岐、豳、泾、宁，东接银、夏，又东至于楼烦，此唐养马之地也。以今考之，或陷没夷狄，或已为民田，皆不可复得。⑤

两宋时期，黄河上游地区基本上为西夏和辽占领，不少草地被开垦为农田，畜牧业不得不转移到黄河中下游地区，因此，黄河中下游也有许多草原植被分布。如河东路"岚、石之间，山荒甚多，及汾河之侧，草地亦广"⑥，同州沙苑监"见管草地一万一千四百六十余顷"⑦。京西路的洛阳、许昌、郑州、中牟等地也分布着许多草地。如河南府龙门以南，"地气稍凉，兼放牧，水草亦甚宽广"⑧；洛阳南部的广成川，"地旷远而水草美，可为牧地"，许州仅长社县就有"牧马草地四百余顷"⑨。梅尧臣途经许州时看到了盛大的牧马场面："国马一何多，来牧郊甸初。大群几百杂，小群

<hr />

① （清）王文诰：《苏轼诗集》卷23《别子由三首兼别迟》，北京：中华书局，1982年版，第1226页。

② （宋）张耒：《张耒集》卷14《北原》，北京：中华书局，1990年版，第244页。

③ （宋）张耒：《张耒集》卷23《官舍岁暮感怀书事五首》，北京：中华书局，1990年版，第417页。

④ （宋）梅尧臣：《宛陵集》卷58《蕲竹》，影印四部丛刊本1910年版，第59页。

⑤ （宋）李焘：《续资治通鉴长编》卷192，嘉祐五年八月甲申，北京：中华书局，2004年版，第4642—4643页。

⑥ （宋）欧阳修：《欧阳修全集》卷112《论监牧札子》，北京：中华书局，2001年版，第1703页。

⑦ （清）徐松：《宋会要辑稿·兵》22之4，北京：中华书局，1957年版，第7145页。

⑧ （宋）李心传：《建炎以来系年要录》卷190，绍兴三十一年五月辛卯，北京：中华书局，1955年版，第3172页。

⑨ （宋）李焘：《续资治通鉴长编》卷218，熙宁三年十二月癸未，北京：中华书局，2004年版，第5311页。

数十驱。或聚如斗蚁，或散如惊鸟。"① 可见其草原之广。郑州、中牟一带有面积广阔的草场，其中郑州原武监宋神宗熙宁年间就有牧地 4200 顷。② 中牟以西，"地广沙平，尤宜牧马"③；宋真宗景德二年（1005），中牟县仅用以养马的凉棚就有 38 座。④ 京师开封汴河两岸，更是沃壤千里，而夹河两岸公私废田，略计 2 万余顷，大多用来牧马。⑤

黄河下游的河北路与京东路分布有大片草原。河北气候温凉，除广布人工林和次生林外，还是黄河沿岸草原分布最为集中的一路："今河北洺、卫、相、北京五监之地，皆水草甘凉可以蕃息。"⑥ 如卫州新乡县东的牧龙乡草地百余里。⑦ 京东路的郓州六县牧地，据朝散郎杨叔仪统计元丰年间有 1.2 万余顷⑧，广平四马监占有草地达 1.5 万余顷。⑨ 总之，两宋时期由于传统畜牧业基地的丧失，牧马草地大本分集中在黄河沿岸相对适合畜牧的区域，在宋真宗统治时期达到顶峰，"其牧地自京畿及诸州军，皆遣使臣检视水草善地标占，诸坊监总四万四千四百余顷，诸班诸军又三万九百余顷，以为定制。皆有凉棚、井泉"⑩。牧地高达 9.8 万顷。北宋中后期随着马匹数量的减少和农牧争地的越演越烈，黄河流域许多草地被开垦为农田，草场植被遭到了严重破坏。

综上，十至十三世纪，黄河中下游流域是我国历史上农牧业开发程度最高的地区。这里主要分布的是栽培植被和次生植被，至于有些过度垦荒或放牧的地方，甚至已成为不毛之地，并且开始出现水土严重流失的现象。⑪ 史念海先生在《历史时期黄河中游的森林》一文中指出："唐宋时期黄河中游的森林地区继续缩小，山地森林受到严重破坏，丘陵地区的森林也有变化。宋代的破坏更远较隋唐时期剧烈，所破坏的地区也更为广泛。"⑫ 沈括在《梦溪笔谈》中言道："凡大河、漳水、滹沱、涿水、桑乾之类，悉

① （宋）梅尧臣：《宛陵集》卷 26《逢牧》，四部丛刊本，第 10 页。
② （元）脱脱等：《宋史》卷 347《章衡传》，北京：中华书局，1977 年版，第 11008 页。
③ （元）脱脱等：《宋史》卷 95《河渠志》5，北京：中华书局，1977 年版，第 2367 页。
④ （清）徐松：《宋会要辑稿·兵》21 之 36，北京：中华书局，1957 年版，第 7142 页。
⑤ （元）脱脱等：《宋史》卷 95《河渠志》5，北京：中华书局，1977 年版，第 2367 页。
⑥ （宋）宋祁：《景文集》卷 29《论群牧置使》，文渊阁四库全书本，第 1872 册，第 366 页。
⑦ （清）徐松：《宋会要辑稿·兵》21 之 25，北京：中华书局，1957 年版，第 7137 页。
⑧ （宋）李焘：《续资治通鉴长编》卷 336，元丰六年闰六月戊子，北京：中华书局，2004 年版，第 8099 页。
⑨ （清）徐松：《宋会要辑稿·兵》21 之 25，北京：中华书局，1957 年版，第 7137 页。
⑩ （清）徐松：《宋会要辑稿·兵》24 之 1，北京：中华书局，1957 年版，第 7179 页。
⑪ 王玉德，张全明：《中华五千年生态文化》，武汉：华中师范大学，1999 年版，第 430 页。
⑫ 史念海：《历史时期黄河中游的森林》，《河三集·二集》，北京：生活·读书·新知三联书店，1981 年版，第 274—275 页。

是浊流。今关、陕以西，水行地中，不减百余尺，其泥岁东流，皆为大陆之土，此理必然。"①森林遭到破坏后，黄河流域水土流失的现象非常严重，"只是在秦岭、陇山、吕梁山、大别山、泰山与燕山等许多高大的山区，才保存有较多的原始森林或原生植被"②。因此，这里的植被类型与分布同历史上相比，已有很大的不同。

二、　淮河流域的森林植被

淮河流域地处我国东部，介于长江和黄河两流域之间，位于东经111°55′—121°25′，北纬30°55′—36°36′，面积为27万平方公里。流域西起桐柏山、伏牛山，东临黄海，南以大别山、江淮丘陵、通扬运河及如泰运河南堤与长江分界，北以黄河南堤和泰山为界与黄河流域毗邻。③ 两宋时期，京西南路、荆湖北路、淮南东路等部分地区属于该流域。"两淮土沃而多旷土"。④ 淮河流域因人烟稀少，土地开发较少，植被保存良好，有大片的森林和竹林，也是野生动物虎豹等经常出没的地方。如京西南路方城县一带，"长林巨麓，禽兽成聚"成为重要的游猎场所。绍兴年间，方城人张宗正"日与其徒从事，罘网弥山，号曰漫天网。一网所获，亡虑数百计"⑤。随州大洪山经常有老虎为患，"往来者今不敢登山，殊惧送供之不继也"⑥，严重威胁了过往行人的生命安全。淮南路黄州麻城县境有泰陂山，"其地多茂林绝麓"⑦也是林木丰茂。淮南北路的光山县、蕲州(今湖北蕲春一带)、黄州(今湖北黄冈)等有大片的野生竹林，是宋政府重要的竹木供应地。⑧ 房州(今湖北房县)"邑舍稀疏，殆若三家市"，故这一带连绵不绝的原始森林，基本上能一直保持原状，仍然是"举头但对青山色"⑨。

除天然森林外，淮河流域也存在大量的人工林。早在宋仁宗天圣年间，楚州宝应县(今江苏宝应)知县张九能、知高邮县李居方因在淮河沿岸

---

① (宋)沈括：《梦溪笔谈》卷24《杂志一》，呼和浩特：远方出版社，2004年版，第140页。

② 张全明：《试析辽宋西夏金时期的植被分布与变迁》，《中国历史地理学导论》，武汉：华中师范大学出版社，2006年版，第96页。

③ 陈桥驿：《淮河流域》，上海：春明出版社，1952年版，第15页。

④ (宋)李心传：《建炎以来朝野杂记·甲集》卷8《陈子长筑绍熙堰》，北京：中华书局，2000年版，第166页。

⑤ (宋)洪迈：《夷坚志》卷16《二兔索命》，北京：中华书局，1985年版，第125页。

⑥ (宋)洪迈：《夷坚志》卷10《大洪山跛虎》，北京：中华书局，1985年版，第77页。

⑦ (宋)洪迈：《夷坚志》卷19《黄州野人》，北京：中华书局，1985年版，第693页。

⑧ (元)脱脱等：《宋史》卷298《司马池传》，北京：中华书局，1977年版，第9903页。

⑨ (宋)王象之：《舆地纪胜》(第5册)，北京：中华书局，1992年版，第4662页。

"种植榆柳，委寔用心"而受到了嘉奖。① 南宋时期，淮河流域成为宋金边境的分界线，常年的战争使生态植被遭到了严重破坏。为了抵御金军的进攻，南宋政府在淮河流域栽植了大量的树木。南宋孝宗淳熙四年（1177）十二月，枢密院上言："两淮、京襄控厄去处，全借山林蔽护，访闻民间采斫，官司更不禁止"。淮南淮北的国防林遭到当地民户大肆砍伐，枢密院建议禁止采伐。于是孝宗宣旨"宜再禁戢"②。显然这种明令禁止伐树的诏令效果并不明显。到宋光宗绍熙四年（1193），两淮地区的森林已经遭到了严重破坏。针对此情况，宋光宗言道："淮上一望都无阻隔，时下栽植榆柳，虽未便何用，缓急亦可为藩篱，"时年三月，令两淮、京西、湖北、四川等路"多种林木，令人防守"。③ 这些人工林在阻挡金兵和蒙古人的铁蹄时也许会起到一定的作用。

三、 长江流域的森林植被

长江流域是指长江干流和支流流经的广大区域。长江干流自西而东横贯中国中部，干流流经青海、西藏、四川、云南、重庆、湖北、湖南、江西、安徽、江苏、上海 11 个省、自治区、直辖市，数百条支流延伸至贵州、甘肃、陕西、河南、广西、广东、浙江、福建 8 个省、自治区的部分地区，总计 19 个省级行政区。流域面积达 180 万平方公里，约占中国陆地总面积的 1/5。④ 两宋时期长江流域横跨成都府路、利州路、梓州路、夔州路、荆湖北路、荆湖南路、江南西路、江南东路、淮南东路、淮南西路、两浙路等的全部或部分区域。这一区域既是经济加速开发、发展的地区，又是森林植被遭到较大破坏的地区之一。但这一带的绝大部分山区和部分丘陵地区，仍是树高林密，森林连片；同时还分布有一定面积的的草山和草坡。⑤ 笔者认为，与黄河和淮河流域相比，长江流域沿岸生态环境还是较为良好的。

长江上游的川蜀等地区，山高林密，交通不便，除成都府路经济发展较为迅速外，其他地区经济发展缓慢，甚至个别地方还处于刀耕火种阶段，如夔州路"最为荒瘠，号为刀耕火种之地。虽遇丰岁，民间犹不免食

---

① （清）徐松：《宋会要辑稿·方域》17 之 5，北京：中华书局，1957 年版，第 7599 页。

② （清）徐松：《宋会要辑稿·刑法》2 之 126，北京：中华书局，1957 年版，第 6558 页。

③ （清）徐松：《宋会要辑稿·兵》29 之 44，北京：中华书局，1957 年版，第 7314 页。

④ http://baike.baidu.com/view/39161.htm.

⑤ 王玉德、张全明：《中华五千年生态文化》，武汉：华中师范大学出版社，1999 年版，第 432 页。

木根食"①。施州(今湖北恩施)猿啼山"林木深茂"②,大部分地区"山岗砂石,不通牛犁,惟伐木烧畲以种五谷"③。正因为如此,植被很少遭到破坏。权知资州(今四川资中、资阳一带)刘述曾讲道:"臣窃见蜀之边郡多与蕃界相接,深山峻岭,大林巨木,绵亘数千百里,虎狼窟宅,人迹不通,自无窥伺之虞。"④大宁监(今四川巫溪)仍然"举头但对青山色"。大宁监凤山"际溪千仞,木石苍翠"⑤。利州路洋州(今陕西洋县)"皆高山峻岭,林木参天,虎豹熊罴,不通人行"⑥。由于生态植被良好,竟然出现了虎豹危害百姓的现象,宋政府不得不招募猎户猎杀虎豹。如熙宁六年(1073),在利州路提点刑狱范百禄的请求下,宋神宗下诏:"应有虎豹州县,令转运使度山林浅深,招置虎匠,仍无得它役。遇有虎豹害人,即追集捕杀,除官给赏绢外,虎二更支钱五千,豹二千,并以免役剩钱充。"⑦虎豹的猖獗从一个侧面反映了当地生态植被的良好。其他如忠州(今重庆忠县)"满山古柏大数围"⑧,丰都(今重庆丰都)平都山"翠柏万株"、"满山古柏大数围"⑨。据同治《归州志》卷1记载,归州(今湖北秭归)桐木山"多桐",是原始森林保存非常完好的地区。

开发较早的成都府路也是青山绿水,绿树成荫。陆游在成都为官时曾记述当地的环境状况是林木茂盛:"予在成都,偶以事至犀浦,过松林甚茂。"⑩表明在南宋时期成都府路到处还是郁郁葱葱的森林。林鸿荣先生指出:"唐宋时期四川森林的变迁进入渐变时期,表现为盆地、丘陵的原始森林基本消失,偏远山区森林受到一定程度摧残,部分地区手工业的发展也使林区受到破坏。"⑪通过以上可见此说法,未免有夸大之嫌。

云贵高原一带多为山区,人烟稀少,地势崎岖,开发相对较晚。两宋时期,这里到处是茫茫林海,林木深邃。如宋人朱辅在《溪蛮丛笑》中记

---

① (宋)汪应辰:《文定集》卷4《御札问蜀中旱歉画一回奏》,上海:学林出版社,2009年版,第27页。

② (宋)祝穆:《方舆胜览》卷60《施州》,北京:中华书局,2003年版,第1050页。

③ (宋)乐史著,王文楚校注:《太平寰宇记》卷119《施州》,北京:中华书局,2007年版,第2380页。

④ (清)徐松:《宋会要辑稿·刑法》2之131,北京:中华书局,1957年版,第6561页。

⑤ (宋)祝穆:《方舆胜览》卷58《大宁监》,北京:中华书局,2003年版,第1033页。

⑥ (清)徐松:《宋会要辑稿·刑法》2之123至124,北京:中华书局,1957年版,第6557页。

⑦ (宋)李焘:《续资治通鉴长编》卷242,熙宁六年二月壬午,北京:中华书局,2004年版,第5902页。

⑧ (宋)范成大:《范成大笔记六种·吴船录》卷下,北京:中华书局,2002年版,第215页。

⑨ (宋)范成大:《范成大笔记六种·吴船录》卷下,北京:中华书局,2002年版,第215页。

⑩ (宋)陆游:《老学庵笔记》卷9,北京:中华书局,2005年版,第117页。

⑪ 林鸿荣:《历史时期四川森林的变迁(续)》,《农业考古》1985年2期,第218页。

载："地多楠木，极大围者刳为舟，为独木船。"①《宋史·蛮夷传三》亦言：当地"诸蛮族类不一，大抵依阻山谷，并林木为居，椎髻跣足，走险如履平地。"②至于滇南西双版纳一带，更是森林稠密，生长着大量的热带常绿阔叶林，为动物栖息提供了良好的生存环境。这里生活着大象、孔雀、犀牛等很多热带动物。据《姜氏家谱·记》中载："孔雀巢人家树上，象大于水牛，土俗养象以耕田。"《宋史·五行志》记载：宋太宗雍熙四年（987），"有犀自黔南入万州，民捕杀之，获其皮角一"。《宋史·蕃夷七》载：端拱二年（989），四川西南"黎州邛部川蛮……贡……犀角二、象牙二"。直到明清时期，元谋东南一带仍是，"林杉森密，猴猱扳援，不畏人"，"松杉参天，其密如锥，行松阴中，尽日不绝"，③ 林木茂盛，郁郁葱葱。

长江上游地区由于多高山峻岭，植被的分布有明显的垂直地带性。如峨眉山，山脚为常绿阔叶林，山顶为针叶林冷杉和灌丛杜鹃，显示出植物种属的多样化。范成大于宋孝宗淳熙四年（1177）六月游览峨眉，见半山以下有娑罗，"其木叶如海桐，又似杨梅花，红白色，春夏间开"，而在山顶，因"数日前，雪大降，木叶犹有雪渍斓斑之迹"。又称山上：

> 草木之异，有如八仙而深紫，有如牵牛而大数倍，有如蓼而浅青。闻春时异花尤多，但是时山寒，人鲜能识之。草叶之异者，亦不可胜数。山高多风，木不能长，枝悉下垂。古苔如乱发。鬖鬖挂木上，垂至地，长数丈。又有塔松，状似杉而叶圆细，亦不能高，重重偃蹇如浮图，至山顶尤多。④

这种自然景观，当是西南山区植物多样化的生动写照，也反映了植被分布的垂直地带性。

需要指出的是长江上游地区由于林木丰茂，也成为宋政府觊觎的目标。宋仁宗庆历三年（1043）七月二十七日，秘书丞、知兴元府褒城县窦充建言：

> "窃见入川大路，自凤州至利州剑门关，直入益州，路遥远，桥阁约九万余间，每年系铺分兵士于近山采木修整通行。近年添修所使

① （宋）朱辅：《溪蛮丛笑》，北京：中华书局，1991 年版，第 3 页。
② （元）脱脱等：《宋史》卷 495《蛮夷传三》，北京：中华书局，1977 年版，第 14209 页。
③ （明）刘文征撰，古永继校点：《滇志》卷 4《陆路·建昌路考》，昆明：云南教育出版社，1991 年版，第 167 页。
④ （宋）范成大：《范成大笔记六种·吴船录》卷上，北京：中华书局，2002 年版，第 200 页。

木植万数，浩瀚深入山林三二十里外，采斫辛苦。欲乞于入川路沿官道两旁，令逐铺兵士每年栽种地土所宜林木，准备向去修葺桥阁。仍委管辖使臣、逐县令佐提举栽种，年终栽到数目，批上历子，理为劳绩，免致缓急，阻妨人马纲运。"诏令陕西及益州路转运司相度施行。[①]

宋政府因修筑自凤州至利州剑门关直入益州的道路，需要大量的木材，士兵每年深入山林二三十里深处砍伐。为保护林木，减轻士兵的辛劳，窦充建议让士兵植树造林，得到了宋仁宗的同意。

南宋孝宗时期，长江上游林木的滥砍现象更为猖獗。宋政府将大量的归正人安置在利州路，他们在这里砍伐林木，烧荒耕种，狩猎采漆，使生态植被遭到了一定程度的破坏。

> 自辛巳岁比(以)来，归正之人将关外空闲山地给令耕种，今已三十年，生子生孙，蕃息甚众，尽是斫伐林木，为刀耕火种之事。一二年间，地力稍退，又复别斫一山。兼又皆射猎，故于深山穷谷持弓挟矢，探虎豹之穴。又将林木蓊蔚之处开踏成路，采取漆蜡，以为养生之具。如此一年复一年，林木渐稀，则关隘不足恃矣。或有奸细蠢伏于关外，去州县极边，官司无缘得知，如此则叛亡难禁，奸细不防矣。"诏令四川制置司行下沿边州郡，将应有林木关隘去处措置严切禁戢，毋致采斫。[②]

林木的滥砍滥伐不仅破坏了生态环境，还威胁到了国防安全，迫使宋政府不得不采取措施遏制这种毁林的现象。总之，两宋时期，尽管长江上游地区也出现了林木砍伐的现象，但因这一地区交通不便，经济落后，植被的破坏并不十分严重，其森林覆盖率还是相对较高的。蓝勇先生指出：西南地区在唐宋时森林覆盖率在60％左右，其中云贵高原山区的森林覆盖率达到了80％。[③] 由此亦可佐证唐宋时期长江上游生态植被良好的事实。

长江流域中下游一带植被茂密，尤其是两湖境内分布着大片的森林、竹园和橘林。北宋仁宗时期欧阳修居住在湖北夷陵（今湖北宜昌）时，看到橘树成林的景象欣然写下了："紫箨青林长蔽日，绿丛龙眼最宜秋。"[④]的优

---

① （清）徐松：《宋会要辑稿·方域》10之2，北京：中华书局，1957年版，第7474页。
② （清）徐松：《宋会要辑稿·刑法》2之124，北京：中华书局，1957年版，第6557页。
③ 蓝勇：《历史时期西南经济开发与生态变迁》，昆明：云南教育出版社，1992年版，第46页。
④ （宋）欧阳修：《欧阳修全集》卷11《夷陵书事寄谢三舍人》，北京：中华书局，2001年版，第174页。

美诗句。陆游在南宋孝宗时期乘船沿长江而上，在江陵一带长江沿岸看到："带江悉是橘林，翠樾照水，行终日不绝，林中竹篱瓦屋，不类村墟，疑皆得种橘之利，江陵千本，古比封君，此固不足怪也。"①遍地都是橘树的美景。显然，橘树成了重要的经济林，是这一地区农户收入的主要来源。沅湘之间的武陵源地区，森林茂密，以至于当地村民"每欲布种时，则先伐其林木，纵火焚之，俟其成灰，即布种于其间……盖史所谓刀耕火种也"②。耕种时不得不先伐木种植。荆湖南路的永州界排山驿一带，因"四望空迥，人烟在数里之外，草木深茂，虎狼出没，最为危险"。人烟稀少，草木丰茂，虎狼出没，南宋初年，马纲经由此地竟不敢停留。③ 两湖境内的江汉平原一带竹林密布，"江村竹树多如草"④，是其明证。湖北石首县（今湖北石首），据嘉靖《湖广图经志书》卷6记载，在北宋时期以"多竹"、"有竹林"而得名；汉川县的竹林更为茂密，"汉川如渭川，千亩尽修竹"⑤并非是溢美之词。其他如柳、杨、松等也是当地常见的树木。北宋时，荆门军（今湖北荆门）松树茂密，"夹道十里"⑥。公安县（今湖北公安）一些河流，"两岸绿杨遮虎渡"⑦。显然也是老虎经常出没的地区。监利县"皆茂竹高林，人往来林樾间"⑧。长江中下游的两湖地区，南宋以后随着北民的大量迁入，天然植被遭到了破坏，当时道经此地的目击者指出不少地方"皆土山，略无峰峦秀丽之意，但荒凉相属耳"⑨。到处是荒山秃岭，令人扼腕叹息。

　　长江下游的江南东路、淮南路，以及两浙路是两宋时期经济发展最为迅速的地区，北宋时期，植被良好。南宋定都杭州，这里成为政治、经济和文化中心。伴随着经济的迅猛发展和人口的激增，植被遭到一定程度的破坏。如江南东路的歙州（今安徽黄山）和淮南路的徽州（今安徽徽州）等地适宜杉木的种植，"土人稀作田，多以种杉为业。杉又易生之物，故取之难穷"⑩。杉树已成为当地重要的收入来源。苏州洞庭山一带盛产柑橘，范

　　①　（宋）范成大：《范成大笔记六种·骖鸾录》北京：中华书局，2002年版，第49页。

　　②　（宋）张淏：《云谷杂记》卷4，文渊阁四库全书本，第850册，第907页。

　　③　（清）徐松：《宋会要辑稿·兵》25之10，北京：中华书局，1957年版，第7205页。

　　④　（宋）祝穆：《方舆胜览》卷27《湖北路江陵府题咏》，北京：中华书局，2003年版，第488页。

　　⑤　（宋）吕陶：《净德集》卷38《筼筜谷》，文渊阁四库全书本，第1098册，第281页。

　　⑥　（宋）杨守敬：《杨守敬集·荆门军景德玉泉禅院唐贤留题诗序碑》，见《全宋文（第24册）》，成都：巴蜀书社，1992年版，第545页。

　　⑦　（宋）祝穆：《方舆胜览》卷27《湖北路荆州题咏》，北京：中华书局，2003年版，第488页。

　　⑧　（宋）陆游：《入蜀记》，见《陆游全集》（下），北京：中国文史出版社，1999年版，1446页。

　　⑨　（宋）范成大：《范成大笔记六种·骖鸾录》，北京：中华书局，2002年版，第54页。

　　⑩　（宋）范成大：《范成大笔记六种·骖鸾录》，北京：中华书局，2002年版，第45页。

仲淹诗云："万顷湖光里，千家橘熟时。"[1]两浙路常山至沙溪一带，"所在多乔木，茂林。"[2]宁波、绍兴等地也是，"巨木高森，沿溪平地竹木亦甚茂密"[3]生长着茂密的森林和竹林。临安西湖周围"傍山松桧参天"，"古木倒垂，森翠可爱"[4]林木参天，植被良好。

但也应看到的是，南宋定都杭州后，对长江下游，尤其是两浙路一些州县植被破坏严重。"今驻跸吴越，山林之广，不足以供樵苏，虽佳花美竹，坟墓之松楸，岁月之间，尽成赤地，根柢之微，斫橛皆偏，芽蘖无复可生"。[5]绿色植被被扫荡一空，甚至殃及根芽。任职于越州的蒋堂看到当地号称形胜的卧龙山，"竹树零碎，仅以半在"，问其所以，乃知砍伐造成，便写了一首《闵山诗》。"不知平昔时，谁氏来班录。私庖计薪爨，无时伐良木。官膳利货财，弥年伐修竹。忽忽事斧斤，丁丁响川谷"。[6] 常年的伐薪烧炭使森林植被面临着几乎毁灭性的破坏。又如两浙四明地区（今浙江宁波）：

> 昔时巨木高森，沿溪平地竹木亦甚茂密，虽遇暴水湍激，沙土为木根盘固，流下不多，所淤亦少，开淘良易。近年以来，木值价高，斧斤相寻，靡山不童，而平地竹木亦为之一空。大水之时既无林木少抑奔湍之势，又无包缆以固沙土之积，致使浮沙随流奔下，淤塞溪流。[7]

四明地区本来植被茂密，南宋中期以来，大规模地开山伐树，导致植被遭到严重破坏，造成水土流失，淤塞道路。这样深刻的教训不能不令人深思。

长江流域地处热带、亚热带，以丘陵山地为主，非常适合茶叶的生长。两宋时期长江流域沿岸各路茶园广布，有些地方的民户经济来源完全依靠茶叶。如鄂州崇阳县（今湖北崇阳）"多旷土，民不务耕织，唯以植茶为业"[8]。其他各路州县也几乎都种植茶叶。

> 国朝惟川峡、广南茶听民自买卖，禁其出境，余悉榷，犯者有

① （宋）范仲淹：《范仲淹全集》卷5《苏州十咏》，成都：四川大学出版社，2002年版，第104页。
② （宋）范成大：《范成大笔记六种·骖鸾录》，北京：中华书局，2002年版，第47页。
③ （宋）魏岘：《四明它山水利备览》卷上《淘沙》，文渊阁四库全书本，第576册，第22页上。
④ （宋）《咸淳临安志》卷23《玉岑山》，文渊阁四库全书本，第489册，第281页下。
⑤ （宋）庄绰《鸡肋编》卷中，北京：中华书局，1983年版，第77页。
⑥ 傅璇琮等：《全宋诗（第72册）》，北京：北京大学出版社，1998年版，第1706页。
⑦ （宋）魏岘：《四明它山水利备览》卷上《淘沙》，文渊阁四库全书本，第576册，第22页上。
⑧ （宋）沈括：《梦溪笔谈》补编《官政》，呼和浩特：远方出版社，2004年版，第180页。

刑。在淮南则蕲、黄、庐、舒、寿、光六州，官自为场，置吏总之，谓之山场者十三，六州采茶之民皆隶焉，谓之园户，岁课作茶、输其租，余官悉市之。其售于官，皆先受钱而后入茶，谓之本钱。又有百姓岁输税者，亦折为茶，谓之折税茶。总为岁课八百六十五万余斤，其出鬻皆就本场。在江南则宣、歙、江池、饶、信、洪、抚、筠、袁十州，广德兴国临江建昌南康五军，两浙则杭、苏、明、越、婺、处、温、台、湖、常、衢、睦十二州，荆湖则荆、潭、澧鼎、鄂、岳、归、峡八州、荆门军，福建则建、剑二州，岁如山场输租折税，余则官悉市而敛之。总为岁课，江南千二十七万余斤，两浙百二十七万九千余斤，荆湖二百四十七万余斤，福建三十九万三千余斤，皆转输要会之地，曰江陵府，曰真州，曰海州，曰汉阳军，曰无为军，曰蕲州蕲口，为六榷货务。凡民鬻茶者皆售于官，其以给日用者，谓之食茶，出境则给券。商贾之欲贸易者，入钱若金帛京师榷货务，以射六务、十三场茶，给券，随所射与之，谓之交引。愿就东南入钱若金帛者听，入金帛者计直予茶如京师。[①]

由上述史料可知，从长江三峡到下游的江浙一带数十州县到处种植有茶叶，茶叶不仅是重要的经济作物，可以增加当地的收入，还有利于改善长江流域的植被状况和保持水土。

四、 珠江流域与闽南一带的森林植被

两宋时期，珠江流域的广南东路和广南西路以及福建路和海南等地，经济落后，很多地区还处于未开发状态，瘴气弥漫。如广南东、西路转运使言道："所部梅、春、循、新、邕、钦、融、桂昭、容、白、琼、崖等州，皆烟瘴之地。"[②]因环境恶劣，人迹罕至，所以很多原始森林得以很好地保存。朱熹在游历武夷山的余脉百丈山时记述道："皆苍藤古木，虽盛夏亭午无暑气……数百里间峰峦高下，亦皆历历在眼。日薄西山，余光横照，紫翠重迭，不可殚数。"[③]数百里分布着原始森林。浙闽山地直到北宋后期仍然"山林险阻，连亘数千里"林海广阔。吕惠卿的父亲吕璹为漳州漳

---

① （宋）李焘：《续资治通鉴长编》卷100，天圣元年正月壬午，北京：中华书局，2004年版，第2311—2312页。

② （宋）李焘：《续资治通鉴长编》卷119，景祐四年六月壬午，北京：中华书局，2004年版，第2832页。

③ 郁贤皓等：《中国古代文学作品选·宋辽金部分》(第4卷)，北京：高等教育出版社，2003年版，第314页。

浦县令时，"县处山林蔽翳间，民病瘴雾蛇虎之害，璹教民焚燎而耕"，改山林为农田，"害为衰止"。① 因有大片的原始森林的存在，珠江流域成为野象和老虎重要的活动区域。如雷、化、新、白、惠、恩等州，"山林中有群象"②；漳州漳浦县"素多象。往往十数为群，然不为害"③。人象和谐共处，其乐融融。张全明先生指出，这一地区的森林覆盖率在80％左右是有充足的根据的。④

珠江流域和闽南一带还有许多次生林和人工林。"自大庾岭下南至广，驿路荒远，室庐稀疏，往来无所庇"，广东转运使蔡抗"课民植松夹道，以休行者"。⑤ 福州知州黄裳"劝谕乡保，遍于驿路及通州县官路两畔，栽种杉、松、冬青、杨柳等木，共栽植到杉、松等木共三十三万八千六百株"⑥。闽中和沿海的泉州也有大片人工林，如十一世纪初，蔡襄徙知泉州，"又植松七百里以庇道路，闽人刻碑纪德"⑦。因植树造林，造福一方，为后人所铭记。

岭南一带的珠江流域还广泛栽植荔枝。荔枝是亚热带树种，主要产于中国西南部川峡一带、南部和东南部云南、两广、闽南等地，尤其是广东和福建南部栽培最盛。唐代大诗人白居易在《荔枝图序》中言："荔枝生巴峡间……壳如红缯，膜如紫绡，瓤肉莹白如冰雪，浆液甘甜如醴酪……若离本枝，一日而色变，二日而香变，三日而味变，四五日外色香味尽去矣。"诗中表达了荔枝不易保存的特点。范成大《吴船录》卷下《涪州》中言道："自眉嘉至此，皆产荔枝，唐以涪州任贡，杨太真所嗜，去州数里，有妃子园。"其另一本书《桂海虞衡志》中写道：荔枝"自湖南界入桂林，才百余里，便有之，亦未甚多。"⑧昭平、松贺出产者尤胜。"自此而南，诸郡皆有之，悉不宜干，肉薄味浅，不及闽中所产"。⑨ 宋人蔡襄称："荔枝之于天下，唯闽、粤、南粤、巴蜀有之，闽中唯四都有之，福州最多，而兴化军最为奇特，泉、漳州时亦知名。然性畏高寒，不堪移植……福州之西三舍曰水口，地少加寒，已不可殖。"⑩指出了荔枝的产地，各地的名品以及荔枝生长的气候特点。梁克家在《淳熙三山志》中对荔枝分布描述更为具

① （元）脱脱等：《宋史》卷471《吕惠卿传》，北京：中华书局，1977年版，第13705页。
② 陈智超等：《宋会要辑稿补编》，全国图书馆文献缩微复制中心1987年版，第873页。
③ （宋）彭乘：《墨客挥犀》卷3《潮阳象》，北京：中华书局，2002年版，第306页。
④ 张全明：《中国历史地理学导论》，武汉：华中师范大学出版社，2006年版，第100页。
⑤ （元）脱脱等：《宋史》卷328《蔡挺传》，北京：中华书局，1977年版，第10575页。
⑥ （清）徐松：《宋会要辑稿·方域》10之6，北京：中华书局，1957年版，第7476页。
⑦ （元）脱脱等：《宋史》卷320《蔡襄传》，北京：中华书局，1977年版，第10400页。
⑧ 范成大：《范成大笔记六种·桂海虞衡志·志果》，北京：中华书局，2002年版，第116页。
⑨ （宋）范成大：《范成大笔记六种·桂海玉衡志·志果》北京：中华书局，2002年版，第116页。
⑩ （宋）蔡襄：《荔枝谱》，丛书集成初编本第1470册，北京：中华书局，1985年版，第1页。

体："荔枝之属，州北自长溪、宁德、罗源至连江北境，西自古田、闽清，皆不可种，以其性畏高寒。连江之南，虽有植者，其成熟差晚半月，直过北岭，官舍民庐及僧道所居至连山接谷，始大蕃盛。大观庚寅冬，大霜，木皆冻死。经一二年始于旧根复生。淳熙戊戌（1178）冬，大雪，亦多枯折。常时，霜、雪寡薄，温厚之气盛于东南，故闽中所产比巴蜀、南海尤为殊绝。"[①]在宋代，福建北部山区气候稍寒，不适合荔枝种植，北岭山脉以南，气候炎热，广泛栽培荔枝。《本草纲目》卷31《果部·果之三》记载：荔枝"生岭南及巴中，今闽之泉、福、漳州、兴化军，蜀之嘉、蜀、涪及二广州郡皆有之。"荔枝在珠江流域的广泛栽培一定程度上不仅改善了当地的气候，还为农户提供了鲜美的果品，增加了农民的经济收入。

南宋时期，珠江流域的森林也遭到了一定程度的破坏。如建宁府松溪县瑞应场，"初场之左右皆大林木，不二十年，去场四十里皆童山"[②]。大规模的伐薪烧炭已成了森林不能承受之重。有人指出，我国历史上经历了三次大规模的森林砍伐高潮：第一次为战国至秦汉时期，每年森林的减少面积在 4.3—6.3 万亩之间；第二次为唐宋时期，每年森林约减少 4.5—8.1 万亩之间；第三次为十八至十九世纪，每年森林减少约 4.5 万亩左右。[③] 可见，十至十三世纪的宋代虽然还存在着一定面积的原始森林，但有些区域的森林遭到了大肆砍伐。尽管如此，从当时整个国土范围而言，生态系统中尤其是森林、草原等植被的分布与变迁仍大体维持着相对良好的平衡状态。[④]

五、　森林植被对畜牧业的影响

森林植被对畜牧业发展有重要的影响。首先，茂密的森林不仅能够为动物提供赖以栖息的场所，还能够为牲畜棚圈的建设提供大量的木材。两宋时期，政府陆陆续续建立了几十所马监，如北宋时马监最盛时达 81 所。这些马监建设需要大量的木材。为此，宋政府下诏令广植树木。中牟县在宋初有马棚 17 所，"募比近人户三两名看管，许于牧地耕种上等田三两顷，免纳租课，岁令栽榆柳以备棚材"[⑤]。宋真宗景德二年（1005）下诏："河北

---

① （宋）梁克家：《淳熙三山志》卷41《果实》，文渊阁四库全书本，第484册，第587页。
② （宋）赵彦卫：《云麓漫钞》卷2，北京：中华书局，1996年版，第27页。
③ 徐海亮：《历代中州森林变迁》，《中国农史》1988年第4期，第98页。
④ 张全明：《生态环境与区域文化史研究》，北京：崇文书局，2005年版，第266页。
⑤ （宋）李焘：《续资治通鉴长编》卷217，熙宁三年十一月己酉，北京：中华书局，2004年版，第5281页。

诸州牧马凉棚乏材木者，当以闲散官厩、军营及伐官木充用，不足即市木以充。"①宋真宗统治时期，全国马监牧地建设马棚达 687 座②，耗费的木材数量不菲。比如，仅西京河南府洛阳监植树数千万株为马棚建设提供树木。遗憾的是因官方管理不善，大量木材"皆为百姓所伐贩卖"③。给马监建设带来了一定的影响。

其次，森林具有保持水土、涵养水源，防止水旱灾害的作用。据专家测算，一片 10 万亩面积的森林，相当于一个 200 万立方米的水库，这正如农谚所说的：山上多栽树，等于修水库。雨多它能吞，雨少它能吐。森林这种吞吐功能起到了保持水土、涵养水源的作用，能够为牧草的生长提供充足的水分，防止草场沙化和盐碱化。北宋中前期，森林覆盖率高，马监牧地分布广泛，也是官营畜牧业最为发达的时期。这一时期官营牧地达 9.8 万顷，牧养马匹 20 多万匹。北宋中期以后由于统治者的奢侈腐化，大兴土木，森林遭到大肆的采伐。前文提到，到北宋中后期，整个黄河中下游，乃至江南一带已经是濯濯童山了，森林植被遭到了严重破坏，黄河中游的森林覆盖率已下降到 32%。森林的大肆砍伐带来了严重后果，黄河中下游一带土壤沙化日益严重，草场范围日趋减少，到北宋神宗时期，牧地面积已经萎缩到 5.5 万顷。④ 牧地的大量缩减除了周边农户的侵占外，一个很重要的原因就是森林的砍伐导致土壤沙化和盐碱化，牧场减退，牧地缩小。

第四节　水土流失及其对畜牧业的影响

水土资源是指可以利用的水资源和土地资源。水资源和土地资源作为自然地理系统的重要组成因子，它们之间相互联系、相互渗透、相互制约。随着科学技术的发展和人类对水土资源的不断开发利用，以及对这两种资源的关系和综合利用研究的不断深入，以便在改造自然环境中，利用其基本规律，自觉地保护自然地理环境，满足人类和社会经济的发展要求，实施可持续发展战略。我国的水资源和土地资源破坏比较严重，这既与中国的地形与气候有关，但更多的是人为因素，无节制的滥砍乱伐是导致水土资源破坏的重要原因。

---

① 陈智超：《宋会要辑稿补编》，全国图书馆文献缩微复制中心，1987 年版，第 410 页。

② （宋）王应麟：《玉海》卷 149《马政》下，南京：江苏古籍出版社；上海：上海书店，1987年版，第 2733 页。

③ 宋祁：《景文集》卷 29《论复监地》，文渊阁四库全书本，第 1088 册，第 253 页。

④ 《宋史》卷 198《兵》12，第 4940 页。

一、　水土流失及其危害

水土流失是指在水力、重力、风力等外营力作用下，水土资源和土地生产力的破坏和损失，包括土地表层侵蚀和水土损失，亦称水土损失。[①]1981 年的《简明水利水电词典》指出，水土流失是指："地表土壤及母质、岩石受到水力、风力、重力和冻融等外力的作用，使之受到各种破坏和移动、堆积过程以及水本身的损失现象。"这是广义的水土流失。狭义的水土流失是特指水力侵蚀现象。[②]

历史上中国是个多山的国家，山地面积占国土面积的 2/3，又是世界上黄土分布最广的国家。一方面，山地丘陵和黄土地区地形起伏。黄土或松散的风化壳在缺乏植被保护情况下极易发生侵蚀；另一方面，从纬度位置上看，中国大部分地区属于大陆性季风气候，降水量集中，雨季降水量常达年降水量的 60%—80%，且多暴雨。雨水的过度集中与大量黄土分布的地形容易形成水土流失的地质地貌条件和气候条件，导致水土流失现象的发生。

水土流失对人们的生活、社会生产与生态环境造成的危害极大。据现代科学研究，水土流失能冲毁土地，破坏耕田，造成土壤的严重剥蚀，导致土壤肥力的减退。如水土流失不仅减少了土壤中的氮、磷、钾等主要养分，也减少了土壤中硼、锌、铜、锰、铁等微量元素含量。据测定，流失的坡耕地比不流失的梯田，微量元素要减少 1/3—1/2，严重影响农作物产量和质量。水土流失还破坏了土地、植被等生态系统要素，导致生态失调，进而导致旱涝灾害频繁发生。此外，严重的水土流失还会淤积水库、湖泊，堵塞河道，加剧洪涝灾害，降低其综合利用功能。生态学家姜春云同志曾指出："全国各地由于水土流失而损失的水库、山塘库容累积达 200 亿立方米以上，相当于淤废库容 1 亿立方米的大型水库 200 多座，按计算费用每立方米库容 0.5 元计算，直接经济损失约 100 亿元。"[③]由于水量减少造成的灌溉面积、发电量的损失，以及库周生态环境恶化，损失更是难以估计。本书研究所探讨的主要是指人为因素对生态环境的破坏所导致的水土流失。

二、　宋代的水土流失状况

宋代以来，由于水患的大量增加，植被的破坏，人口的剧增，战乱的

---

①　王礼先：《中国大百科全书·水利卷·水土保持学》，北京：中国林业出版社，2005 年版。

②　武汉水利水电学院：《简明水利水电词典》，北京：科学出版社，1982 年版，第 84 页。

③　姜春云：《在全国治理水土流失、建设生态农业现场经验交流会上的讲话》，1997 年 8 月 31 日。

频繁，农牧争地的越演越烈，导致水土流失非常严重。宋辽夏金的先后对峙，使宋统治者对北方黄河的决溢、迁徙所引起的严重水灾，只从借河御敌或漕运的需要出发，着重防治中下游的河患，对上游黄土高原一带的植被减少与水土流失等并没有给予认真思考。南方长江流域的水土生态系统，由于人口的剧增以及土地的大规模开发，其生态平衡逐渐失调，水土流失严重，不少区域陷入干旱与洪涝的恶性循环中。水土流失不仅直接威胁农业的发展，而且影响了漕运，对民众生活也产生了很大的影响。比较而言，淮河流域因人口相对较少，土地开发尚未形成规模，人类活动较少，水土流失的现象相对较轻。宋代水土流失的情况，学界并未给予广泛关注，目前仅有方宝璋先生的《略论宋代水土生态综合治理思想》一文对宋代植树造林、还田为湖、修复养护坡塘等方面治理水土流失的思想进行了分析。[①]

（一）黄河中下游一带的水土流失

两宋时期，由于人口的大量增长，对土地的掠夺性开垦，过度放牧，以及黄河沿岸树木的滥砍滥伐，导致黄河中下游一带水土流失相当严重。从黄河和长江中上游冲刷下来的泥沙经常堆积到这一区域，致使水流不畅，土壤沙化和盐碱化。如黄土高原现今总面积为 62.8 万平方公里，水土流失面积达 45.4 万平方公里，占总面积的 72%。之所以会出现如此严重的水土流失，与历史时期长期的生态平衡遭到破坏有关。据中国科学院黄土高原综合考察队研究调查：自全新世至唐代，黄土高原的土壤以自然为主，年侵蚀量为 11.6 亿吨，明清以来土壤侵蚀因人为活动的加剧，增至 13.3 亿吨，近百年增至 16.8 亿吨，而在近 30 年来又增至 22.33 亿吨，人类长期以来的极不合理的利用土地资源，毁林开荒、陡坡开荒、撂荒种植、广种薄收，以及滥伐、过度放牧等掠夺性经营方式，严重破坏了植被覆盖，这是加速水土流失的直接原因。[②]

两宋时期，黄土高原一带人类活动加剧（宋夏之间常年战乱，宋政府在宋夏边境的大规模屯田等），一方面导致土壤侵蚀增加，水患猖獗；另一方面黄河水患的频繁还与流经区域的地形密切相关。黄河"北绕朔方、北地、上郡而东，经三受降城、丰东胜州，折而南，出龙门，过河中，抵潼关。东出三门、集津为孟津，过虎牢，而后奔放平壤。吞纳小水以百数，势益雄放，无崇山巨矶以防闲之，旁激奔溃，不遵禹迹。故虎牢迤东

---

① 方宝璋：《略论宋代水土生态综合治理思想》，《江西财经大学学报》2007 年第 6 期，第77—82 页。

② 张展羽、俞双恩等：《水土资源规划与管理》，北京：中国水利水电出版社，2009 年版，第 175 页。

距海口三二千里，恒被其害，宋为特甚"①。我国地形西高东低，黄河流经我国第一第二阶梯，沿途融汇了许多支流，过虎牢关后，流经第三阶梯的平原地区，河水势如破竹，中下游二三千里的区域常常遭受洪水的肆虐，造成大量的水土流失。

宋代是我国历史上黄河决口最为频繁的一个时期。据《人民黄河》一书统计，新中国成立以前的3000多年间，黄河决口泛滥约有1500余次，较大的改道有26次，重大改道有6次。据不完全统计，辽宋金时期的370余年中，除南宋时期"河遂尽入金境"而至宋蒙对峙时期的数十年间史书未对河决、迁徙情况予以详细记载以外，黄河决口泛滥或改道有记载的即达210余次。其中，辽初（907）至后周显德六年（959）的52年间黄河决口44次；北宋建隆元年（960）至靖康二年（1127）的167年中黄河决口138次。②黄河流经土质疏松的黄土高原地区，黄河的决口，导致中下游地区的土壤在洪水的冲刷下，大量流失，"凡大河、漳水、滹沱、涿水、桑乾之类，悉是浊流。今关、陕以西，水行地中，不减百余尺，其泥岁东流，皆为大陆之上，此理必然"③。洪水带来的大量泥沙在下游淤积，长期积淀，在下游地区形成了地上河。曾如苏辙所言：

> 臣闻大河行流，自来东西移徙者皆有常理。盖河水重浊，所至辄淤，淤填既高，必就下而决。以往事验之，皆东行至太山之麓，则决而西，西行至西山之麓，则决而东。向者天禧之中，河至太山，决而西行，于今仅八十年矣。自是以来，避高就下，至今屡决：始决天台，次决龙门，次决王楚，次决横陇，次决商胡，及元丰之中，决于大吴。每其始决，朝廷多议闭塞，令复行故道。故道既高，复行不久，辄又冲决。要之水性润下，导之下流，河乃得安。是以大吴之决，虽先帝天锡智勇，喜立事功，而导之使行，不敢复塞，兹实至当之举也。惟是时民力凋弊，堤防未完，北流汗漫，失于陂障。④

黄河流经黄土高原，沿途夹带大量泥沙，导致下游淤塞，水患连连。据邱云飞统计两宋时期的水灾有628次，其中大部分都发生在黄河中下游地区。⑤频繁的水患对黄河中下游的地形地貌有很大影响。由于流水的长年

---

① （元）脱脱等：《宋史》卷91《河渠志一》，北京：中华书局，1977年版，第2256页。
② 张全明等：《生态环境与区域文化史研究》，北京：崇文书局，2005年版，第237页。
③ （宋）沈括：《梦溪笔谈》卷24《杂志》，呼和浩特：远方出版社，2004年版，第140页。
④ （宋）苏辙：《苏辙集》卷46《论黄河东流札子》，北京：中华书局，1990年版，第816—817页。
⑤ 邱云飞：《中国灾害通史·宋代卷》，郑州：郑州大学出版社，2008年版，第42页。

冲积，使下游地区土壤沙化和盐碱化非常严重。如京师开封一带，"都城土薄水浅，城南穿土尺余已沙湿"①；"风吹沙度满城黄"②干旱少雨，土壤沙化非常严重。"驼冈似沙苑，惟阜带川洲"③由于地表布满沙砾，在狂风的吹拂下，很容易出现漫天黄沙飞扬的沙尘暴天气。如宋太宗端拱二年（989）开封出现了第一次沙尘天气，"京师暴风起东北，尘沙暗日，人不相辨"④。以后沙尘暴天气大有越演越烈之势。据统计，北宋一朝仅发生在开封的沙尘暴天气就达 40 余次。⑤ 王文楷曾言："唐宋时期开封的基本植物物种为暖温带落叶阔叶林，其代表植物主要有杨、柳、榆、槐、桐等落叶阔叶乔木，以及松、柏、桑、竹等树种；在盐碱地及沙地上则有一些沙蓬、碱蓬、蒺藜等生长。"⑥水土流失导致开封土壤沙化和盐碱化，一些耐旱性植物沙蓬、碱蓬、蒺藜适合生长。

黄河下游的河北路、京东路一带，在黄河及其支流的长期冲刷下，土壤盐碱化情况更为严重。如河北路地处宋辽边境，后晋时期，幽云十六州丧失，中原王朝无险可守，不得不在宋辽边境开辟大量的塘泊，以水为限，河北一带几乎成了水乡泽国。

> 河北为天下根本，其民俭啬勤苦，地方数千里，古号丰实。今其地，十三为契丹所有，余出征赋者，七分而已。魏史起凿十二渠，引漳水溉斥卤之田，而河内饶足。唐至德后，渠废，而相、魏、磁、洺之地并漳水者，累遭决溢，今皆斥卤不可耕。故沿边郡县，数蠲租税，而又牧监刍地，占民田数百千顷，是河北之地，虽十有其七，而得赋之实者，四分而已。以四分之力，给十万防秋之师，生民不得不困也。且牧监养马数万，徒耗刍豢，未尝获其用。请择壮者配军，衰者徙之河南，孳息者养之民间。罢诸埒牧，以其地为屯田，发役卒、刑徒田之，岁可用获谷数十万斛。夫漳水一石，其泥数斗，古人以为利，今人以为害，系乎用与不用尔。愿募民复十二渠，渠复则水分，水分则无奔决之患。以之灌溉，可使数郡瘠卤之田，变为膏腴，如是，则民富十倍，而帑廪有余矣。以此驭敌，何求而不可。诏河北转

---

① （宋）江少虞：《宋朝事实类苑》卷 61《土厚水深无病》，上海：上海古籍出版社，1981 年版，第 815 页。

② （宋）王安石：《王文公文集》卷 76《读诏书》，上海：上海人民出版社，1974 年版，第 809 页。

③ （宋）吕祖谦：《宋文鉴》卷 16，江休复：《牟驼冈阅马》，光绪丙戌（1886 年），南京：江苏书局开雕，第 29 页。

④ （元）脱脱等：《宋史》卷 67《五行志》5，北京：中华书局，1977 年版，第 1468 页。

⑤ 周宝珠：《宋代东京研究》，郑州：河南大学出版社，1999 年版，第 670—672 页。

⑥ 王文楷等：《河南地理志》，郑州：河南人民出版社，1990 年版，第 125 页。

运使规度，而通判洺州王轸言："漳河岸高水下，未易疏导；又其流浊，不可溉田。"沿方迁监察御史，即上书驳轸说，帝虽嘉之而不即行，语在《河渠志》。①

塘水东起沧州界，拒海岸黑龙港，西至乾宁军，沿永济河合破船淀、满淀、灰淀为一水，衡广百二十里，纵九十里至一百三十里，其深五尺。东起乾宁军西信安军永济渠为一水，西合鹅巢淀、陈人淀、燕丹淀、大光淀为一水，衡广一百二十里，纵三十里或五十里，其深丈余或六尺。东起信安军永济渠，西至霸州莫金口，合水纹淀、得胜淀、下光淀、小兰淀、李子淀、大兰淀为一水，衡广七十里，纵五十里或六十里，其深六尺或七尺。东北起霸州莫金口，西南保定军父母砦，合粮料淀为一水，衡广二十七里，纵八里，其深六尺。霸州至保定军并塘岸水最浅，故咸平、景德中，契丹钞河北，以霸州、信安军为归路。东南起保定军，西北雄州，合百世淀、黑羊淀、小莲花淀为一水，衡广六十里，纵二十五里或十五里，其深八尺或九尺。东起雄州，西至顺安军，合大莲花淀、洛阳淀、牛横淀、康池淀、畴淀、白洋淀为一水，衡广七十里，纵三十里或四十五里，其深一丈或六尺或七尺。东起顺安军，西边吴淀，至保州，合齐安淀、宜子淀、劳淀为一水，衡广三十余里，纵百五十里，其深一丈三尺或一丈。起安肃、广信军之南，保州西北，畜沈苑河为塘，衡广二十里，纵十里，其深五尺，浅或三尺，曰沈苑泊。自保州西，合鸡距泉，尝为稻、方田，衡广十里，其深五尺至三尺，曰西塘泊。自何承矩以黄懋为判官，始开置屯田，筑堤储水为阻固，其后益增广之。凡并边诸河，若滹沱、葫芦、永济等河，皆汇于塘。②

于是自保州西北沈远泺，东尽沧州泥枯海口，几八百里，悉为潴潦，阔者有及六十里者，至今倚为藩篱。或谓侵蚀民田，岁失边粟之入，此殊不然，深、冀、沧、瀛间，惟大河、滹沱、漳水所淤，方为美田；淤淀不至处，悉是斥卤，不可种艺。异日惟是聚集游民，刮碱煮盐，颇干盐禁，时为寇盗。自为潴泺，奸盐遂少，而鱼蟹菰苇之利，人亦赖之。③

由上述史料可知，唐宋以前，河北境内风调雨顺，百姓衣食富足，唐

---

① （元）脱脱等：《宋史》卷300《王沿传》，北京：中华书局，1977年版，第9957—9958页。

② （宋）李焘：《续资治通鉴长编》卷112，明道二年三月己卯，北京：中华书局，2004年版，第2607—2608页。

③ （宋）沈括：《梦溪笔谈》卷13《潴水为塞》，呼和浩特：远方出版社，2004年版，第57—58页。

肃宗至德以后，战乱频繁，河北又是军事要地，战火连绵，原来的河渠遭到严重破坏，"而相、魏、磁、洺之地并漳水者，累遭决溢，今皆斥卤不可耕"。宋代河北境内塘泊湖淀纵横，星罗棋布，宽者数百里，窄者亦十数里。这些人工开凿的塘泊破坏了当地的生态环境，再兼之河北诸州"地形倾注，诸水所经。如滹沱、漳、塘，类皆湍猛，不减黄河，流势转易不常，民田因缘受害"①。水土流失冲灌农田，造成农业生产的减产。典型如相州、魏州、磁州等"南滨大河"②，位于黄河沿岸，经常遭受洪水的肆虐，农田土地"今皆斥卤不可耕"③，沧、瀛、深、冀、邢、洺、大名等州郡皆"泊淀不毛"④，水土流失非常严重。

水土流失造成了土地盐碱化，直接影响了农牧业生产。"河北一路，除沧、滨出盐外，其深、冀、邢、洺等十数州，地多咸卤，不可耕殖，民唯以煮小盐为业，衣食赋税皆出于此"。⑤ 人们因地制宜以煮盐为业，艰难度日。除发展盐业之外，河北诸路又是重要的官营畜牧业基地，"又河北有河防塘泺之患，而土多洿卤，戎马所屯，地利不足，诸监牧多在此路，马又未尝孳息"⑥。有宋一朝在河北路陆陆续续修建了 10 多所马监，其中长期存在的有 7 监：澶州（今河南濮阳）镇宁监、洺州广平（今河北广平）2监、卫州（今河南卫辉）淇水 2 监、安阳（今河南安阳）监、邢州（今河北邢台）安国监⑦，过度放牧无疑会加重水土流失。

水土流失还造成沿途河流的严重侵蚀。如宋辽边界的界河，"界河未经黄河行流已前，阔一百五十步下至五十步，深一丈五尺下至一丈；自黄河行流之后，今阔至五百四十步，次亦三二百步，深者三丈五尺，次亦二丈"⑧。长期的水流侵蚀使河道变宽加深。

地处黄河下游的京东路受黄河水患影响更大，几乎历次水患都会给京东路带来灾难。黄河决口不仅带来了大量的水土流失，还严重地危害到当

---

① （清）徐松：《宋会要辑稿·食货》61 之 73，北京：中华书局，1957 年版，第 5910 页。

② （元）脱脱等：《宋史》卷 86《地理志》2，北京：中华书局，1977 年版，第 2130 页。

③ （宋）李焘：《续资治通鉴长编》卷 104，天圣四年八月辛巳，北京：中华书局，2004 年版，第 2416 页。

④ （宋）欧阳修：《欧阳修全集》卷 118《论河北财产上时相书》，北京：中华书局，2001 年版，第 1852 页。

⑤ （宋）李焘：《续资治通鉴长编》卷 104，天圣四年八月辛巳，北京：中华书局，2004 年版，第 2416 页。

⑥ （宋）李焘：《续资治通鉴长编》卷 192，嘉祐五年八月庚辰，北京：中华书局，2004 年版，第 4641 页。

⑦ （清）徐松：《宋会要辑稿·兵》21 之 4 至 5，北京：中华书局，1957 年版，第 7126—7127 页。

⑧ （元）脱脱等：《宋史》卷 92《河渠志二》，北京：中华书局，1977 年版，第 2296 页。

地百姓的经济生活，有时甚至是毁灭性的灾难。《宋史·河渠志》中有关于黄河河患略举的详细记载：

> 自周显德初，大决东平之杨刘，宰相李谷监治堤，自阳谷抵张秋口以遏之，水患少息。然决河不复故道，离而为赤河。
>
> （乾德）三年秋，大雨霖，开封府河决阳武，又孟州水涨，坏中单桥梁，澶、郓亦言河决，诏发州兵治之。
>
> （太平兴国）七年，河大涨，蹙清河，凌郓州，城将陷，塞其门，急奏以闻。诏殿前承旨刘吉驰往固之。
>
> 八年五月，河大决滑州韩村，泛澶、濮、曹、济诸州民田，坏居人庐舍，东南流至彭城界，入于淮。
>
> 真宗咸平三年五月，河决郓州王陵埽，浮巨野，入淮、泗，水势悍激，侵迫州城。命使率诸州丁男二万人塞之，逾月而毕。
>
> 天禧三年六月乙未夜，滑州河溢城西北天台山旁，俄复溃于城西南，岸摧七百步，漫溢州城，历澶、濮、曹、郓，注梁山泊；又合清水、古汴渠东入于淮，州邑罹患者三十二。[①]

以上仅是从部分史料中找到的相关记载。解读史料可知，每次黄河水患几乎都会波及到京东路。因常年受河水的冲刷，水土流失造成地瘠民贫。如登州（今山东蓬莱）"下临涨海，人淳事简，地瘠民贫"[②]。京东路曹（今山东菏泽）、济（今山东济宁）、濮（今河南范县）、广济（今山东定陶西北）等州军"地势污下，累年积水为患，虽丰年亦不免为忧"[③]。当然京东路有些地区受水患影响较小，不能一概而论。

> 天禧中，河出京东，水行于今所谓故道者。水既淤涩，乃决天台埽，寻塞而复故道；未几，又决于滑州南铁狗庙，今所谓龙门埽者。其后数年，又塞而复故道。已而又决王楚埽，所决差小，与故道分流，然而故道之水终以壅淤，故又于横陇大决。是则决河非不能力塞，故道非不能力复，所复不久终必决于上流者，由故道淤而水不能行故也。及横陇既决，水流就下，所以十余年间，河未为患。至庆历三、四年，横陇之水，又自海口先淤，凡一百四十余里；其后游、金、赤三河相次又淤。下流既梗，乃决于上流之商胡口。然则京东、

① （元）脱脱等：《宋史》卷91《河渠志一》，北京：中华书局，1977年版，第2270页。
② （宋）苏轼：《苏轼文集》卷22《登州谢上表》二，北京：中华书局，1986年版，第660页。
③ （清）徐松：《宋会要辑稿·方域》17之11，北京：中华书局，1957年版，第7602页。

横陇两河故道，皆下流淤塞，河水已弃之高地。京东故道，屡复屡决，理不可复，不待言而易知也。①

昔禹之治水，不独行其所无事，亦未尝不因其变以导之。盖河流混浊，泥沙相半，流行既久，迤逦淤淀，则久而必决者，势不能变也。或北而东，或东而北，亦安可以人力制哉！②

京东路位于黄河下游，地势地平，每次大的黄河水患，此路必遭受流水侵蚀淤塞。一方面是由于我国地形西高东低，水必然顺流而下；另一方面，黄河流经黄土高原，夹带大量泥沙，致使水土流失严重。

（二）淮河流域的水土流失

淮河发源于河南省南阳市桐柏县西部的桐柏山主峰太白顶西北侧河谷，流经河南、湖北、安徽、江苏四省，淮河流域地处亚热带与温带的交界处，春夏干旱、秋季多雨。淮河支流有白河、唐河、蔡河、沙河等，一到汛期，诸多支流汇入淮河，致使淮河排水不畅，造成洪灾，冲毁农田，导致水土流失。苏辙记述道：

> 右臣窃见淮南春夏大旱，民间乏食，流徙道路。朝廷哀愍饥馑，发常平义仓及截留上供米，以济其急。淮南之民，上赖圣泽，不至饥殍。然自六月大雨，淮水泛溢，泗、宿、亳三州大水，夏田既已不收，秋田亦复荡尽，前望来年夏麦，日月尚远，势不相接，深可忧虑。③

尤其是淮河下游的陈州（今河南淮阳），地势较低，常年遭受洪水的侵蚀，水土盐碱化严重。

> （元祐）四年六月乙丑，知陈州胡宗愈言："本州地势卑下，秋夏之间，许蔡汝邓、西京及开封诸处大雨，则诸河之水，并由陈州沙河、蔡河同入颍河，不能容受，故境内潴为陂泽。今沙河合入颍河处，有古八丈沟，可以开浚，分决蔡河之水，自为一支，由颍、寿界直入于淮，则沙河之水虽甚汹涌，不能壅遏。"诏可。④

---

① （元）脱脱等：《宋史》卷91《河渠志一》，北京：中华书局，1977年版，第2270—2271页。
② （元）脱脱等：《宋史》卷93《河渠志三》，北京：中华书局，1977年版，第2310页。
③ （宋）苏辙：《苏辙集》卷39《言淮南水潦状》，北京：中华书局，1999年版，第695页。
④ （元）脱脱等：《宋史》卷95《河渠志五》，北京：中华书局，1977年版，第2374页。

每到雨季汛期，蔡州、汝州、邓州、西京河南府及开封等州府的大水，流经陈州沙河、蔡河，汇入颍河，颍河因不能容纳较多洪水而导致陈州境内成为水乡泽国。陈州知府胡宗愈建议疏通古代的八丈沟分流蔡河之水，经颍州、寿州界流入淮河，得到了朝廷的应允。

淮河流域的水患对下游的淮南一带水土流失造成的影响不可小觑，土壤受到冲击，盐碱化严重，直接影响农业生产。"大抵淮东之地，菹泽多而丘陵少，淮西山泽相半"。[①] 由于流水冲刷，淮南地形自西向东倾斜，在沿海地带形成滩涂，"斥卤相望"，无法耕作。如通州"其地卤而瘠，无丝粟之饶"。涟水军"地褊多荒，人以食芦根为讳"[②]。当地土薄贫瘠，人们因地制宜发展煮盐业："盖以斥卤弥望，可以供煎烹，芦苇阜繁，可以备燔燎。"[③]

北宋中后期，宋人掀起了兴建水利的高潮。熙丰变法，全国各地兴修水利达 1 万多处。淮河流域也陆续修复了东西邵渠、六门堰等水利工程，对缓解与减少水土流失起到了一定的作用。

> 时人人争言水利。提举京西常平陈世修乞于唐州引淮水入东西邵渠，灌注九子等十五陵，溉田二百里。提举陕西常平沈披乞复京兆府武功县古迹六门堰，于石渠南二百步傍为土洞，以木为门，回改河流，溉田三百四十里。大抵迂阔少效。[④]

宋徽宗时期，淮河流域又相继疏浚了新河，新开了从西华到项城的河道，开浚了熙宁时期的水利工程。

> 政和元年，知陈州霍端友言："陈地汙下，久雨则积潦害稼。比疏新河八百里，而去淮尚远，水不时泄。请益开二百里，起西华，循宛丘，入项城，以达于淮。"从之。

> 宣和元年二月，臣僚言："江、淮、荆、汉间，荒瘠弥望，率古人一亩十钟之地，其堤阏、水门、沟浍之迹犹存。近绛州民吕平等诣御史台诉，乞开浚熙宁旧渠，以广浸灌，愿加税一等。则是近世陂池之利且废矣，何暇复古哉。愿诏常平官，有兴修水利功效明白者，丞

---

① （宋）郑伯雄、郑伯谦著；周梦江校注：《二郑集》，上海：上海社会科学院出版社，2006年版，第72页。

② （宋）庄绰：《鸡肋编》卷上，北京：中华书局，2004年版，第13页。

③ （元）脱脱等：《宋史》卷182《食货下四》，北京：中华书局，1977年版，第4457页。

④ （元）脱脱等：《宋史》卷95《河渠志五》，北京：中华书局，1977年版，第2369—2370页。

以名闻，特与褒除，以励能者。"从之。[1]

客观而言，宋代淮河流域兴修的水利工程还是有一定效果的，如就淮南而言，宋神宗时期修建了大石湖，灌溉面积 1000 多顷[2]；在沿江一带挖渠泄水"凡水利之兴复者五十有五，溉田六千顷"[3]。既能够防洪灌溉，一定程度上还减少了水土流失。

（三）长江流域的水土流失

长江是我国的第一大河流。长江干流自西而东横贯中国中部，沿途数百条支流辐辏南北，流经贵州、甘肃、陕西、河南、广西、广东、浙江、福建 8 个省、自治区的部分地区。流域面积达 180 万平方公里，约占中国陆地总面积的 1/5。湖北宜昌以上为长江上游，江水出自高原、峡谷、流经崇山峻岭之间，水流湍急，奔腾不息，呼啸而下，河水中泥沙既少又难以停留，河道几乎没有变迁。

两宋时期，长江流域森林植被较黄河流域而言，破坏相对较轻。但由于南宋时期随着政治、经济重心的南移以及北民的大量南迁，森林植被遭到一定的破坏，有些地方还相当严重。如长江上游的川蜀一带，林鸿荣指出："唐宋时期四川森林的变迁进入渐变时期，表现为盆地、丘陵的原始森林基本消失，偏远山区森林受到一定程度摧残，部分地区手工业的发展也使林区受到破坏。"[4]一些盆地、丘陵的原始森林已经消失。长江中下游一带的东南地区，因南宋政府定都临安，人口众多，大兴土木，对木材的需求量大增，致使周边地区的森林植被破坏更为严重。曾如庄绰所言："今驻跸吴越，山林之广，不足以供樵苏，虽佳花美竹，坟墓之松楸，岁月之间，尽成赤地，根栌之微，斫撅皆遍，芽蘖无复可生。"[5]虽有些夸张，但林木遭到严重破坏却是不争的事实。森林植被的破坏对长江中下游一带水土流失造成一定的影响，导致泥沙淤积，土地斥卤。

缘江口每日潮汐带沙填塞，上流游泥淤积，流泄不通；而申港又以江阴军钉立标楬，拘拦税船，每潮来，则沙泥为木标所壅，淤塞益

---

① （元）脱脱等：《宋史》卷 96《河渠志六》，北京：中华书局，1977 年版，第 2366—2388 页。

② 程民生：《宋代地域经济》，开封：河南大学出版社，1999 年版，第 80 页。

③ 周羲敢、程自信、周雷：《秦观集编年校注（下）》卷 26《罗君生祠堂记》，北京：人民文学出版社，2001 年版，第 583 页。

④ 林鸿荣：《历史时期四川森林的变迁（续）》，《农业考古》1985 年 2 期，第 218 页。

⑤ （宋）庄绰：《鸡肋编》卷中，北京：中华书局，2004 年版，第 77 页。

甚。今若相度开此二河，但下流申、利二港，并隶江阴军，若议定深阔丈尺，各于本界开淘，庶协力皆办。又孟渎一港在奔牛镇西，唐孟简所开，并宜兴县界沿湖旧百渎，皆通宜兴之水，藉以疏泄。近岁阻于吴江石塘，流行不快，而沿湖河港所谓百渎，存者无几。今若开通，委为公私之便。至乾道二年，以漕臣姜诜等请，造蔡泾闸及开申港上流横石，次浚利港以泄水势。①

长江上游带来的泥沙随着海潮逐渐在下游江阴一段淤塞，因长期的泥沙淤积，使得宜兴县境内的近百处湖泊、河渎淤埋，存者无几。

又如杭州西湖，在唐代可谓碧波荡漾，灌溉农田千顷。宋代以来随着长江带来的泥沙增多，到宋神宗熙宁年间已经堰塞过半。苏轼在杭州为官时曾记述道：(西湖)"自国初以来，稍废不治，水涸草生，渐成葑田。熙宁中，臣通判本州，则湖之葑合，盖十二三耳。至今才十六七年之间，遂堙塞其半。父老皆言十年以来，水浅葑合，如云翳空，倏忽便满，更二十年，无西湖矣。"②短短几十年，西湖几乎被堰塞殆尽。

水土流失还致使土壤的盐碱化严重。如两浙路，受水土流失的影响，不少地方成了水乡泽国，土地贫瘠。如处州"矧又地势斗绝，塗潦不停""多罹旱灾"③嵊县"山多水浅，其土瘠，土瘠故物不滋"④。台州"台之为郡，负山并海，阪田陋薄，上下涂泥"⑤。以至于"民生其间，转侧以谋衣食"⑥。尤其是太湖流域，地势低下，"大江以南，镇江府以往地势极高，至常州地形渐低……秀州及湖州地形极低，而平江府居在最下之处。使岁有一尺之水，则湖州、平江之田，无高下皆满溢。每岁夏潦秋涨，安得无一尺之水乎"⑦! 太湖流域一带水患频繁。尽管如此，从整个长江流域来看，两宋时期，水土保持还是不错的，生态系统处于良性循环中。诚如杨果指出的："由于宋代江汉堤防还没有连成一线，平原湖区的围垦还没有大规模展开，人地关系还处在一个相对和谐的状态，所以这种灾难性的后果，在

① (元)脱脱等：《宋史》卷97《河渠志七》，北京：中华书局，1977年版，第2408—2409页。

② (宋)苏轼：《苏轼集》卷30《杭州乞度牒开西湖状》，北京：中华书局，1999年版，第864页。

③ (宋)杨亿撰，(元)杨载撰：《武夷新集·杨仲弘集》卷15《奏雨状》，福州：福建人民出版社，2007年版，第244页。

④ 曾枣庄、刘琳：《全宋文》(第350册)卷8094《嵊县劝农文》，上海：上海辞书出版社，2006年版，第123页。

⑤ (清)阮元：《浙江文丛 两浙金石志》卷8《宋佛窟岩塗田记碑》，杭州：浙江古籍出版社，2012年版，第188页。

⑥ (宋)陈耆卿：《嘉定赤城志》卷13《版籍门一》，北京：中国文史出版社，2008年版，第155页。

⑦ (清)徐松：《宋会要辑稿·食货》8之31，北京：中华书局，1957年版，第4950页。

当时还没有凸显。"①

总之，两宋时期，随着森林砍伐的越演越烈，无论是黄河流域、长江中下游还是淮河流域一带，都出现了程度不等的水土流失现象。水土流失不仅造成了下游的河流淤塞，还给当地的土壤带来一定的危害，土壤的沙化、盐碱化与贫瘠化严重，影响了农业生产与粮食的产量。

三、　宋代水土流失加剧的原因

两宋时期，随着人口的剧增，粮食、民用燃料需求的压力加大，以及在生产力水平不高的情况下对土地实行掠夺性开垦，农牧争地，森林的滥砍滥伐致使地表裸露，这些都加重了水土流失。

（一）森林的滥砍滥伐

前文已述两宋时期森林的滥砍滥伐现象十分严重。北宋中后期，从齐鲁大地到太行山脉很多原始松林被砍伐殆尽。有学者甚至认为，唐宋时期黄河中游的森林覆盖率已下降到32%②；还有人指出，宋代北方的林木资源几被破坏殆尽。③ 当然这些均有些夸大其词，但不可否认，两宋时期，黄河流域一带森林植被滥伐的现象比较严重，森林覆盖率已经下降。随着北方森林的减少，宋政府把目光转向森林茂密的江南地区。如宋真宗年间大兴土木，"时京师大建宫观，伐林木于南方，有司责期会峻急，工徒至有死者，则以亡命收系其妻子"④。既劳民伤财又破坏了森林植被。

南宋时定都杭州，大兴土木，长江下游地区的原始森林遭到重创。森林被砍伐后，失去了涵养水源，保持水土的功能，裸露在地表的泥土在水流的冲刷下很容易流失。宋人已经认识到这一问题，如魏岘指出：

> 昔时巨木高森，沿溪平地竹木亦甚茂密，虽遇暴水湍激，沙土为木根盘固，流下不多，所淤亦少，开淘良易。近年以来，木值价高，斧斤相寻，靡山不童，而平地竹木亦为之一空。大水之时既无林木少

① 杨果：《宋代两湖平原地理研究》，武汉：湖北人民出版社，2001年版，第262页。

② 《古黄土高原是草木丰茂的千里沃野》，《科学动态》第58期，1980年版。转引自：张全明：《中华五千年生态文化》(上)，1999年版，第431页。

③ 熊燕军：《宋代江南崛起与南北自然环境变迁——兼论宋代北方林木资源的破坏》，《重庆社会科学》2006年第5期，第89页。

④ （宋）李焘：《续资治通鉴长编》卷88，大中祥符九年十月壬辰，北京：中华书局，2004年版，第2024—2025页。

抑奔湍之势，又无包缆以固沙土之积，致使浮沙随流奔下，淤塞溪流。①

南宋中期以来，随着木材的价格上涨，在利益的驱使下，江南一带的森林遭到大肆砍伐，造成水土流失，淤塞道路与河流。

需要指出的是，两宋时期水土流失现象的严重除人为原因外，还与中国的气候、地形、土壤息息相关。中国是世界上黄土分布最广的国家，山地丘陵和黄土地区地形起伏。黄土或松散的风化壳在黄河上游林木大肆砍伐的情况下，缺乏植被保护，极易发生侵蚀。另外，从宋代的气候看，大部分地区属于温带季风气候，降水量多集中在夏秋，雨季降水量常达年降水量的 60%—80%，且多暴雨，容易发生水土流失的地质地貌条件和气候条件也是造成当时水土流失的主要原因之一。

（二）农田的大量开垦

宋代是我国历史上人口增长最快的一个时期之一，到北宋中后期人口已经达到 1 亿。为了满足日益增长的人口对粮食的需求，宋政府多次颁布诏令鼓励民众大规模垦荒。② 在政府的鼓励下，许多地方的土地得到了垦辟。到宋徽宗崇宁年间，据漆侠先生推算垦荒面积达 7.2 亿亩，这一数字超过了汉唐，也为后来的元明所不及。如两浙路的太湖流域"四郊无旷土，随高下皆为田"③。南宋度宗时期，整个两浙路"浙间无寸土不耕"④。江南西路人口增长最快，也是垦田增加最多的地区。宋人一再指出："盖自江而南，井邑相望，所谓闲田旷土，盖无几也。"⑤"江东西无旷土"。⑥ 四川的成都府路号称天府之国，人口繁盛，是全国重要的农耕区，可耕土地开垦殆尽，"两川地狭，生齿繁，无尺寸旷土"⑦。尤其是福建路，人多地狭，山上都开辟了层层梯田。"七闽地狭瘠，而水源浅远……垦山陇为田，层起如阶级"。⑧ 正因为如此，南宋中后期福建路"未有寻丈之地不丘而为

① （宋）魏岘：《四明它山水利备览》卷上《淘沙》，文渊阁四库全书本，第 576 册，第 22 页。
② 漆侠：《宋代经济史》（上），北京：经济日报出版社，1999 年版，第 66—67 页。
③ （宋）范成大：《吴郡志》卷 2《风俗》，文渊阁四库全书本，第 485 册，第 11 页上。
④ （宋）黄震：《黄氏日钞》卷 78《咸淳八年春劝农文》，文渊阁四库全书本，第 708 册，第 810 页。
⑤ （宋）陈傅良：《八面锋》卷 2，文渊阁四库全书本，第 923 册，第 1001 页上。
⑥ （宋）陆九渊：《象山集》卷 16《与章德茂书》，文渊阁四库全书本，第 1156 册，第 402 页。
⑦ （宋）张方平：《张方平集》卷 36，郑州：中州古籍出版社，2000 年版，第 614 页。
⑧ （宋）方勺：《泊宅篇》卷 3，北京：中华书局，1997 年版，第 15 页。

田"①几无可耕之地，真可谓"田尽而地，地尽而山"②。无限制的垦荒对当地生态环境是一个极大的破坏。

除垦荒之外，宋人还大规模的围湖造田。围湖造田最早始于宋真宗、宋仁宗年间，在南宋高宗时期达到高潮。

> 靖康元年三月丁卯，臣僚言："东南濒江海，水易泄而多旱，历代皆有陂湖蓄水。祥符、庆历间，民始盗陂湖为田，后复田为湖。近年以来，复废为田，雨则涝，旱则涸。民久承佃，所收租税，无计可脱，悉归御前，而漕司之常赋有亏，民之失业无算。可乞尽括东南废湖为田者，复以为湖，度几涸瘵之民，稍复故业。"诏相度利害闻奏。③

> 绍兴五年春二月，宝文阁待制李光言道，"明、越之境，皆有陂湖，大抵湖高于田，田又高于江海，旱则放湖水灌田，涝则决田水入海，故不为灾。本朝庆历、嘉祐间，始有盗湖为田者，三司使切责漕臣甚严。政和以来，创为应奉，始废湖为田，自是两州之民岁被水旱之患"。④

宋人已清楚地认识到湖泊在生态环境中的重要性，它们起着干旱时蓄水灌溉、洪涝时泄水分流的作用。如果人类一味地扩大耕地面积，围湖为田，则会造成湖泊干涸，逐渐消失，干旱时就无水可以灌溉，洪涝时则又无处分流排泄洪水而泛滥成灾的现象，最终导致严重的水土流失，生态环境恶化。其典型如两浙路的鉴湖：

> 鉴湖之广，周回三百五十八里，环山三十六源。自汉永和五年，会稽太守马臻始筑塘，溉田九千余顷，至宋初八百年间，民受其利。岁月浸远，浚治不时，日久堙废。濒湖之民，侵耕为田，熙宁中，盗为田九百余顷……政和末，为郡守者务为进奉之计，遂废湖为田，赋输京师。自时奸民私占，为田益众，湖之存者亡几矣。⑤

鉴湖在北宋以前，湖面宽广，碧波荡漾，灌溉农田9000余顷。随着围湖造田运动的开展，宋神宗熙宁年间，鉴湖被盗为田者900余顷，到宋徽宗政

---

① (清)徐松：《宋会要辑稿·瑞异》2之29，北京：中华书局，1957年版，第2096页。
② (元)王祯：《农书》卷11《田制门》，文渊阁四库全书本，第730册，第419页。
③ (元)脱脱等：《宋史》卷96《河渠志六》，北京：中华书局，1977年版，第2391页。
④ (清)徐松：《宋会要辑稿·食货》8之1，北京：中华书局，1957年版，第4935页。
⑤ (元)脱脱等：《宋史》卷97《河渠志七》，北京：中华书局，1977年版，第2406—2407页。

和年间，短短几十年，鉴湖几乎全部被围垦为田。

总之，宋代无限制的垦荒和围湖造田，短期内扩大了粮食生产，但从长远来看，则造成了生态环境的恶化与大量的水土流失，洪涝灾害，可谓得不偿失。

（三）过度放牧

前面提到，两宋时期，由于疆域的狭小，以及宋政府对马匹的迫切需求，不得不将牧马业转移到黄河沿岸那些传统的农耕地区，大片农田被开垦为牧地，正常情况，中原地区一般养马在 10 万匹以上。马匹的过度啃食，使得牧草减少，土地裸露，容易造成水土流失现象。另外，十至十三世纪，黄河上游的西夏王朝过度放牧也是造成水土流失的重要因素之一。西夏传统上是一个以畜牧业为主的国家，银、夏、绥、宥、静五州是其传统的畜牧业基地，十世纪以来，这里较为干旱，年降雨量不足 400 毫米，土壤沙化与盐碱化非常严重，影响了牧草的生长。另有学者指出，西夏可养活 730 万羊单位的牲畜，而实际上却拥有牲畜 3024 万—3780 万羊单位[①]，远远超出了牧地的载畜量。过度放牧使得这些州县土壤裸露，沙化严重，一遇到暴雨或水患，水土流失加重。洪水还会夹带大量的泥沙，流入黄河，抬高河床，加剧下游的水患。

（四）手工业与采矿业的发展

两宋时期，手工业与采矿业蓬勃发展。这种发展对生态环境造成两方面的影响。一方面，手工业，尤其是冶炼业、采矿业需要大量木材，使得数以万计的树木被砍伐，植被减少，容易造成水土流失。如铜的冶炼，"每铜矿千斛用柴炭数百担"[②]。林县冶铁烧瓷，为了供给燃料，宋政府在当地设有两个伐木场，每场 600 余人。四明山铁矿未开采以前，当地"林木蔚然茂密"，随着冶铁业发展，"斧斤相寻靡山不童。而平地竹木，亦为之一空"[③]。建宁府松溪县（今福建松溪）"瑞应场"银矿，"场之左右皆大木，不二十年，去场四十里皆童山"[④]。另一方面，很多矿产多分布在山区，大量的采掘破坏了山间植被，极易造成水土流失。如宋仁宗庆历年间，府州

① 王尚义：《唐至北宋黄河下游水患加剧的人文背景分析》，《地理研究》2000 年第 3 期，第 391 页。

② （清）徐松：《宋会要辑稿·食货》34 之 24，北京：中华书局，1957 年版，第 5400 页。

③ （宋）魏岘：《四明它山水利备览》，丛书集成初编本，北京：中华书局，1985 年版，第 4—5 页。

④ （宋）赵彦卫：《云麓漫钞》卷 2，北京：中华书局，1996 年版，第 27 页。

州东焦山煤矿"取矿皆穴地入，有深及五七里处"，四川的一些铜矿"窟之特深者数十百丈"①。更有甚者，广南路韶州(今广东韶关)岑水场铜矿在宋初铜矿资源富足的情况下掘地 20 余丈即可采铜，到宋哲宗时期，"掘地益甚，至七八十丈"。由于无限制开采，致使地表出现了断裂现象："扇囊大野烘，凿矿重崖断。"②很显然，地下采掘对地表植被与生态造成了很大的影响。

(五) 战争

冷兵器时代战争以消耗人力资源、农业资源和直接可以利用的自然资源为主，对生态环境也会造成一定的影响。如唐朝中后期的安史之乱给人们带来了深重灾难。"自东都(洛阳)至淮泗，缘汴河州县，自经寇难，百姓凋残，地阔人稀，多有盗贼"。③ 五代十国时期，中原地区成为群雄逐鹿的战场，经过多次的战争摧残，这一地区"圜幅数千里，殆绝人烟"④。靖康之乱后，"余(庄绰)自穰下(今河南南阳)由许昌以趋宋城(今河南商丘)，几千里无复鸡犬"⑤。战争不仅造成了人员的重大伤亡与流离失所，也导致中原一带生态环境遭到了破坏。尤其是战争期间的人为决河，对水土流失的影响更大。据程遂营先生统计，十至十三世纪黄河因战争而导致的大洪灾有 4 次。

> 天祐十五年二月，梁将谢彦章率众数万来迫杨刘，筑垒以自固。又决河，弥漫数里，以限帝军。⑥
>
> 是时(后梁龙德三年)唐已下郓州，(段)凝乃自酸枣决河东注郓，以隔绝唐军，号"护驾水"。⑦
>
> 是冬(建炎二年)，杜充决黄河，自泗入淮以阻金军。⑧
>
> (端平元年)，蒙古兵又决黄河寸金淀之水，以灌南军，南军多溺

---

① (宋)王之望：《汉滨集》卷 8《论铜坑朝札》，文渊阁四库全书本，第 1139 册，第 762 页。

② 傅璇琮等：《全宋诗(第 72 册)》卷 227《余靖一·送陈京廷评》，北京：北京大学出版社，1998 年版，第 2665 页。

③ 周绍良等：《全唐文新编(第 1 部第 1 册)》卷 46《缘汴河置防援诏》，长春：吉林文史出版社，2000 年版，第 584 页。

④ (宋)薛居正等：《旧五代史》卷 1《梁书·太祖纪》，北京：中华书局，1976 年版，第 5 页。

⑤ (宋)庄绰：《鸡肋编》卷上，北京：中华书局，2004 年版，第 21 页。

⑥ (宋)薛居正等：《旧五代史》卷 28《唐书·庄宗纪二》，北京：中华书局，1976 年版，第 391 页。

⑦ (宋)欧阳修：《新五代史》卷 45《段凝传》，北京：中华书局，1974 年版，第 498 页。

⑧ (元)脱脱等：《宋史》卷 25《高宗本纪》，北京：中华书局，1977 年版，第 459 页。

死，遂皆引师南还。①

由史料可知，战争中的人为决河都造成了不同程度的洪水肆虐，虽然能起到限制敌军的作用，但也冲毁了大量土地，造成水土流失。

四、　水土流失对宋代畜牧业的危害

两宋时期，大量的水土流失给畜牧业带来了严重的后果，尤其是黄河流域因水土流失的加剧，致使水患频繁，据李华瑞先生最新统计，两宋时期水灾有 743 次，其中北宋有 487 次，南宋有 256 次，水灾之频繁，超过宋代以前历史上的任何时期。宋代疫病发生为 83 次，其中北宋 43 次，南宋 40 次②，而黄河流域又是官营畜牧业集中的区域，频繁的水患不仅直接造成了牲畜的死亡，还导致疫病肆虐，致死牲畜大批死亡。两宋时期因水灾和疫病而导致牲畜死亡的文献记载不绝如缕。据笔者统计，两宋时期文献记载因水灾而直接导致牲畜死亡的有 14 次（见第三章第一节），每一次水灾对牲畜几乎都是灭顶之灾。如宋仁宗嘉祐元年（1056）七月，"臣伏睹近降诏书，以雨水为灾……至于王城京邑，浩如陂湖，人畜死者，不知其数"③。宋英宗治平二年（1065）八月，"京师大雨，地上涌水，坏官私庐舍，漂人民畜产不可胜数"④。宋哲宗元符元年（1098）十二月，"河北滨等数州昨经河决，连亘千里为一空，人民孳畜没溺死者不可胜计"⑤。水土流失还间接造成了牲畜疫病的频繁发生。据笔者第三章统计数字，宋代共发生疫灾为 189 次，直接记载的畜禽疫情为 20 次。瘟疫对畜牧业的危害最大，据陈旉记载，"耕牛疫疠殊甚，至有一乡一里靡有孑遗者"⑥。如宋仁宗庆历四年（1044）三月，江、淮以南春旱，"至有井泉枯竭、牛畜瘴死、鸡犬不存之处"⑦。宋高宗绍兴九年（1139）秋冬，"湖北牛马皆疫，牛死者十八九，而鄂州界麋、鹿、野猪、虎、狼皆死"⑧。疫病对牲畜造成的巨大危害由此

---

①　（清）毕沅：《续资治通鉴》卷 167，长沙：岳麓书社，1992 年版，第 306 页。

②　李华瑞：《论宋代的自然灾害与荒政》，《首都师范大学学报》2013 年第 2 期。

③　（宋）李焘：《续资治通鉴长编》卷 183，嘉祐元年七月丙戌，北京：中华书局，2004 年版，第 4424 页。

④　（元）脱脱等：《宋史》卷 61《五行志》1 上，北京：中华书局，1977 年版，第 1327 页。

⑤　（清）徐松：《宋会要辑稿·食货》59 之 6，第 5841 页。

⑥　（宋）陈旉著，万国鼎校注：《陈旉农书校注》卷上《祈报篇》，北京：农业出版社，1965 年版，第 44 页。

⑦　（宋）李焘：《续资治通鉴长编》卷 147，庆历四年三月乙丑，北京：中华书局，2004 年版，第 3554 页。

⑧　（宋）庄绰：《鸡肋编》卷下，北京：中华书局，1983 年版，第 113 页。

可见一斑。

另外，水土流失的加剧促使土壤沙化和盐碱化，使牧地逐渐退化，面积减小，两宋初期牧地 9.8 万顷的牧地到徽宗时期已经缩减至 5.5 万顷[①]，几乎减少了一半，水土流失也是草场退化的原因之一。

第五节　野生动物迁徙及其与畜牧业的关系

动物是生态系统中重要的生物链，动物数量与种类的多少反映一个时期的生态情况。两宋时期，随着人类活动的加剧，森林的大肆砍伐，农业用地的大面积开垦，以及畜牧业向内地的扩展，野生动物的生存环境遭受到极大威胁，生存空间越来越小，大象、老虎以及犀牛等大型野生动物被迫南迁。

一、　野生动物的分布及其南迁

客观而言，宋代整体上生态环境状况良好，只是在那些人口稠密，交通便利，经济发达的州县，生态环境破坏的较为严重，从宋代野生动物的分布来看也能反映这个问题。

（一）野象的分布及南迁

先秦时期气候温暖，森林茂盛，河流众多，野兽成群，大象、犀牛等热带、亚热带动物在中原地区普遍分布。考古工作者分别于 1935 年和 1978 年，在殷墟先后发现了两个埋葬完整大象骨架的墓坑。[②]新中国成立以来，我国考古工作者在陕西、山西、河南发现了许多象、犀等动物的骨骼和牙齿的化石。徐中舒先生在《殷人服象及象之南迁》一文中指出河南简称"豫"是因那时产象而得名。后来随着气候的转寒、土地的大规模开垦，以及生态环境的渐趋破坏，野象逐渐失去了其生存的空间，不得不迁移到南方亚热带、热带森林茂密的地区。宋代野象的分布也体现了气候逐渐南迁的过程。

宋初，野象在京西路、荆湖北路一带均有分布。据《宋史·五行志》记载：建隆三年（962），"有象至黄陂县匿林中，食民苗稼，又至安、复、

---

① （元）脱脱等：《宋史》卷 198《兵》12，北京：中华书局，1977 年版，第 4936 页。

② 王守信：《殷墟象坑和"殷人服象"的再探讨》，《甲骨探史录》，北京：生活·读书·新知三联书店，1982 年版，第 567 页。

襄、唐州践民田，遣使捕之。明年十二月，于南阳县获之，献其齿革。乾德二年五月，有象至澧阳、安乡等县，又有象涉江入华容县，直过阛阓门；又有象至澧州澧阳县城北"①。太祖乾德五年（967）八月，"有大象一自南来，至京十余日。命差许州奉化兵五百人执之，置养象所"②。宋初河南、湖北、湖南等地的森林里野象还有零星分布，但随着土地的开垦，野象的生存环境遭到了破坏，不得不去山下农田里觅食。

随着土地的大规模开垦（据漆侠先生统计，宋徽宗时期土地开垦达 7.2 亿亩），野象逐渐南迁到岭南地区，见诸史料多有记载。如宋太祖开宝六年（973）六月，"禁岭南诸州民捕象，籍其器仗送官"③。宋太宗淳化二年（991）四月二十七日，"诏雷、化、新、白、惠、恩等州山林中有群象，民能取其牙，官禁不得卖，自今许令送官，以半价偿之。有敢藏匿及私市人者，论如法"④。宋真宗时期的进士彭乘记载："漳州漳浦县，地连潮阳，素多象。往往十数为群，然不为害。"⑤可见岭南地区的雷州（今广东雷州）、化州（今广东化州）、惠州（今广东惠州）、恩州（今广东恩平市北）、潮阳（今广东汕头辖区）、漳州（今福建漳州）、白州（今广西博白）一带普遍分布有野生象群，人象关系还较为和谐，但也出现了偷猎大象的现象。据文焕然先生研究，1050 年左右，秦岭、淮河一线以南的野象趋于灭绝，野象栖息范围南移至气候炎热、热带森林密布的岭南地区。⑥

到了南宋，野象下山偷食庄稼的现象非常严重。宋孝宗乾道七年（1171），"潮州野象数百食稼，农设穽田间，象不得食，率其群围行道车马，敛谷食之，乃去"。"潮州野象数百为群，秋成食稼，农设阱田间，象不得食，率其群围行道车马，保伍积谷委之，乃解围"。⑦ 都反映了野象对庄稼的破坏。

乾道七年，缙云陈由义自闽入广，省其父提舶司。过潮阳，见土人言比岁惠州太守挈家从福州赴官，道出于此。此地多野象，数百为群，方秋成之际，乡民畏其蹂食禾稻，张设陷穽于田间，使不可犯。

---

① （元）脱脱等：《宋史》卷 66《五行志四》，北京：中华书局，1977 年版，第 1450 页。
② （清）徐松：《宋会辑稿·职官》23 之 3，北京：中华书局，1957 年版，第 2884 页。
③ （宋）李焘：《续资治通鉴长编》卷 14，开宝六年六月癸卯，北京：中华书局，2004 年版，第 304 页。
④ （清）徐松：《宋会辑稿·刑法》2 之 4，北京：中华书局，1957 年版，第 6497 页。
⑤ （宋）彭乘：《墨客挥犀》卷 3《潮阳象》，北京：中华书局，2002 年版，第 306 页。
⑥ 文焕然、江应梁等：《历史时期中国野象的初步研究》。文焕然等著，文榕生选编整理：《中国历史时期植物与动物变迁研究》，重庆：重庆出版社，1995 年版，第 191 页。
⑦ （元）马端临：《文献通考》卷 311《物异考十七》，北京：中华书局，1986 年版，第 2523 页。

象不得食，甚忿怒，遂举群合围惠守于中，阅半日不解。惠之迂卒一二百人，相视无所施力。太守家人窘惧，至有惊死者。保伍悟象意，亟率众负稻谷，积于四旁。象望见犹不顾，俟所积满欲，始解围往食之，其祸乃脱。盖象以计取食，故攻其所必救。虺然异类，有智如此，然为潮之害，端不在鳄鱼下也。[①]

上述诸材料表明，宋孝宗时期，人象关系较为紧张。象为了觅食，不得不冒着生命危险下山到田野，农户为了保护庄稼则到处设置陷阱。宋光宗绍熙三年（1192），朱熹担任漳州知府时，象群踩躏庄稼，致使人民无法安居乐业。为此，朱熹作《劝农文》告示乡民：

> 本州管内荒田颇多，盖缘官司有表寄之扰，象兽有踏食之患。是致人户不敢开垦……本州又已出榜劝谕人户杀象兽，约束官司不得追取牙齿蹄角。今更别立赏钱三十贯，如有人户杀得象者前来请赏，即时支给。[②]

民户大规模地在闽南垦荒，致使野象失去了赖以生存的家园，它们不得不出来踩躏庄稼。朱熹《劝农文》令百姓屠杀野象保护庄稼，无异于饮鸩止渴，进一步激化了人象之间的矛盾。孝宗以后，野象的数量逐渐减少，人类频繁的活动严重破坏了大象的生存环境，大约在宋元之际，大象在福建消亡。

南宋时期在广南为官的范成大曾记载："象，出交趾山谷，惟雄者则两牙。佛书云'四牙'，又云'六牙'。今无有。"[③]野象进一步南迁到越南一带的山谷中，广西已经很少见到大象了。今天在云南南部的西双版纳野象谷一带才分布有零星大象。

（二）老虎的分布及南迁

两宋时期，老虎的分布非常广泛。据程民生先生研究宋代除开封所在的京畿路没有老虎外，其他各路均有分布。[④]另据魏华仙教授的《夷坚志》统计记载，南方老虎出没的共有 18 例：其中江南路 8 例；荆湖北路 5 例；

---

①　（宋）洪迈：《夷坚丁志》卷 10《潮州象》，北京：中华书局，1981 年版，第 624 页。

②　（宋）朱熹：《朱子大全（四）》之《晦庵先生朱文公集》卷 100，北京：中华书局，1986 年版，第 1735 页。

③　（宋）范成大：《桂海虞衡志·志兽》，北京：中华书局，1991 年版，第 13 页。

④　程民生：《宋代老虎的地理分布》，《社会科学战线》2010 年第 3 期，第 64 页。

夔州路和福建路各 2 例；广东路 1 例。《宋史》卷 66《五行四》共统计"虎患"
14 例：其中 10 例在南方，也是江南 6 例，最多；湖北 2 例；蜀地 1 例；
广西 1 例。[①] 为了更好地说明问题，笔者对《宋史·五行志》中的虎患也进
行了统计，统计结果详细如表 2-3 所示。

表 2-3　《宋史·五行志》中所见虎患

时间	地点	史料记载	次数	路名
开宝八年(975)十月	江陵府	江陵府白昼虎入市，伤二人	1	荆湖北路
太平兴国三年(978)	果、阆、蓬、集州	果、阆、蓬、集诸州虎为害，遣殿直张延钧捕之，获百兽	4	利州路
太平兴国三年(978)	七盘县	俄而七盘县虎伤人，延钧又杀虎七以为献	1	利州路
太平兴国七年(982)	萧山县	虎入萧山县民赵驯家，害八口	1	江南东路
淳化元年(990)十月	桂州	桂州虎伤人，诏遣使捕之	1	广南西路
至道元年(995)六月	梁泉县	梁泉县虎伤人	1	秦凤路
至道二年(996)九月	苏州	苏州虎夜入福山砦，食卒四人	1	江南东路
咸平二年(999)十二月	黄州	黄州长析村二虎夜斗，一死，食之殆半	1	淮南西路
大中祥符九年(1016)三月	杭州	杭州浙江侧，昼有虎入税场，巡检俞仁祐挥戈杀之	1	两浙路
绍兴三十一年(1161)	海州	有二虎入城，人射杀之，虎亦搏人	1	淮南东路
淳熙十年(1183)	滁州	滁州有熊虎同入樵民舍，夜，自相搏死	1	淮南东路
咸淳九年(1274)十一月	扬州	有虎出于扬州市，毛色微黑，都拨发官曹安国率良家子数十人射之	1	淮南东路

　　依照表 2-3 统计可知，《宋史·五行志》共记载的虎患有 15 次，其中有
14 次都发生在西南或南方：分别为利州路 5 次，淮南东路 3 次，淮南西
路、两浙路、江南东路、荆湖北路、广南西路、两浙路各 1 次；北方秦凤
路仅有 1 次。统计表明，两宋时期南方由于生态环境良好，森林植被茂密，
老虎的分布极为广泛，但因为人类毁林垦荒，出现了老虎频繁出来伤害人
畜的现象。人虎和谐的关系逐步被破坏，尤其是西南地区虎患最为严重。
宋神宗熙宁年间，范百禄为利州路提点刑狱，因虎豹猖獗，宋政府不得不
诏令招揽专业捕虎匠，消灭虎患。"应有虎豹州县，令转运使度山林浅深，
招置虎匠，仍无得它役。遇有虎豹害人，即追集捕杀，除官给赏绢外，虎

---

① 魏华仙：《试论宋代对野生动物的捕杀》，《中国历史地理论丛》2007 年第 2 期，第 55 页。

二更支钱五千，豹二千，并以免役剩钱充"。① 蓝勇先生指出，川北大巴山剑、利、集、巴、达诸州，川东南涪州、渝州，川南嘉州、戎州、泸州沿江丘陵森林地带、盆地丘陵地带等在唐宋时期都有华南虎出没过；而川西雅州、今贵州的费州、云南诸地华南虎和孟加拉虎分布更广。② 这种看法不无道理。广南路虎患猖獗，见诸史料的多有记载。如周去非《岭外代答·虎》云："虎，广中州县多有之，而市有虎，钦州之常也。城外水壕，往往虎穴其间，时出为人害，村落则昼夜群行，不以为异。"③广南一带老虎成群，甚至连钦州市区也出现了老虎的踪影。

北方各路也有一定的老虎分布，史料记载京东路与京西路尤多。如大中祥符年间，宋真宗东封泰山，中使自兖州至，"言泰山素多虎，自兴功以来，虽屡见，未尝伤人，悉相率入徂徕山，众皆异之"④。看来泰山多虎由来已久。天禧中，有武臣赴官齐州，"武臣以橐驼十数头负囊箧，冒暑宵征。有虎蹲于道右，驼既见，鸣且逐之，虎大怖骇，弃三子而走。役卒获其子而鬻之"⑤。京东路齐州（今山东济南）也是虎患猖獗。永兴军路地处西北，森林茂密，也是老虎广泛分布的地区，虎患猖獗。乾德年间，宋太祖诏令李继宣往陕州（今河南三门峡）捕虎，"杀二十余，生致二虎、一豹以献"⑥。一次就捕杀 20 余只，老虎之多由此可见一斑。尽管如此，与南方比较，北方山林少，人口稠密，老虎相对较少。从表格 2-3 统计中也可一窥端倪，《宋史·五行志》共记载的虎患有 15 次，其中有 14 次都发生在西南或南方，发生在北方的仅有 1 例。由此可知，两宋时期老虎和其他大型动物一样也逐渐南移。

（三）犀牛的分布及南迁

犀牛主要分布于非洲和东南亚、南亚，是现存最大的奇蹄目动物，也是仅次于大象体型的陆地动物。唐宋以前，中国南方一些州县也有犀牛的分布。如宋太宗雍熙四年（987），"有犀自黔南入万州，民捕杀之，获其皮

①　（宋）李焘：《续资治通鉴长编》卷 242，熙宁六年二月壬午，北京：中华书局，2004 年版，第 5902 页。

②　蓝勇：《历史时期西南经济开发与生态变迁》，昆明：云南教育出版社，1992 年版，第 82 页。

③　（宋）周去非：《岭外代答》卷 9《虎》，北京：中华书局，1999 年版，第 347 页。

④　（宋）李焘：《续资治通鉴长编》卷 69，大中祥符元年五月壬午，北京：中华书局，2004 年版，第 1546 页。

⑤　（宋）江少虞：《宋朝事实类苑（下）》卷 60《虎畏橐驼》，上海：上海古籍出版社，1981 年版，第 787 页。

⑥　（元）脱脱等：《宋史》卷 308《李继宣传》，北京：中华书局，1977 年版，第 10144 页。

角"①。这一事件《宋会要辑稿·刑法》记载的较为详细：雍熙四年正月十日，"帝以万州所获犀皮及蹄、角示近臣。先是，有犀自黔南来，入忠、万之境，郡人因捕杀之。诏自今有犀勿复杀"②。可见，在宋初西南地区的黔南一带还分布有犀牛，但已经非常珍稀，当地杀死犀牛后还将其皮、角作为贡品上贡朝廷。张世南在成都宦游时曾记载所闻："犀出永昌山谷及益州……然世南顷游成都，药市间多见之。询所出，云'来自黎、雅诸蕃及西和宕昌'，亦诸蕃宝货所聚处……向在蜀，见画图犀之形，角在鼻上，未审孰是。"③张世南为南宋理宗时期人，长期在四川游历，也只是听说犀牛产自黎(今四川汉源)、雅(今四川雅安)诸蕃及西和(今甘肃西和)、宕昌(今甘肃宕昌)，并未见过。可见，南宋中后期随着人们的捕杀与气候变冷，犀牛在中国西南地区已经非常少见了。据魏华仙统计，成书于宋神宗年间的地方志《元丰九域志》记载土贡犀角的地方就只有湖南的衡州(今湖南衡阳市)和邵州(今湖南邵阳市)两地了，而唐代还有 15 个州郡土产或土贡犀角。④ 犀牛栖息地的减少一方面是因为宋代气候变冷，犀牛南移；更重要的是人类在西南地区大规模捕杀，"盖犀有捕得杀取者为上，蜕角者次之"⑤。攫取犀角，迫使犀牛不得不迁往东南亚一带。

另一方面，随着宋代社会商品经济的发展和人们生活水平的提高，人们的饮食结构也逐渐发生变化，对野生动物食用的需求与日俱增，也导致野生动物的逐渐减少。这里以宋代岭南为例。笔者就《岭外代答》与《桂海虞衡志》中所记载的野生动物统计如下。禽类：孔雀、鹦鹉、白鹦鹉、乌凤、秦吉了、锦鸡、山凤凰、翻毛鸡、长鸣鸡、翡翠、灰鹤；兽类：象、蛮马、大理马、果下马、猿有三种金丝者黄，玉面者黑，纯黑者面亦黑、蛮犬、郁林犬、花羊、乳羊、绵羊、麝香、火狸、风狸、懒妇、山猪、石鼠、香鼠、山獭、虎、鹿、蜼、人熊、仰鼠、野马；鱼类：有河鱼、六目龟、鲟鳇鱼、嘉鱼、天虾等名贵、奇特的鱼 12 种；上述所列野生动物，很多已成为人们餐桌上的美味佳肴。"岭南人好啖蛇，易其名曰茅鲜；草虫曰茅虾；鼠曰家鹿；虾蟆曰蛤蚧，皆常所食者"。⑥ 岭南"民或以鹦鹉为鲊，

---

① (元)脱脱等：《宋史》卷 66《五行志四》，北京：中华书局，1977 年版，第 1450 页。

② (清)徐松：《宋会要辑稿·刑法》2 之 3，北京：中华书局，1957 年版，第 6497 页。

③ (宋)张世南：《游宦纪闻》卷 2，北京：中华书局，1981 年版，第 13 页。

④ 魏华仙：《试论宋代对野生动物的捕杀》，《中国历史地理论丛》2007 年第 2 期，第 54 页。

⑤ (明)李时珍：《本草纲目(下)》卷 51《兽部·犀》，北京：中国档案出版社，1999 年版，2075 页。

⑥ (明)陶宗仪：《说郛》卷 33 上《倦游杂录》，《文渊阁四库全书》，第 877 册，734 页。

又以孔雀为腊"[1]。有限的野生动物资源怎么能满足人们难填的欲壑！总之，两宋时期，由于森林资源较为丰富，尤其是南方生长着许多原始森林，兼之地貌复杂，湖泊众多，气候多样，丰富的自然地理环境孕育了无数的珍稀野生动物，如大象、老虎、犀牛等。这些动物具有一定的经济、药用、观赏和科学研究价值，是人类宝贵的自然财富，也是人类生存环境中不可或缺的重要组成部分。但随着人们的捕杀与食用，动物数量逐渐减少，甚至到了濒临灭绝的境地，如犀牛等，这是应该引以为鉴的。

二、　宋代畜牧业的发展对野生动物的影响

十至十三世纪随着生态环境的破坏和人类大规模的捕杀，大象、老虎、犀牛等大型野生动物逐渐南迁，有些动物，比如犀牛到宋元时期在国内逐渐灭亡。其实，造成野生动物的南徙除上述诸因素外，两宋时期畜牧业在黄河流域及江南地区大规模的分布促使野生动物的生境日益萎缩，也是造成野生动物最后不得不南徙的一个重要原因。根据《宋代畜牧业研究》一书的统计，北宋时期，官营牧地主要分布在黄河沿岸一带，马监牧地最盛时达到 81 所。其中分布在黄河流域的为 70 所，占总数的86％。南宋时期，偏安一隅，淮河以北领土大片沦丧，原来北宋时期的马监牧地处于金人的铁蹄之下。为了发展官营牧马业，宋政府在不得不在南方不太适合养马的区域开辟了广阔的牧地，陆陆续续修建了 35 所马监，以饲养国马。马监牧地在内地的广泛分布，促使农牧争地的加剧。为了扩充农业用地，减少农户对牧地的侵占，宋政府进行了大规模的屯田垦荒，甚至连一些动物栖息的荒山野岭也变成了层层梯田。据韩茂莉统计，到北宋中后期，京师开封一带垦殖率为 66.9％，江东路与成都府路分别达到 47.3％和 47.5％。黄河流域的垦地约占全国总额的 30.2％，平均土地垦殖为 21％。长江流域垦地约占全国总额的 69％，平均土地垦殖率为 23.7％；只有珠江流域因人口稀少，瘴气弥漫，气候恶劣，土地垦殖率很低，土地开垦仅占全国的 0.68％，平均土地垦殖率为 1.1％。[2]宋代无限制的屯田垦荒挤占了野生动物原本就不宽裕的生存空间，再加之人们对森林的滥砍乱伐，促使野生动物离开自己的家园，逐渐南徙，甚至走向灭亡。

---

① （宋）范成大：《桂海虞衡志·志禽》，《范成大笔记六种》，北京：中华书局，2002 年版，第 103 页。

② 韩茂莉：《宋代农业地理》，太原：山西古籍出版社，1993 年版，第 28—29 页。

本 章 小 结

畜牧业生产是生物的再生产，各种牲畜都与其周围的环境保持着密切的联系，进行持续的能量与物质交换。正因为如此，环境的变迁对畜牧业发展造成了深远的影响。同时，畜牧业的发展也会直接作用于环境的变化。本章探讨了宋代的地质地貌、气候变化、水土流失状况、森林植被的分布、野生动物的南迁等生态环境变迁的状况及原因，以及这些变化对宋代畜牧业造成的影响。不可否认，这些影响是相互的。如两宋时期由于农田的大量开垦和畜牧业向内地的拓展，严重威胁到野生动物的生存空间，迫使虎、象、犀牛等大型兽类南迁到西南地区的云贵高原、巴蜀和岭南、闽南一带，有些兽类到元朝时期在中国内地逐渐消亡。

第 三 章

宋代自然灾害及其对畜牧业的影响

第一节 自然灾害概况

自然灾害对畜牧业的危害很大，轻者导致牲畜饮水困难，重者使牲畜大面积死亡。如 2008 年的汶川地震，造成 69 227 人遇难，374 643 人受伤，17 923 人失踪，死亡的牲畜数以亿计，直接经济损失 8452 亿元人民币。2009 年西南大旱，致使当地 1000 多万头牲畜饮水困难，直接经济损失达 200 亿元。我国处于半湿润半干旱地区，历史上自然灾害比较频繁，尤其是宋代以来越演越烈，对畜牧业造成的危害让人触目惊心。

一、 宋代自然灾害

宋代是我国古代自然灾害较为频繁的时期。关于这一时期的自然灾害，研究者因占有资料的多寡不同，得出的结论也大相径庭。如邓拓先生在《中国救荒史》一书中指出："两宋前后四百八十七年，遭受各种灾害总计八百七十四次。其中水灾一百九十三次，为最多者；旱灾一百八十三次，为次多者；雹灾一百零一次，又次多者；风灾九十三次，又次之；蝗灾九十次，载次之；饥歉八十七次，更次之；地震七十七次，复次之。此外，疫灾三十二次；霜雪之灾十八次，又其次焉者也。两宋灾害频度之密，盖与唐代相若，而其强度与广度则更有过之。"①康弘先生统计，两宋时期主要灾害有水灾、旱灾、蝗灾、地震、疾疫以及飓风、冰雹、霜灾等

---

① 邓拓：《中国灾荒史》，上海：上海书店，1984 年版，第 22 页。

6 类，共发生 1219 次。其中，水灾 465 次，占 38%；旱灾 382 次，占
31%，蝗灾 108 次占 9%；地震 82 次，占 7%；疾疫 40 次，占 3%；风雹、
霜灾 142 次，占 12%。[1] 邱云飞先生近年来统计的两宋时期共发生水、旱、
虫、震、疫、沙尘、风、雹、霜等九类自然灾害达 1543 次，其中水灾为
628 次，旱灾 259 次，虫灾 168 次，地震 127 次，瘟疫 49 次，沙尘 69 次，
风灾 109 次，雹灾 121 次，霜灾 13 次。[2] 石涛先生对北宋 167 年的自然灾
害进行了统计，共计为 951 起。其中洪灾 315 起，雨涝 55 起，旱灾 172
起，火灾 103 起，地震 69 起，山崩 6 次，各类虫害 106 起，风雹雪霜 66
起，单独爆发的疫病 11 起，饥馑 45 起。[3] 李华瑞先生近来统计两宋时期
的自然灾害，共计 1931 次。其中北宋 1113 次，南宋 818 次，详细情况如
表 3-1 所示。

表 3-1　两宋自然灾害次数统计表[4]　　　　　　　（单位：次）

灾种	水灾	旱灾	蝗螟	地震	地灾	风灾	雹灾	潮灾	寒冷	疫灾	鼠害	合计
北宋总计	487	166	94	80	18	79	63	43	36	43	4	1113
南宋总计	256	115	55	45	13	95	94	52	49	40	4	818
合计	743	281	149	125	31	174	157	95	85	83	8	1931

　　从以上研究者统计数字来看，两宋时期自然灾害最少也在 874 次，最
多达 1931 次。由于占有史料的多少以及采用的统计方法不同，得出的结论
也就大为不同。尽管如此，学者们一致的看法是两宋时期是我国古代自然
灾害极为频繁的时期。那么两宋的自然灾害在我国古代漫长的历史长河中
又占怎样的地位呢？与其他朝代相比自然灾害发生的频率如何呢？下面我
们依据最新的中国古代自然灾害的研究成果来进行比较。

二、　宋代自然灾害与其他朝代灾害的比较情况

　　郑州大学出版社出版的由袁祖亮先生主编的丛书《中国自然灾害通
史》，详细地统计了历史上各时期中国古代自然灾害发生的次数。依据书

---

[1]　康弘：《宋代灾害与荒政述论》，《中州学刊》1994 年第 5 期，第 124 页。

[2]　袁祖亮编，邱云飞著：《中国灾害通史·宋代卷》，郑州：郑州大学出版社，2008 年版，
第 10 页。

[3]　石涛：《北宋时期自然灾害与政府管理体系研究》，北京：社会科学文献出版社，2010 年
版，第 46 页。

[4]　李华瑞：《宋代文献记录的自然灾害》，2012 年 8 月第 15 届国际宋史研究会交流论文，第
69 页。需要指出的是李华瑞先生在其论文《论宋代的自然灾害与荒政》，《首都师范大学学报》2013
年第 2 期中又更正了此前统计数字：北宋仍为 1113 次，南宋为 825 次，合计为 1938 次（文中为
1928 次，计算错误）。

中的统计数据，笔者详细列表如表 3-2 至表 3-10 所示。

表 3-2 夏商周时期的自然灾害统计表① （单位：次）

时间	水灾	旱灾	虫灾	火灾	地震	疫病	风霜雪雹	饥荒	小计	年均
夏	1	3		1	3				8	
商	4	9			2			1	16	
西周	1	7		1	2		4		15	
春秋	18	36	17	14	8	6	11	25	135	
战国	16	8	3		8	3	4	11	53	
总计	40	63	20	16	23	9	19	37	227	0.12

表 3-3 秦汉时期自然灾害统计表② （单位：次）

时间	水灾	旱灾	虫灾	火灾	地震	疫病	风霜雪雹	寒灾	总计	年均
公元前 221—公元 220	125	123	74	77	148	52	108	16	723	3

表 3-4 魏晋时期自然灾害统计表③ （单位：次）

朝代	寒灾	水灾	地震	蝗灾	疫灾	雹灾	冻灾	风灾	总计	年均
三国	10	16	11	2	11	2	2	12	66	1.47
西晋	30	34	39	13	16	25	17	24	198	3.81
东晋十六国	72	52	48	13	23	22	4	36	270	2.60
总计	112	102	98	28	50	49	23	72	534	2.67

表 3-5 南北朝时期的自然灾害统计表④ （单位：次）

时间	旱灾	水灾	地震	泥石流	蝗灾	疫灾	雹灾	雪灾	冻灾	风灾	沙尘	灾害总计	年均
420—589	125	139	102	3	37	25	26	16	54	78	31	636	3.7

---

① 袁祖亮编，刘继刚著：《中国灾害通史·先秦卷》，郑州：郑州大学出版社，2008 年版，第 13 页。

② 袁祖亮编，焦培民等著：《中国灾害通史·秦汉卷》，郑州：郑州大学出版社，2009 年版，第 148 页。

③ 袁祖亮编，张美莉等著：《中国灾害通史·魏晋南北朝卷》，郑州：郑州大学出版社，2009 年版，第 17 页。

④ 袁祖亮编，张美莉等著：《中国灾害通史·魏晋南北朝卷》，郑州：郑州大学出版社，2009 年版，第 128 页。

表 3-6 隋唐五代时期的自然灾害统计表①　　（单位：次）

时间	水灾	旱灾	蝗灾	疫病	雹灾	地质灾害	冻灾	海洋灾害	风灾	沙尘	其他	总计	年均
581—960	206	160	49	57	45	94	81	13	60	23	33	821	2.2

表 3-7 宋代自然灾害统计表②　　（单位：次）

时间	水灾	旱灾	虫灾	地震	瘟疫	沙尘	风灾	雹灾	霜冻	总计	年均
960—1279	628	259	168	127	49	69	109	121	13	1543	4.9

表 3-8 元代自然灾害统计表③　　（单位：次）

时间	水灾	旱灾	地震	虫灾	雹灾	疫灾	霜灾	风沙	总计	年均
1271—1368	1870	710	189	195	289	66	63	27	3409	34.8

表 3-9 明代自然灾害统计统计表④　　（单位：次）

时间	水灾	旱灾	虫灾	地震	瘟疫	沙尘	风灾	雹灾	雷击	霜灾	雪灾	冻害	总计	年均
1368—1644	1034	728	197	1159	187	171	82	243	87	34	28	2	3952	14.3

表 3-10 清代自然灾害统计表⑤　　（单位：次）

时间	水灾	旱灾	风灾	霜冻	虫灾	雹灾	地震	疫病	火灾	总计	年均
1644—1912	1772	828	436	205	344	369	690	222	231	5097	19.3

　　依据上述诸表格的统计数据，笔者将各时期自然灾害的总数、年均灾害次数汇总在一起，列表如 3-11 所示：

表 3-11 历史时期的自然灾害总体概况表　　（单位：次）

朝代	夏—战国	秦汉	魏晋	南北朝	隋唐五代	宋	元	明	清
灾害总计	227	723	534	636	821	1543	3409	3952	5097
年均	0.12	3.0	2.67	3.7	2.2	4.9	34.8	14.3	19.3

　　需要说明的是，在远古时期，由于记载的粗略以及文献资料的阙如，

---

① 袁祖亮编，闵祥鹏著：《中国灾害通史·隋唐五代卷》，郑州：郑州大学出版社，2008 年版，第 25—41 页。

② 袁祖亮编，邱云飞著：《中国灾害通史·宋代卷》，郑州：郑州大学出版社，2008 年版，第 10 页。

③ 袁祖亮编，和付强著：《中国灾害通史·元代卷》，郑州：郑州大学出版社，2008 年版，第 94 页。

④ 袁祖亮编，邱云飞、孙良玉著：《中国灾害通史·明代卷》，郑州：郑州大学出版社，2008 年版，第 24 页。

⑤ 袁祖亮编，朱凤祥著：《中国灾害通史·清代卷》，郑州：郑州大学出版社，2009 年版，第 233 页。

很多自然灾害未能够记载下来，或已经记载而未能传世，导致越是久远时期，文献记载也就越少；相反，时间越是靠后，记载也就越详细，留下的资料也就越多。尽管如此，这些数据还是能说明一些问题。从表 3-11 统计结果来看，宋代的自然灾害发生的总数、年均次数均超过宋以前的任何时期，两宋时期的自然灾害相当频繁，平均一年在 5 次左右。自宋以后，自然灾害发生的次数越来越多，到清朝统治时期达 5000 余次。这也说明了自宋代以来，生态环境破坏越来越严重。

那么导致两宋时期自然灾害如此频繁的原因是什么？这些自然灾害对畜牧业造成了怎样的影响？这些都是值得我们深思的重要问题。

第二节　自然灾害频发的原因

两宋时期是历史上自然灾害较为频繁的一个时期，与前朝相比，宋代自然灾害发生次数多，范围广。那么宋代自然灾害频发的原因有哪些？总结前人研究成果的基础上，笔者以为：气候的异常、森林的过度砍伐、人口的显著增长、过度的农垦，以及周边少数民族的频繁战争均是导致自然灾害频发的重要因素。

一、　气候的异常

十至十三世纪气候的变化经历了一个冷暖交替的过程。这一时期的气候状况学者们已有诸多论述。竺可桢先生指出，从隋代开始，经历唐五代一直到北宋初年是一个温暖期，其时间大致是从公元 600—1000 年；1000 年以后，进入第三个寒冷期。第三个寒冷期主要包括北宋中后期至南宋中期以前的一段时间，其具体年代大致是 1000—1200 年；从南宋宁宗时期开始，我国历史时期的气候又进入了一个温暖期。这个温暖期虽然短暂，但其温暖的气候特征却较明显。其时间大致是 1200—1300 年。第二、第三、第四个温暖期的特征，大体上与第一个温暖期相似，只是气温稍低一些，湿度稍小一些。[①] 竺可桢先生的观点可以简单地概括为从隋唐到宋初为温暖期；从北宋中后期到南宋中期为寒冷期；从南宋中后期即宁宗时期到元朝初年为温暖期。即两宋时期处于温暖——寒冷——温暖这样一个交替变化的过程。张全明先生在竺可桢研究的基础上进一步指出，北宋自公元960—1127 年的 168 年间，寒冷的冬天约占 2/3 强，越到后来冷冬越来越

---

① 竺可桢：《中国近五千年来气候变迁的初步研究》，《考古学报》1972 第 1 期，第 15—38 页。

频繁，寒冷程度也越来越强烈……到十二世纪末，我国的气候又向温暖方向转变，逐步过渡到第四个温暖期。[①] 邱云飞指出："五千年来中国历史上一共出现 5 个气候异常期，其中一个就在 12 世纪上半叶，即北宋末南宋初。具体呈现为气温变化剧烈，奇暖奇寒现象明显，气候呈现灾害性特征。"[②] 以上观点均认为两宋时期是气候变化的一个异常时期，经历了冷暖交替的过程。邱云飞还统计了两宋时期异常冷暖年份有 36 年。[③]

据气象学家推算，年均气温相差 1℃，农作物生长期要相差 15—20天，降雨量也要相差 50—150 毫米，在地理位置上，相当于南北方向上位移 250 公里，若年平均气温升高 2℃，那就意味着黄河流域的气候条件与现在长江流域相当。[④] 这种异常的气候变化常常带来水旱、瘟疫等自然灾害。比如太祖乾德二年至开宝二年（964—969），连续六年，"冬无雪"。宋太宗淳化二年（991），"冬温，京师无冰"[⑤]。宋真宗咸平三年（1000），"江南频年旱歉，多疾疫"[⑥]。宋仁宗至和元年（1054），京东路"自去冬无雨雪，麦不生苗，将踰春暮，粟未布种，农心焦劳，所向无望"[⑦]。宋仁宗嘉祐六年（1061），京师开封"无冰"[⑧]。冬季无雪的现象其实就是冬旱，常常造成农作物因缺水而减产。对畜牧业而言，冬旱则使牲畜饮水出现困难。如2010 年的中国西南五省大旱，"耕地受旱面积 1.01 亿亩，占全国的 84％，作物受旱 7907 万亩，待播耕地缺水缺墒 2197 万亩。有 2088 万人、1368万头大牲畜因旱饮水困难，分别占全国的 80％和 74％"[⑨]。干旱对畜牧业和农业造成了巨大的经济损失。

两宋时期也常常存在异常寒冷的气候，而这种气候带来的后果则是冻灾的出现。如宋太宗淳化三年（992）九月，"大雪害苗稼"[⑩]。开封属于暖温带大陆季风气候，农历九月正值开封的深秋季节，在秋天出现"大雪"的天气非常罕见，对即将秋收的农作物带来冻灾也就在所难免。又如宋真宗天禧元年（1017）十一月，荆湖路永州（今湖南零陵）竟然出现"大雪，六昼夜

① 王玉德、张全明：《中华五千年生态文化》，武汉：华中师范大学出版社，1999 年版，第425—426 页。

② 邱云飞：《中国灾害通史·宋代卷》，郑州：郑州大学出版社，2008 年版，第 208 页。

③ 邱云飞：《中国灾害通史·宋代卷》，郑州：郑州大学出版社，2008 年版，第 208—211 页。

④ 张善余：《全球变化和中国历史发展》，《华东师范大学学报》1992 年第 5 期，第 6—14 页。

⑤ （元）脱脱等：《宋史》卷 63《五行志二上》，北京：中华书局，1977 年版，第 1384 页。

⑥ （元）马端临：《文献通考》卷 304《物异考十》，北京：中华书局，2011 年版，第 8262 页。

⑦ （宋）李焘：《续资治通鉴长编》卷 179，至和二年三月丁亥，北京：中华书局，2004 年版，第 4327—4328 页。

⑧ （元）脱脱等：《宋史》卷 63《五行志二上》，北京：中华书局，1977 年版，第 1385 页。

⑨ http://news.qq.com/a/20100409/000326.htm.

⑩ （元）脱脱等：《宋史》卷 62《五行志一下》，北京：中华书局，1977 年版，第 1341 页。

方止，江、溪鱼皆冻死"①的极冷天气。又如，宋哲宗元祐二年(1087)十一月二十七日，京师开封，"雪寒异常岁，民多死"②。再如，宋孝宗淳熙十二年(1185)十二月到次年正月，两浙路临安(今浙江杭州)、台州(今浙江临海)等地"雪深丈余，冻死者甚众"③。湖南零陵和浙江杭州、临海等均属亚热带气候，正常情况是不会出现这种冻死鱼类和人的极端寒冷的天气，这种异常的气候带来的灾害是相当大的。

宋代不少年份还存在极端炎热的气候，带来的自然灾害也不可小觑。如宋太宗淳化二年(991)，"京师大热，疫死者众"④。宋光宗绍熙三年(1192)冬，"不雨，气燠如仲夏，日月皆赤，荣州尤甚"。宋宁宗嘉定元年(1208)春，行都临安"燠如夏"⑤，这种异常炎热的气候常常导致旱灾和疫灾的发生。

二、　森林的过度砍伐

森林是自然界的"调度师"、"地球之肺"，它具有保持水土、涵养水源、防风固沙、减轻环境污染给人们带来的危害等多种功能。历史时期，我国森林覆盖率是很高的，"在森林最茂盛的时期，绝大部分的山间田野，到处是郁郁葱葱，绿茵冉冉。"⑥随着社会经济的迅速发展、人口的增加，土地的大面积开垦，森林面积逐渐萎缩，到唐宋时期黄河流域一带的森林覆盖率已下降到32％，金元时期还要略低。⑦其实森林的过度砍伐，宋代较唐有过之而无不及。史念海先生就曾指出："到宋代，对于森林的破坏，更远较隋唐时代为剧烈，所破坏的地区也更是广泛。"⑧导致两宋时期森林覆盖率急剧下降的原因是什么？笔者以为，人口的迅猛增长，统治阶级的奢侈腐化，大兴土木，以及肆意的乱砍滥伐，是森林覆盖率急剧下降的重要原因。

(一) 统治阶级大兴土木

历朝历代的统治者上台后几乎都奢侈腐化，大兴土木。宋初太祖、太

---

① (元)脱脱等：《宋史》卷62《五行志一下》，北京：中华书局，1977年版，第1342页。

② (清)徐松：《宋会要辑稿·瑞异》2之17，北京：中华书局，1957年版，第2090页。

③ (元)脱脱等：《宋史》卷62《五行志一下》，北京：中华书局，1977年版，第1343页。

④ (元)脱脱等：《宋史》卷67《五行志五》，北京：中华书局，1977年版，第1468页。

⑤ (元)脱脱等：《宋史》卷63《五行志二上》，北京：中华书局，1977年版，第1385页。

⑥ 史念海：《黄河中游森林的变迁及其经验教训》，《红旗》杂志1981年第5期，第30页。

⑦ 《古黄土高原是草木丰茂的千里沃野》，《科学动态》1980年第58期。

⑧ 史念海：《历史时期黄河中游的森林》，《河山集》二集，北京：生活·读书·新知三联书店，1981年版，275页。

宗时期，由于要完成统一大业，还无暇顾及奢侈享受，再加之历经唐末五代的经济凋敝，客观条件促使他们不得不勤俭节约。因此，立国伊始，宋太祖就明令房屋建造上务必节俭："凡公宇栋施瓦兽，门设楗柜，诸州正牙门及城门，并施鸱尾，不得施拒鹊。六品以上宅舍，许作乌头门。父祖舍宅有者，子孙许仍之。凡民庶家，不得施重栱、藻井及五色文采为饰，仍不得四铺飞檐。庶人舍屋，许五架，门一间两厦而已。"①严格规定各级官吏及百姓庶人房屋建筑的规模、设计，不得逾越，否则严惩不贷。但到宋真宗时期，国家承平日久，社会经济得到了巨大发展，统治阶级的私欲日益膨胀，奢侈腐化、大兴土木的现象也越发凸显。如宋真宗大中祥符元年（1008）为安置"天书"，开始修建玉清昭应宫，祥符七年修成。该宫殿共3610区，耗资巨大，冠绝古今。"所费巨亿万，虽用金之数亦不能会计，天下珍树怪石，内府琦宝异物充牣，襞积穷极侈大余材始及。景灵、会灵二宫观然亦足冠古今之壮丽矣。议者以为玉清之盛开辟以来未始有也"。②后来宋真宗又先后修建了明道观、太极观、天净宫等多座建筑。为了获得所需的木材，真宗朝先后在西北、河北、南方诸地采伐巨木。宋真宗初年在秦州夕阳镇采伐木材。大中祥符二年（1009），当秦州夕阳镇大木所剩无几时，"徙秦州采造务为马鬃寨，从知州杨怀忠之请也"③。采木继续向西北边境深入。大中祥符三年（1010），签署枢密院事马知节建议到蕃部所辖区域采伐大木。"蕃界大、小落门皆巨材所产，已于逐处及缘路置军士憩泊营宇……令防援军士同力采取，况俯临渭河，可免牵挽之役。"得到了宋政府的同意。④ 大中祥符七年（1014），陕西转运使请求在"陇州西山、胡田、浇水等处置采木务"⑤。由于统治者欲壑难填，西北地区的大木被砍伐的越来越多，采造务一直向西延伸。

不仅如此，宋真宗时期，政府还先后在河北路、京东路、南方的荆湖路、两浙路、江淮一带大肆采木。景德四年（1007），"以盛暑赐河北党城川采木军士钱，自是岁以为例"⑥。可见，河北边境采木是一个长期工程，

---

① （元）脱脱等：《宋史》卷 154《舆服六》，北京：中华书局，1977 年版，第 3600 页。

② （宋）田况：《儒林公议》，文渊阁四库全书本，第 1036 册，第 281 页。

③ （宋）李焘：《续资治通鉴长编》卷 72，大中祥符二年九月癸亥，北京：中华书局，2004 年版，第 1630 页。

④ （宋）李焘：《续资治通鉴长编》卷 73，大中祥符三年三月丙申，北京：中华书局，2004 年版，第 1667 页。

⑤ （宋）李焘：《续资治通鉴长编》卷 82，大中祥符七年六月己巳，北京：中华书局，2004 年版，第 1881 页。

⑥ （宋）李焘：《续资治通鉴长编》卷 65，景德四年五月庚子，北京：中华书局，2004 年版，第 1454 页。

绝非一朝一夕的任务。大中祥符九年（1016），"时京师大建宫观，伐林木于南方，有司责期会峻急，工徒至有死者，则以亡命收系其妻子"①。因伐木建造宫殿而逼死民户，宋政府督促之急，采木之多由此可见一斑。同年九月，"以宫观成，令京东西、陕西、江淮南、两浙、荆湖等路曾经采木石处，遣长吏及佐官建道场设醮，以申报谢，或七日，或三日"②。宫观建成之后，政府诏令在京东西、陕西、两浙、荆湖诸路及江淮一带进行祭祀，可见真宗朝采木几乎遍及全国。

宋仁宗在位时，其大兴土木、奢侈腐化足以和乃父真宗颉颃。天圣八年（1030）建太一宫及洪福等院，"计须材木九万四千余条"③。明道元年（1032）因京城营建需要，"三司请下陕西市材木二十九万"④。庆历三年（1043），"三司言在京营缮，岁用材木凡三十万"⑤。可见仁宗统治时期所耗木材逐年增多，意味着有更多的森林遭到砍伐。因大规模地征购和砍伐，有大臣呼吁"山木已尽，人力已竭"，请罢土木之工⑥，但统治者往往置若罔闻。有些森林缺乏的州县不得不砍伐经济林桑树和柘树以纳官。欧阳修曾指出："臣风闻河北、京东诸州军见修防城器具，民间配率甚多。澶州、濮州地少林木，即今澶州之民为无木植送纳，尽伐桑柘纳官……兼闻澶州民桑已伐及三四十万株。"⑦澶州的民户为了交纳木材，忍痛割爱将桑树大肆砍伐，此种做法，可谓饮鸩止渴。

宋徽宗统治时期，生活穷奢极欲，以蔡京、童贯为首的统治者在全国各地搜罗奇花异石运到京师开封，称为花石纲，还大肆营建皇家园林艮岳，以供徽宗享受游乐。如政和二年（1121），宋政府在河东路采伐官山林木，"总得柱梁四十一万五百条有奇，为二百五纲赴京"⑧，政和四年（1123）以后，皇室营建之风可谓登峰造极。"大率太湖、灵璧、慈溪、武

---

① （宋）李焘：《续资治通鉴长编》卷 88，大中祥符九年十月壬辰，北京：中华书局，2004 年版，第 2024—2025 页。

② （宋）李焘：《续资治通鉴长编》卷 88，大中祥符九年九月戊辰，北京：中华书局，2004 年版，第 2019—2020 页。

③ （宋）李焘：《续资治通鉴长编》卷 109，天圣八年三月庚辰，北京：中华书局，2004 年版，第 2538 页。

④ （宋）李焘：《续资治通鉴长编》卷 111，明道元年三月戊子，北京：中华书局，2004 年版，第 2579 页。

⑤ （宋）李焘：《续资治通鉴长编》卷 139，庆历三年正月丙子，北京：中华书局，2004 年版，第 3337 页。

⑥ （元）脱脱等：《宋史》卷 304《范正辞附范讽传》，北京：中华书局，1977 年版，第 10062 页。

⑦ （宋）欧阳修：《欧阳修全集》卷 103《论乞止绝河北伐民桑柘札子》，北京：中华书局，2001 年版，1574 页。

⑧ （宋）李埴：《皇宋十朝纲要》卷 17，台北：文海出版社，1980 年版，第 411 页。

康诸石，二浙花竹、杂木、海错，福建异花、荔子、龙眼、橄榄，海南椰实，湖湘木竹、文竹，江南诸果，登、莱、淄、沂海错、文石，二广、四川异花奇果。贡大者，越海渡江，毁桥梁，凿城郭而至"。① 政和七年（1126）以后开始大建艮岳，前后二十余年，"江南数十郡，深山幽谷，搜剔殆遍，或有奇石在江湖不测之渊，百计取之，必得乃止。程限惨刻，无间寒暑，士庶之家一石一木稍堪玩者即领健卒直入其家，用黄帊覆之，指为御物"②。江南诸郡的奇花异木几乎搜罗殆尽，严重破坏了生态平衡。

（二）毁林开荒

两宋时期由于人口的大幅度增长，土地开垦面积越来越大。据漆侠先生估计，宋徽宗统治时期人口已经超过 1 亿，土地开垦达 7.2 亿亩，无论是人口数量，还是垦荒面积远远超过了汉唐时期。③ 土地的过度垦荒必然会造成森林草原植被的大面积缩减。如京西路唐、邓、襄、汝等州在宋英宗治平以前，"地多山林，人少耕植"。宋神宗熙宁年间，"四方之民凑辐开垦，环数千里，并为良田"。将数以万计的林木毁掉，用以开垦农田。④ 沅湘之间的武陵源地区，森林茂密，当地村民"每欲布种时，则先伐其林木，纵火焚之，俟其成灰，即布种于其间……盖史所谓刀耕火种也"⑤。长时期的刀耕火种对林木资源是极大地破坏。又如前文提到长江上游利州路一带，宋高宗绍兴年间还是林木参天，"虎豹熊罴，不通人行"，但三十年后随着当地归正人大规模地毁林垦荒，"如此一年复一年，林木渐稀"⑥。到宋孝宗统治初年，参天林木的景象已成了明日黄花。

大量的军屯也造成了森林植被的缩小。如宋仁宗庆历年间，欧阳修奉使河东，看到当地"禁膏腴之地不耕，而困民之力以远输"，于是上书请垦禁地，朝廷下诏："并、代经略司听民请佃岢岚、火山军闲田，在边壕十里外者，然所耕极寡，无益边备，岁籴如故。"⑦宋仁宗至和二年（1055），韩琦也请求开垦代州、宁化军一带的禁地，得到朝廷批准。宋神宗熙宁八年（1075）下诏，在岢岚、火山军等处，将"西陉等寨，未开官地堪种者渐

---

① （宋）杨仲良：《皇宋通鉴长编纪事本末》卷128，哈尔滨：黑龙江人民出版社，2006年版，第2164页。

② （元）陶宗仪：《说郛》卷55《青溪寇轨》，文渊阁四库全书本，第879册，第69页。

③ 漆侠：《宋代经济史》（上册），北京：中华书局，2009年版，第60页。

④ （清）徐松：《宋会要辑稿·食货》9之13，北京：中华书局，1957年版，第4968页。

⑤ （宋）张淏：《云谷杂记》卷4，文渊阁四库全书本，第850册，第907页上。

⑥ （清）徐松：《宋会要辑稿·刑法》2之124，北京：中华书局，1957年版，第6557页。

⑦ （宋）李焘：《续资治通鉴长编》卷154，庆历五年二月甲申，北京：中华书局，2004年版，第3749页。

次招置弓箭手"①。河东路沿边林地由此得到大面积开垦。西北沿边之地是宋夏双方激烈争夺和交战的前沿，宋政府也允许军队在此大规模垦荒。宋政府曾在吴堡、葭芦之间号称膏腴之地的木瓜原上垦荒，用兵多达1.8万人。② 高永能在宋神宗熙宁年间，"治绥德城，辟地四千顷，增户千三百"③。米脂一带辟田也为数众多，知太原府吕惠卿上言："今葭芦、米脂里外良田，不啻一二万顷，夏人名为'真珠山'、'七宝山'，言其多出禾粟也。若耕其半，则两路新砦兵费，已不尽资内地"④。这样，陕西、山西沿边一带的黄土坡几乎全被辟为农田。在黄土高原上大面积垦荒，必然会对当地的自然环境造成恶劣的影响，加剧了植被的破坏，造成水土流失严重，并且一经毁坏，就很难恢复，后患无穷。

（三）冶炼烧炭

两宋时期，冶铁、烧炭等行业的蓬勃发展，也使得大量林木被砍伐。如铜的冶炼，"每铜矿千斛用柴炭数百担"⑤。如前文提到太行山地区森林茂密，"木阴浓似盖"。生长着斛、栗、楸、榆、椴、桐、槐、银杏、松、柏、桧等树种。宋初，太行山地区的林县一个伐木场就拥有六百余人的伐木工人，用以冶铁烧瓷。又如四川冶铁多"烧巨竹为之"，陆游记载道："邛州出铁，烹炼利于竹炭，皆用牛车载以入城，予亲见之，"⑥用以冶铁的竹木每天由牛车源源不断地运往城里。宋室南迁后定都杭州，"今驻跸吴越，山林之广，不足以供樵苏"，"岁月之间，尽成赤地"⑦，森林采伐相当严重。如建宁府松溪县（今福建松溪）在绍兴年间有一"瑞应场"银矿，"场之左右皆大木，不二十年，去场四十里皆童山"⑧。四明山铁矿未开采以前，当地"巨木高森，沿溪平地，林木蔚然茂密，"随着冶铁业发展，"近年以来，木植价穹，斧斤相寻靡山不童。而平地竹木，亦为之一空"⑨。宋人蒋唐在其《闵山诗》中生动地记载了伐木业对森林造成的破坏："不知平昔时，谁氏来班禄？私庖计薪爨，无时伐良木。官膳利货财，弥年伐修竹。

---

① （清）徐松：《宋会要辑稿·兵》4之6，北京：中华书局，1957年版，第6823页。

② （清）徐松：《宋会要辑稿·食货》63之48，北京：中华书局，1957年版，第6010页。

③ （元）脱脱等：《宋史》卷334《高永能传》，北京：中华书局，1977年版，第10725页。

④ （元）脱脱等：《宋史》卷176《食货志上四》，北京：中华书局，1977年版，第4269页。

⑤ （清）徐松：《宋会要辑稿·食货》34之24，北京：中华书局，1957年版，第5400页。

⑥ （宋）陆游：《老学庵笔记》卷1，北京：中华书局，1979年版，第12页。

⑦ （宋）庄绰《鸡肋编》卷中，北京：中华书局，1983年版，第77页。

⑧ （宋）赵彦卫：《云麓漫钞》卷2，北京：中华书局，1996年版，第27页。

⑨ （宋）魏岘：《四明它山水利备览》，丛书集成初编本，北京：中华书局，1985年版，第4—5页。

忽忽事斧斤，丁丁响川谷。"①其他如陶瓷业等也耗费大量木材，如京师开封在京窑务岁用柴 60 万束。② 总之，在古代煤炭未普遍使用的情况下，冶铁、烧炭等越是发展，对森林的危害则越大。

（四）盗伐猖獗

两宋时期，随着经济的发展以及市场对林木的大量需求，社会上盗伐林木的现象日益猖獗。早在宋太祖开宝年间，宰相赵普等就因派人盗伐秦陇大木建造房屋而被赵玭告发。"先是，官禁私贩秦、陇大木，普尝遣亲吏往市屋材，联巨筏至京师治第，吏因之窃于都下贸易，故（赵）玭以为言"。③宋朝边境森林资源丰富，也是盗伐林木最猖獗的地区。南宋宁宗庆元年间由于大量汉人"侵越禁山，斫伐林木"，在蕃汉边境盗伐林木，朝廷不得不诏令："乞令叙州委知、通常切觉察检举，毋令汉人将物货擅入蕃蛮界贩卖，斫伐禁山林箐，须候蛮人赍带板木出江，方得就叙州溉下交易。如有违犯，被捉到官，送狱根究，从条断罪、追赏施行。"④严禁汉人砍伐禁山森林，否则严惩不贷。又如四川施州（今湖北恩施）边境，"深山峻岭，大林巨木，绵亘数千百里，虎狼窟宅，人迹不通"。森林资源极为丰富，边民盗伐的现象也异常严重。"施州边民嗜利冒禁，公然斫伐"。为了保护森林，宋政府诏令："乞行下施州，令守倅任责，差人于水溢十二渡等处巡逻，月具申枢密院。如敢犯禁，重寘典宪。守倅失于觉察，亦乞罢黜。凡蜀郡禁山，各于要害之地一例照应施行"。⑤ 在四川边境十二个渡口旁派专人巡逻和严查。

河堤榆柳是防洪的重要林木，两宋时期盗伐的现象也屡禁不止。宋仁宗天圣七年（1029）七月四日，知滑州李若谷言道："河清军士盗伐提（堤）埽榆柳，准条凡盗及卖、知情者，赃不满千钱以违制失论，军士刺配西京开山军，诸色人决讫纵之；千钱已上系繫狱裁如持杖斗敌，以持杖窃盗论。"建议严惩盗伐榆柳的河清军士。"事下法寺，请如所奏，凡京东西、河北、淮南濒河之所，悉如滑州例。从之"。⑥ 可见，盗伐河堤林木的现象并非个案，而是普遍存在的。尽管有严刑峻法，但盗掘榆柳的现象并未因此而收敛，到宋神宗时期，"自小吴之决，故道诸埽，皆废不治，堤上榆

---

① 傅璇琮等：《全宋诗》第 72 册，北京：北京大学出版社，1998 年版，第 1706 页。

② （清）徐松：《宋会要辑稿·食货》55 之 21，北京：中华书局，1957 年版，第 5758 页。

③ （宋）李焘：《续资治通鉴长编》卷 12，开宝四年三月丁巳，北京：中华书局，2004 年版，第 262 页。

④ （清）徐松：《宋会要辑稿·刑法》2 之 128，北京：中华书局，1957 年版，第 6559 页。

⑤ （清）徐松：《宋会要辑稿·刑法》2 之 131，北京：中华书局，1957 年版，第 6561 页。

⑥ （清）徐松：《宋会要辑稿·刑法》4 之 15，至 16，北京：中华书局，1957 年版，第 6629 页。

柳，并根掘取，残零物料，变卖无余，官吏役兵，仅有存者"①。黄河故道两岸的林木几乎砍伐殆尽。

此外，北宋时期，因防洪而被砍伐的林木也数量可观。

> 　　陕、府、虢、解等州与绛州，每年差夫共约二万人，至西京等处采黄河梢木，令人夫于山中寻逐采斫，多为本处居民于人夫未到之前收采已尽，却致人夫贵价于居人处买纳，及纳处邀难，所费至厚，每一夫计七八贯文，贫民有卖产以供夫者。②

宋政府每年招募两万人到陕、府、虢、解、绛等州伐木，到宋神宗熙宁年间几乎无木可采，不得不让人出高价到民间购买。

两宋时期，由于森林的大量砍伐，到北宋中后期黄河中下游和江南许多地区已变成濯濯童山了。王丽在其《宋代国家林木经营管理研究》一文中曾对宋代林木的消费情况进行了统计，具体情况如表 3-12 所示。

表 3-12 宋代木材的消费③

时间	数量	用途
雍熙三年(986)	100 万(条)	修城木
端拱二年(989)	170 余万(竿)	修河竹木
至道元年(995)	60 余万(竿)	修河竹
至道末年	28 万(束)	岁收薪柴
大中祥符九年(1016)	90 万(束)	修河杂梢
天禧元年(1017)	18.92 万余(条)	修造木材
天禧三年(1019)	50 万(束)	修河杂梢
天禧四年(1020)	1600 万(束)	修河芟竹
天圣三年(1025)	1 万(条)	修造桥阁
天圣七年(1029)	376 万(束)	修河杂梢
天圣八年(1030)	9.4 万(条)	营缮木材
明道元年(1032)	14.5 万(条)	三司修造
景祐三年(1036)	1 万(条)	修建寺院

---

① （宋）苏轼：《苏轼文集》卷 55《述灾诊论赏罚及修河事缴进欧阳修状札子》，北京：中华书局，1986 年版，第 825 页。

② （宋）范纯仁：《范忠宣奏议》卷上《条列陕西利害》，文渊阁四库全书，第 1104 册，第 750—751 页。

③ 王丽：《宋代国家林木经营管理研究》，陕西师范大学 2007 年硕士学位论文，第 37 页。

续表

年份	数量	用途
康定元年(1040)	近 7000 万(条)	修造营房
庆历三年(1043)	20 万(条)	营缮木材
庆历八年(1048)	451 652(条)	修河桩橛
庆历八年(1048)	93 150(条)	京师修造
庆历八年(1048)	1 503 820(竿)	缆索竹
皇祐年间	384 200 余(束)	煎盐木材
熙宁七年(1074)	60 万(束)	窑柴
元丰四年(1081)	1000(条),2 万(束)	修河桩橛、杂梢
元丰七年(1084)	600 万(斤)	铸钱木炭
绍兴二十九年(1159)	5450(秤)	御炉木炭

从表 3-12 可知,王丽仅统计了北宋一朝至南宋初年宋政府的木材消费情况,而南宋中后期 100 多年间木材消费情况并未统计,统计结果是不全面的。又如,宋神宗熙宁七年的窑柴为 60 万束也是不正确的,60 万束的木材消费其实仅仅是京师开封西窑务一年的,而非整个当年所有的窑柴消费,这一点务必说明。尽管有这样那样的弊端,我们从这个表格仍能看到宋政府木柴消费量是相当大的,动辄就数十万,甚至上千万束(条)。

森林具有防风固沙、保持水土、涵养水源的作用。森林破坏以后,各种水旱等自然灾害发生的频率明显增多。如河东路"晋地多土山,旁接川谷,春夏大雨,水浊如黄河,俗谓之'天河'"。一下大雨,河水浑浊如黄河。[①] 森林破坏后,黄河流经中上游的黄土高原带来了大量泥沙。北宋时期,黄河下游已经成了"地上河"。沈括在《梦溪笔谈》里记载道:"凡大河、漳水、滹池、涿水、桑乾之类,悉是浊流。今关、陕以西,水行地中,不减百余尺,其泥岁东流,皆为大陆之上,此理必然。"[②] 这种现象的出现显然与黄河中上游森林被砍伐,水土流失严重有关。

恩格斯在《自然辩证法》中指出:"我们不要过分陶醉于我们对自然的胜利。对于每一次这样的胜利,自然界都报复了我们。每一次胜利,在第一步都确实取得了我们预期的结果,但是在第二和第三步都有了完全不同的、出乎预料的影响,常常把第一个结果又取消了。美索不达米亚、希腊、小亚细亚以及其它各地的居民,为了想得到土地,把森林都砍完了,但是他们想象不到,这些地方今天竟因此成为不毛之地,因为他们使这些

---

① (元)脱脱等:《宋史》卷 331《张问传》,北京:中华书局,1977 年版,第 10661 页。

② (宋)沈括:《梦溪笔谈》卷 24《杂志》1,呼和浩特:远方出版社,2004 年版,第 140 页。

地方失去了森林，也失去了积聚和贮存水分的中心。""因此我们必须在每一步都记住：我们统治自然界，决不像征服者统治异民族那样，决不同于站在自然界以外的某一个人，——相反，我们连同肉、血和脑都是属于自然界并存在于其中的；我们对自然界的全部支配力量就是我们比其他一切生物强，能够认识和正确运用自然规律"。① 恩格斯的这番话是值得我们深思。

三、　过度的农牧业生产

（一）过度的垦荒

宋朝是我国古代自汉唐以来人口最多的一个朝代，到宋徽宗统治时期，人口数量已超过1亿。由于人口的迅速增长，统治者不得不大规模地垦荒。为此，宋政府多次发布垦田诏令，鼓励垦荒。宋太祖乾德四年（966）闰八月乙亥诏曰："百姓能广植桑枣，开荒田者，只纳旧租，令佐能劝课种植，加一阶。"②宋太宗太平兴国七年（982）二月诏令："东畿近年以来，蝗旱相继，流民甚多，旷土颇多……宜令本府设法招诱，并令复业，只计每岁所垦田亩桑枣输税，至五年复旧。旧所逋欠，悉从除免。诏令到百日，许令归复。违者，桑土许他人承佃为永业，岁输租调亦如复业之制。"③宋真宗咸平二年（999）诏令："前许民户请佃荒田，未定赋税。如闻抛弃本业，一向请射荒田，宜令两京诸路晓示，应从来无田税者，方许请射系官荒土及远年落业荒田。候及五年，官中依前敕于十分内定税二分，为永额。如见在庄田土窄，愿于侧近请射，及旧有庄产，后来逃移，已被别人请佃，碍敕无路归业者，亦许请射。"④宋仁宗天圣初年诏令："民流积十年者，其田听人耕，三年而后收，赋减旧额之半；后又诏流民能自复者，赋亦如之。既而又与流民限，百日复业，蠲赋役，五年减旧赋十之八；期尽不至，听他人得耕。"⑤宋政府通过减免租税的方式鼓励民户进行垦荒。

在宋政府垦荒政策的鼓励下，很多土地被开垦出来。据史料记载，宋

---

① 马克思、恩格斯著，中共中央马克思恩格斯列宁斯大林著作编译局编：《马克思恩格斯选集》第3卷，北京：人民出版社，1972年版，第517页。

② （宋）王应麟：《玉海》卷77《建隆劝农诏》，南京：江苏古籍出版社；上海：上海书店，1987年版，第1442页。

③ （清）徐松：《宋会要辑稿·食货》1之16，北京：中华书局，1957年版，第4809页。

④ （元）马端临：《文献通考》卷4《田赋考四》，北京：中华书局，1986年版，第56页。

⑤ （元）脱脱等：《宋史》卷173《食货志上一》，北京：中华书局，1977年版，第4165页。

仁宗嘉祐年间，赵尚宽、高赋先后在京西地区招募两河流民进行垦田，"益募两河流民，计口给田使耕……比其去，田增辟三万一千三百余顷，户增万一千三百八十，岁益税二万二千二百五十七"①。宋徽宗政和二年(1112)九月，京西路转运使王琦说："本路唐、邓、襄、汝等州，治平以前地多山林，人少耕殖，自熙宁中，四方之民辐凑，开垦环数千里，并为良田。"②北宋中后期，"京、洛、郑、汝之地，垦田颇广"③。许多土地得到了开垦。甚至"岭阪之间皆田，层层而上至顶，名梯田"④。可谓"田尽而地，地尽而山"⑤。

宋代还大规模地围湖造田，称为圩田。圩田始于北宋真宗大中祥符年间，到宋徽宗时期日益猖獗。如宋徽宗宣和二年(1120)，仅鉴湖围湖面积就达 2200 多顷，时人惊呼"湖废尽矣"⑥。南宋时期，偏安江南，疆域狭小。为了获得更多的土地，围湖造田的现象越发猖獗。世家大姓"障陂湖以为田，日广于旧"⑦，致使许多灌溉田不过百顷的小湖，陆续被盗为田。"隆兴、乾道之后，豪宗大姓相继迭出，广包强占，无岁无之，陂湖之利，日朘月削。已亡几何。而所在围田则遍满矣。以臣耳目所接，三十年间，昔之曰江，曰湖，曰草荡者，今皆田也"⑧。南宋中后期围湖造田可谓登峰造极。据漆侠先生统计，宋太祖开宝九年(976)、宋太宗至道三年(997)、宋真宗天禧五年(1021)、宋仁宗皇祐三年(1051)、宋英宗治平三年(1066)、神宗元丰六年(1083)全国的垦田数分别是 295 332 060 亩、312 525 125 亩、524 758 432 亩、228 000 000 亩、440 000 000 亩、461 455 000 亩。宋代时期最高的垦田数大约为 7.2 亿亩，这一数字远远超过了汉唐，也为后来的元明两朝所不及。⑨

大规模的垦荒造成了生态平衡的破坏。宋英宗治平三年(1066)十一月，都水监言："勘会诸处陂泽，本是停蓄水潦。近年京畿诸路州县例多水患，详究其因，盖为豪势人户耕犁高阜处土木侵迭陂泽之地，为田于其间。官司并不检察，或量起税赋请射，广占耕种，致每年大雨时行之际，

① (元)脱脱等：《宋史》卷 426《高赋传》，北京：中华书局，1977 年版，第 12703 页。
② (清)徐松：《宋会要辑稿·食货》70 之 24，北京：中华书局，1957 年版，第 6382 页。
③ (元)脱脱等：《宋史》卷 85《地理志一》，北京：中华书局，1977 年版，第 2117 页。
④ (宋)范成大：《范成大笔记六种·骖鸾录》，北京：中华书局，2002 年版，第 65 页。
⑤ (元)王祯《农书》卷 11《田制门》，文渊阁四库全书本，第 730 册，第 419 页。
⑥ (宋)庄绰：《鸡肋编》卷中《曾巩鉴湖图序》，北京：中华书局，1983 年版，第 56—57 页。
⑦ (宋)陈造：《江湖长翁集》卷 33《吴门芹宫策问二十一首》，文渊阁四库全书，第 1166 册，417 页。
⑧ (宋)卫泾：《后乐集》卷 13《论围田札子》，文渊阁四库全书，第 1169 册，第 547 页。
⑨ 漆侠：《宋代经济史》(上册)，北京：经济日报出版社，1999 年版，第 64—65 页。

陂泽填塞，无以容蓄，遂至泛溢，颇为民患"①。由于乡绅豪户大肆垦荒，破坏了地表植被，致使诸州县下雨时排水不畅，洪灾泛滥。又如江南诸州盗湖为田，导致水旱频仍。如绍兴五年（1135）春二月，宝文阁待制李光言道："明、越之境，皆有陂湖，大抵湖高于田，田又高于江、海。旱则放湖水灌田，涝则决田水入海，故无水旱之灾。本朝庆历、嘉祐间，始有盗湖为田者，其禁甚严。政和以来，创为应奉，始废湖为田，自是两州之民，岁被水旱之患。"②据韩茂莉研究，从长江南岸的建德开始，沿江向东北方向，经池州（安徽贵池）、南陵（安徽南陵）、宣城（安徽宣城）、宁国（安徽宁国）、广德（安徽广德），再折向北面的润州（江苏丹阳），此线和长江之间的狭长平原带都是圩田的分布区域，约占江东一路面积的四分之一左右。③张全明先生指出，宋元时期，黄河中下游流域地区，包括现在的关中、山西、京津、河北、河南、山东以及苏皖等部分地区，是我国历史上农牧业开发程度最高的地区。这里主要分布的是栽培植被和次生植被。至于有些过度垦荒或放牧的地方，甚至已成为不毛之地，并且开始出现水土严重流失的现象。④可见，生态平衡的破坏，过度垦荒难辞其咎。

（二）过度的放牧

宋代是我国历史上统一王朝中疆域最为狭小的一个朝代。北宋领土面积最大时为254万平方公里，南宋为172万平方公里。北宋西北部、北部传统的畜牧业基地基本上为辽、夏、金所占有。南宋偏安江南，领土更为狭小，统治着东起淮水，西到大散关以南的区域，畜牧业基地几乎全部丧失殆尽。正因为如此，宋代畜牧业发展有着先天不足的特点。另外，畜牧业生产是农业生产的重要组成部分，畜牧业不仅为人类提供大量的畜禽产品，还广泛应用于交通、运输、战争等社会生活的诸多领域。正因为如此，宋政府特别重视畜牧业的发展，无论是官方还是民间蓄养了大量的牲畜，仅马匹最多时就达20余万。

传统畜牧基地的丧失，使得宋代畜牧业，尤其是牧马业不得不集中于内地。北宋一朝陆续建立了81所马监牧地，其中长期存在的有16所，此外，东京开封还有左右天驷4监和左右天厩2坊。⑤这些监牧基本上都分

① （清）徐松：《宋会要辑稿·食货》61之96，北京：中华书局，1957年版，第5921页。
② （元）脱脱等：《宋史》卷173《食货志》上，北京：中华书局，1977年版，第4183页。
③ 葛金芳：《南宋圩田的发展和管理制度》，2012年8月第十五届国际宋史研究会提交论文，第94页。
④ 王玉德、张全明：《中华五千年生态文化》，武汉：华中师范大学，1999年版，第430页。
⑤ （清）徐松：《宋会要辑稿·兵》21之4至5，北京：中华书局，1957年版，第7126—7127页。

布在黄河沿岸地区，即今天的河南、陕西、山西、河北、山东等地。如此
分布，一方面是由于国防安全的需要，"汉、唐都长安，故养马多在汧陇
三辅之间；国家都大梁，故监牧在郓、郑、相、卫、许、洛之间，各取便
于出入"①。另一方面也是传统畜牧基地丧失的无奈之举。

南宋时期，马监牧地不得不集中淮河以南到长江沿岸一带。尽管南宋
疆域狭小，但在当时内忧外患，国破家亡的环境下，南宋政府不得不开辟
牧地，饲养马匹，以满足战争需求。据笔者统计，南宋一朝陆续建立了35
所马监牧地。淮河以南地区是传统的种植业生产基地，基本处于亚热带地
区，气温较高，不适合大牲畜马、驼的生活，死损严重。

畜牧业集中于内地除不利于其孳生繁衍外，对当地的生态植被还会造
成很大的破坏。为便于陈述，笔者将宋代马匹的数量、牧地的面积以及牧
地的载畜量列表如表 3-13 至表 3-15 所示。

表 3-13　北宋官马数量统计表②　　　　　（单位：万）

时间	官马数量	史料来源	备注
太平兴国四年(979)	21.2	《宋史》卷 198《兵志》12，第 4929、4933 页	宋太宗平太原得汾晋之马 4.2 万匹，括民马 17 万匹
大中祥符六年(1013)	20 余	《文献通考》卷 160《兵考》12，第 1390 页	18 坊监及诸军马数
天圣年间(1023—1031)	10 余	《文献通考》卷 160《兵考》12，1390 页；《宋史》卷 198《兵志》12，第 4933 页	皇祐五年(1053)，丁度上书言天圣中牧马至 10 余万
熙宁二年(1069)	15.36	《玉海》卷 149《马政》下，第 2740 页；《宋史》卷 198《兵志》12，第 4931 页	天下应在马数(其中包括部分从民间征调的马匹)

表 3-14　北宋牧地数量统计表　　　　　（单位：万顷）

时间	牧地数量	内容	史料来源	备注
淳化年间(990—994)	9.8	内外坊监总六万八千顷，诸军班又三万九百顷不预焉	《宋史》卷 198《兵》12，4936 页	内外坊监与诸军班牧地总数
咸平三年(1000)	7.53	诸坊监总四万四千四百余顷，诸班、诸军又三万九百余顷	《宋会要·兵》24 之 1，第 7179 页	内外坊监与诸军班牧地总数

---

① （宋）李焘：《续资治通鉴长编》卷 364，元祐元年正月丁巳，北京：中华书局，2004 年版，第 8736 页。

② 张显运：《宋代畜牧业研究》，北京：中国文史出版社，2009 年版，第 145—146 页。

续表

时间	牧地数量	内 容	史料来源	备注
治平末年(1067)	5.5万顷	治平末，牧地总五万五千，河南六监三万二千，而河北六监则二万三千	《宋史》卷198《兵》12，4937页	河南河北监牧司所辖牧地总数
熙宁元年(1068)	6.36万顷	左右厢马监草地四万八千二百余顷，原武、洛阳等七监地三万二千四百余顷，其中万七千顷赋民以收刍粟	《宋会要·兵》21之26至27，第7137—7138页	开封府界牧地，河南六监及沙苑监牧地总数
熙宁二年(1069)	5.5万顷	诏括河南河北监牧司总牧地，旧籍六万八千顷，而今籍五万五千	《宋史》卷198《兵》12，4940页	河南河北监牧司所辖牧地总数

表3-15　北宋牧地载畜量统计表　　　　（单位：亩）

时间	载畜量	内 容	史料来源
嘉祐年间	50	凡牧一马，往来践食，占地五十亩	《宋史》卷198《兵志》12，第4940页
熙宁年间	50	今约以马五万匹为额，每匹占地五十亩	《宋会要·兵》21之26，第7137页
宋仁宗统治时期	115	每牧马一匹占草地一百一十五亩	《孝肃包公奏议》卷7《请将邢、洺州牧马地给与人户依旧耕佃》，第89页
宋仁宗统治时期	31	兼知卫州淇水监每马一匹占地三十一亩	同上

　　由上述表格可知，从北宋初期到宋神宗时期，官营马匹的数量一般保持在10万以上。宋太宗与宋真宗时期达到了顶峰，官马数额超过了20万匹，以后随着牧地的缩减，财政困难以及保马法、给地牧马法的施行，国家牧马于民，官营牧地的马匹大为减少，官马的衰落与牧地的减少息息相关，农牧争地矛盾的加剧很大程度上影响了官营牧马业的健康发展。如北宋前期，牧地数量较为充足，在7.53—9.8万顷之间，而此时也正是官营牧马业的黄金时期，官马昌盛，达20余万匹。如宋太宗淳化年间，牧养马匹21.4万匹，牧马草地达到9.8万顷。如果按宋代一般牧地的载畜量每50亩养马一匹的话[①]，基本上能满足官马的草料需求（宋代官马采取槽饲与牧放相结合的饲养方式，以牧放为主）。但到后来，随着农牧争地的越演

---

　　①　载畜量是指在一定放牧时期内，一定草场面积上，在不影响草场生产力及保证家畜正常生长发育时，所能容纳放牧家畜的数量。参见：贾慎修：《草地学》，北京：中国农业出版社，1982年版，第237页。

越烈，牧地由宋初的 9.8 万顷减少到熙宁年间的 5.5 万顷。官马也减少到 10 余万匹。到宋徽宗年间，罢废监牧，实行给地牧马法，官马仅剩下 3 万匹。① 从表格统计结果来看，牧地数量似乎能满足官马啃食的需求。

而实际情况又是怎样呢？两宋时期，官营牧地主要分布在传统的农业生产地区，农牧争地的现象相当严重，很多牧地沦为农田。

有宋一代农牧之间的矛盾在立国之初就凸显出来。宋太宗雍熙四年 (987)孔维上书请禁原蚕以利国马，遭到了乐史的反对，农牧之争遂起开端。至道二年(996)闰七月，诏："邢州先请射草地荒闲田土许民请射充永业。其间多有系牧龙坊草地者，州与本坊互有论列，久未能决，乃遣中使相度，而有是命。仍俟秋收毕乃得取地入官。"②原系牧龙坊草地已被邢州农户侵占殆尽，政府诏令地方在秋收后归还。宋真宗时期官营牧马业发展到顶峰，黄河沿岸尤其是广大中原地区建立了许多马监牧地。澶渊之盟后，宋辽进入和平时期，宋真宗东封西祀，遂致财政枯竭，加之马政为不急之务，时任宰相的向敏中提出"国家监牧比先朝倍多，广费刍粟，若令群牧司度数出卖，散于民间，缓急取之，犹外厩耳"。虽没有将监牧废除，却令 13 岁以上官马"估直出卖"③。这一时期，农牧之争渐趋激烈，大量牧地被农户侵占。李昭述时任群牧判官，他"举籍钩校，凡括十数千顷，时议伏其精"④。一次就清查出农户侵吞的十数千顷官营牧地。宋仁宗天圣四年(1026)，王沿为筹集军粮，竟提出废除监牧改为屯田的建议。⑤

河北乃天下之根本，战略地位尤为重要，加之连年水灾，地皆斥卤，军粮筹集的沉重压力等因素的影响，耕地严重不足，有限的牧地自然成为农业觊觎的目标。嘉祐中，都官员外郎高访括河北诸监牧地，将 3350 余顷牧地募民请佃，岁约得穀 11.78 万石，绢 3250 匹，草 16.12 万束。虽一定程度上缓解了军粮的压力，但也存在着很大隐患，"异时监马增多，及有水旱，无以转徙放牧"⑥。在废除监牧呼声的高涨下，河南诸监也遭到了罢废。天圣四年(1026)，"乃废东平监，以其地赋民"。次年，废除单镇监，天圣六年(1028)废洛阳监，于是"河南诸监皆废"⑦。宋仁宗庆历年间因战

---

① 张显运：作《宋代畜牧业研究》，第四章官营牧马业，北京：中国文史出版社，2009 年版，第 90—107 页。

② (清)徐松：《宋会要辑稿·兵》21 之 24，北京：中华书局，1957 年版，第 7136 页。

③ (清)徐松：《宋会要辑稿·兵》24 之 14，北京：中华书局，1957 年版，第 7185 页。

④ (宋)胡宿：《文恭集》卷 38，文渊阁四库全书本，第 1088 册，第 950 页。

⑤ (宋)李焘：《续资治通鉴长编》卷 104，天圣四年八月辛巳，北京：中华书局，2004 年版，第 2415—2416 页。

⑥ (元)脱脱等：《宋史》卷 198《兵志》12，北京：中华书局，1977 年版，第 4937 页。

⑦ (元)脱脱等：《宋史》卷 198《兵志》12，北京：中华书局，1977 年版，第 4930 页。

事频繁，国马紧张，不得不又恢复诸监。

宋神宗统治时期王安石担任宰相，推行保马法，令民养马，将部分牧养马匹的重任转嫁给百姓，开源节流。熙宁元年（1068），枢密副使邵亢"请以牧马余田修稼政，以资牧养之利"，群牧司遂将原武、单镇、洛阳、沙苑等7监良田1.7万顷"赋民以收刍粟"。次年，"请以牧地赋民者纷然，而诸监寻废"①。熙宁八年（1075）诏："河南北见管九监内，沙苑监令属群牧司，余八监并废后，尽以牧地募民租佃，所收岁租计百余万。"②由此可见，神宗一朝农牧争地的矛盾已难调和，政府为了多收刍粟，竟然于国家大计而不顾，废弃马监牧地，显示了宋政府在政治上的短视。宋哲宗统治初期，司马光上台，尽复旧监，但由于诸监年久失修，凉棚、水井等设施损坏严重，成效不彰。③ 宋徽宗时期人口激增，已达1亿，农牧争地现象更为严重。大观二年（1108），废除监牧，实行给地牧马法，"虽已推行而地之顷数尚少，访闻多缘土豪侵冒，官司失实，牙吏欺隐，百不得一"④。牧地几乎被土豪侵冒殆尽。

正因为如此，有限的牧地无法满足官马的需求，过度放牧也就自然而然地产生。诚如包拯上书中所言那样，"卫州淇水监每马一匹占地三十一亩"⑤。根据现代畜牧学的知识，一般草地马匹的载畜量为一匹马占地50亩，卫州淇水监为31亩，过度放牧现象相当严重。由于牧地的牧草几乎被马匹啃食殆尽，一些官马就啃食农户的水稻，结果引起了农牧纠纷。⑥ 过度的利用牧场，牲畜的践踏，对牧草不断的选食，优良的牧草不能恢复生长，使草类减少，生产量下降，草场逐渐退化。放牧过轻，残草剩余，枯草覆盖，植物的分蘖力和再生产渐次衰退。甚至导致土壤沙化，旱蝗频仍。⑦

此外，党项族建立的西夏王朝在黄河上游的过度放牧也是造成黄河中下游自然灾害频发的重要因素之一。西夏建立于1038年，拥有今甘肃大部、宁夏全部、陕西北部和青海、内蒙古的部分地区，"方二万余里"，这一地区正好处于黄河上中游，其人口极盛时为280万人。⑧ 党项族的主体

① （元）脱脱等：《宋史》卷198《兵志》12，北京：中华书局，1977年版，第4939—4940页。

② （清）徐松：《宋会要辑稿·兵》21之29，北京：中华书局，1957年版，第7139页。

③ （清）黄以周：《续资治通鉴长编拾补》卷13，绍圣三年七月癸巳，北京：中华书局，2004年版，第516页。

④ （清）徐松：《宋会要辑稿·兵》21之31，北京：中华书局，1957年版，第7140页。

⑤ （宋）张田：《包拯集》卷7《请将邢、洺州牧马地给与人户依旧耕佃》，北京：中华书局，1963年版，第89页。

⑥ （元）脱脱等：《宋史》卷348《石公弼传》，北京：中华书局，1977年版，第11030页。

⑦ 贾慎修：《草地学》，北京：中国农业出版社，1982年版，第234页。

⑧ 袁祖亮：《中国古代边疆人口研究》，郑州：中州古籍出版社，1999年版，第289页。

从事畜牧业。史载，党项族"男女并衣裘褐，仍披大毡。畜牛马驴羊以供食。不知稼穑，土无五谷"①。说党项族"土无五谷"未免夸张，其实其境内河谷地带分布有一些大麦、小麦、青稞等农作物，只不过党项族经济以畜牧业为主而已。西夏境内适于游牧的地区以银、夏、绥、宥、静五州为主，这些地区年降雨量只有 400 毫米，又有毛乌素沙漠，水源缺乏。有学者通过科学计算得出该地区可养活 730 万羊单位，而西夏从事游牧的人口有 60—75 万，以人均 50.4 羊单位计算，有牲畜 3024—3780 万羊单位。②可见当时这一地区过度放牧的现象非常严重，而过度放牧必然会导致土壤大量侵蚀和土地沙化，造成黄河上中游地区生态平衡被严重破坏，水土流失严重。还会导致黄河泥沙含量加大，加剧下游河床升高，造成黄河下游地区泛滥。过度放牧对生态环境，尤其是对森林带来的危害，恩格斯曾有过精辟的论述："希腊的山羊不等幼嫩的灌木长大就把它们吃掉，它们把该地的山岭都吃得精光⋯⋯我们已经看到，山羊怎样阻碍了希腊再成为森林的地方，在圣海伦娜岛，第一批航海者带来的山羊和猪，把岛上旧有的一切植物都吃光了，准备了地方，使后来的水手和移民带来的植物能够繁殖起来。"③有宋一代，黄河中下游地区水患频繁与西夏在中上游的过度放牧不无关系。

总之，由于气候的异常、森林的过度砍伐、农田的大量开垦和过度的放牧，使得两宋时期自然灾害远远超过了前代。导致宋朝自然灾害频发的原因有气候因素，但主要是人为因素。诚如傅筑夫先生所言，中国历史上灾害频繁发生的原因并不全是自然因素的结果，而是人为活动造成的。"是人祸，不是天灾，是自然界生态平衡被破坏的结果。即森林被砍伐、荆棘榛莽被铲除、荒草原野被开垦，造成植被覆盖率迅速减少，大地裸露日益严重，水土日益流失和日益沙漠化，于是旱则赤地千里，黄沙滚滚；潦则洪水横流，浊浪滔天。这才是灾害频仍、饥馑荐臻的根本原因"。④斯言诚哉！

第三节　自然灾害对畜牧业的影响

自然灾害对畜牧业生产造成了重大影响。宋人邢昺曾言道：宋代"民

---

① （后晋）刘昫：《旧唐书》卷198《西戎传·党项羌》，北京：中华书局，2000年版，第5291页。

② 王尚义：《唐至北宋黄河下游水患加剧的人文背景分析》，《地理研究》2004年第3期，第391页。

③ 恩格斯：《自然辩证法》，北京：人民出版社，1963年版，第141—144页。

④ 傅筑夫：《中国经济史论丛》（续集），北京：人民出版社，1988年版，第80—81页。

之灾患大者有四：一曰疫，二曰旱，三曰水，四曰畜灾。岁必有其一，但或轻或重耳。"①可见，宋代自然灾害不仅种类多，且发生的频率很高。下面主要从水灾、旱灾、蝗灾、地震、瘟疫等几个方面谈谈灾患对宋代畜牧业生产的影响。

一、 水灾对畜牧业的影响

两宋时期，水患是最主要的自然灾害。据邱云飞先生统计，有宋一代1543次自然灾害中仅水患就达628次，占总数的2/5。就宋以前的历代而言，宋代水患之频繁可谓空前，远远超过前代水灾的总和（宋代以前历代水灾总和为612次）。为便于比较说明，依据前文统计结果将历史时期的水灾统计整理如表3-16所示。

表 3-16　中国历史上的水灾　　　　　（单位：次）

朝代	先秦时期	秦汉时期	魏晋南北朝	隋唐五代	宋	元	明	清
水灾	40	125	241	206	628	1870	1034	1772

由表3-16可知，宋代是个分水岭，宋以前，水灾相对较少；宋以后水灾发生的次数越来越多，元代竟然达到了平均一年20次的水患。频繁的水患不仅影响了种植业的发展，还导致大量牲畜被溺死，使人们的生命财产遭受重大损失，具体请如表3-17所示。

表 3-17　宋代水患牲畜溺死情况统计表

时间	地点	今地	状况	史料来源
乾德二年(964)七月	京东路	山东等地	泰山水，坏民庐舍数百区，牛畜死者甚众	《宋史》卷61《五行志》1上，第1319页
太平兴国七年(982)六月	均州	湖北丹江口	均州涢水、均水、汉江并涨，坏民舍，人畜死者甚众	同上
太平兴国九年(984)八月	不详	孝妇河	孝妇河涨溢，坏官寺民舍，漂溺人畜	《文献通考》卷296《物异考》，第2344页
天圣四年(1026)八月七日	京西路	河南西部、湖北襄阳一带	京西体量安抚王咨言："汝颍之间近值大水，冲注牛畜，虽有原田无牛耕种，乞下汝州应有百姓买卖耕牛持免税钱。"从之	《宋会要辑稿·食货》17之20，第5093页

① （元）脱脱等：《宋史》卷431《儒林二》，北京：中华书局，1977年版，第12779—12780页。

续表

时间	地点	今地	状况	史料来源
嘉祐元年 (1056)七月	京畿	开封及周边	臣伏睹近降诏书,以雨水为灾……至于王城京邑,浩如陂湖,人畜死者,不知其数	《长编》卷183,嘉祐元年七月丙戌,第4424页
治平二年 (1065)八月	京师	开封	京师大雨,地上涌水,坏官私庐舍,漂人民畜产不可胜数	《宋史》卷61《五行志》1上,第1327页
元符元年 (1098)十二月	河北路	河北路数州	臣僚言河北滨等数州昨经河决,连亘千里为一空,人民孳畜没溺死者不可胜计	《宋会要辑稿·食货》59之6,第5841页
绍兴十五年 (1145)八月十一日	淮南路	徽州祁门县	徽州祁门县水,既而臣僚言飘荡屋庐,冲坏田亩,溺死人畜	《宋会要辑稿·瑞异》3之15,第2097页
绍兴三十二年 (1162)四月		今淮河流域一带	大雨,淮水暴溢数百里,漂没庐舍,人畜死者甚众	《宋史》卷61《五行志》1上,第1331页
乾道三年 (1167)六月	庐州、舒州、蕲州	安徽合肥、潜山、湖北蕲春	庐、舒、蕲州水,坏苗稼,漂人畜	同上
乾道四年(1168)七月壬戌	衢州	今浙江衢州	衢州大水,败城三百余丈,漂民庐、孳牧,坏禾稼	同上
乾道五年 (1169)夏秋	温州、台州、黄岩县	今浙江温州、浙江临海、今	是年,温、台州凡三大风,水漂民庐,坏禾稼,人畜溺死者甚众,黄岩县为甚	同上
淳熙十五年 (1188)五月戊午	祁门县、浮梁县	今安徽祁门、江西浮梁	祁门县群山暴汇为大水,漂田禾、庐舍、冢墓、桑麻、人畜什六七,浮胔甚众,余害及浮梁县	同上,第1333页
嘉定十一年 (1218)六月戊申	武康、吉安县	今浙江德清、江西吉安	武康、吉安县大水,漂官舍、民庐,坏田稼,人畜死者甚众	同上,第1337页

通过表3-17可知,两宋时期造成这些水患的原因有江河决溢、山洪暴发、连日暴雨、台风等因素,但不管哪种水患对畜牧业都会造成极大的危害,导致"人畜死者甚众","人畜什六七",牲畜大量死亡的现象经常发生。表中所列仅是宋代600多次水灾中的几个例子,不过沧海一粟。其实,每次大的水灾对畜牧业而言都是一场浩劫。

　　水患除直接造成牲畜死亡外，还会导致一些疾病和瘟疫的产生。据现代科学研究，水患之后，最容易引起牛羊炭疽病、耕牛血吸虫病、猪丹毒、猪肺病、猪链球菌病、鸡法氏囊病、球虫病，以及各种动物易发生的中毒病、胃肠道传染病等疫病的发生。① 这些疾病都会对牲畜造成危害，甚至死亡。

二、　旱蝗灾害对畜牧业的影响

　　两宋时期，旱灾之频繁仅次于水灾。邱云飞统计有 259 次，康弘统计为 382 次。旱灾对畜牧业的影响很大。据现代草地学研究，旱灾对畜牧业的影响主要表现在以下几个方面：①春旱年份，天然草场牧草的播种，出苗将受到影响，从而导致青草期的缩短。②如果发生了连续干旱，则将加剧草场退化和草原土壤沙化的进程，同时对人工草场建设、天然草场的改良带来影响，还可以造成牧草的大幅度减产，影响当年家畜的抓膘和冬季饲草的储备。③冬季少雪，夏季干旱，将使地下水位下降，湖泊、泡子水面缩小，泉水枯竭，河水断流，窖地蓄不上水，乃至人、畜饮水困难而成灾。② 比如，位于中亚干旱区的咸海地区，在前苏联的农业生产上居于重要地位，其棉花产量占苏联的 95％，水果占 1/3，蔬菜占 1/4，稻谷占40％，由于气候干旱，90％的农田需要灌溉。随着生产的发展，在阿姆河和锡尔河上，挖掘了一系列运河以饮水灌溉，水浇地从二十世纪五十年代的 290 万公顷发展到 750 万公顷，引水量大增，入海水量大量减少，在 30 年中使咸海海面缩减了 40％，贮水量减少了 67％，海平面下降了 14 米，海水退缩后，使 3 万平方公里的海底出露，变为沙漠，当地 70％—80％的动物灭绝。③ 旱灾几乎对中亚地区的动物造成了灭顶之灾。

　　两宋时期，旱灾对畜牧业发展危害极大，它不仅延缓牧草的发芽、生长，使牲畜在放牧季节得不到可供食用的青草，严重的干旱高温甚至会使牧草枯死。持续的干旱对牲畜本身也会造成直接威胁，导致牲畜饮水缺乏而死亡。史载：宋仁宗年间，江淮以南春季大旱，"至有井泉枯竭，牛畜瘴死，鸡犬不存之处。"④一次大旱对江淮部分地区的畜禽造成了灭顶之灾。

---

　　① 李冬：《自然灾害对畜牧业的影响及灾后疫病预防》，《中国科技成果》2009 年第 5 期，第 54 页。

　　② 中国牧区畜牧气候区划科研协作组：《中国牧区畜牧气候》，北京：气象出版社，1988 年版，第 131 页。

　　③ 杨学祥：《冷静看待人类对自然界的胜利》，《人民政协报》2001 年 9 月 4 日，第 6 版。

　　④ （宋）欧阳修：《欧阳修全集》卷 104《论救赈江淮饥民札子》，北京：中华书局，2001 年版，第 1583 页。

宋高宗绍兴五年(1135)五月,"大燠四十余日,草木焦槁,山石灼人,暍死者甚众";宋宁宗嘉定八年(1215)五月,"大燠,草木枯槁,百泉皆竭,行都斛水百钱,江淮杯水数十钱,暍死者甚众"[①]。高温干旱,使草木枯竭,人畜饮水严重缺乏,中暑死亡者很多。

旱灾往往会引发蝗灾。张建民曾指出:"蝗灾之发生与旱灾有很高的相关程度,大的蝗灾往往出现在干旱之后,旱蝗饥连接相随的记载很多。"[②]宋代蝗灾具有出现频率高,范围大的特点。据康弘先生统计,宋代蝗灾有108次,平均每隔3年就出现一次。邱云飞统计蝗灾有168次,平均2年一次。[③]蝗灾对农牧业生产造成极大危害。正如宋人在诗歌中描述的那样:"万口飒飒如雨风,稻粱黍稷复何有。"[④]宋宁宗嘉定八年(1215)四月,"飞蝗越淮而南,江淮郡蝗食禾苗,山林草木皆尽"[⑤]。面对蝗虫蚕食庄稼、牧草,宋政府也采取了一些灭蝗措施,但成效并不显著。旱、蝗频仍是危害畜牧业发展的自然灾害之一。

三、 地震对畜牧业的影响

历史上中国就是一个地震高发的国家,这是由中国特殊的地理、地质条件决定的。中国位于世界两大地震带,环太平洋地震带与欧亚地震带的交汇部位,受太平洋板块、印度板块和菲律宾海板块的挤压,地震断裂带十分发育。大地构造位置决定,地震频繁震灾严重。中国地震主要分布在五个区域:台湾地区、西南地区、西北地区、华北地区、东南沿海地区。每一次地震对人民生命财产都造成了极大的损失。1976年唐山地震致24万人死亡,2008年汶川地震死亡人数也在9万人以上。因地震而造成的牲畜死亡更是数以百万计。两宋的320年间地震也是频频发生,已有多位前贤做过统计。如邓拓统计为77次[⑥],陈高佣统计为18次[⑦],康弘统计为82次[⑧],邱云飞统计为127次[⑨]。统计者因资料占有情况不同,统计结果存在着很大出入。宋代由于对地震这一地质灾害还缺乏客观的认识。如宋仁宗

---

① (元)脱脱等:《宋史》卷63《五行志》2上,北京:中华书局,1977年版,第1385页。

② 张建民:《灾害历史学》,长沙:湖南人民出版社,1998年版,第123页。

③ 邱云飞:《中国灾害通史·宋代卷》,郑州:郑州大学出版社,2008年版,第133页。

④ (宋)郭祥正:《青山续集》卷4《长芦咏蝗》,文渊阁四库全书本,第1116册,第804页。

⑤ (元)脱脱等:《宋史》卷62《五行志》1下,北京:中华书局,1977年版,第1356—1358页。

⑥ 邓拓:《中国救荒史》,上海:上海书店,1984年版,第22页。

⑦ 陈高佣:《中国历代天灾人祸表》,上海:上海书店,1986年版,第796—1085页。

⑧ 康弘:《宋代灾害与荒政述论》,《中州学刊》1994年版第5期,第123—128页。

⑨ 袁祖亮编,邱云飞著:《中国灾害通史宋代卷》,郑州:郑州大学出版社,2008年版,第149页。

时期，包拯论地震时说：

> 臣近闻登州地震山摧，今又镇阳，雄州五月朔日地震，北京、贝
> 州诸处蝗蝻虫生，皆天意先事示变，必不虚发也。谨按汉五行志曰：
> 地之戒莫重于震动。谓地者阴也，法当安静。今乃越阴之之职，专阳
> 之政，其异孰甚焉。又夷狄者，中国之阴也，今震于阴长之月，臣恐
> 四夷有谋中国者。且雄州控扼北鄙，登州密迩东夷，今继以地震山
> 摧，不可不深思而预备之也。①

包拯将地震看成是上天的警示，四夷将侵略中国的垂象，虽然并不科学，
但对统治者会起到一定的警醒作用。

地震对宋代畜牧业生产也造成很大的破坏。如宋仁宗景祐四年
(1037)，忻(今山西忻州)、代(今山西代县)、并(今山西太原)3 州地震，
"坏庐舍……畜扰死者五万余"；同年十二月二日，京师开封、河北路定州
(今河北定州)、京西路襄州(今湖北襄阳)等地同时地震，"至五日不止，
坏庐寺、杀人畜，凡十之六"。②宋徽宗建中靖国元年(1101)十二月，太原
府(今山西太原)、潞(今山西潞城)、晋(今山西临汾)、隰(今山西隰县)、
代(今山西代州)、石(今山西离石)、岚(今山西岚县)等州，岢岚(今山西
岢岚)、威胜(今山西沁县)、宁化(今山西宁武西南)等军地震，"弥旬，昼
夜不止，坏城壁、屋宇，人畜多死"③。地震具有发生频繁、范围广、破坏
性大等特点，是导致牲畜死亡的巨大杀手之一。

地震不仅直接造成牲畜伤亡，地震之后的后遗症也是不容忽视的。地
震之后，因大量人畜伤亡，而每一个死亡个体都是一个传染源，都会对周
边环境造成影响。据现代科学研究，在地震中，对人和动物威胁较大的是
传染病，病毒一类的主要有禽流感、乙型脑炎和狂犬病；细菌类的有炭疽
病、破伤风和猪链球菌等。这些病毒是诱发疫情的重要原因。在古代缺乏
消毒常识和知识情况下，地震之后瘟疫肆虐的情况屡见不鲜。下文在谈宋
代瘟疫对畜牧业影响时再进一步深讨这个问题。

四、　疫灾对畜牧业的影响

两宋时期，瘟疫是一种常见的自然灾害。说其常见，到底发生瘟疫多

---

① 　(宋)张田：《包拯集》卷2《论地震》，北京：中华书局，1963 年版，第 17 页。
② 　(宋)李焘：《续资治通鉴长编》卷 120，景祐四年十二月壬辰，北京：中华书局，2004 年
版，第 2844 页。
③ 　(元)脱脱等：《宋史》卷 67《五行志》5，北京：中华书局，1977 年版，第 1484—1486 页。

少次呢？前辈学者对此也做过统计，可谓众说纷纭，出入很大。邓拓先生统计为 32 次[①]，陈高佣先生统计为 22 次[②]，康弘统计为 40 次[③]，邱云飞则统计为 49 次[④]，张全明先生统计的最为详细，他在其《南宋时期灾疫的时空分布及其特点》一文中统计仅南宋时期疫灾就达 124 次[⑤]。尹娜的《两宋时期江南的瘟疫与社会控制》统计江南的瘟疫为 40 次[⑥]。李铁松等统计两宋时期的疫灾为 49 次[⑦]。袁冬梅的《宋代江南地区流行病研究》一文中对江南地区发生的疫情文献进行了爬梳，统计两宋时期江南地区发生疫病高达148 次[⑧]，可谓数字惊人。此外，左鹏的《宋元时期的瘴疾与文化变迁》以宋元时期的瘴疾为视角，揭示了历史时期南方的瘴疾与华夏文化扩散之间的关系。[⑨] 正因为在这一问题上学者们得出结论差别较大，故笔者在论及疫灾时也将两宋 320 年间发生的疫灾作一详细统计。为便于陈述，列表如 3-18、3-19、3-20 所示。

表 3-18　北宋时期疫灾分布情况[⑩]

年份	地区	疫灾状况	史料来源	灾次
乾德元年(963)七月	湖南	湖南疫，赐行营将校药	《宋史》卷 1《太祖纪一》	1
乾德二年(964)	滁州	大疫，牛畜死者甚众	光绪《滁州县志》卷 1《星野附祥异》	2
雍熙年间(985—986)	婺源	大疫	道光《徽州府志》卷 16《祥异》	3
淳化三年(992)六月	开封	京师大热，疫死者众	《宋史》卷 67《五行志五》	4
淳化五年(994)六月	开封	都城大疫，分遣医官煮药给病者	《宋史》卷 5《太宗纪二》	5
至道三年(997)	江南	频年多疾疫	《宋史》卷 62《五行志》一下	6
咸平二年(999)	杭州	月入南斗，魁占日，吴分疾疫	民国《杭州府志》卷 82《祥异》	7

①　邓拓：《中国救荒史》，上海：上海书店，1984 年版，第 22 页。

②　陈高佣：《中国历代天灾人祸表》，上海：上海书店，1986 年版，第 796—1085 页。

③　康弘：《宋代灾害与荒政述论》，《中州学刊》1994 年版第 5 期，第 123—128 页。

④　袁祖亮编，邱云飞著：《中国灾害通史宋代卷》，郑州：郑州大学出版社，2008 年版，第 149 页。

⑤　张全明：《南宋时期疫灾的时空分布及其特点》，《浙江学刊》2011 年第 2 期，第 95—97 页。

⑥　尹娜：《两宋时期灾疫的时空分布及其特点》，上海师范大学 2005 年硕士学位论文。

⑦　李铁松、潘兴树、尹念辅：《两宋时期瘟疫灾害时空分布规律初探》，《防灾科技学院学报》2010 年第 3 期，第 94 页。

⑧　袁冬梅：《宋代江南地区流行病研究》，西南大学 2006 年硕士学位论文，第 6—15 页。

⑨　左鹏：《宋元时期的瘴疾与华夏文化变迁》，《中国社会科学》2004 年第 1 期。

⑩　本表是在袁冬梅：《宋代江南流行病研究》西南大学 2006 年硕士学位论文的疫病统计表的基础上进一步制作而成。

续表

年份	地区	疫灾状况	史料来源	灾次
咸平三年(1000)春	湖州归安	春旱大疾，民疫死	光绪《归安县志》卷27《祥异》	8
咸平三年(1000)	江南	江南频年旱歉，多疾疫	《文献通考》卷304《物异考十》	9
咸平三年(1000)三月	杭州	又问疾疫死者多少人，称饿死者不少，无人收拾，沟渠中皆是死人	《长编》卷46，咸平三年三月	10
咸平六年(1003)五月	开封	京城疫，分遣内臣赐药	《长编》卷54，咸平六年五月乙卯	11
大中祥符初(1008)	萧山县	属岁饥，民大疫，盖流离道路者十室而九	《华阳集》卷59《朝请大夫司农司少卿薛公墓志铭》	12
大中祥符三年(1010)四、五月	陕西西凉府	陕西民疫，遣使赍药赐之。觅诸族瘴疫	《宋史》卷7《真宗纪》二	13
天圣元年(1023)	豫章	命医者制药治病，命巫医改业归农	《长编》卷101，天圣元年十一月戊戌	14
明道二年(1033)	南方	南方大旱，种饷皆绝，人多流亡，困饥成疫气，相传死者十二三	《长编》卷112，明道二年二月庚子	15
明道二年(1033)	宝应	宝应之人，疾大疫，募民出米为饘粥以食民	《广陵集》卷28《故秘书臣徐君墓志》	16
明道二年(1033)	杭州	清台上言：推星占，吴越当有灾……吴大疫，越疾	《乐全集·附录·行状》	17
庆历三年(1043)冬	南康军	是年之季冬，举家缠疫疠，老母尚委顿	《龙学文集》卷12《李泰伯寄龙学长篇》	18
皇祐元年(1049)二月	河北	河北疫，遣使颁药	《宋史》卷11《仁宗纪三》	19
皇祐三年(1051)	润州	死囚多系久疫瘁相属，君为喜其非私贩而出其不斗拒者，坐法数十人而已	《端明集》卷37《尚书屯田员外郎通判润州刘君墓碣》	20
皇祐年间(1051—1052)	安陆	大疫，死者横道	《山谷别集》卷9《承议郎致仕李府君墓志铭》	21
至和元年(1054)正月	开封	时京师大疫……碎通天犀和药以疗民疾	《宋史》卷12《仁宗纪四》	22
嘉祐五年(1060)	开封	京师民疫，选医给药以疗之	《宋史》卷12《仁宗纪四》	23
嘉祐七年(1062)五月	江州	为具粥，医药不足，则取庐山诸佛寺余财以续之，所活以万数	《王文公文集》卷88《司农卿分司南京陈公神道碑》	24
治平年间(1064—1067)	洪州	大疫	《名臣碑传琬琰之集》卷49《曾舍人行状》	25
治平二年(1065)八月	北方	今夏疠疫大作，弥数千里，病者比屋，丧车交路	《长编》卷206，治平二年八月乙未	26

续表

年份	地区	疫灾状况	史料来源	灾次
熙宁初（1068）	永嘉	大疫	《浮沚集》卷7《沈子正墓志铭》	27
熙宁三年（1070）	吴中	民劳且怨……内史出公禄葬疫死者	《吴郡志》卷22《人物》	28
熙宁中	吴越	大饥且疫，病相溃死，相枕籍者十五六	《陶山集》卷14《黄君墓志铭》	29
熙宁六年（1073）	江南东路	赐江南东路常平米七万石，赈济灾疫	《长编》卷247，熙宁四年辛亥条	30
熙宁七年（1074）	慈溪县	疾疫，死亡者十有五六	《咸淳临安志》卷89《纪事》	31
熙宁八年（1075）	慈溪县	疾疫	《咸淳临安志》卷89《纪事》	32
熙宁九年（1076）春	越州	明年春大疫，为病坊，处疾病之无归者	曾巩《元丰类稿》卷19《越州赵公救灾纪》	33
熙宁九年（1076）十一月	不详	以安南行营将士疾疫，遣同知太常礼院王存祷南岳	《宋史》卷15《神宗纪二》	34
元丰三年（1080）	越州	疫疠	《淮海后集》卷6《越州请立程给事祠堂状》	35
元祐四年（1089）	杭州	（苏轼）既至杭，大旱，疾疫并作	《宋史》卷338《苏轼传》	36
元祐四年（1089）	两浙	夏雨，两浙旱，疾疫大作	同治《湖州府志》卷44《祥异》	37
元祐五年（1090）	杭州	杭水陆之会，疫死比他处常多	《宋史》卷338《苏轼传》	38
元祐七年（1092）	浙西	臣访闻浙西饥疫大作，苏、湖、秀三州，人死过半	《苏轼集》卷62《再论积欠六事四事札子》	39
元祐七年（1093）	杭州	（苏）轼为请于朝……遣人命医官分治疾病，赖以全活者甚众	《乾道临安志》卷3《牧守·苏轼》	40
绍圣元年（1094）	开封	是岁京师疫	《宋史》卷18《哲宗纪二》	41
绍圣元年（1094）	瑞安	大疫，邻里亲戚绝不相问讯，极置棺他室密封	《浮沚集》卷7《沈子正墓志铭》	42
元符二年（1099）	吴中	吴中大旱……城中沟浍堙于，发为疫气	《吴郡志》卷12《官吏》	43
大观三年（1109）	江东	江东疫	《宋史》卷62《五行志一下》	44
大观三年（1109）	临川	岁饥且疫，僵尸横道，皆犬彘之馂馀也	《溪堂集》卷9《江夫人墓志铭》	45
大观四年（1110）	遂昌	遂昌疾疫……朝廷责补发不已，又促输他纳绢之期……公陈他利害奏罢之	《浮溪集》卷24《朝散大夫直龙图阁张公行状》	46

续表

年份	地区	疫灾状况	史料来源	灾次
政和二年(1112)	江南西路	瘴疫冒之，而前官吏为惶恐尽力，于是方数千里流冗悉归于及邻壤，其全活者不可胜数	《浮溪集》卷24《朝散大夫直龙图阁张公行状》	47
靖康二年(1127)	京师	金人围汴，城中疫死者几半	《宋史》卷62《五行志一下》	48

表 3-19　南宋时期疫灾分布情况①

年份	地区	疫灾状况	史料来源	灾次
建炎三年(1129)夏	江宁	暑多疾病，老弱转死道路	《金史》卷80	1
建炎四年(1130)二月	吴江	二月大疫，夏秋旱，大饥死者甚众	同治《湖州府志》卷44《祥异》	1
建炎四年(1130)夏	江浙	疾疫大作，米斗钱五百	《挥麈后录》卷10	1
绍兴元年(1131)六月	两浙绍兴	平江府以北流尸无算，服粥药之劳者活及百人	《宋史》卷62《五行志一》下	3 2
绍兴元年(1131)六月	余姚	大疾疫，……斗米钱钱，人食草木	光绪《余姚县志》卷7《祥异》	1
绍兴二年(1132)八月	不详	兵饥疫疠，水旱交兴	《文献通考》卷286	1
绍兴三年(1133)二月	永州陕川	永州疫大疫行秦凤、利州等路	《宋史》卷62《五行志一》下，《宋史》卷370	2 1
绍兴六年(1136)	四川	四川疫	《宋史》卷62《五行志一》下	2
绍兴七年(1137)七月	建康	疫盛，遣医行视	《宋史》卷28	1
绍兴八年(1138)	临安	疫	康熙《仁和县志》卷25《祥异》	1
绍兴十二年(1142)	杭州	是岁，杭州疫	民国《杭州府志》卷82《祥异》	1
绍兴十五年(1145)六月	福建	官军不习山险，多染瘴疫	《要录》卷153	1
绍兴十六年(1146)夏	行都	疾疫流行	《宋史》卷62《五行志一》下	2
绍兴十八年(1148)夏	常州	疫大作，命遍问疾苦	《宋史》卷384	1
绍兴十九年(1149)	岭南	郡人无不被疾，哭声连巷	《朱熹集》卷95	1
绍兴二十一年(1151)天德三年(1151)	中原燕京	疾疫自消暑月工役多疾疫	《中兴小纪》卷28《金史》卷83	2 1
天德四年(1152)	河北	大疫，贫者往往阖门卧病	《金史》卷131	1

　　① 本表吸收了张全明：《南宋时期疫灾的时空分布及其特点》，《浙江学刊》2011年第2期；袁冬梅：《宋代江南流行病研究》西南大学2006年硕士学位论文；邱云飞：《中国灾害通史宋代卷》，郑州：郑州大学出版社，2008年版等诸位先生的统计成果，特此说明。

续表

年号	地区	疫灾状况	史料来源	灾次
绍兴二十六年(1156)	行都	大疫，高宗出柴胡制药	《宋史》卷62	2
正隆六年(1161)	燕京	京师疫，死者不可胜数	《金史》卷129	1
绍兴三十一年(1161)	两淮	疫疠……自三衙诸军皆晋建康，死者日数十人	《朱熹集》卷95下	1
绍兴三十二年(1162)	海州	军中大疫，全活者几万人	《宋史》卷462	1
大定二年(1162)	西京	士卒多疾疫而死	《金史》卷133	1
隆兴元年(1163)	江西	大疫，命医治，全活数百万	《宋史》卷385	1
隆兴二年(1164)	江淮 两浙	江南淮甸流民疫死者半 浙之饥民疫者尤众	《宋史》卷62《五行志一》下	2 1
乾道元年(1165)	两浙	浙东、西，行都饥民大疫	《宋史》卷62《五行志一》下	2
乾道元年(1165)	余姚	正月至四月，淫雨又大疫	光绪《余姚县志》卷7《祥异》	1
乾道六年(1170)	两浙	民以冬燠疫作	《宋史》卷62《五行志一》下	2
乾道七年(1171)	宁国府	是年疾，大疫	嘉庆《宁国府志》卷1《沿革表·祥异附》	1
乾道八年(1172)	宣城	大疫，死者甚众	光绪《宣城县志》卷36《祥异》	1
乾道八年(1172)	行都 江西	民疫及秋未息 江西大疫，隆兴民疫多死	《宋史》卷62《五行志一》下	2 1
淳熙四年(1177)	真州	真州大疫	《宋史》卷62《五行志一》下	2
淳熙七年(1180)	江西	大疫，诏治药剂以活甚众	《朱熹集》卷92	3
淳熙八年(1181)	行都 当涂	旅疫多死，宁国死者尤众 死者尤众，是年艰食	《宋史》卷62《五行志一》下，《水心先生文集》卷14《徐德操墓志铭》	3 1
淳熙九年(1182)	两浙	大疫，赈救全活不可胜记	《宋史》卷400	5
淳熙十四年(1187)	两浙	都民禁旅大疫，浙西亦疫	《宋史》卷62《五行志一》下	2
淳熙十六年(1189)	湖南	潭州疫	《宋史》卷62《五行志一》下	2
绍熙元年(1190)	杭州 海宁	大疫，久阴连雨至于三月 大疫，诏免身丁钱	民国《杭州府志》卷82《祥异》，民国《海宁县志》卷40《祥异》	1 1
绍熙二年(1191)春	涪州 临安	涪州疫死数千人 贫民、诸军疾疫	《宋史》卷62《五行志一》下，《宋史全文》卷29	2 1

续表

年号	地区	疫灾状况	史料来源	灾次
绍熙三年(1192)	四川	资、荣二州大疫	《宋史》卷62《五行志一》下	2
绍熙四年(1193)夏	福建	旱疫，施药多所全活	《后村集》卷148	1
庆元元年(1195)四月	行都	大疫，出内帑钱为贫民医	《宋史》卷37	4
庆元二年(1196)五月	行都	疾疫盛行	《宋史》卷62《五行志一》下	2
庆元三年(1197)三月	淮浙	行都及淮、浙郡县大疫	《宋史》卷62《五行志一》下	2
庆元五年(1199)五月	临安	民多疫病，临安府振恤之	《宋史》卷37	2
嘉泰三年(1203)五月	行都	疾疫流行，死者多贫民	《宋史》卷62《五行志一》下	2
嘉泰四年(1204)五月	行都	五月行都大疫	民国《杭州府志》卷83《祥异》	1
泰和五年(1205)八月	豫淮	穷蹙疾疫，死者十二三	《金史》卷12	1
开禧二年(1206)四月	行都	夏四月行都大疫	民国《杭州府志》卷83《祥异》	1
开禧二年(1206)	江陵	饥馑疾疫	《宋史》卷395	1
开禧三年(1207)夏 泰和七年(1207)夏	江淮 汴襄	非常之灾疫近年所未有 士卒疾疫	《西山集》卷6 《金史》卷98	2 1
嘉定元年(1208)夏	淮浙 行都	官募掩残骼者度为僧。浙疫都民疫死者甚众	《宋史》卷62《五行志一》下， 民国《杭州府志》卷83《祥异》	4 1
嘉定二年(1209)春夏	钱塘 江浙	四月蝗，大疫死者甚众 都民疫死者众，江南疾疫	康熙《仁和县志》卷25《祥异》 《宋史》卷62《五行志一》下	1 2
嘉定三年(1210)四月	临安	都民多疫死	《宋史》卷62《五行志一》下	2
嘉定四年(1211)春夏	临安	都民多疫死，亦如之	《宋史》卷62《五行志一》下	3
崇庆元年(1212)	许州	以疫死者多人	《续夷坚志》卷1	1
嘉定十五年(1222)夏秋	闽赣	疫死者各以万计	《西山集》卷35	3
嘉定十六年(1223)正月	湖南	永、道二州疫	《宋史》卷62《五行志一》下	4
嘉定十七年(1224)夏	福建	僚吏持钱粟药饵户给之	《宋史》卷408	1
宝庆元年(1225) (1225)七月	江淮	人或相食，疫气偾作	《鹤山集》卷81	1
宝庆二年(1226)冬	灵武	大黄治军中疫，活几万人	《辍耕录》卷2	1
宝庆三年(1227)七月	福建	诸郡疾疫并作	《西山集》卷44	1
绍定元年(1228)春	四川 浙江	大疫药疾至捐俸以资之 大疫，比屋相枕籍，安吉尤甚	《鹤山集》卷84 同治《湖州府志》卷44《祥异》	1 1

年号	地区	疫灾状况	史料来源	灾次
天兴元年(1232)五月	汴京	疫五十日,死者九十余万	《金史》卷17	2
天兴二年(1233)夏 绍定五年(1233)夏	汴京 江东	汴城之民死者百余万药院疗之,所活不可数计	《金史》卷64 《宋史》卷405	1 2
端平元年(1234)	余干	端平年间,水旱存至,民多饥死又大疫	同治《余干县志》卷20《祥异》	1
嘉熙元年(1237)	怀州	大疫士卒多病	《新元史》卷129	1
开庆元年(1259)夏	荆湖 合州	荆湖北诸郡旱潦疾疫 诸军疾疫已十四五	《宋史》卷44 《陵川集》卷32	1 3
咸淳七年(1271)夏	播州	士卒遇炎瘴,多疾疫	《新元史》卷122	1
德祐元年(1275)六月	临安	流民患疾,死者不可胜计	《宋史》卷62《五行志一》下	2
德祐二年(1276)三月	临安	疫气薰蒸,人之病死者,不可数计	《宋史》卷62《五行志一》下	2
至元十五年(1278) 祥兴元年(1278)八月	汴郑 粤赣	汴郑大疫,备医药活者众 军中疫兵士死者数百人	《元史》卷135 《宋史》卷418	1 5

表 3-20　两宋时期牲畜疫灾情况统计

年份	地区	疫灾状况	史料来源	灾次
乾德二年(964)	滁州	大疫,牛畜死者甚众	光绪《滁州县志》卷1《星野附祥异》	1
淳化五年(994)	宋州、亳州	淳化五年,宋、亳数州牛疫,死者过半,官借钱令就江、淮市牛。	《宋史》卷173《食货志上一》,第4159页	2
景德二年(1005)	河朔	景德二年正月,内出踏犁式付河北转运,令询于民间,如可用,则官造给之。时以河朔戎寇之后,耕具颇阙,牛多疫死,淮、楚间民踏犁凡四五人力可比牛一具,故有是命	《宋会要辑稿·食货》63之164	3
大中祥符二年(1009)七月	河朔	诏澶州自今民以耕牛过河者勿禁。时河朔牛疫,河南民以牛贸易者甚众,而澶州浮梁主吏辄邀留之故也。	《宋会要辑稿·刑法》2之10,第6500页	4
大中祥符七年(1014)	诸州	明年,诸州牛疫,又诏民买卖耕牛勿算	《宋史》卷173《食货志上一》,第4162页	5
大中祥符八年(1015)	不详	以诸州牛疫,免牛税一年	《宋会要辑稿·食货》1之8,第4810页	6
大中祥符八年(1015)八月	京东西、河北、陕西	诏京东西、河北、陕西承前例差车牛及和雇般挈悉罢之,以牛疫故也	《长编》卷85,大中祥符八年八月癸未,第1944页	7

续表

年份	地区	疫灾状况	史料来源	灾次
庆历四年（1044）三月		（欧阳修）风闻江、淮以南，今春大旱，至有井泉枯竭、牛畜瘴死、鸡犬不存之处	《长编》卷147，庆历四年三月乙丑，第3554页	8
绍兴初年（1131）	春	去岁夏旱民力未苏，今春牛疫继之，南亩之艰亦已至矣	《建康集》卷4《祈晴诸庙文》	9
绍兴年间	淮西江东西湖南地京西路	前日忽承金字牌被旨，以淮西、江东西、湖南地、京西路牛疫，恐民无以耕，委令逐路各取常平诸色钱物遣官出产处收买，租赁与民	《建康集》卷7《又与秦相公书》	10
绍兴五年（1135）	江东、西	绍兴五年，江东、西羊大疫	《文献通考》卷312《物异考》18，第2444页	11
绍兴五年（1135）	广西	绍兴五年，广西市马全纲疫死	《文献通考》卷311《物异考》17，第2440页	12
绍兴九年（1139）秋冬	湖北	湖北牛马皆疫，牛死者十八九，而鄂州界麖、鹿、野猪、虎、狼皆死	《鸡肋编》卷下，第113页	13
绍兴十二年（1142）	南方	又今岁缘牛疫，民间少阙耕牛，应人户典卖耕牛，特与免纳税钱一年，客旅兴贩处准此	《宋会要辑稿·食货》63之203，第6087页	14
绍兴十二年（1142）	广西、湖南、福建、江浙	广西、湖南、福建、江浙起发耕牛，偶因暑月疫病致死	《宋会要辑稿·食货》1之38，第4820页	15
乾道元年（1165）	利州东路、荆湖北路、汉阳军	川秦之马，乍入中国，皆非本性所宜，例生诸病，因致传染	《宋会要辑稿·兵》25之22，第7211页	16
淳熙六年（1179）十二月	宕昌、金州	宕昌（今甘肃宕昌）西马、金州（今陕西安康）马皆大疫	《文献通考》卷311《物异考》17，第2440—2442页	17
绍熙四年（1193）春	淮西	淮西牛大疫死	《文献通考》卷311《物异考》17，第2440—2442页	18
嘉泰四年（1204）	荆湖北路襄阳	枢密院言："殿前司申，诸军战马，以一万七百匹为额，见阙二千余匹。盖茶马司有发未到马二十纲，兼疫死数多，纵日后排发轮流，终是不能敷足元额"	《宋会要辑稿·兵》23之26至27，第7172—7173页	19
庆元元年（1195）	淮浙	淮浙牛多疫死	《文献通考》卷311《物异考》17，第2440—2442页	20

需要说明的是，表 3-19、表 3-20 是在吸收张全明、邱云飞、袁冬梅等诸位先生统计成果的基础上进一步绘制而成。在绘制表格过程中笔者将北宋、南宋的疫灾，以及畜禽疫灾分开进行统计。因为有些疫灾是仅发生在人身上，有些则是人畜共患的。由上述统计可知，北宋时期共发生疫灾48 次，南宋则为 141 次，畜禽疫情为 20 次。可以看出南宋疫灾发生的次数相当于北宋的 3 倍。当然需要指出的是，两宋时期，笔者统计明确记载畜禽发生瘟疫的次数为 20 次，但有些疫灾可能是人畜共患疾病，而文献却语焉不详。因此可以说，畜禽发生的疫灾应远远超出 20 次。

在自然灾害中，瘟疫是畜牧业的最大杀手，"耕牛疫疠殊甚，至有一乡一里靡有孑遗者"[1]。据陈旉记载，江南某地区一次牛疫竟导致本乡耕牛全部死亡！其实，这样的例子是不胜枚举的。如宋太宗淳化五年(994)，"宋、亳数州牛疫，死者过半"[2]，豫东一带的宋州和安徽亳州牛疫，死亡耕牛在半数以上。宋仁宗庆历四年(1044)，江、淮以南春旱，"至有井泉枯竭、牛畜瘴死、鸡犬不存之处"。一次疫灾使江淮一带的畜禽遭到灭顶之灾。马瘟也是导致牲畜死亡的疫病。这种疫病通常是"(马匹)风土不伏，水草不甘，刍秣不时，劳佚不节，一马受病，百槽传毒。是谓天崪"[3]。宋高宗绍兴五年(1135)，"广西市马全纲疫死"令人痛心。宋高宗绍兴九年(1139)秋冬，"湖北牛马皆疫，牛死者十八九，而鄂州界麈、鹿、野猪、虎、狼皆死"。[4] 牛马大半死亡，甚至野生动物也几乎全部死亡。就是那些牧牛业比较发达的地区如果发生这种瘟疫，也会出现农田无牛耕垦的现象。如宋哲宗元祐七年(1092)，浙西饥疫大作，苏(今江苏苏州)、湖(今浙江湖州)、秀(今浙江嘉兴)3 州到处出现"有田无人，有人无粮，有粮无种，有种无牛"[5]的悲惨境地。瘟疫危害性非常大，牧牛业发达的地区尚且如此，那些畜牧业本就落后的地区更无疑是雪上加霜。

两宋时期由于频繁的水旱灾害和地震，使得疫灾发生的频率很高。据前文统计，两宋疫灾的数量达到 209 次，远远超过了隋唐时期的 57 次，元朝时期的 66 次。据现代科学研究诱发疫情有四大因素：一是由于大量的畜禽在地震或水灾中直接死亡或者灾后由于缺水缺饲料等问题死亡。而每一

① (宋)陈旉著，万国鼎校注：《陈旉农书校注》卷上《祈报篇》，北京：农业出版社，1965 年版，第 44 页。
② (元)脱脱等：《宋史》卷 173《食货志》1 上，北京：中华书局，1977 年版，第 4159 页。
③ (宋)华岳：《翠微先生北征录》卷 11《治安药石·观衅》，海南国际新闻出版中心、诚成文化出版有限公司出版，第 91 页。
④ (宋)庄绰：《鸡肋编》卷下，北京：中华书局，1983 年版，第 113 页。
⑤ (宋)苏轼：《苏轼文集》卷 34《再论积欠六事四事札子》，北京：中华书局，1986 年版，第 971 页。

个死亡畜禽都是一个细菌和病毒的滋生体，都会对环境造成影响，二是地震破坏了当地的自然环境，有一些在土壤中的细菌，像炭疽杆病和破伤风梭菌，这些细菌暴露出外面，极易引起人和牲畜的感染，三是由于动物抵抗力降低，存活的动物很可能成为病毒细菌的传播媒介，四是环境中存在的细菌和病毒，极易通过食物饮水以及伤口，对人和动物造成感染。此外，还有些寄生虫病，如猪囊虫，血吸虫等。① 正是因为上述诸因素的存在，宋代疫灾的发生也就不可避免了。

两宋时期，一些士大夫们对疫灾的传染性已经有了较为科学的认识。周密就曾明确地指出："凡驴、马之自毙者，食之，皆能杀人，不特生丁疮而已。岂特食之，凡剥驴马亦不可近，其气熏人，亦能制病，不可不谨也。"②患病死亡的驴马，其肉不能食用，驴马散发出来的一些有毒气体也会给人类造成危害。

陈旉在其《农书》中也谈到：

> 今农家不知此说，谓之疫疠。方其病也，薰蒸相染，尽而后已。俗谓之天行，唯以巫祝祷祈为先，至其无验，则置之于无可奈何。又已死之肉，经过村里，其气尚能相染也。欲病之不相染，勿令与不病者相近。能适时养治，如前所说，则无病矣。今人有病风、病劳、病脚，皆能相传染，岂独疫疠之气薰蒸也哉。③

陈旉指出患疫病死亡的牲畜，疾病会传染给人畜，为了避免牲畜相互传染，应当将病畜隔离开来。

宋代在治疗牲畜传染病上有重大突破。宋徽宗政和四年（1114），河东名兽医常顺（1061—1137）用"药浴法"迅速治愈大批军马中流行的"族蠹病"（一种疥癣），开创了中医兽药群浴法治疗动物传染病的先河。④ 宋孝宗乾道七年（1171）下诏，各军中设置医马院，实行隔离治疗，以防传染。宋人还研制出了治疗牛疫传染病的方法，有人因精通此道而获利颇丰，成为养家糊口的资本。如乾道年间，乐平县民余容古精通五雷法，"时村落耕牛多病疫，往治则愈，颇获酬谢，可以糊口"⑤。疫灾的频发推动了宋代兽医

① http://www.dxy.cn/bbs/thread/11847668♯11847668。
② （宋）周密：《癸辛杂识·续集》卷下《死马杀人》，北京：中华书局，2004 年版，第 197 页。
③ （宋）陈旉著，万国鼎校注：《陈旉农书校注》卷中《医治之宜篇第二》，北京：农业出版社，1965 年版，第 50—51 页。
④ 转引自：韩毅：《宋代的牲畜疫病及政府的应对——以宋代政府诏令为中心的讨论》，《中国科技史杂志》2007 年第 2 期，第 142 页。
⑤ （宋）洪迈：《夷坚支乙》卷 3《余容古》，北京：中华书局，1981 年版，第 814 页。

技术的发展。

五、 其他自然灾害对畜牧业的影响

一些冰雹、雨雪、霜冻等自然灾害也会给牲畜带来危害。如宋太祖乾德元年(963),遂州方义县(今四川遂宁)"雨雹,大如斗,五十里内飞鸟六畜皆死"[①];宋太宗雍熙年间与契丹战乱频繁,为了获取大量的战马,政府从内地大肆括买民马,"驱之边境未战而冻死者十八九矣"[②]。这些马匹却忍受不了边境严寒的气候而被冻死。又如宋哲宗元祐三年(1087),左右厢新复马监"值去冬大寒,倒死数多,及生驹不及分厘,例该决配。以诸监言之,该决配者不下千余人,可作为经去年大雪苦寒,致有损死数多名目,明降一指挥,应倒死数多及生驹不及分厘该决配之人并官吏,并特与放罪"[③]。因大寒这种不可抗拒的自然灾害导致马匹冻死,相关人员免于处罚。

两宋时期因冬季雨雪太大,造成牲畜无法刨食牧草而饿死的"白灾"现象也时常发生。如大中祥符二年(1009)七月,群牧制置司上言:

> 河北、河南孳生监马,四时在野,不给刍粟。每冬雪,无草齕,多致死损。望令诸州量加秣饲从之。[④]

河南、河北孳生马监的马匹因终年四季在野牧放,遇到大雪天气,无法啃食牧草,饿死较多,针对此情况群牧制置司建议诸州要适当地给马匹添加饲料。

据现代科学研究,一般遭受雨雪冰冻灾害地区,气温回升,冰雪融化后,容易造成口蹄疫,高致病性禽流感,高致病性猪蓝耳病,链球菌病,炭疽病等多种动物疫病的发生和流行。同时随着春天的到来,胃肠道传染病、血吸虫、流行性乙型脑炎、狂犬病等人畜共患疾病也会蔓延扩散。灾害造成不少禽畜死亡,若一些病死禽畜流入市场,将会带来疫病传播的风险。随着春天转暖,大量候鸟迁徙,带毒候鸟向家禽传播疫病风险加大。另外,冰雪消融后,粪便漫溢,死亡禽畜和各种污物随雪水流动,水源等环境受严重污染。同时,土壤中的病菌被雪水冲出来,使病源大量扩散,

---

① (宋)张唐英:《蜀梼杌》卷下,全宋笔记本,郑州:大象出版社,2003年版,第60页。

② (宋)宋祁:《景文集》卷29《论群牧制置使》,文渊阁四库全书本,第1872册,第366页。

③ 李焘:《续资治通鉴长编》卷413,元祐三年八月辛卯,北京:中华书局,2004年版,第10039页。

④ (清)徐松:《宋会要辑稿·兵》24之7,北京:中华书局,1957年版,第7182页。

疫病极易流行。五是随着灾后恢复生产陆续展开，大量种禽调运加大了疫情跨区传播的风险。一些在正常年份不易发生的疫病，如炭疽病等也极有可能发生。①

南宋时期，北方领土的丧失使马匹失去了自然的生息地，南方高温多雨的气候无疑不利于马匹生存和蕃息，正如李心传所言："马喜高寒，非炎方所利。"②

　　　太仆寺言犬马非其土性不畜。前代皆置牧於西北之地，藉其地气高凉。今单镇、原武置监，皆地炎热，马失其性。③

　　窃见茶司之马，每岁发卒取隶诸军，积而计之，宜不可胜数，而诸军之马曾不加多。尝访其故，盖缘马生西北，骤至东南，已失其性。④

宋代由于丧失了前代西北地区"地气高凉"的牧马区域，马监牧地分布在黄河沿岸和江南一带，气候炎热，失去了马匹赖以生存的气候和地理环境，导致有宋一代牧马业难以振兴。

马性喜凉，南方地区由于高温多雨，不大适合马匹的生存。据现代科学研究，炎热多雨的环境下马匹散热受阻，体温升高，皮肤充血，呼吸困难，中枢神经受体内高温影响而导致机能障碍，严重者引起病变和死亡。宋代文献里也常见到记载南方马匹因高温和疫疾死亡的史料：如"邕州（今广西南宁）置马军五百，马不能夏，多死。"⑤

气候因素中对家畜影响最大的是环境因素。气温过高，家畜的散热发生困难，影响了采食和饲料报酬等许多方面，所以一般的热带家畜生产力较低。⑥ 请看下面几则史料：

　　　川秦之马乍入中国，皆非本性所宜，例生诸病，因致传染。若纲

---

① 《雪灾之后如何预防动物疫情发生？》，《科技日报》2008 年 3 月 3 日版。

② （宋）李心传：《建炎以来朝野杂记·甲集》卷 18《广马》，北京：中华书局，2000 年版，第 428 页。

③ （宋）李焘：《续资治通鉴长编》卷 465，元祐六年闰八月甲子，北京：中华书局，2004 年版，第 11102 页。

④ （清）徐松：《宋会要辑稿·兵》26 之 22 至 23，北京：中华书局，1957 年版，第 7237—7238 页。

⑤ （宋）刘挚：《忠肃集》卷 12《右司郎中李公墓志铭》，北京：中华书局，2002 年版，第 253 页。

⑥ 中国兽医畜牧学会：《畜牧学进展》，北京：农业出版社，1964 年版，第 14 页。

马到监积压数多，一马才病，旬月之间，即成群皆病矣。[①]

十二日马瘟，谓风土不伏，水草不甘，刍秣不时，劳佚不节，一马受病，百槽传毒。是谓天蚱。[②]

气象因子的光、热、水、空气等是家畜生存繁殖生长不可缺少的生态环境条件，家畜生活在这个环境中并时时与之相互影响。作为气象的各项因子，它直接影响家畜的体型、生理机能和生产性能，对家畜的自然分布有明显作用……当大气环境的变化超过了家畜的生理适应范围时，就会出现病理反应，引起和诱发某些疾病，严重者会导致死亡。[③] 两宋时期，纲马从气候温凉的西北运到气候炎热的东南地区，气温过高，超过了马匹忍耐的极限，导致传染病肆虐，马匹大批死亡。

本 章 小 结

两宋是自然灾害极为频繁的一个时期。主要自然灾害有水灾、旱灾、蝗灾、地震、瘟疫等。造成自然灾害频发的原因有气候的异常、森林的过度砍伐、农田的大量开垦和过度的放牧。毋庸讳言，自然灾害频发的原因主要是人为因素。自然灾害的频频发生给畜牧业带来了很大的危害，轻者导致牧地土壤沙化，载畜量减少，重者致使牲畜大量患病，甚至大规模死亡。有宋一朝，官营畜牧业之所以很难兴盛，除了传统的畜牧基地的丧失外，自然灾害带来的危害亦不可小觑。

---

① （清）徐松：《宋会要辑稿·兵》25 之 22，北京：中华书局，1957 年版，第 7211 页。

② （宋）华岳：《翠微先生北征录》卷 11《治安药石·观蚱》，海南国际新闻出版中心、成文文化出版有限公司出版，第 91 页。

③ 中国牧区畜牧气候区划科研协作组：《中国牧区畜牧气候》，北京：气象出版社，1988 年版，第 1 页。

第 四 章

十至十三世纪的农牧争地问题

十至十三世纪（即五代、辽、宋、夏、金、蒙古时期）是我国历史上的南北对峙时期。因气候的严寒，北方少数民族大举南侵，以及传统畜牧基地的丧失，宋政府不得不在传统的农耕地区开辟大量的牧地，牧养官畜，农牧争地问题的矛盾较为尖锐。

第一节　五代以前的农牧争地回顾

一、　秦汉以前农牧争地初露端倪

我国古代农牧争地问题由来已久，早在先秦时期文献中就有相关记载。如甲骨文中有"垦牧"之语；《诗经·白驹》中有"皎皎白驹，食我场苗"的描述。司马迁也记载了先秦时期农牧冲突的例子："牵牛径人田，田主夺之牛。径则有罪矣，夺之牛，不亦甚乎？"①这是因为，先秦时期中原地区分布有广泛的牧地，如南牧和北牧。南牧可能是指商周会战之地牧野地区，北牧当在今河南安阳殷墟之北。② 另据近人王国维先生研究，商代在河南修武县境内也有一个大的牧场。③ 还有盖地、苋地等牧场。诸侯国境

---

① （汉）司马迁：《史记》卷36《陈杞世家》，北京：中华书局，1959年版，第1580页。

② 周自强：《中国经济通史·先秦经济卷上》，北京：经济日报出版社，2000年版，第307页。

③ 王国维：《观堂别集》卷1《殷墟卜辞所见地名考》，北京：中华书局，1959年版，第18页。

内的牧场有攸侯境内的牧场、骨境内的牧地、雇境内的牧场、专地的养猪场等，① 这些牧地和牧场大多分布在中原地区。中原又是当时种植业发达的地区，农牧争地初露端倪。

秦汉时期随着对匈奴战争的胜利，畜牧经济的区域进一步扩大，"新秦中"成了畜牧经济区，甚至出现了"故募人田畜以广用，长城以南，滨塞之郡，马牛放纵，蓄积布野"。② 长城以南的农田也成了牲畜放牧的场所。另外，随着人口的增长，为发展种植业生产，秦汉统治者鼓励垦荒，并组织大规模的屯田，原可供畜牧业的山地又被大量地垦辟为农田。而畜牧业的发展，在种植谷物收入有限的情况下，会成为农业发展的一大障碍。"夫一马伏枥，当中家六口之食"。③ 在这种情况下，西汉中期为发展种植业，汉景帝曾一度将畜牧业列为禁止发展的对象。如汉景帝后元二年(公元前142年)，"以岁不登"而"禁内郡食马粟"，违者"没入之"。④ 东汉章帝、和帝时期，住在边境的少数民族北匈奴、羌、乌桓等大量内迁，其数有百万之众，⑤ 这些内迁的少数民族把原来已经屯垦的农田又变为牧场，在一定程度上使秦汉时期遭到破坏的植被逐渐得以恢复，同时也将西北地区的牲畜引进到中原地区，农牧矛盾渐趋激化。郭丁指出秦汉时期很少发生农牧争地的矛盾，⑥ 未免偏颇。

东汉时期，定都洛阳，畜牧业进一步向内地拓展。如东汉初年，寇恂为河内太守，在当地"养马二千匹，收租四百万斛，转以给军"⑦。为支持光武帝北征燕代，他在河内养马2000匹。汉明帝时，"温县民皆放牛于野"⑧，显然，河内地区有大片的牧地。畜牧业向中原地区迁移，必然与当地传统的种植业生产不可避免地发生冲突。

二、 魏晋南北朝时期农牧冲突的激化

魏晋南北朝时期是我国古代农牧冲突较为激化的一个阶段。这一时

---

① 周自强：《中国经济通史·先秦经济卷上》，北京：经济日报出版社，2000年版，第306—313页。

② (汉)桓宽撰，王利器校注：《盐铁论校注》卷8《西域第四十六》，北京：中华书局，1992年版，第499页。

③ (汉)桓宽撰，王利器校注：《盐铁论校注》卷6《散不足第二十九》，北京：中华书局，1992年版，第349页。

④ (汉)班固：《汉书》卷5《景帝纪》，北京：中华书局，2002年版，第151页。

⑤ 谭其骧：《何以黄河在东汉以后会出现一个长期安流的局面》，《学术月刊》1962年第2期。

⑥ 郭丁：《北宋农牧争地问题研究》，苏州科技学院2013年硕士学位论文，第7页。

⑦ (南朝·宋)范晔：《后汉书》卷16《寇恂传》，北京：中华书局，2003年版，第621页。

⑧ (晋)司马彪：《续汉书》卷5《循吏传·王涣》，上海：上海古籍出版社，1986年，第482页。

期，由于气候变冷，北方草原牧草减少，还经常遭受寒流与雪灾的袭击，造成牲畜大量死亡，游牧民族只有向较为温暖的内地迁徙才能生存。据相关学者研究统计，整个魏晋南北朝约有 435 万少数民族人口迁居内地。[①] 少数民族大量内迁之初，将许多农田开垦为牧场。如西晋时期：

> 　　州司十郡，土狭人繁，三魏尤甚，而猪羊马牧，布其境内，宜悉破废，以供无业。业少之人，虽颇割徙，在者犹多，田诸苑牧，不乐旷野，贪在人间。故谓北土不宜畜牧，此诚不然。案古今之语，以为马之所生，实在冀北，大贾群羊，取之清渤，放豕之歌，起于钜鹿，是其效也。可悉徙诸牧，以充其地，使马牛猪羊龁草于空虚之田，游食之人受业于赋给之赐，此地利之可致者也。[②]

"州司十郡"是指晋国都所在的司州。李根蟠在《我国古代的农牧关系》一文中指出司州，"其辖境西起今山西南部及河南北部，东暨今河北之南部及山东之西境，包括黄河中游南北两岸的广大地区"。西晋时期"猪羊马牧布其境内"，显然是因为战乱导致土地荒芜，以及游牧民族的内迁，致使大量农田被开辟为牧场。束皙建议将牲畜迁徙到北方适合畜牧的地区，但由于更大规模的少数民族入主中原，割据政权林立，其建议没有得到推行。

北魏孝文帝迁都洛阳后，"及从代（今山西大同东北）移杂畜于牧所……并无损耗"[③]。将北魏大同一带数十万头牲畜迁往中原地区。为了安置这些牲畜，孝文帝命宇文福"检行牧马之所"。宇文福"规石济（河南延津）以西，河内以东，据黄河，南北千里为牧地。事寻施行，今之马场是也"。将黄河南北数千里的农耕地区设置为河阳牧场，经常保持 10 万匹马的规模。[④] 北魏政府将汉族人民世代耕种的良田扩为牧场，对中原地区的农业经济和农民生活造成了极大的冲击。

除少数民族将畜牧业内迁之外，魏晋南北朝时期，统治者一度随意将农区开辟为禁猎区，对种植业也造成了危害。如魏明帝时，诏令河南荥阳周围近千里范围划分为禁猎区，有随意狩猎者严加处置。"是时杀禁地鹿者，身死财产没官，有能告者，厚加赏赐"。由于禁止围猎，致使豫西一带群鹿繁衍，蚕食庄稼，严重损害了农户的利益。见此情景，大臣高柔向

---

　　① 朱大渭、张泽咸：《中国封建社会经济史》第 2 卷，济南：齐鲁书社，1997 年版，第 49 页。

　　② （唐）房玄龄等：《晋书》卷 51《束皙传》，北京：中华书局，1974 年版，1431 页。

　　③ （北齐）魏收：《魏书》卷 44《宇文富传》，北京：中华书局，1974 年版，第 1000 页。

　　④ （北齐）魏收：《魏书》卷 110《食货志》，北京：中华书局，1974 年版，第 2857 页。

魏明帝上奏要求废除围猎禁令。

> 群鹿犯暴，残食生苗，处处为害，所伤不赀。民虽障防，力不能
> 御。至如荥阳左右，周数百里，岁略不收。方今天下生财者甚少，而
> 麋鹿之损者甚多，卒有兵戎之役，凶年之灾，将无以待之。惟陛下宽
> 放民间，使得捕鹿，遂除其禁，则众庶永济，莫不悦豫矣。①

荥阳周围近千里为禁猎区，致使鹿患猖獗，蚕食庄稼，周围数百里的谷物
几乎颗粒无收，农牧之争一度达到不可调和的地步。

少数民族大量内迁之初，将许多农田开垦为牧场，经过一段时间的适
应，入主中原的少数民族接受了先进的农耕经济，不同程度地逐步调整农
牧结构，让出国营牧地，恢复农业。如北魏太武帝时也曾两次退牧还农。
第一次是在高允的建议下把禁封的良田还授予民。② 第二次是上谷郡(今北
京延庆)民众上书言，"苑囿过度，民无田业，乞减太半，以赐贫人"的情
况下，得到批准，将土地"以丐百姓"③。魏晋南北朝的农业，在与牧地的
争夺中不断取得胜利。

三、 隋唐时期农牧关系的相对缓和

隋唐时期，国家统一，疆域广阔，畜牧业基本上在西北地区。曾如欧
阳修所言："至于唐世牧地，皆与马性相宜，西起陇右、金城、平凉、天
水，外暨河曲之野，内则歧、豳、泾、宁，东接银夏，又东至于楼烦，皆
唐养马之地也。"④《唐会要·马》亦言道："自贞观至麟德中，国马四十万
匹，皆牧河陇……占陇西、金城、平凉、天水四郡，幅员千里。"⑤正因为
如此，农牧基本上和平共处，互不干涉。但在某一时期，个别农区也零星
地点缀着牧地。如隋统一后，在梁县(今汝州西南)方圆100余里的广成泽，
隋炀帝大业元年(605)置马牧于此。⑥ 唐朝安史之乱后，随着陇右的丧失，
官营牧马业失去了主要牧地。唐宪宗元和十三年(818年)在蔡州(今汝南)
设置了官方的养马机构龙陂监。蔡州原本"地少马"并非产马之地，只是地

---

① (宋)司马光：《资治通鉴》卷73，北京：中华书局，2005年版，第2306—2307页。
② (北齐)魏收：《魏书》卷48《高允传》，北京：中华书局，1975年版，第1069页。
③ (北齐)魏收：《魏书》卷28《古弼传》，北京：中华书局，1975年版，第691页。
④ (宋)欧阳修：《欧阳修全集》卷16《论监牧札子》，北京：中华书局，2001年版，第1703页。
⑤ (宋)王溥：《唐会要》卷72《马》，上海：上海古籍出版社，2006年版，第1545页。
⑥ (唐)李吉甫：《元和郡县图志》卷6《河南道二·汝州》，北京：中华书局，1983年版，第
166页。

多原泽，便于设置牧马监而已。①

综上所述可知，五代以前农牧之争呈现这样的发展动态：先秦时期，因人口较少，尽管农区内广泛分布有牧地，但农牧关系并不十分紧张；秦汉时期由于北方少数民族的内迁，以及人口的急剧增长，对粮食与畜牧产品的需求增加，统治者一方面鼓励发展农业，另一方面又在传统的农区内发展畜牧业，农牧之争渐趋激化；魏晋南北朝时期，北方民族入主中原以及大量少数民族的南迁，他们将广大的农区开辟为牧场，畜牧业一度占绝对优势，农牧关系几乎不可调和。随着政权的稳固，这些少数民族统治者逐渐推行"汉化"政策，不同程度地调整农牧结构，恢复农业生产，农牧之间的紧张关系得到一些缓解。隋唐时期，因疆域广阔，畜牧业基本上分布在西北适合畜牧的区域，总体而言，畜牧业和农业相安无事。

第二节　五代时期的农牧业及其冲突

唐末五代时期，天下大乱，政权更迭如走马灯，为了巩固统治，增加赋税收入，五代统治者一方面大力发展农业；另一方面，为了获得更多的马匹，也尽力发展畜牧业。在中原地区，农业与畜牧业可谓并驾齐驱，两者交相辉映，但又不可避免地存在着矛盾和冲突。

一、　五代时期农业的发展

五代时期，经历了安史之乱和唐末农民战争，经济凋敝不堪。统治者特别重视农业生产，尤其是梁太祖在位期间和张全义经略洛阳时。相较于中原王朝，南方相对安定，农业的发展更为迅猛，呈现出一派繁荣昌盛的景象。如后梁建国前后"梁祖之开国也，属黄巢大乱之后，以夷门一镇，外严烽候，内辟污莱，厉以耕桑，薄以租赋，士虽苦战，民则乐输，二纪之间，俄成霸业"②。梁太祖在京师开封周边披荆斩棘，耕桑垦殖，轻徭薄赋发展农业，数年之间，成就霸业。不仅如此，为了鼓励农业生产，梁太祖颁布了一系列诏令、制书：

> （开平二年正月）自去冬少雪，春深农事方兴，久无时雨。兼虑有灾疾，帝深轸下民，二月，命庶官遍祀于群望，掩瘗暴露，令近镇案

① （宋）欧阳修：《新唐书》卷50《兵志》，北京：中华书局，1975年版，第1339页。
② （宋）薛居正等：《旧五代史》卷146《食货志序》，北京：中华书局，1976年版，第1942页。

古法以禳祈，旬日乃雨。①

（开平二年五月）己丑，令下诸州，去年有蝗虫下子处，盖前冬无雪，今春亢阳，致为灾沴，实伤垄亩。必虑今秋重困稼穑，自知多在荒陂榛芜之内，所在长吏各须分配地界，精加翦扑，以绝根本。②

（开平三年）八月甲午，以秋稼将登，霖雨特甚，命宰臣以下祷于社稷诸祠。

（开平三年十一月）制曰："朕自临御以来，岁时尚迩，氛昏未殄，讨伐犹频。甲兵须议于馈粮，飞挽频劳于编户，事非获已，虑若纳隍。宜所在长吏，倍切抚绥，明加勉谕，每官中抽差徭役，禁猾吏广敛贪求。免至流散靡依，凋弊不济。宜令河南府、开封府及诸道观察使切加钤辖，刺史、县令不得因缘赋敛，分外扰人。"③

（乾化元年正月）又制曰："戎机方切，国用未殷，养兵须藉于赋租，税粟尚烦于力役。所在长吏，不得因缘征发，自务贪求，苟有故违，必行重典。立法垂制，详刑定科，传之无穷，守而勿失。中书门下所奏新定格式律令，已颁下中外，各委所在长吏，切务遵行。尽革烦苛，皆除枉滥，用副哀矜之旨，无违钦恤之言。"④

（乾化二年五月）辛卯，诏曰："亢阳滋甚，农事已伤，宜令宰臣于兢赴中岳，杜晓赴西岳，精切祈祷。其近京灵庙，宜委河南尹，五帝坛、风师雨师、九宫贵神，委中书各差官祈之。"⑤

由上述史料可知，梁太祖多次颁布制书、诏令，责令河南府各级官员百姓在灾荒年月捕灭蝗虫、减免百姓各种赋税、祷巫祭祀等，期望风调雨顺，发展农业生产。有些措施看起来荒诞不经，比如"以秋稼将登，霖雨特甚，命宰臣以下祷于社稷诸祠"等，但反映了梁太祖主观上对农业生产的重视。

梁太祖还经常至田间或农家察看庄稼的生长情况。如《梁太祖·本纪》记载，开平三年（909）闰八月幸西苑观稼，开平四年二月出光正门至穀水观麦，四月幸建春门阅新楼至七里屯观麦。乾化元年（911）二月，幸曜村民舍阅农事。在官吏的任用上，梁太祖也非常重视选拔"明习农事者"。如韩建，"帝以建有文武才，且详于稼穑利害军旅之事"。恩宠优渥，"于时罕有比者"，遂拜为上相，赐予甚厚。正因为如此，后梁时期农业生产逐

---

① （宋）薛居正等：《旧五代史》卷4《太祖纪第四》，北京：中华书局，1976年版，第59页。
② （宋）薛居正等：《旧五代史》卷4《太祖纪第四》，北京：中华书局，1976年版，第61页。
③ （宋）薛居正等：《旧五代史》卷5《太祖纪第五》，北京：中华书局，1976年版，第80页。
④ （宋）薛居正等：《旧五代史》卷6《太祖纪第六》，北京：中华书局，1976年版，第93页。
⑤ （宋）薛居正等：《旧五代史》卷7《太祖纪第七》，北京：中华书局，1976年版，第108页。

渐得以恢复。

张全义经略洛阳时也大力发展农业。唐朝末年，洛阳遭受战火的焚毁，一片荒芜。张全义时任洛州刺史。"时洛城兵乱之余，县邑荒废，悉为榛莽，白骨蔽野，外绝居人。洛城之中，悉遭焚毁"。① "全义初至，白骨蔽地，荆棘弥望，居民不满百户，四野俱无耕者"。② 洛阳城中白骨遍地，人烟凋零。张全义到洛之后，除了大力建设城市基础设施之外，尤其重视农业发展。史载：

> 王始至洛，于麾下百人中，选可使者一十八人，命之曰屯将。每人给旗一口，榜一道，于旧十八县中令招农户，令自耕种，流民渐归。王于百人中，又选可使者十八人，命之曰屯副。民之来者绥抚之，除杀人者死，余但加杖而已；无重刑，无租税，流民之归渐众。王又麾下选书计一十八人，命之曰屯判官。不一二年，十八屯申每屯户至数千。王命农隙每选丁夫，教以弓矢枪剑，为起坐进退之法。行之一二年，每屯增户大者六七千，次者四千，下之三二千，共得丁夫闲弓矢枪剑者二万余人。有贼盗实时擒捕之；关市人赋，殆于无藉；刑宽事简，远近归之如市。五年之内，号为富庶。
>
> 全义初至，惟与部下聚居故市，井邑穷民，不满百户。全义善于抚纳，课部人披榛种艺，且耕且战，以粟易牛，岁滋垦辟，招复流散，待之如子。每农祥劝耕之始，全义必自立畎亩，饷以酒食，政宽事简，吏不敢欺。数年之间，京畿无闲田，编户五六万。乃筑垒于故市，建置府署，以防外寇。③

张全义在洛阳招抚流民，实行军屯，轻徭薄赋，四方流民归之如市。短短五年期间，原来不满百户的洛阳人口已经增加到 18 屯，"每屯增户大者六七千，次者四千，下之三二千"。人口已达数万人。洛阳的经济也得以恢复。"五年之内，号为富庶"即为明证。唐朝末年张全义在洛阳劝课农桑为后来梁太祖迁都洛阳打下了坚实的经济基础。"全义披荆棘，劝耕殖，躬载酒食，劳民畎亩之间，筑南、北二城以居之。数年，人物完盛，民甚赖之。及梁太

---

　　① （宋）张齐贤：《洛阳缙绅旧闻记》卷 2《齐王张令公外传》，丛书集成初编本，第 2844 册，第 11 页。

　　② （宋）司马光：《资治通鉴》卷 257《唐纪》73，僖宗光启三年六月壬戌，北京：中华书局，1956 年版，第 8358 页。

　　③ （宋）薛居正等：《旧五代史》卷 63《张全义传》，北京：中华书局，1976 年版，第 839 页。

祖劫唐昭宗东迁，缮理宫阙、府廨、仓库，皆全义之力也"。①

张全义任西京留守期间，经常深入田间地头，奖励耕织，惩处惰农。

> 朝廷即授王兼镇三城，时以正西京留守之任。每喜民力耕织者，某家今年蚕麦善，去都城一舍之内，必马足及之，悉召其家老幼，亲慰劳之，赐以酒食茶彩，丈夫遗之布袴，妇人裙衫。时民间上衣青，妇人皆青绢为之。取其新麦新茧观之，对之喜动颜色。民间有窃言者曰："大王好声妓，等闲不笑，惟见好蚕麦，即笑尔。"其真朴皆此类。每观秋稼，见好田、田中无草者，必于田边下马，命宾客观之，召田主慰劳之，赐之衣物。若见禾中有草，地耕不熟，立召田主，集众决责之。若苗荒地生，诘之，民诉以牛疲或阙人耕锄，则田边下马，立召其邻伍责之曰："此少人牛，何不众助之？"邻伍皆伏罪，即赦之。自是，洛阳之民无远近，民之少牛者，相率助之；少人者亦然。田夫田妇相劝，以力耕桑为务，是以家家有蓄积，水旱无饥民。②

> 民归之者如市……数年之后，都城坊曲，渐复旧制，诸县户口，率皆归复，桑麻蔚然……遂成富庶焉。③

唐末五代时期，张全义经略洛阳四十余年，他招抚农民，劝课农桑，洛阳的农业迅速得以恢复和发展，农民的生活条件也得到了极大的改善，出现了"家家有蓄积，水旱无饥民"的繁荣景象。在某种程度上讲，洛阳农业经济的发展也为国家带来了丰厚的贡赋，促进了后梁经济的发展。史载："河南尹张全义进开平元年已前羡余钱十万贯、绸六千匹、绵三十万两，仍请每年上供定额每岁贡绢三万匹，以为常式。"④

后唐统治时期，政府继续实行屯田和营田，发展农业生产。五代后唐时期为了解决军需，恢复营田。后唐庄宗同光三年(925)三月，"西京奏制置三白渠起置营田务一十一"⑤在洛阳置营田务11处。由于经营不善，一些营田务得不偿失。后唐明宗长兴二年(931)三月诏令："应三京诸道营

---

① （宋）欧阳修：《新五代史》卷45《张全义传》，北京：中华书局，1974年版，第490页。
② （宋）张齐贤：《洛阳缙绅旧闻记》卷2《齐王张令公外传》，丛书集成初编本，第2844册，第12—13页。
③ （宋）司马光：《资治通鉴》卷257《唐纪》73，僖宗光启三年六月壬戌，北京：中华书局，1956年版，第8359页。
④ （宋）薛居正等：《旧五代史》卷3《太祖纪第三》，北京：中华书局，1976年版，第52页。
⑤ （宋）王钦若等：《册府元龟》卷497《邦计部·河渠二》，北京：中华书局，1960年版，第5955页。

田，只耕佃无主荒田及召浮客"①在三京及各道营田垦荒。次年(932)二月枢密使奏："城南稻田务每年破钱二千七百贯获地利才及一千六百贯，所得不如所亡，请改种杂田。三司使亦请罢稻田，欲其水利并于诸碾以资变造，从之"。由于气候和地理环境因素，洛阳一带不大适合水稻的生长，枢密院和三司奏请罢废稻田务改为杂田，得到了批准。

五代统治者还特别重视农田水利建设。后唐明宗长兴元年(930)，张敬询任滑州节度使"以河水连年溢堤，乃自酸枣县界至濮州，广堤防一丈五尺，东西二百里，民甚赖之"②。周世宗显德元年(954)命宰相李穀"诣澶、郓、齐按视堤塞，役徒六万，三十日而毕"③。这些水利设施的修筑使农作物避免了洪水灾害，同时也为农业的灌溉提供了可靠的水源。

总之，五代时期，由于统治者的重视，中原地区的农业很快恢复和发展，甚至一度出现了繁荣局面，也为北宋的建立奠定了坚实的经济基础。

五代十国时期，南方战乱较少，相对安定，江南诸国大部分采取了保境安民的政策，发展农业生产。曾如范仲淹所言："且如五代群雄争霸之时，本国岁饥，则乞籴于邻国，故各兴农利，自至丰足。江南应有圩田，每一圩方数十里如大城，中有河渠，外有门闸，旱则开闸，引江水之利；潦则闭闸，拒江水之害。……曩时两浙未归朝廷，苏州有营田军四都，共七八千人，专为田事，导河筑堤，以减水患。"④正因为如此，江南地区农业经济一度出现了繁荣局面，经济重心逐渐南移。

二、　五代时期畜牧业的发展

五代时期，因战争及广泛的社会需求，除西北传统的畜牧业基地外，中原地区的畜牧业也有较大发展，甚至后来者居上。因中原地区传统上是以种植业为主，畜牧业的发展与农业生产之间产生了激烈的冲突。目前关于五代时期的畜牧业学界也有零星研究，如杜文玉、梁丽《五代时期畜牧业发展状况初探》对五代时期畜牧业，尤其是官营畜牧业进行了全面深入的探讨，考证了五代时期监牧的数量和分布区域，论据充分，令人信服。⑤但作者对五代时期畜牧业发展的原因，民间畜牧业的发展状况用笔不多，对畜牧业与农业之间的互动关系鲜有涉及。

---

① （宋）王溥：《五代会要》卷15《户部》，北京：中华书局，1985年版，第196页。

② （宋）薛居正等：《旧五代史》卷61《张敬询传》，北京：中华书局，1976年版，第821页。

③ （宋）司马光：《资治通鉴》卷292《后周纪三》，长沙：岳麓书社，1990年版，第900页。

④ （宋）范仲淹：《范仲淹全集》之《范文正公政府奏议卷上·答手诏条陈十事》，成都：四川大学出版社，2002年版，第535页。

⑤ 《唐史论丛》第十辑，十一辑。

（一）五代时期畜牧业发展原因

五代是我国历史上战乱频繁的一个时期，短短的53年期间，先后经历了14个皇帝，频繁的战乱对战马提出了更多的需求。为了满足对战马的需要，无论是官方还是民间都要求养马。除了传统的西北地区畜牧业基地外，黄河沿岸的中原地区也饲养大量马匹。不仅如此，官方还经常向民间括马。如后唐庄宗同光三年（925）六月，"将事西蜀，下河南、河北诸州府和市战马，所在搜括，官吏除一匹外，官收匿者，致之以法，由是搜索殆尽"①。同年闰十二月，"东西两川点到见在马，得九千五百三十匹"。在巴蜀一带收括战马9530匹。另外，宫廷百官对畜牧产品也有很大的消费。如后唐明宗长兴三年（932）十二月，三司使冯赟上奏，赐予内外臣僚节料羊"计支三千口"一次就赐予大臣食料羊3000只。不仅如此，宫廷御厨更是肉类消费的庞大群体："供御厨及内史食羊每日二百口，岁计七百万馀口。酿酒糯米二万馀石。"御厨每日仅羊肉就消费200口，一年下来至少在7万口以上。史料中"岁计七百万余口"，当属错误，"百"字应为衍文。"初，庄宗同光时，御厨日食羊二百口，当时物论已为大侈，今羊数既同，帝故骇心"。②可见早在唐庄宗时御厨日食羊就达到了200多只。

五代时期中原地区作为政治中心与人口集中的核心区域，对大牲畜马牛的需求更为迫切。为了获得牲畜，中原王朝不断与周边国家及民族进行马匹贸易，一定程度上缓解了对畜力的需求。总之，广泛的社会需求客观上促进了五代时期畜牧业的发展。

（二）周边民族与中原王朝的马匹贸易

五代疆域狭小，畜牧业局限在中原地区，马匹短缺。五代政府不得不向周边国家和民族购买马匹。五代是处于多元国际关系的时期，周边国家和民族有回鹘、吐谷浑、吐蕃、大理、契丹等。这些民族传统上以畜牧业为主，善于养马，畜牧业发达。如吐谷浑"畜牧就善水草，丁壮常数千人，羊马生息，入市中土，朝廷常存恤之"③。契丹各部在916年建立契丹国，主要从事畜牧业，史载："契丹旧俗，其富以马，其强以兵。纵马于野，弛兵于民。有事而战，骣骑介夫，卯命辰集。马逐水草，人仰湩酪，挽强射生，以给日用，糗粮刍茭，道在是矣。"④五代的中原王朝与周边国家和

---

① （宋）王钦若：《册府元龟》卷621《监牧门》，北京：中华书局，1960年版，第7481页。
② （宋）王钦若：《册府元龟》卷114《帝王部巡幸二》，北京：中华书局，1960年版，第1363页。
③ （宋）王溥：《五代会要》卷28《土浑》，上海：上海古籍出版社，1978年版，第450页。
④ （元）脱脱等：《辽史》卷59《食货志》上，北京：中华书局，1974年版，第923页。

地区虽战乱不断，但也有和平共处的贸易往来时期。在对外交往的过程中，中原王朝常常用自己传统的物品茶叶、丝绸、瓷器换取周边民族的马匹和畜牧产品。在双方的贸易往来中，周边民族的马匹大量地涌入中原地区的西京洛阳和东京开封一带：

> 明宗时，诏沿边置场市马，诸夷皆入市中国，有回鹘、党项马最多。明宗招怀远人，马来无驽壮皆集，而所售过常直，往来馆给，道路倍费。①
>
> （天成）四年四月敕："沿边置场买马，不许蕃部至阙下。"自上御极已来，党项之众兢赴都下卖马，常赐食于禁庭，醉则联袂歌其土风。凡将到马无驽良，并云上进国家，虽约其价值以给之，然计其馆给赐食，每年不下五六十万贯。大臣以为耗蠹中原，无甚与此，因将敕止之。虽有是命，竟不能行。……自此，蕃部羊马，不绝于路。②

由史料可知，五代在沿边置场买马始于后唐明宗天成四年（929），买马的花费每年高达五六十万贯。如果以一匹马价格按照20—30贯计算（五代宋初马匹的平均价格），则每年买马数额在2万匹左右，对于五代后唐而言是一个极大的财政开支。

另一方面，在周边地区与国家向中原王朝朝贡贸易的过程中也有不少马匹流入到中原一带。下面就《五代会要》中所见史料略举几例。

> 后唐同光二年四月，其本国权知可汗仁美遣都督李引释迦、副使田铁林、都监杨福安等共六十六人来贡方物，并献善马九匹……至其年十一月，仁美卒，其弟狄银嗣立，遣都督安千等来朝贡。狄银卒。阿咄欲立，亦遣使来贡名马。
>
> 长兴元年十二月，遣使翟来思三十余人，进马八十四、玉一团。
>
> 清泰二年七月，遣都督陈福海巳下七十人，进马三百六十四。③
>
> 后唐天成三年二月，其都督李绍鲁等遣使进马一百二十四，明宗嘉之，赐绍鲁竭忠建策兴复功臣、金紫光禄大夫、检校太保。④
>
> 其年（天成四年）九月，首领折遇明等来贡方物。十月，首领来有行来朝，进马四十匹。⑤

---

①　（宋）薛居正等：《旧五代史》卷138《党项传》，北京：中华书局，1976年版，第1845页。
②　（宋）王溥：《五代会要》卷29《党项》，上海：上海古籍出版社，1978年版，第462—463页。
③　（宋）王溥：《五代会要》卷28《回鹘》，上海：上海古籍出版社，1978年版，第448—449页。
④　（宋）王溥：《五代会要》卷28《土浑》，上海：上海古籍出版社，1978年版，第450页。
⑤　（宋）王溥：《五代会要》卷29《党项》，上海：上海古籍出版社，1978年版，第463页。

梁开平元年四月，遣其首领袍笏梅老等来贡方物。至二年二月，其王阿保机又遣使来贡良马。五月，又遣使解里贡细马十匹，金花鞍鞯，貂鼠皮裘并冠。

四年（同光）正月，阿保机将复寇渤海国，又遣梅老鞋里巳下三十七人贡马三十匹，诈修和好。①

后唐同光二年二月，（党项族）遣使朝贡。十二月，其首领薄备香来贡良马。

天成二年九月，河西党项如连山等来朝贡，进马四十匹。

（长兴）二年正月，首领折七移等进驼马。②

天成四年八月，复遣广评侍郎张扮等五十二人来朝，贡银香狮子、银炉、金装钑镂云星刀剑、马匹、金银鹰绦鞯、白纻、白毡、头发、人参、香油、银镂剪刀、钳钹、松子等。③

由上述史料可知，五代后唐时期，周边民族国家向中原地区进贡马匹少则数匹，多则360余匹，上贡民族与国家有回鹘、党项、吐谷浑、契丹、高丽等。这些国家和民族盛产良马，他们进贡的马匹改良了中原王朝马匹的品质，客观上增加了马匹数量，促进了牧马业的发展。

（三）五代时期的官营畜牧业

五代时期，西北地区仍是重要的传统畜牧业基地。明代胡三省言："唐置监牧以畜马。丧乱以来，马政废矣，今复置监牧以蕃息之。然此时监牧必置于并、代之间，若河、陇诸州不能复盛唐之旧。"④胡三省指出五代以来仍沿袭了隋唐时期在并（今山西太原）、代（今山西代县）、河（今甘肃临夏）、陇（今陕西陇县）诸州养马的传统，但很难再达到隋唐时期养马的规模。胡三省所言有其片面性。其实，五代时期，地处政治、经济、文化中心的河南地区畜牧业有了很大发展。为了满足战争对马匹的需要，仅靠向民间征收、边境贸易和周边进贡马匹是难以为继的，为此，政府在京师洛阳及周边适合养马的地区设置了监牧，发展官营畜牧业。早在后唐庄宗同光二年（924）正月，右谏议大夫薛昭文就曾上疏"又请择隙地牧马，勿使践京畿民田"⑤。提出建立监牧，牧养在京师洛阳的马匹，勿使其践踏农

---

① （宋）王溥：《五代会要》卷29《契丹》，上海：上海古籍出版社，1978年版，第456—457页。
② （宋）王溥：《五代会要》卷29《党项》，上海：上海古籍出版社，1978年版，第463页。
③ （宋）王溥：《五代会要》卷30《高丽》，上海：上海古籍出版社，1978年版，第470页。
④ （宋）司马光：《资治通鉴》卷275，北京：中华书局，1956年版，第9002—9003页。
⑤ （宋）司马光：《资治通鉴》卷273《后唐纪二》，北京：中华书局，1956年版，第8920页。

田。后唐明宗天成三年(928)三月,吏部郎中何泽再次上奏"请率天下牝马,置群牧,取其蕃息。"得到了后唐政府的批准,于是在京师洛阳设置了养马机构飞龙院,河南的官营牧马业有一定规模。同光三年(925),后唐政府曾要求在河南、河北诸州"和市战马"。长兴元年(930)七月,分飞龙院为左右,以小马坊为右飞龙院。[①] 后唐明宗时有内外现管马匹3.5万匹,在河南一带牧养。唐庄宗时,"乃令(康)福牧马于相州,为小马坊使,逾年马大蕃滋。明宗自魏反,兵过相州,福以坊马二千匹归命,明宗军势由是益盛"[②]。康福在相州(今河南安阳近郊,临漳县西)牧马,一次就赠送唐明宗2000匹马,可见其牧养马匹有相当规模。总之,短短几年河南北部的畜牧业已经发展起来。唐明宗长兴二年(931)四月,太子宾客裴皞上言:"以京师牛马多,草价贵,请畿内种禾者放地头钱,及甸服之内舟舻所通,沿河置场买草,每至春夏即官中出卖。"[③]可见监牧设置四年以后,京师洛阳因牛马众多,本地草料已经供不应求,政府不得不置场买草,仅河阳、白波、巩县就存草270万束。[④] 到长兴四年(933)据范延光上奏,京师洛阳及其周边官牧牧养马匹已达5万余匹。[⑤] 这一数字当然与唐朝所养马匹数量是无法比拟的(唐朝时,张万岁领群牧牧养马匹多达70.6万匹)。但在五代兵荒马乱的这样一个非常时期,能拥有数万匹马已是难能可贵的。后周时,卫州(今新乡一带)也有牧马监,周世宗显德二年(955)曾令全国的老弱病马"就彼水草,以尽饮龁之性"[⑥]。总之,五代时期,河南境内的官牧主要分布在黄河沿岸的洛阳、开封、安阳及新乡等豫北地区,官营马匹总体上数量不是很多,但与唐代河南地区官马相比还是稍胜一筹,与北宋比较则大为逊色。为了避免芜杂,笔者将五代时期官营监牧的分布列表如4-1所示。

表4-1 五代时期监牧的分布[⑦]

地区	监名	建立时间	概况	史料来源
相州	小马坊	唐庄宗时期	乃令(康)福牧马于相州,为小马坊使,逾年马大蕃滋。明宗自魏反,兵过相州,福以坊马二千匹归命,明宗军势由是益盛	《新五代史》卷46《康福传》,第514页

① (宋)王钦若:《册府元龟》卷621《监牧司》,北京:中华书局,1960年版,第7482页。
② (宋)欧阳修:《新五代史》卷46《康福传》,北京:中华书局,2002年版,第514页。
③ (宋)欧阳修:《新五代史》卷6《唐明宗纪》,北京:中华书局,2002年版,第61页。
④ (后晋)沈昫:《旧唐书》卷198《吐谷浑传》,北京:中华书局,1975年版,第5301页。
⑤ (宋)王钦若:《册府元龟》卷621《监牧司》,北京:中华书局,1960年版,第7482页。
⑥ (宋)薛居正等:《旧五代史》卷115《世宗纪》,北京:中华书局,1976年版,第1532页。
⑦ 本表参考:杜文玉、梁丽:《五代时期畜牧业发展状况初探》,《唐史论丛》2008年第十辑一文的相关内容。

续表

地区	监名	建立时间	概况	史料来源
同州	沙苑监	天祐七年(920)	(天祐)十七年，乃令王建及牧马于沙苑	《旧五代史》卷56《符存审传》
河中府	黄龙监	长兴元年	及帝镇河中，是岁四月五日，帝阅马于黄龙庄，彦温闭城拒帝	《旧五代史》卷46《唐末帝纪上》
汴州与中牟间	八角监	天福八年(943)	天福八年十一月甲申，"幸八角，阅马牧"	《新五代史》卷9《晋出帝纪》
汴州	茂泽监	开运二年(945)	后晋出帝开运二年八月辛未，阅马于茂泽陂。丁丑，括马	《新五代史》卷9《晋出帝纪》，第95页
汴州	万龙监	开运二年(945)	开运二年九月"己亥，阅马于万龙冈，幸李守贞第"	《新五代史》卷9《晋出帝纪》，第95页
澶州	铁丘监	开运二年(945)	开运二年二月丙戌"幸铁丘阅马"	《旧五代史》卷83《少帝纪三》
卫州	卫州监	不详	今后应有病患老弱马，并送同州沙苑监、卫州牧马监，就彼水草，以尽饮龁之性	《旧五代史》卷115《周世宗纪二》
楼烦	楼烦监	龙纪元年(889)	龙纪元年，太原李克用为晋王时，奏置宪州于楼烦监	《太平寰宇记》卷42《河东道三》
襄陵	襄陵监	不详	晋人复取绛州，攻临汾，叔琮选二人深目而胡须者，牧马襄陵道旁，晋人以为晋兵，杂行道中，伺其怠，擒晋二人而归。晋人大惊，以为有伏兵，乃退屯于蒲县	《新五代史》卷43《氏叔琮传》
河北漳河县西北	堂阳监	唐庄宗时所建	令道昭牧马于堂阳	《旧五代史》卷21《符道昭传》
洛阳	飞龙苑	天成四年(929)以前所建	(天成四年)十一月戊子，"出上阳门，幸苑内亭子阅马，至晚还宫"；长兴元年春正月丁卯，"阅马于苑"	《册府元龟》卷114《帝王部·巡幸二》，第1363页；《新五代史》卷6《唐明宗纪》，第61页

从表4-1看，五代时期，陆陆续续建立了12所监牧，其中7所分布在河南境内。可见，监牧已由西北地区转移到中原一带。这是因为，五代时期统治的中心区域为开封、洛阳。这里是政治、经济与文化重心，又是各路军阀角逐的战场，广泛的社会需求客观上促进了畜牧业的发展。但不可否认，畜牧业发展需要大量的牧地来饲养牲畜，必然会出现侵占农田、损毁农业的现象，造成农牧之间的矛盾。

（四）五代民间畜牧业

五代时期，民间也牧养有一定数量的马匹，尤其是中原地区。"五代藩镇……既多财则务为奢僭，养马至千余匹，童仆亦千余人。国初，大功臣数十人，犹袭旧风，太祖患之，未能止绝"。[①] 藩镇军阀酷好养马的习俗一直沿袭到宋初。如后晋时期，李从温为后晋节度使"后以多畜驼马，纵牧近郊，民有诉其害稼者，从温曰：'若从尔之意，则我产畜何归乎？'"[②]因畜养马匹太多，又管理不善，出现了践踏庄稼，危害百姓的现象。在战争时期，急需马匹时他们会向朝廷贡献。如后唐末帝清泰二年（935）六月，枢密宣徽使进添都马130匹，河南尹进奉马100匹，"时侦知契丹寇边一日促骑军故有此献，欲表率藩镇也"[③]。清泰三年（936），郓州王建立献助军钱千缗、绢千匹、粟五千斛、马二千匹。[④] 甚至在后汉高祖天福十二年（947），包括洛阳在内的河南道，仍是战争时期政府征购马匹的主要地区。"河南诸道并奏使臣到和买战马。始帝去冬以北虏犯阙陷战马二万匹，而骑卒在焉。时方欲攻邺垒而制塞下，遂降和买。河南诸道不经虏掠处士人私马"。[⑤]

客观而言，尽管五代时期兵荒马乱，政局动荡，统治者还是较为重视民间畜牧业的发展，禁止随便屠杀牲畜，尤其是耕牛。如后唐天成二年（927）三月诏令："所在府县纠察杀牛卖肉，犯者准条科断。其自死牛即许货卖，肉斤不得过五钱，乡村民家死牛，但报本村所由，准例输皮入官。"[⑥]五代对屠牛管理很严，甚至大赦天下时，屠牛都不在赦免之列。[⑦] 牛是农耕的最主要畜力，五代统治者禁止屠牛，显然与重视农业生产有关。

总之，五代时期，官私畜牧业都有一定程度的发展，尤其是中原地区。这既与其作为都城有关，也与长期的军阀混战对牲畜的迫切需求有关。

三、 五代时期农牧的冲突

五代时期，中原地区既是传统的种植业生产区域，又是重要的畜牧业基地，无论是农业还是畜牧业，都需要大量的土地，农牧之间不可避免地存在着冲突。如从前文可知，五代时期全国12所马监牧地，仅河南就分布有7所，而这些地区一向以发展种植业而著称。大量的马匹在这里放牧，不仅占用了为数众多的农田，而且马匹还啃食庄稼，危害一方。如李从温

---

① （宋）李焘：《续资治通鉴长编》卷18，北京：中华书局，2004年版，太平兴国二年正月丙寅，第392页。

② （宋）薛居正等：《旧五代史》卷88《李从温传》，北京：中华书局，1976年版，第1157页。

③ （宋）王钦若：《册府元龟》卷485《邦计部》，北京：中华书局，1960年版，第5803页。

④ （宋）王钦若：《册府元龟》卷485《邦计部·济军》，北京：中华书局，1960年版，5799页。

⑤ （宋）王钦若：《册府元龟》卷621《监牧司》，北京：中华书局，1960年版，第7482页。

⑥ （宋）王钦若：《册府元龟》卷999《外臣部·互市》，北京：中华书局，1960年版，第11728页。

⑦ （宋）薛居正等：《旧五代史》卷1《梁太祖纪》，北京：中华书局，1976年版，第7页。

为后晋节度使时，畜养的马匹在近郊放牧，出现了践踏庄稼，危害百姓的现象。后唐庄宗同光二年(924)正月，右谏议大夫薛昭文就曾上疏"又请择隙地牧马，勿使践京畿民田"①。提出建立监牧，牧养在京师洛阳的马匹，勿使其践踏农田。可见，农牧之间的问题已很尖锐。

第三节　辽夏金时期的农牧关系

辽宋夏金时期是我国古代历史上的后三国时代，由于中原王朝的势力衰微和周边民族向中原王朝统治区域的扩展，农牧分界线与隋唐时期相比则有了很大变化，农牧分界线进一步向南推移。这一时期，从《辽史·营卫志》："长城以南，多雨多暑，其人耕稼而食，桑麻以衣，宫室以居，城郭以治。大漠之间，多寒多风，畜牧畋渔以食，皮毛以衣，转徙随时，车马为家，此天时地利所以限南北也。"②记载来看，农牧分界线似乎以长城为界，长城以南为农业，以北为畜牧业。而实际上由于气候环境的复杂性，在农耕区内分布有畜牧业，畜牧区也有零星的种植业。这是因为，五代十国时期，后晋皇帝石敬瑭将本属于中原王朝统治区域的幽云十六州割让给契丹③。幽云十六州大抵包括今天的河北，山西北部和北京、天津一带，这里自古以来是中原王朝阻挡北方游牧民族南侵的主要屏障。十六州的丧失，致使辽、夏、金的势力由原来的关外进入到中原王朝的腹地，这些向以畜牧业著称的民族进入中原后，也将其畜牧业向内地拓展，必然要与中原地区的农业生产产生激烈的摩擦与冲突。

一、　辽代农牧关系

辽是由契丹族于916年建立起来的民族政权，疆域广阔，领土全盛期东到日本海，西至阿尔泰山，北到额尔古纳河、大兴安岭一带，南到河北省南部的白沟河。从其领土范围来看，基本上位于北纬40°—52°的区域，从温度带上看，以北温带与北寒带为主。传统上，辽朝是一个以畜牧业为

---

① (宋)司马光：《资治通鉴》卷273《后唐纪二》，北京：中华书局，1956年版，第8920页。
② (元)脱脱等：《辽史》卷32《营卫志中·行营条》，北京：中华书局，1974年版，第373页。
③ 这十六州分别是幽州(今北京)、顺州(今北京顺义)、儒州(今北京延庆)、檀州(今北京密云)、蓟州(今河北蓟县)、涿州(今河北涿州)、瀛州(今河北河间)、莫州(今河北任丘北)、新州(今河北涿鹿)、妫州(今河北怀来)、武州(今河北宣化)、蔚州(今河北蔚县)、应州(今山西应县)、寰州(今山西朔州东)、朔州(今山西朔州)、云州(今山西大同)。

主的国家。史载："契丹旧俗，其富以马，其强以兵。纵马于野，驰兵于民。"①辽朝统治者在发展畜牧业的同时，并没有忽视农业。曾如李桂枝教授所言："辽朝统治者大多重视农业，对农业采取支持、鼓励、保护的政策和措施，使农牧业两种经济在辽朝统治范围内形成一个和谐、稳固、统一的整体，并将其矛盾和冲突转化为互利互补，使农牧业共同发展繁荣，各得其所。"②在宋辽边境，也分布有广阔的牧场和耕地，居住在边境的民族从事农业和畜牧业。如苏颂出使辽国途经河北进入契丹时，看到契丹境内与河北路交界处奚人"田畴高下如棋布，牛马纵横似谷量"③一派农业兴旺、畜牧发达的景象。其实，早在辽立国不久，便在与中原王朝接壤的中原地区建立了南部牧场，当时，五代中原王朝和契丹关系紧张时，其南部牧场经常遭到中原人的破坏。据《辽史拾遗》记载："每霜降，仁恭辄遣人焚塞下野草，契丹马多饥死。契丹常以良马赂仁恭买牧地，"④显然这里应该是契丹的畜牧基地之一，或者是农牧交错地区。农牧交错带指的是农业和牧业交错分布的地带或区域。该地带是一个复杂的人地系统，它是指农业区与牧业区之间所存在的一个农牧过渡地带，在这个过渡带内，种植业和草地畜牧业在空间上交错分布，时间上相互重叠。⑤也正因为畜牧业与种植业的交错分布，辽代南部牧场也是中原王朝觊觎的农业生产基地。

　　十至十三世纪随着气候的变冷，契丹遭受暴风雪的袭击，经常出现人马冻死的现象，诚如欧阳修所言："阿保机退保望都，会天大雪，契丹人马饥寒，多死。"⑥对畜牧业而言就是白灾。极端寒冷的气候使得北方的游牧民族很难再找到充足的水源，丰茂的牧场，难以饲养如此众多的牲畜，获得丰厚的奶酪与御寒的皮毛，甚至无法再维持基本的生活。强劲的寒流促使他们南下，占领气候适宜的黄河流域，把牧业扩张到中原地区。张全明先生在其《中华五千年生态文化》一书中指出："辽金的铁骑一次又一次地踏上了南征的道路，企图把温暖的南方变为寒冷时期北方人游牧的故乡，"⑦可谓一语中的。除发展传统的畜牧业外，契丹受中原王朝文化影响

①　（元）脱脱等：《辽史》卷59《食货志上》，北京：中华书局，1974年版，第923页。

②　李桂枝：《辽金简史》，福州：福建人民出版社，2001年版，第93页。

③　（宋）苏颂：《苏魏公集》卷13《牛山道中》，北京：中华书局，2004年版，第170页。

④　（清）厉鹗：《辽史拾遗》卷1，丛书集成出版本，第3897册，北京：中华书局，1985年版，第1页。

⑤　赵哈林、赵学勇：《北方农牧交错带的地理界定及其生态问题》，《地球科学进展》2002年第5期，第739—747页。

⑥　（宋）欧阳修：《新五代史》卷72《四夷附录》，北京：中华书局，1974年版，第889页。

⑦　王玉德、张全明：《中华五千年生态文化》（上），武汉：华中师范大学出版社，1999年版，第461页。

较深，占有北中国后，在汉唐以来传统的塞外地区开始发展粗放农业，有代表性的是内蒙古东部的西辽河流域。从十世纪开始，契丹就大量向西辽河流域移民，这些移民以战争中俘虏的汉人和渤海人为主。辽政府将其安置在西拉木伦河和老哈河流域进行农耕，使这块原本发展畜牧业的草原地带初次有了种植业，后来又向北推向克鲁伦河和呼伦贝尔草原，形成了传统农耕区外的半农半牧区。金朝占领这些地区后，保持了原来的农牧业生产方式，但由于畜群承载量过大，以及随之而来的大片农田开垦，使得这一区域土壤沙化，水土流失非常严重，生态平衡遭到了破坏。韩茂莉先生在其《草原与田园——辽金时期西辽河流域农牧业与环境》一书中有详细论述。①

二、 西夏的农牧关系

西夏是居住在夏州的党项族于十世纪建立的政权。建立政权后，西夏统治者不断开疆拓土，到十一世纪占有东起鄂尔多斯高原，西有河西走廊，北抵大漠，南到横山的广阔疆域。党项族传统上以畜牧业为主，但其境内汉人则多从事农耕，在银川平原利用汉唐旧渠、在河西走廊甘（今甘肃张掖甘州区）、凉（今甘肃武威）等州利用祁连山雪水进行灌溉，开辟农田，具有一定的规模。西夏地处西北内陆，处于中国的农牧交错地区，属于植被敏感地带，境内有农耕区、畜牧区和半农半牧等经济区域。

（一） 西夏畜牧业概况

西夏疆域广阔："东尽黄河，西界玉门，南接萧关，北控大漠，地方万余里。"②畜牧业主要分布在境内的夏（今属陕西靖边）、绥（今陕西绥德）、盐（今陕西定边）、宥（今内蒙古自治区鄂托克前旗、鄂托克旗）诸州。河西走廊以及宋夏交界的横山地区被西夏占领后也成为一个"多马宜稼"的亦农亦牧地区。③畜牧业是西夏传统的生产部门，在社会经济中占重要地位。史载其"土俗……以牧养牛马为业"④。唐人沈夏之《夏平》中云："夏之属土，广长几千里，皆流沙。属民皆杂虏，虏之多者曰党项，相聚为落于

---

① 韩茂莉：《草原与田园——辽金时期西辽河流域农牧业与环境》，北京：生活·读书·新知三联书店，2006 年版，第 142 页。

② （清）吴广成著，龚世俊等校证：《西夏书事校证》卷 12，兰州：甘肃文化出版社，1995 年版，第 145 页。

③ 张其凡：《宋代史》（下册），澳亚周刊出版有限公司，2004 年版，第 900 页。

④ （宋）乐史撰，王文楚校：《太平寰宇记》·卷 37《关西道·盐州》，北京：中华书局，2007 年版，第 779—783 页。

野，曰部落。其所业无农桑，事畜马牛羊橐驼。"①无农桑，有点夸张，只
不过夏立国初年农业比重很小而已。西夏建国初，"少五谷，军兴，粮饷
多用大麦、荜豆、青麻子之类。其民春食鼓子蔓、碱蓬子；夏食苁蓉苗、
小芜荑；秋食席鸡子、地黄呔、登厢草；冬则蓄沙葱、野韭、拒霜、灰条
子、白蒿、碱松子以为岁计"②在农业经济比较落后的情况下，畜牧业更是
其支柱产业。

西夏发展畜牧业与其寒冷干旱的气候密不可分。西夏境内多山，戈
壁、荒漠、草原密布。西夏文献《圣立义海·山之名义》记载：

> 夏国三大山，冬夏降雪，日照不化，永积。有贺兰山、积雪山、
> 焉支山。贺兰山尊：冬夏降雪……积雪大山，山高，冬夏降雪，雪体
> 不融，南麓化，河水势涨，夏国灌水宜农也。山体宽长：雪山绵长不
> 断，诸国皆至，乃白高河本原。焉支上山，冬夏降雪，炎夏不化，民
> 庶灌耕，地冻，大麦、燕麦九月熟，利养羊马，饮马奶酒也。③

贺兰山、积雪山、焉支山是夏国境内的三座大山，常年积雪，气候寒冷，只
有在南麓向阳的山脚下点缀着零星的农田。周密的《癸辛杂识·续集下·北
地赏柳》中言道：鞑靼地面极寒，并无花木，草长不过尺，至四月方青，至
八月为雪虐矣。仅有一处开混堂，得四时阳气，和暖，能种柳一株，土人以
为异卉，春时竟至观之。西夏气候寒冷，一些地区农历四月青草才刚刚返
青，八月份就出现漫天飞雪。宋代一些边塞诗人描绘宋夏边境的气候时，给
人感觉最多的就是寒气逼人，黄沙漫漫，气候寒冷而干旱。如宋人苏舜钦
《己卯冬大寒有感》："延川未撤警，夕烽照冰雪。穷边苦寒地，兵气相躔结。
主将初临戎，猛思风前发。朝笳吹馀哀，叠鼓暮不绝。淹留未见敌，愁端密
如发。……不知百万师，寒刮肤革裂。"④文同《五原行》写道："云萧萧草摇
摇，风吹黄沙昏沉寥。胡儿满窟卧雪寒，卓旗系马人一匹。夜来烽火连篝
起，银鹘呼兵捷如鬼。"⑤王操《塞上》描绘无定河一带的风光，无定河边路，

① 周绍良：《全唐文新编（第4部 第1册）》卷737，长春：吉林文史出版社，2000年版，第
8559页。
② （清）吴广成撰；龚世俊等校证：《西夏书事校证》卷9，兰州：甘肃文化出版社，1995年
版，第106页。
③ （俄）克恰诺夫，李范文、罗矛昆：《圣立义海研究》，银川：宁夏人民出版社，1995年版，
第13—14页。
④ 张廷杰：《宋夏战事诗研究》，（宋）苏舜钦《己卯冬大寒有感》，兰州：甘肃文化出版社，
2002年版，第221页。
⑤ （宋）文同：《丹渊集》卷3《五原行》，文渊阁四库全书本，第1096册，第567页。

风高雪洒春。沙平宽似海，雕远立如人。西夏地处西北内陆，从气候上看属于干旱、半干旱地区，荒漠、草原、高山，荒漠地带零星分布着一些绿洲，气候寒冷，四季分明。文献中常见其干旱的记载："旱灾年年有，二年遇中旱，十年遭大难"①，"时绥、银久旱，灵、夏禾麦不登，民大饥"，"三州荒旱，饥馑相望"。② 其典型如环庆路沿边地带。当地地貌有两种类型，北部为含碱度较高的半荒漠地带，南部则为黄土丘陵沟壑区，为世界上黄土层最厚的区域之一。"盐、夏、清远军间，并系沙碛，俗谓之旱海。自环州出青刚川，本灵州大路。自此过美利寨，渐入平夏，径旱海中，至耀德清边镇，入灵州是也"。③ "自环抵灵瀚海七百里，斥卤枯泽，无溪涧川谷。荷戈甲而受渴乏，虽勇如贲、育，亦将投身于死地"。④ 这里要么是含碱性很高的荒漠地带，要么是黄土弥漫，沟壑纵横，号称"旱海"。这一地带寒冷干旱的气候显然不适合农业的发展，人们因地制宜发展畜牧业。

根据《中国农业地理总论·中国牧区分布图》一书的观点，西夏所在的西北地区可分为四大牧区：以山地草原为主的河西牧区、以干草原为主的鄂尔多斯和兴灵牧区、以荒漠草原为主的阿拉善牧区。⑤ 如河西走廊一带，"通西域，扼姜瞿、水草丰美，畜牧孳息"⑥。"凉州畜牧甲天下"。⑦ 贺兰山、焉支山，"东西百余里，南北二十里，可谓水草茂美，宜畜牧"⑧。银川平原地区，"水深土厚，草木茂盛，真牧放耕战之地"⑨。杨蕤指出，鄂尔多斯地区的西北部基本上以草原为主，几乎无农业生产，呈现出草原——沙地（漠）景观。⑩ 如宥州的地斤泽，"善水草，便畜牧"⑪。宋夏交界

① 《衡山县志》，西安：陕西人民出版社，1993年版，第104页。
② （清）吴广成著，龚世俊等校证：《西夏书事校证》卷7，兰州：甘肃文化出版社，1995年版，第87页。
③ （清）顾祖禹：《读史方域纪要》卷57《青岗峡》，万有文库本，北京：商务印书馆，1937年版，第2529页。
④ （宋）李焘：《续资治通鉴长编》卷39，至道二年五月壬子，北京：中华书局，2004年版，第835页。
⑤ 中国科学院地理研究所经济地理研究室：《中国农业地理总论·中国牧区分布图》，北京：科学出版社，1980年版，第287页。
⑥ （清）吴广成著，龚世俊等校证：《西夏书事校证》卷11，兰州：甘肃文化出版社，1995年版，第377页。
⑦ （元）脱脱等：《金史》卷134《西夏传》，北京：中华书局，1975年版，第2876页。
⑧ （清）吴广成著，龚世俊等校证：《西夏书事》卷11，兰州：甘肃文化出版社，1995年版，第377页。
⑨ （宋）曾公亮、丁度：《武经总要·前集》卷19，北京：中华书局，1959年影印本，第955页。
⑩ 杨蕤：《西夏地理初探》，复旦大学2005年博士学位论文，第139页。
⑪ （清）吴广成著，龚世俊等校证：《西夏书事校证》卷4，兰州：甘肃文化出版社，1995年版，第42页。

的横山地区被西夏占领后也成为一个"多马宜稼"①的亦农亦牧地区。泾源路缘边的兴灵牧区，"川原宽阔，易得水草"②。草原广布，水草丰美，适合畜牧。

（二）西夏农业的发展

农业是西夏经济的重要组成部分。西夏建国后，为了摆脱宋朝保持政治上的独立性，逐渐将游牧经济转变为农耕经济占较大比重的复合型经济。据张其凡先生研究，西夏农业主要分布在三个区域：一是西夏的腹心地区灵州与兴州；二是位于河西走廊的甘州与凉州亦农亦牧；三是宋夏交界处的"山界"地区。从无定河向西、沿横山到天都山，再西至会兰等地千余里的宜耕宜牧地区。③ 受中原王朝耕作方式的影响，西夏在宋夏边境大力发展农业。张其凡的看法很有道理。西夏虽然传统上是以畜牧为主的国家，但其建立之初农业经济比较薄弱，随着与中原王朝交流的日益加深，西夏境内"耕稼之事，略与汉同"④。农业才有很大发展。如鄂尔多斯地区东北部是典型的农业区，西夏时期，这里具有发展农耕的良好的生态环境，并有天然次生林和灌木林分布。⑤ 西夏前期，这一地区属于辽国，辽在此"徙民五百户，防秋军一千实之"⑥。专门驻扎防秋军以防止北宋盗割庄稼。近年来，考古挖掘发现有犁铧、铁锄、铁镰，也表明当时农业经济的兴盛。

宋夏沿边地带属于半农半牧区，范围广阔，包括东起河曲地区的麟（今陕西神木）、府（今陕西府谷）二州，西到青海地区的河湟谷地，长约2000里，是北部沙漠区向南部黄土区的过渡地带。"国人赖以生，河南膏腴之地，东则横山，西则天都、马街一带，其余多不堪耕牧"。⑦ 在宋朝边境，这里分布有黄甫川、沙梁川、屈野河和秃尾河等河流谷地，不仅成为抵御西夏的前沿阵地，而且多为膏腴之地，自然环境优越。"初，夏人岁侵屈野河西地，至耕获时，辄屯兵河西以诱官军……然银城以南侵耕者犹

---

① 张其凡：《宋代史》（下册），澳亚周刊出版有限公司，2004 年版，第 900 页。

② （宋）李焘：《续资治通鉴长编》卷 316，元丰四年九月戊子，北京：中华书局，2004 年版，第 7639 页。

③ 张其凡：《宋代史》（下册），澳亚周刊出版有限公司，2004 年版，第 898 页。

④ （清）吴广成著，龚世俊等校证：《西夏书事校证》卷 16，兰州：甘肃文化出版社，1995 年版，第 186 页。

⑤ 杨蕤：《西夏地理初探》，复旦大学 2005 年博士学位论文，第 137 页。

⑥ （元）脱脱等：《辽史》卷 41《地理志五·西京道条》，北京：中华书局，1974 年版，第 515 页。

⑦ （清）吴广成著，龚世俊等校证：《西夏书事校证》卷 28，兰州：甘肃文化出版社，1995 年版，第 322 页。

自若，盖以其地外则蹊径险隘，杉柏丛生；汉兵难入，内则平壤肥沃宜粟麦，故敌不忍弃也"。① 借助有利的农业条件，这一狭窄的地区竟养活了北宋 2 万人的军队。② 总之，这一区域的自然景观为，在河谷地带分布着大量农田，而在山地分布着大面积的杉柏等丛林，森林的覆盖率很高。③ 又如，宋朝新收的原西夏土地米脂、吴堡、义合、细浮图、塞门五寨，向以农业著称，归宋后，宋政府设置蕃汉弓箭手，垦荒屯田。④ 韩茂莉认为，宋代在这里垦殖不下数十万顷。⑤ 宋夏沿边地带由于大规模的垦荒对脆弱的生态造成了严重的破坏，杨蕤指出，宋夏沿边对山地的垦殖，加剧了自然植被的破坏和水土流失，对五代以后黄河泛滥有不可推卸的责任。⑥

　　西夏气候干旱，耕作方式上以灌溉农业为主。曾如汤君炜所言："西夏农业经济的最大特点是以旱作农业为主，采用先进的灌溉技术，同时兼顾畜牧业的发展，以防范由于旱灾等不确定因素对农业生产造成的危害。"⑦西夏境内有两大水系。一是有大气降水补给的黄河流域中上游及其支流，如马岭水上游、无定河、屈野河、葫芦河、洮河、大夏河、湟水。西夏"地饶五谷，尤宜稻麦，甘、凉之间则以诸河为灌"。如无定河，发源于三边高原西南部的白于山脉，流经榆林地区八个县，全长 491 公里，流域面积达 30 260 平方公里。无定河为流域内的农业提供了充足的灌溉水源。另一类在西部，由祁连山融雪汇集而成，如黑水、疏勒河、党河、石羊河等。⑧《圣立义海·山之名义》中言道："贺兰山尊，冬夏降雪……积雪大山：山高，冬夏降雪，雪体不融。南麓化，河水势涨，夏国灌水宜农也。"融化的雪水也为农业提供了灌溉水源。此外，汉唐时期的一些水利工程如唐来渠、汉源渠在西夏时期继续发挥着灌溉功能。"兴、灵则有古渠，曰唐来、曰汉源，皆支引黄河，故灌渠之利，岁无旱涝之虞"。⑨ 如灵州，"以水溉田，四向泥淹，春夏不可进师，秋冬之交，地冻可行"⑩。横山地

　　① （宋）李焘：《续资治通鉴长编》卷 185，嘉祐二年五月庚辰，北京：中华书局，2004 年版，第 4476—4477 页。

　　② 戴应新：《折氏家族史略》，西安：三秦出版社，1989 年版，第 46 页。

　　③ 杨蕤：《西夏地理初探》，复旦大学 2005 年博士学位论文，第 141 页。

　　④ （清）徐松：《宋会要辑稿·方域》19 之 7，北京：中华书局，1957 年版，第 7629 页。

　　⑤ 韩茂莉：《宋代陕西沿边地带的兵屯与土地开垦》，《西北史地》1993 年第 3 期，第 38 页。

　　⑥ 杨蕤：《西夏地理初探》，复旦大学 2005 年博士学位论文，第 197—199 页。

　　⑦ 汤君炜等：《西夏农业经济存续的社会生态环境背景》，《边疆考古研究》第 12 辑，第 460 页。

　　⑧ 汤君炜等：《西夏农业经济存续的社会生态环境背景》，《边疆考古研究》第 12 辑，第 459 页。

　　⑨ （清）吴广成著，龚世俊等校证：《西夏书事校证》卷 16，兰州：甘肃文化出版社，1995 年版，第 106 页。

　　⑩ （宋）李焘：《续资治通鉴长编》卷 321，元丰四年十二月戊寅，北京：中华书局，2004 年版，第 7751 页。

区灌溉农业发达，"以大理、无定两河为灌溉，进甘凉间则又有居延、鲜卑、沙河诸水襟带回环"①。纵横的河流提供了充足的水源。

西夏境内栽培的农作物以大麦、小麦、水稻为主。汤君炜等根据《蕃汉合时掌中珠》统计，西夏境内的农作物有小麦、大麦、荞麦、糜粟、稻、豌豆、黑豆、荜豆等。② 另外，我们从西夏著名诗歌《月月乐诗》亦可一窥豹斑：

> 各种各样的禾谷成堆，家畜野禽都膘肥体壮。到处是酒宴。被风吹一团的草稍开始发眼焉。
>
> 时光流逝，渐进八月。山冈平撒满阳光，金灿灿的稻谷渐渐成熟。
>
> 锦绣大地上成长着稻谷，在田野中静静伫立。
>
> 人们在追捕鹿群，收割稻谷。三种（鸟、鹿和稻谷）值钱的东西都要得到。
>
> 九月，无以数计的稻谷、蜂蜜，到处是欢声笑语。
>
> 丰收了白花花的大麦，黄灿灿的小麦。
>
> 粮袋满满，肚子和内心都得到满足。
>
> 粮仓满满。人们在一年的操劳后开始休息。国内到处在开宴。③

诗歌描绘出西夏人民种植水稻、大麦、小麦等农作物，生活富足、五谷丰登的祥和景象，虽有些夸张，但从一个侧面反映出西夏农作物总类及农业生产情况。

（三）宋夏沿边农牧争地问题

西夏传统上是以畜牧业为主要生产的政权，随着与宋朝交往的深入，西夏农业也日渐发展。尤其是宋夏沿边地带的"两不耕地"，开辟了大量农田。如横山一带原本就是宜农宜牧地区，也是宋夏激烈争夺的焦点。种鄂曾讲："横山亘袤，千里沃壤，人物劲悍善战，多马，且有盐铁之利，夏人恃以为生；其城垒皆据险隘，足以守御，兴功当自银州始。"④横山处于

---

① （清）吴广成著，龚世俊等校证：《西夏书事校证》卷9，兰州：甘肃文化出版社，1995年版，第106页。

② 汤君炜等：《西夏农业经济存续的社会生态环境背景》，《边疆考古研究》第12辑，第458页。

③ 《月月乐诗》是描绘西夏人一年四季生活的诗歌，1909年发现与黑水城。引自：杨蕤：《西夏地理初探·附录·月月乐诗》，第208—209页。

④ （宋）李焘：《续资治通鉴长编》卷328，元丰五年七月丙戌，北京：中华书局，2004年版，第7893—7894页。

宋夏边境，盐铁、马匹等资源丰富，成为双方觊觎的战略要地。宋政府占领横山之后，知太原府吕惠卿言道，"臣已委官相度耕种，伏详横山一带两不耕地，无不膏腴，过此即沙碛不毛"①。委派官员在此拓荒耕种。又如泾源路陇山一带，"系官地土不少，自来为众人指占，量输租课，夤缘侵冒，别无色役，累准朝旨令招刺弓箭手。其人户侵冒岁久，财力富强，奸弊日深，上下因循，未依朝旨，最是边防大利害"②。大量牧地被民户侵占开荒。欧阳修也曾提到西北地区原来唐代的牧地在北宋时期被西夏吞并或被周边民户开垦为民田。"至于唐世牧地，皆与马性相宜，西起陇右、金城、平凉、天水，外暨河曲之野，内则岐、豳、泾、宁，东接银、夏，又东至于楼烦，此唐养马之地也。以今考之，或陷没夷狄，或已为民田，皆不可复得"。③

宋神宗统治时期，王韶开边，夺取了熙（今甘肃临夏东）、河（今甘肃临夏）、兰（今甘肃兰州）、湟（今青海乐都南）等州。宋政府占领这些州县后大肆开荒屯田，如熙宁七年（1069），权提点秦凤路刑狱郑民宪"根括熙、河、岷州地万二百六顷，招弓箭手五千余人"④。招募弓箭手5000人，在熙、河、岷州（今甘肃岷县）一带开垦土地10 206顷。何灌经略西北，担任岷州与河州知州时也在这一地区招募弓箭手，修渠屯田，引水灌溉。"引邈川水溉间田千顷，湟人号广利渠……得善田二万六千顷，募士七千四百人，为他路最"。⑤

宋夏政府在沿边争夺土地，退牧还耕，进行屯田，不仅没有收到预期效益，反而破坏了当地的生态平衡，可谓得不偿失。宋神宗元丰八年（1085）正月，河东路转运司言道：

> 经略司去年三出兵耕种木瓜源等两不耕地，凡用将兵万八千五百四十五，马二千三十六，其费钱七千三百六十五缗，谷八千八十一石，糗糒四万七千斤，草万四千八百束八。又番保甲守御，凡二千六百三十七人，其费钱千三百缗，米三千二百石，役耕民千五百，雇牛

---

① （宋）李焘：《续资治通鉴长编》卷347，元丰七年七月丁未，北京：中华书局，2004年版，第8324页。

② （宋）李焘：《续资治通鉴长编》卷414，元祐三年九月己巳，北京：中华书局，2004年版，第10065页。

③ （宋）李焘：《续资治通鉴长编》卷192，嘉祐五年八月甲申，北京：中华书局，2004年版，第4642—4643页。

④ （宋）李焘：《续资治通鉴长编》卷258，熙宁七年十一月丙午，北京：中华书局，2004年版，第6290页。

⑤ （元）脱脱等：《宋史》卷357《何灌传》，北京：中华书局，1977年版，第11226页。

千具，皆非民之愿。所收禾粟荞麦万八千石，草十万二千，不偿所费。又预借本司钱谷以为子种，至今未偿，增人马防托之费，仍在年计之外。虑经略司来年再欲耕种，望早赐约束。①

由上述史料可知，宋政府在木瓜源垦荒，破坏了当地的生态环境，耗费了大量的人力、物力与财力，然而所收获的甚至不及花费的十分之一，得不偿失。杨蕤认为，西夏时横山地区为疏林——草地相间的景观，不过有些地区已经被开荒，生态有恶化的倾向。② 也有些学者提出了不同的看法，认为西夏统治时期，西夏境内生态环境良好。如史念海认为，当时横山山脉的柏林很多，在横越山上几条大路的侧旁更是森林密布，在横山山脉的东端银州也是森林密布。③ 汪一鸣先生认为："西夏时期贺兰山地区具有气候寒冷、泉水多、溪流多、植被茂密、野兽多、鸟类多等特点。"④笔者以为，西夏统治时期，只是个别区域由于退牧还耕生态环境遭到了一定破坏，就整体而言，西夏的生态环境还是良好的。

三、 金代农牧关系

女真受汉族文化影响较深，占有中国北部后，在汉唐以来传统的塞外地区开始发展粗放农业，比较典型的是内蒙古东部的西辽河流域。十世纪开始，契丹就将战争俘掠来的汉人和灭渤海国迫迁来的渤海人，安置在西拉木伦河和老哈河流域进行农耕，使这块草原地带初次有了种植业，以后又向北推向克鲁伦河和呼伦贝尔草原，形成了传统农耕区外的半农半收区。金代继承了这种局面，并将种植业发展到洮儿河、第二松花江和拉林河流域，大兴安岭则成为蒙古高原和松辽平原之间天然的农牧分界线。

（一）金代畜牧业

金国是由女真族建立起来的政权。女真人"俗无室庐，负山水坎地，梁木其上，覆以土，夏则出随水草以居，冬则入处其中，迁徙不常"⑤。"俗勇悍，喜战斗，耐饥渴苦辛，骑上下崖壁如飞，济江河不用舟楫，浮马而渡"。英勇善战，吃苦耐劳，最初过着一种逐水草而居的游牧和渔猎

---

① （清）徐松：《宋会要辑稿·食货》4 之 5，北京：中华书局，1957 年版，第 4848 页。

② 杨蕤：《西夏地理初探》，复旦大学 2005 年博士学位论文，第 142 页。

③ 史念海：《黄河流域诸河流的演变与治理》，西安：陕西人民出版社，1999 年版，第 217 页。

④ 汪一鸣：《1000 年来贺兰山地区生物多样性及其环境变化》，《宁夏大学学报》2000 年第 3 期，第 262 页。

⑤ （元）脱脱等：《金史》卷 1《世纪·献祖绥可纪》，北京：中华书局，1975 年版，第 3 页。

生活。"女真居地少羊，多马、牛、猪"。① 女真上京会宁府年供白猪 2 万头。② 他们居住在黑龙江、松花江流域，以牧养马、牛、猪等牲畜为主。在金国统治的 120 年间，无论是官营还是私人畜牧业均取得了较大发展。有关金代畜牧业研究的学者有专文进行探讨，如张英《略述金代畜牧业》指出，畜牧业是金代社会经济生活中的重要组成部分，在对辽、宋战争与驿站交通中都发挥了重要作用。③ 程妮娜、史英平的《简论金代畜牧业》探讨了金代畜牧业的生产部门和畜牧技术和由盛到衰的发展过程。④ 此外漆侠、乔幼梅的《辽夏金经济史》对金代畜牧业有着全面、深入的论述。⑤

女真政权有着发达的官营畜牧业。《金史·兵志》记载：

> 金初因辽诸抹而置群牧，抹之为言无蚊蚋、美水草之地也。天德间，置迪河斡朵、斡里保、蒲速里、燕恩、兀者五群牧所，皆仍辽旧名，各设官以治之。又于诸色人内，选家富丁多、及品官家子、猛安谋克蒲辇军与司吏家余丁及奴，使之司牧，谓之群子，分牧马驼牛羊，为之立蕃息衰耗之刑赏。后稍增其数为九。契丹之乱遂亡其五，四所之所存者马千余、牛二百八十余、羊八百六十、驼九十而已。

> 群牧官三周岁为满，所牧之畜以十为率，驼增二头，马增二匹，牛亦如之，羊增四口，而大马百死十五匹者，及能征前官所亏，三分为率，能尽征及征二分半以上，为上等，升一品级。驼增一，马牛增二，羊增三，大马百死二十五，征前官所亏二分以上，为中等，约量升除。驼不增，马牛增一，羊增二，大马百死三十，征亏一分以上，为下等，依本等除。余畜皆依元数，而大马百死四十，征亏不及一分者，降一等。⑥

金建立初年仿照辽朝在水草丰美的地方设置群牧。金海陵王时期在全国设置 5 大牧所，后增加到 9 所，牧养马、牛、羊、驼等牲畜，派驻官员和牧子进行管理。金朝统治者非常重视官营畜牧业的发展，制定了一套严密的管理制度。例如群牧官员任职三年为一个周期，管理的牲畜数量如增加

---

① (宋)宇文懋昭：《大金国志》卷 39《初兴风土》，万有文库本，北京：商务印书馆，1936 年版，第 297 页。
② (元)脱脱等：《金史》卷 24《地理志上·上京路条》，北京：中华书局，1975 年版，第 551 页。
③ 张英：《略述金代畜牧业》，《求是学刊》1983 年第 2 期，第 98 页。
④ 程妮娜、史英平：《简论金代畜牧业》，《农业考古》1991 年第 3 期，第 327—331 页。
⑤ 漆侠、乔幼梅：《辽夏金经济史》，保定：河北大学出版社，1994 年版。
⑥ (元)脱脱等：《金史》卷 54《选举志四·功酬亏永条》，北京：中华书局，1975 年版，第 1211 页。

25%，考核为上等，官升一品；如果饲养的官马死亡率为40%，增加的牲畜不到10%者，官职降一等。

官营畜牧采取舍饲与放牧相结合的喂养方式。吕颐浩出使金朝时曾对其放牧的习俗进行了描述：

> 臣在河北，使陕西沿边备见金人风俗，每于逐年四月，尽括官私战马，逐水草牧放，号曰：入淀（淀乃不耕之地，美水草之处，其地虚旷宜马）。入淀之后，禁人乘骑，八月末，各令取马出淀，饲以粟豆，准备战斗。[①]

每年农历四月青草返青，金政府将官私马匹集中在一起进行放牧，称为“入淀”，到八月底，草逐渐枯黄，将马匹取出进行圈养，喂给粟豆，准备投入到战争中去。这种放牧习俗较为科学，既能够让牲畜吃到营养丰富的牧草，又能够让其自由交配，提高孳育率。

金人畜养的官畜数量惊人，从金建立初年与辽的战役经常损失大批的官畜中可略知一二。如辽太祖初年，“讨女直，复获马二十余万”[②]。辽圣宗统和四年(986)，“枢密使耶律斜轸、林牙勤德等上讨女直，所获生口十余万，马二十余万”[③]。每次战役，金朝仅损失的马匹多达20余万，由此可见其畜牧业之发达。

金世宗统治时期，畜牧业发展到顶峰。《金史·兵志》记载，“世宗置所七，曰特满、忒满、斡睹只、蒲速椀、瓯里本、合鲁椀、耶卢椀”[④]。金世宗设置7个牧所畜养牲畜，牲畜的数量因没有具体数字，不得而知。不过，据金世宗大定二十八年(1167)统计的数字为“蕃息之久，马至四十七万，牛十三万，羊八十七万，驼四千。明昌五年，散騋马，令中都、西京、河北东、西路验民物力分畜之[⑤]”。仅官营马匹达47万，羊87万，这其实仅仅是官畜的一部分，还有大量牲畜为猛安谋克户饲养。如大定二十三年(1162)，检括牛，得猛安谋克户牛39014具。而金代牛头制度规定，“每耒牛三头为一具”[⑥]，那么金拥有的耕牛为117万余头。因饲养的官畜数量庞大，需要大量的牧地才能满足需求，为此，金政府在全国开辟了许

① (宋)徐梦莘：《三朝北盟会编》(丙集)，《炎兴下帙七十六》之《十论札子》，台北：大化书局，1979年版，第496页。

② (元)脱脱等：《辽史》卷60《食货志下》，北京：中华书局，1974年版，第931页。

③ (元)脱脱等：《辽史》卷11《圣宗纪二》，北京：中华书局，1974年版，第119页。

④ (元)脱脱等：《金史》卷44《兵志》，北京：中华书局，1975年版，第1004页。

⑤ (元)脱脱等：《金史》卷44《兵志》，北京：中华书局，1975年版，第1004页。

⑥ (元)脱脱等：《金史》卷47《食货志二》，北京：中华书局，1975年版，第1062页。

多牧场。据统计，金章宗明昌三年（1192），仅河南、陕西两路就有牧地 9.92 万顷①，这一数字比北宋牧地最多时的 9.8 万顷还要多出 1.12 万顷。

金朝私营畜牧业同样发达，尤其是一些王公贵族拥有大量牲畜，如金世宗任东京留守时，"孳畜数千"②。由于养马多，马匹常常成为政府征括的对象。如金海陵王正隆四年（1159）八月，"诏诸路调马，以户口为差，计五十六万余匹，富室有至六十匹者。仍令本家养饲，以俟师期"③。金统治者向民户括马，一些富室一次就被征括五六十匹。金章宗泰和五年（1205）诏令，"河南宣抚使，籍诸道兵，扩战马"④。卫绍王大安三年（1211）"括民间马"⑤。金宣宗贞祐三年（1215），"括民间骡付诸军，与马参用"⑥，金宣宗兴定元年（1217）"遣官括市民马"⑦。有金一朝见诸记载括马的文献不绝如缕。当然，对民间大肆括马匹其实是对民间畜牧业的一种掠夺，无疑挫伤了民户养马的积极性，损害了畜牧业的发展。

金统治时期，中原传统上以种植业为主要生产方式的地区也出现了六畜兴旺的景象。养马业如相州"家家有马"⑧。牛也是河南民间饲养的主要牲畜之一。金太宗天会五年（1127）灭北宋以后，下令："内地诸路，每耕牛一具赋粟五斗，以备歉岁。"⑨金朝末年，蔡州新蔡征收赋税以牛数多少为差，影响了农户养牛的积极性，直到金朝末年刘肃任知县时才废除了这一不合理的畜产税收制度。畜产税废除后，农户养牛的热情空前高涨，出现了"畜牧遍野"⑩的盛况。猪也是金代河南民间普遍饲养的家畜，金末元初的王恽描述了襄邑县（今睢县）牧猪情况："我行锦襄野，田间多牧豕。不沾栏茈溷，不识糟酵浑。渴饮兔苑溪，饱（当为饿字？）啮香皂根。所以味佳美，万有空其群。"⑪当地养猪数额惊人，因采取散养的方式，以放牧为主，故猪肉味道鲜美，为一方名优产品。

由于民间养马数额巨大，金代民间常常用马匹作为殉葬的牲畜。故人死"所乘鞍马以殉之"⑫。金太祖天辅三年（1119），在阿离合懑的建议下才

---

① （元）脱脱等：《金史》卷 47《食货志二》，北京：中华书局，1975 年版，第 1050 页。

② （元）脱脱等：《金史》卷 46《食货志一》，北京：中华书局，1975 年版，第 1038 页。

③ （元）脱脱等：《金史》卷 129《李通传》，北京：中华书局，1975 年版，第 2785 页。

④ （元）脱脱等：《金史》卷 98《完颜匡传》，北京：中华书局，1975 年版，第 2167 页。

⑤ （元）脱脱等：《金史》卷 13《卫邵王》，北京：中华书局，1975 年，第 293 页。

⑥ （元）脱脱等：《金史》卷 14《宣宗纪上》，北京：中华书局，1975 年版，第 310 页。

⑦ （元）脱脱等：《金史》卷 15《宣宗纪中》，北京：中华书局，1975 年版，第 332 页。

⑧ （宋）楼钥：《攻媿集》卷 112《北行日录》下，北京：中华书局，1985 年版，第 1596 页。

⑨ （元）脱脱等：《金史》卷 3《太宗纪》，北京：中华书局，1975 年版，第 57 页。

⑩ （明）宋濂：《元史》卷 160《刘肃传》，北京：中华书局，1976 年版，第 3764 页。

⑪ （金）王恽：《秋涧先生大全集》卷 4《赋襄邑蒸豚》，四部丛刊本，第 13 页。

⑫ （宋）徐梦莘：《三朝北盟会编》（甲集）之《政宣上帙三》，大化书局，1979 年版，第 24 页。

废除了这一陋习。①史料是这样记载的：

> （阿离合懑）疾病，上幸其家问疾，问以国家事，对曰："马者甲
> 兵之用，今四方未平，而国俗多以良马殉葬，可禁止之。"

总之，金代是我国古代畜牧业发展的一个重要时期，无论官、私畜牧业都有了较大发展，这既与其传统的生产方式有关，又与其适宜的气候、良好的生态环境密不可分。

（二）金代农业的发展

女真族是生活在黑龙江、乌苏里江、松花江一带的少数民族，主要以渔猎、狩猎和游牧为生。十二世纪初女真族首领完颜阿骨打建立金政权，受汉族和其他农耕民族的影响，也逐渐重视并发展农业。到了金统治中期，农业在社会经济中占据了主要地位。

1. 统治者对农业生产的重视

金立国以后统治者非常重视农业生产。早在金太祖时期，政府就诏令劝课农桑：

> 凡桑枣，民户以多植为勤，少者必植其地十之三，猛安谋克户少者必课种其地十之一，除枯补新，使之不阙。凡官地，猛安谋克及贫民请射者，宽乡一丁百亩，狭乡十亩，中男半之。请射荒地者，以最下第五等减半定租，八年始征之。作己业者以第七等减半为税七年始征之。自首冒佃比邻地者，输官租三分之二。佃黄河退滩者，次年纳租。②

政府采取减免租税的方式鼓励民户垦荒，发展农业。金太宗天会九年（1131）五月，在全国各路设置了劝农使督促民户发展农业。③ 金熙宗皇统初创立屯田制，"凡女真、奚、契丹之人，皆自本部徙居中州，与百姓杂处……凡屯田之所，自燕之南，淮陇之北，俱有之，多至五六万人，皆筑垒于村落间"④。诏令迁徙中原地区的女真、奚、契丹等族的人在冀北到淮

---

① （元）脱脱等：《金史》卷73《阿离合懑传》，北京：中华书局，1975年版，第1672页。

② （元）脱脱等：《金史》卷47《食货志二》，北京：中华书局，1975年版，第1043页。

③ （元）脱脱等：《金史》卷47《食货志二》，北京：中华书局，1975年版，第1044页。

④ （宋）宇文懋昭：《大金国志》卷36《屯田》，北京：商务印书馆，1936年版，第278页。

河流域一带进行屯田。金海陵王完颜亮统治时期将官户闲田和逃亡农户的荒田分给猛安谋克户。正隆元年(1156)二月，海陵王遣刑部尚书纥石烈娄室等11人，"分行大兴府(治今北京)、山东、真定府(治今河北正定)，拘括系官或荒闲牧地，及官民占射逃绝户地，戍兵占佃宫籍监、外路官本业外增置土田，及大兴府、平州路僧尼道士女冠等地，盖以授所迁之猛安谋克户"①。客观上促进了北京、山东、河北一带的土地开发。次年(1157)，海陵王诏令河南"仍令各修水田，通渠灌溉"②。有利于中原地区农业的恢复和发展。

金世宗是大金最有作为的一位皇帝，在位时特别重视农业生产，多次颁布诏令减免农户的租税。如大定九年(1169)二月庚子，"以中都等路水，免税，诏中外"③。大定十二年(1172)正月丙申，"以水旱，免中都、西京、南京、河北、东、山东、陕西去年租税"。大定十七年(1177)三月辛亥，"诏免河北、山东、陕西、河东、西京、辽东等十路去年被旱、蝗租税"④。大定二十一年(1181)，即金平(今河北卢龙)、滦(今河北滦县)、蓟(天津蓟县)等州发生饥荒，世宗命有司发粟平粜，贫不能买者则赈贷。"六月，上谓省臣曰：'近者大兴府平(今属河北)、滦(今河北滦县)、蓟(今天津蓟县)、通(今北京通县)、顺(今北京顺义)等州，经水灾之地，免今年税租。不罹水灾者姑停夏税，俟稔岁征之。'时中都(今北京)大水，而滨(今山东滨州)、棣(今隶属山东滨州)等州及山后大熟，命修治怀来以南道路，以来粜者。又命都城减价以粜。九月，以中都水灾，免租。"⑤这些蠲免租税的措施一定程度上不仅能帮助饥寒交迫的民户度过艰难的岁月，还能够让他们保留一定的粮食种子，尽快恢复农业生产。

金章宗在位时鼓励兴修水利，灌溉农田。金章宗明昌五年(1194)诏令："遂敕令农田百亩以上，如濒河易得水之地，须区种三十余亩，多种者听。无水之地则从民便。仍委各千户谋克县官。"⑥次年(1195)十月，"定制，县官任内有能兴水利田及百顷以上者，陞本等首注除，谋克所管屯田能创增三十顷以上，赏银绢二十两足，其租税止从陆田"⑦。金章宗泰和八年(1208)七月，部官谓"比年邳沂近河布种豆麦，无水则凿井灌之，计六

---

① (元)脱脱等：《金史》卷47《食货志二》，北京：中华书局，1975年版，第1044页。

② (宋)宇文懋昭：《大金国志》卷14《海陵炀王中》，北京：商务印书馆，1936年版，第108页。

③ (元)脱脱等：《金史》卷6《世宗雍纪上》，北京：中华书局，1975年版，第144页。

④ (元)脱脱等：《金史》卷7《世宗纪中》，北京：中华书局，1975年版，第166页。

⑤ (元)脱脱等：《金史》卷47《食货志二》，北京：中华书局，1975年版，第1046—1047、1058页。

⑥ (元)脱脱等：《金史》卷50《食货志五》，北京：中华书局，1975年版，第1124页。

⑦ (元)脱脱等：《金史》卷50《食货志五》，北京：中华书局，1975年版，第1122页。

百余顷，比之陆田所收数倍。以比较之，它境无不可行者"。章宗下令全国各路"可按问开河或掘井如何为便，规画具申，以俟兴作"。① 总之，金章宗通过对兴修水利、垦辟农田政绩突出的官员予以物质奖励，鼓励农户垦荒等措施来发展农业生产。

其实，金国几乎历代皇帝对农业生产都相当重视，大臣们为发展农业也是不遗余力。金太祖收国元年（1115）阿离合懑即将去世时嘱太祖以国事，强调要重视农业。史料是这样记载的："阿离合懑与宗翰以耕具九为献，祝曰：'使陛下勿忘稼穑之艰难'太祖敬而受之。"②金熙宗天眷年间，庞迪在陕西为官时，"陕右大饥，流亡四集，迪开渠溉田，流民利其食，居民藉其力，各得其所，郡人立碑纪其政绩"③。召集流亡，开渠灌溉，发展农业，造福一方。金熙宗皇统年间，权陕西诸路转运使传慎微在位期间，"复修三白、龙首等渠以溉田，募民屯种，贷牛及种子以济之，民赖其利"④。修护三白、龙首等水渠灌溉民田，垦荒屯田，民获其利。金世宗大定年间，定平县令卢庸"治旧堰，引泾水溉田，民赖其利"⑤。金章宗泰和四年（1204），自春至夏，天下大旱，大臣孟铸上奏："今岁衍阳，已近五月，比至得雨，恐失播种之期，可依种麻菜之法，择地形稍下处拨畦种谷，穿土作井，随宜灌溉。"请求挖掘水井，灌溉农田。总之，金国君臣对农业生产的高度重视，客观上促进了农田水利的兴修和农业生产的发展。

2. 农田的大面积开垦与农业技术水平的显著提高

由于统治者对农业生产的重视，金朝国内很多土地被为农田，到处呈现出五谷丰登、欣欣向荣的景象。据宋徽宗宣和六年（1124）出使金国的许亢记载，金国境内，"东自碣石，西砌五台，幽州之地，沃野千里……山之南，地则五谷百果、良材美木，无所不有"⑥。金世宗大定时期，"中都、河北、河东、山东，久被抚宁，人稠地窄，寸土悉垦。"⑦整个北方地区可耕地几乎被开垦殆尽。如易州（河北易县）"桑麻数百里，烟火几万户"。邢州（今河北邢台）"有鼓铸、灌溉之利，且当南北往来之冲，故民物浩繁，

---

①　（元）脱脱等：《金史》卷50《食货志》，北京：中华书局，1975年版，第1122页。

②　（元）脱脱等：《金史》卷73《阿离合懑传》，北京：中华书局，1975年版，第1672页。

③　（元）脱脱等：《金史》卷91《庞迪传》，北京：中华书局，1975年版，第2013页。

④　（元）脱脱等：《金史》卷128《传慎微传》，北京：中华书局，1975年版，第2763页。

⑤　（元）脱脱等：《金史》卷92《卢庸传》，北京：中华书局，1975年版，第2041页。

⑥　（宋）宇文懋昭撰，崔文印校证：《大金国志校证》卷40《许奉使行程录》，北京：中华书局，1986年版，第563页。

⑦　（清）张金吾：《金文最》卷88《保大军节度使梁公墓铭》，北京：中华书局，1990年版，第1280页。

常甲于他郡。在承平时，凳版籍者恒不下十万户"。① 金代河南垦荒面积比北宋时期有显著增加。金宣宗兴定三年（1219）"河南军民田总一百九十七万有余顷，见耕者九十六万余顷"②。而北宋神宗年间开封府及京西路开垦面积为 326 683 顷。这一数字相当于北宋时期河南农耕面积的 3 倍。③

东北黑龙江、长白山、乌苏里江、松花江一带是女真族的发源地，也是土地开垦指数最高的地区之一。东北地区土地肥沃，"田宜麻谷"，女真族很早就在这里"以耕凿为业"④。《三朝北盟会编》卷 3 记载生女真："自束沫之北，宁江之东北，地方千里，户口十余万 。散居山谷间，依旧界外野处，自推雄豪为酋长，小者千户，大者数千户，盖七十二部落之一也。"最初女真以部落为组织在东北地区过着农耕和渔猎生活。金政权建立后，随着汉族和奚族向东北地区的迁徙以及金初由于国家政治中心建立在阿什河流域，进而促进了这一地区由渔猎、畜牧向农耕生产转型。⑤ 如咸平府（今辽宁开原）与临潢府（今内蒙古自治区赤峰市巴林左旗林东镇南郊）路是重要的农耕区，咸平一带自然条件适合农业生产，金初许亢宗出使金国"离咸州即北行"，途中所见"州平地壤，居民所在成聚落，新稼殆遍，地宜稯黍"。⑥ 广阔的平原上聚落丛生，呈现出五谷丰登的景象。临潢府路的泰州（今吉林白城南）早在金太祖时就迁移 1 万余户屯田于此。⑦ 临潢府路的懿州（今属辽宁阜新市阜新蒙古族自治县）开垦有大面积土地，仅两个部族争夺的土地就达 6 万顷之多。⑧

会宁府（今黑龙江哈尔滨市阿城区南白城）东南、东北及北部广大地区在金统治中后期，农业生产有了显著发展，粮食产量有了极大的提高。金章宗明昌五年（1194）有猛安谋克 17.6 万余户，每年提供赋税 20.5 万余石，储藏粮食多达 247.6 万余石。⑨ 辽宁南部人口稠密，垦殖率高，农业区规模不断扩大。如复州（今辽宁大连）合厮罕关周围 700 余里的原官方围猎区，

① 黄彭年：雍正《畿辅通志》卷 97，（元）宋子真《改邢州为顺德府记》，石家庄：河北人民出版社，1989 年版。

② （元）脱脱等：《金史》卷 47《食货志二》，北京：中华书局，1975 年版，第 1054 页。

③ 程民生：《北方经济史》，北京：人民出版社，2004 年版，第 468 页。

④ （宋）宇文懋昭：《大金国志校正·附录一·女真传》，北京：中华书局，1986 年版，第58 页。

⑤ 韩茂莉：《金代东北地区的农业生产与地区开发》，《古今农业》2000 年第 4 期，第 8 页。

⑥ （宋）宇文懋昭撰，崔文印校证：《大金国志校证》卷 40《许奉使行程录》，北京：中华书局，1986 年版，第 563 页。

⑦ （元）脱脱等：《金史》卷 73《宗雄传》，北京：中华书局，1975 年版，第 1679 页。

⑧ （元）脱脱等：《金史》卷 47《食货志二》，北京：中华书局，1975 年版，第 1048 页。

⑨ （元）脱脱等：《金史》卷 50《食货志》5，北京：中华书局，1975 年版，第 1122 页。

大定年间因"其地肥衍，令赋民开种……田收甚利"①。金章宗明昌三年
(1192)尚书省奏："辽东、北京路米粟素饶，宜航海以达山东。"②东北地区
生产的粮食不仅能够满足当地民户的生活，还有余粮外运到山东等地。有
金一朝东北地区成为名副其实的"北大仓"。冷雯雯指出："在金代东北地区
的辽河平原、松嫩平原以及长白山地区，普遍得到了大规模的开发，并在
地域上实现了彼此联合。"③颇有道理。

　　金代统治者十分重视农业发展，吸收了中原地区先进的耕作技术，由
粗放耕作进入精耕细作，促使女真人的耕作技术不断发展。④ 金代东北地
区农业技术水平很高，牛耕和生产工具的使用和推广是金代东北地区农业
生产水平提高的两大显著标志。⑤ 在金代，铁制农具的使用尤为突出，近
年来，在东北地区陆续出土了大量的铁制农具。如肇东县八里城一次就出
土铁制农具 700 件，有犁铧、犁镜、镰、手镰、锄、锄草刀、锹、剁叉等
农业生产工具 50 多件；⑥ 在吉林省农安市万金塔、三宝、朝阳等乡发现金
代的犁铧、镐、铁镰、犁镜等铁器；⑦ 在德惠等县也发现有犁铧、镐、镰、
铲等。⑧ 可见，铁制农具已经成为普遍使用的生产工具。

　　据韩茂莉研究，金代东北地区的农业生产与辽相比有显著的变化：
①农业垦殖区域有较大幅度的扩展，除西拉木伦河流域、辽河流域之外，
农业垦殖区向北扩展到乌裕尔河流域。虽然这时的农业开垦仍呈插花制形
式，但农田的分布范围大大向北扩展了。②农耕技术有较明显的提高。
③农业生产已不仅是汉、渤海等农业民族的生产形式，女真、契丹、奚等
民族也相继投入到农耕生产的行列中。④营建了粮食生产基地，成为金王
朝立都于松花江流域的物质基础。⑨ 韩茂莉全面概括了金代东北地区农业
生产的特点。

　　金代农业用地的大规模开垦以及农业技术水平的提高，客观上促进了
人口的显著增长。据统计，金大定初年，有 300 余万户，至金末(1234)为
9 879 624 户，约 70 年间，年平均增长率为 17.17%，从东汉到明代的各朝

　　① (元)脱脱等：《金史》卷 66《完颜齐传》，北京：中华书局，1975 年版，第 1564 页。
　　② (元)脱脱等：《金史》卷 27《河渠志》，北京：中华书局，1975 年版，第 683 页。
　　③ 冷雯雯：《浅谈金代的农业》，《赤峰学院学报》2009 年第 7 期，第 6 页。
　　④ 禾女：《金代农业技术初探》，《中国农史》1989 年第 3 期，第 42 页。
　　⑤ 冷雯雯：《浅谈金代的农业》，《赤峰学院学报》2009 年第 7 期，第 5 页。
　　⑥ 肇东县博物馆：《黑龙江肇东县八里城清理简报》，《考古》1960 年第 2 期，第 40 页。
　　⑦ 庞国志：《金代东北主要交通线研究》，《北方文物》1994 年第 4 期，第 43—47 页。
　　⑧ 吉林省文物考古研究所：《吉林省德惠县后城子金代古城发掘》《考古》1993 年第 8 期，第
28 页。
　　⑨ 韩茂莉：《金代东北地区的农业生产与地区开发》，《古今农业》2000 年第 4 期，第 1 页。

中，其户数增长率是最高的。① 但也应该看到的是，金代农业发展，人口增长的同时，也带来了一些生态和环境问题，如农牧争地的日益尖锐，自然灾害逐渐增多，生态环境的渐趋破坏等。

（三）金代农牧争地对生态环境的影响

女真族地处东北，气候寒冷，经常遭受风雪的袭击，出现人马冻死的现象，诚如欧阳修所言："阿保机退保望都，会天大雪，契丹人马饥寒，多死。"② 据武玉环统计，金代统治 120 年间遭遇的大的雪灾、霜冻、寒灾有 22 次，占各种自然灾害总数的 8%。③ 极端寒冷的气候使得北方的游牧民族很难再找到充足的水源，丰茂的牧场，也就难以饲养如此众多的牲畜，获得丰厚的奶酪与御寒的皮毛，甚至无法再维持基本的生活。强劲的寒流促使他们南下，占领气候适宜的黄河流域，把牧业扩张到中原地区。张全明先生在其《中华五千年生态文化》一书中指出："辽金的铁骑一次又一次地踏上了南征的道路，企图把温暖的南方变为寒冷时期北方人游牧的故乡。"④ 诸政权不得不在传统的农耕地区开辟大量的牧地，牧养官畜，农牧分界线因而南移。如东北地区辽东至长白山、阿什河、乌裕尔河一线，这一地区属于森林草原带，辽统治该地时以渔猎为主。金夺取这一区域后，将政治中心迁往这里，并在此广辟农田，发展农业。即牧区内分布着大量农田，也就是韩茂莉教授指出的"插花"农业。又如中原地区传统上是以农业为主要生产方式的区域，金占领后也本能地将传统的畜牧业生产方式带到了河南，在农业区大力发展畜牧业。张全明先生曾指出："蒙古统治者在扩张的最初时期，的确曾本能地企图把他们习惯的游牧生产方式加诸华北、中亚等地的城市及农耕地区。他们肆意破坏性的掠夺，毫无顾惜地使之变为荒无人烟的牧场。"⑤ 其实，金最初统治中原时期也是如此。金代"中原膏腴之地，不耕者十三四；种植者例以无力，又皆灭裂卤莽"⑥。原本肥沃的农田因缺乏劳力而变得荒芜，为此，金代在河南设置了牧场。前文提到，金章宗明昌三年(1192)，南京路(开封)有牧地 63 520 余顷，陕

---

① 程民生：《中国北方经济史》，北京：人民出版社，2004 年版，第 468 页。
② (宋)欧阳修：《新五代史》卷 72《四夷附录》，北京：中华书局，1974 年版，第 889 页。
③ 武玉环：《金代自然灾害的时空分布特征与基本规律》，《史学月刊》2010 年第 8 期，第 94 页。
④ 王玉德、张全明：《中华五千年生态文化》(上)，武汉：华中师范大学出版社，1999 年版，第 461 页。
⑤ 张全明、王玉德：《中华五千年生态文化》，武汉：华中师范大学出版社，1999 年版，第 469 页。
⑥ (元)胡祗通：《胡祗通集》卷 22《杂著·宝钞法》，长春：吉林文史出版社，2008 年版，第 458 页。

西路有牧地 35 680 余顷，[①] 仅这两路牧地就超过了北宋畜牧业全盛时期的 9.8 万顷规模。金章宗泰和二年（1202），金在中原一带设置了围牧所，"河南东路、河南西路、陕西路皆设提举、同提举，山东路止设提举"[②]。这些地方相当于今天陕西、河南、山东一带，显然这里的畜牧业范围进一步扩大了。

金代农牧争地的越演越烈，对生态环境造成了深远的影响。首先土地沙漠化程度进一步加深。朱震达指出，十世纪以前，中国土地的荒漠化主要集中在西北干旱地区，如塔里木盆地、河西走廊，十一至十九世纪则主要发生在半干旱地区及草原地带。[③] 此外，韩茂莉也认为，金统治下的西拉木伦河、老哈河流域、克鲁伦河和呼伦贝尔草原，"由于畜群承载量过大，以及随之而来的大片农田开垦，使得这一区域土壤沙化，水土流失非常严重，生态平衡遭到了破坏"[④]。

农牧之争还导致金代自然灾害的频繁发生。有人统计，金代统治 120 年期间发生的水灾、旱灾、蝗灾、风雪雹、地震等自然灾害 284 次。[⑤] 从金初到金世宗统治的 74 年里，共发生各类自然灾害 111 次，平均每年为 1.5 次；从金章宗开始到金末的 45 年里，发生自然灾害为 173 次，平均每年为 3.8 次。金代自然灾害具有前期少，后期越来越多的特点。金代自然灾害的频频发生，虽然受战争等人为因素的影响，但不可否认，农牧争地致使草原地区原本脆弱的生态遭到了破坏，是不可推卸的罪魁祸首。

综上所述。辽夏金时期，正处于我国古代气候的第三个寒冷季，严寒的气候促使北方的游牧民族不断南下，与中原王朝的冲突也就在所难免。在与中原王朝战争冲突中，他们将传统的畜牧业生产进一步向中原地区扩展，将沿边一些适合农业的用地变为牧地；同时，受中原王朝的影响，他们也逐渐接受和吸收了中原地区的耕作方式，发展农业，在宋夏、宋辽、宋金沿边地带大规模垦荒，导致农牧争地的激化。这种时而农耕时而畜牧的生产方式对沿边地区原本脆弱的生态造成了严重的破坏，加剧了水土流失和土壤沙化。

---

① （元）脱脱等：《金史》卷 47《食货志》，北京：中华书局，1975 年版，第 1050 页。

② （元）脱脱等：《金史》卷 56《百官志二》，北京：中华书局，1975 年版，第 1289 页。

③ 朱震达、王涛：《中国土地的荒漠化及其治理》（台湾）中和，新北：宋氏照远出版社，1998 年版，第 33—36 页。

④ 韩茂莉：《草原与田园——辽金时期西辽河流域农牧业与环境》，北京：生活·读书·新知三联书店，2006 年版，第 131 页。

⑤ 武玉环：《金代自然灾害的时空分布特征与基本规律》，《史学月刊》2010 年第 8 期，第 94 页。

第四节　元代的农牧关系

　　蒙古族是兴起于我国东北地区的一个少数民族，最初居住在今大兴安岭以北、额尔古纳河下游以南的广大地区，传统上以渔猎和畜牧为生。蒙古建国后大肆对外扩张，先后灭了西夏、金、大理和南宋，在十三世纪末建立了地跨欧亚非三洲的大帝国。蒙古统治中原前，生产方式上以草原畜牧业为主，统一中国后，农业生产也得到了一定的发展，尤其是畜牧业空前兴盛，超过了以往任何朝代。学界对元代的畜牧业也有研究，代表性的有王磊《元代的畜牧业及马政之探析》，考察了元代畜牧业的发展阶段、马政的管理情况及其畜牧业盛衰的原因[1]；陈静《元代畜牧业地理》从历史地理学的视角对蒙元时期畜牧业的发展阶段、地理分布、盛衰原因进行了深入的研究[2]，但以上论著对元代农牧之间的冲突着墨不多。

一、　元代的畜牧业

　　蒙古族是居住在我国北方蒙古高原一带的少数民族，历史时期畜牧业极为发达。史书对此多有记载。如"鞑国地丰水草，宜羊、马"[3]、"地无木植惟荒草"、"到此令人放牛羊"。[4] 蒙古草原到处是成群的马、牛、羊。英国人道森曾记载蒙古人"拥有牲畜极多：骆驼、牛、绵羊、山羊；他们拥有如此之多的公马和母马，以致我不相信在世界的其余地方能有这样多的马"[5]。窝阔台统治蒙古时期，"羊马成群，旅不赍粮"[6]。羊马是蒙古人最主要的牲畜，也是最主要的食粮。蒙古不仅饲养有成群的羊马，还牧养有牛、骆驼、猪等牲畜，逐水草而牧。"其畜牛犬马羊橐驼，胡羊则毛氄而扇尾，汉羊则曰'骨律'，橐驼有双峰者、有孤峰者、有无峰者。其居穹庐，无城壁栋宇，迁就水草，无常"。[7] 总之，大蒙古国时期，草原畜牧业是其最主要的生产部门。

　　随着蒙古国的南征北战，其疆域逐步扩大。1271 年蒙古改国号为元，

---

①　王磊：《元代的畜牧业及马政之探析》，中国农业大学 2005 年硕士学位论文。

②　陈静：《元代畜牧业地理》，暨南大学 2008 年硕士学位论文。

③　(元)《说郛三种》，孟珙《蒙鞑备录》，上海：上海古籍出版社，1988 年版，第 2574 页。

④　(宋)李志常：《长春真人西游记》卷上，丛书集成初编本，第 61 页。

⑤　〔英〕道森：《出使蒙古记》，北京：中国社会科学出版社，1983 年版，第 9 页。

⑥　(明)宋濂等：《元史》卷 2《太宗纪》，北京：中华书局，1976 年版，第 37 页。

⑦　(宋)彭大雅：《黑鞑事略》，丛书集成初编本，第 2 页。

1279 年，元灭南宋，建立了疆域空前的大帝国。元代漠南、漠北是其传统的畜牧业基地。这些地区气候寒冷，不大适合种植业，却是发展畜牧业的理想场所："其产野草，四月始青，六月始茂，八月又枯"①、"尽原隰之地，无复寸木，四望惟白云黄草"②。丰美的水草为牲畜提供了充裕的饲料。随着元朝势力的扩张，畜牧业基地也向全国拓展，"周回万里，无非牧地"。史载，元朝主要官营牧地有 14 处，遍及全国：

> 元起朔方，俗善骑射，因以弓马之利取天下，古或未之有。盖其沙漠万里，牧养蕃息，太仆之马，殆不可以数计，亦一代之盛哉。世祖中统四年，设群牧所隶太府监。寻升尚牧监，又升太仆院，改卫尉院。院废，立太仆寺，属之宣徽院。后隶中书省，典掌御位下、大斡耳朵马。其牧地，东越耽罗，北踰火里秃麻，西至甘肃，南暨云南等地，凡一十四处，自上都、大都以至玉你伯牙、折连怯呆儿，周回万里，无非牧地。马之群，或千百，或三五十，左股烙以官印，号大印子马。③

> 凡御位下、正宫位下随朝诸色目人员，甘肃、土番、耽罗、云南、占城、芦州、河西、亦奚卜薛、和林、斡难、怯鲁连、阿剌忽马乞、哈剌木连、亦乞里思、亦思浑察、成海、阿察脱不罕、折连怯呆儿等处草地，内及江南、腹里诸处，应有系官孳生马、牛、驼、驴、羊点数之处，一十四道牧地，各千户、百户等。④

元代官营牧地遍及全国，从北部的上都、大都到西南的云南和江南一带。牧地面积惊人，仅安西路（今陕西西安）就有牧场 30 万顷⑤，某一皇家牧场仅母羊就有 30 万只。⑥ 元成宗时，郑介夫上言："国朝开基以来，以牧放为俗，羊马之群，遍满谷野，生长草地，不假喂饲之劳，随意所用如取厩中。是以出兵行师所向无前，皆资马之力也。"⑦学界对蒙元畜牧业发达的盛况赞誉有加，程民生先生认为："由于元代畜牧业太广泛、太兴盛，以至于没有具体数字传世，可以肯定的是会超越以往，达到鼎盛期。"⑧李干

① （宋）彭大雅：《黑鞑事略》，丛书集成初编本，第 2 页。
② （宋）李志常：《长春真人西游记》卷上，丛书集成初编本，第 6 页。
③ （明）宋濂等：《元史》卷 100《兵志三》，北京：中华书局，1976 年版，第 1553 页。
④ （宋）彭大雅：《黑鞑事略》，丛书集成初编本，第 2 页。
⑤ （元）袁桷：《清容居士集》卷 32，上海：商务印书馆，1936 年版，第 9 册，第 559 页。
⑥ 转引自：程民生：《中国北方经济史》，北京：人民出版社，2004 年版，第 442 页。
⑦ （明）杨士奇：《历代名臣奏议》卷 68《治道》，文渊阁四库全书本，第 92—93 页。
⑧ 程民生：《金元时期的北方经济》，《史学月刊》2003 年第 3 期，第 46 页。

指出："元代畜牧经济，整个来说，在我国历史上还是空前发达的。"①

元代民间畜牧业也是盛况空前。据乾隆《钦定热河县志》卷 119 记载，元世祖时期，全宁（今内蒙古自治区翁牛特旗）的一位牧主"善牧养，畜马、牛、羊累矩万"。"今王公大人之家，或占名田，近于千顷。不耕不稼，谓之草场，专用放牧孳畜"。② 一般的蒙古贵族都拥有数千顷草场。由于普遍饲养牲畜，向国家缴纳羊马等牲畜成为民户的一项必不可少的赋税，即羊马抽分制度。"其赋敛差发，数马而乳，宰羊而食，皆视民户畜牧之多寡而征之，犹汉法之上供也"。③ "霆所过沙漠，其地自鞑主、伪后、太子、公主、亲族而下，各有疆界，其民户皆出牛马车仗、人夫、羊肉、马奶为差发。盖鞑人分草地各出差发，贵贱无有一人得免"。④ 无论地位高低贵贱，都需要向国家缴纳牲畜。

除抽分羊马之外，元朝统治者还多次向民间征括马匹。如元世祖中统二年（1258）十月，元政府规定西京（今河南洛阳）两路官民饲养牡马者，皆令从军。⑤ 十二月又征括马 2.5 万匹授给缺少马匹的蒙古军。⑥ 中统三年（1259），诏北方各路今年以马为民赋。⑦ 元成宗元贞二年（1296）五月，"诏民间马牛羊，百取其一，羊不满百者亦取之，惟色目人及数乃取"⑧。元世祖忽必烈统治后期，元政府甚至强行拘刷内地的马匹，多次超出 10 万之数。元成宗大德二年（1298），丞相完泽等奏道："世祖时刷马五次，后一次括马十万……为刷马之故，百姓养马者少，今乞不定数目，除怀驹、带马驹外，三岁以上者皆刷之。"⑨故"民间皆畏惮，不敢养马，延以岁月，民马已稀"。⑩ 显然，这种羊马抽分制度与征括措施的实施是以发达的民间畜牧业为后盾的。但也应该看到的是，羊马抽分制度从实质上讲是对民间牲畜的巧取豪夺，损害了民户饲养牲畜的积极性，客观上阻碍了民间畜牧业的发展。

---

① 李干等：《中国经济通史》（第六卷），长沙：湖南人民出版社，2002 年版，第 388 页。

② （明）杨士奇：《历代名臣奏议》卷 112。台北：台湾学生书局，1964 年版，第 1508 页。

③ （宋）彭大雅：《黑鞑事略》，丛书集成初编本，第 7 页。

④ （宋）彭大雅：《黑鞑事略》，丛书集成初编本，第 8 页。

⑤ （明）宋濂：《元史》卷 4《世祖纪一》，北京：中华书局，1976 年版，第 75 页。

⑥ （明）宋濂：《元史》卷 4《世祖纪一》，北京：中华书局，1976 年版，第 76 页。

⑦ （明）宋濂：《元史》卷 5《世祖纪二》，北京：中华书局，1976 年版，第 82 页。

⑧ （明）宋濂：《元史》卷 19《成宗纪二》，北京：中华书局，1976 年版，第 404 页。

⑨ （民国）柯邵忞：《新元史》卷 100《兵志三》，长春：吉林人民出版社，2005 年版，第 2013 页。

⑩ （明）黄淮、杨士奇：《历代名臣奏议》卷 68；郑介夫：《马政状》，上海：上海古籍出版社，1989 年，第 945 页。

二、　元代农业的发展

元代横亘于大都与上都交通线西道中段的野狐岭则是农牧分界线上的标志点之一。金元之际，邱处机西行途中"北度野狐岭，登高南望。俯视太行诸山，晴岚可爱。北顾但寒烟衰草，中原之风，自此隔绝矣"①。显然野狐岭是一道天然的农牧分界线，其南北的生态环境迥然不同。在野狐岭以南分布有广阔的农田，以农业生产为主，其北"寒烟衰草"是一望无际的草原，以畜牧业生产为主。当然，不可否认，在牧区内也有"插花"农业的分布；以农业为主的区域也点缀着零星的牧地，即农牧混合区。

元朝肇建，对农业生产并不关心。"太祖起朔方，其俗不待蚕而衣，不待耕而食，初无所事焉"。蒙元政权建立之初，在蒙古族上层统治者中甚至出现了"虽得汉人亦无所用，不如尽去之，使草木畅茂，以为牧地"的思想。元朝政权最高统治者对农业的倚重始自元世祖忽必烈时期，"世祖即位之初，首诏天下，国以民为本，民以衣食为本，衣食以农桑为本"②。元世祖认识到农业生产的重要，鼓励民户开荒屯田，发展农业。如忽必烈至元二十五年(1288)诏令："募民能耕江南旷土及公田者，免其差役三年，其输租免三分之一。"江淮行省言："两淮土旷民寡，兼并之家皆不输税。又，管内七十余城，止屯田两所，宜增置淮东、西两道劝农营田司，督使耕之。制曰：'可'。"③对开垦农田者给予免除差役和租税的优惠条件，鼓励他们垦荒。

在元朝政府的鼓励下，全国掀起了农垦的高潮：

> 海内既一，于是内而各卫、外而行省，皆立屯田，以资军饷。或因古之制，或以地之宜，其为虑盖甚详密矣。大抵芍陂、洪泽、甘肃、瓜、沙，因昔人之制其地利盖不减于旧；和林、陕西、四川等地，则因地之宜而肇为之，亦未尝遗其利焉。至于云南八番，海南、海北，虽非屯田之所，而以为蛮夷腹心之地，则又因制兵屯旅以控扼之。由是而天下无不可屯之兵，无不可耕之地矣。④

随着元朝的统一，全国各地屯田之风如火如荼，如京畿附近"西至西山，

---

①　(元)李志常：《长春真人西游记》卷上，丛书集成初编本，北京：中华书局，1985年版，第5—6页。

②　(明)宋濂等：《元史》卷93《食货志一·农桑条》，北京：中华书局，1976年版，第2354页。

③　(明)宋濂等：《元史》卷15《世祖纪十二》，北京：中华书局，1976年版，第308页。

④　(明)宋濂等：《元史》卷100《兵志三·屯田条》，北京：中华书局，1976年版，第2558页。

东至迁民镇，南至保定、河间，北至檀、顺州，皆引水利，立法佃种"①。甚至连岭北一带向以畜牧业著称的地区也开辟了大量农田。有人统计，元世祖时期仅岭北行省屯田 6 万多亩。虞集在《岭北行省郎中苏公墓志铭》叙述蒙古地区的变化："数十年来，婚嫁耕植，比于土著，牛羊马驼之属，射猎贸易之利，自金山、称海、沿边诸塞，蒙被涵照，咸安乐富庶，忘战斗转徙之苦久矣。"随着农田的广泛开垦，北方经济很快得以恢复和发展。（北方）"民间垦辟种艺之业，增前数倍"。② 陕西、山西、河南、河北、山东等地农业有了大幅度增长，并成为粮食供应地。如山西"其民皆足于衣食，无甚贫乏家，皆安于田里，无外慕之好"③。河南地区社会稳定，荒田垦辟，水利也得到了兴修。结果"土田每亩价值比数年前踊添百倍"④，"河南、陕西、腹里诸路，供给繁重"⑤。是重要的粮食输出地。据余也非先生研究，元代与宋代相比，粮食增产幅度达 38.9%。⑥ 程民生先生在其《中国北方经济史》一书中曾对蒙元时期全国各地岁入粮食情况进行了统计，详细情况如表 4-2 所示。

表 4-2　元代天下岁入粮数⑦　　　　　　　　　　（单位：石）

北方		南方	
腹里	2 271 449	四川	116 574
辽阳	70 226	云南	277 719
河南	2 591 269	江浙	4 494 783
陕西	229 023	江西	1 157 448
甘肃	60 586	湖广	843 787
合计	5 224 393	合计	6 890 311

从表 4-2 看，元代北方岁入的粮食占 43%，南方地区占 57%。这是因为，北方分布有大片的牧场，几乎 90% 的牧地都分布在北方，用于农耕的土地减少。而南方因为气候炎热，不大适合畜牧业的发展，所以种植业发

---

① （明）宋濂等：《元史》卷 138《脱脱传》，北京：中华书局，1976 年版，第 3346 页。

② 石汉生等：《农桑辑要校注·原序》，北京：农业出版社，1982 年版，第 1 页。

③ 李修生：《全元文》（第 49 册）卷 1496《余阙三·梯云庄记》，南京：凤凰出版社，2004 年版，第 154 页。

④ （元）杨讷：《元代史料丛刊·吏学指南·外三种》之《杂著·革昏田弊榜文》，杭州：浙江古籍出版社，1988 年版，第 221 页。

⑤ （明）宋濂等：《元史》卷 42《顺帝纪五》，北京：中华书局，1976 年版，第 894 页。

⑥ 余也非：《从先秦到清朝——中国历代粮食亩产量考略》，重庆师范学院学报（哲学社会科学版），1980 年第 3 期，第 18 页。

⑦ 程民生：《中国北方经济史》，北京：人民出版社，2004 年版，第 469 页。

达，岁入所占比重自然较大。

到元朝中后期，全国的土地几乎被开发殆尽，可谓"田尽而地，地尽而山，山乡细民，必求垦佃，犹胜不稼"①。"由是天下无不可屯之兵，无不可耕之地"。② 农业在国民经济中的比重逐渐上升，程民生先生言道："金元时期，畜牧业在国民经济中的比重加大，是这一时期的特色。"③显然，虽然蒙元时期农业有了显著发展，但在整个国民经济中仍不占主导地位。

三、 元代农牧之间的博弈

农业和畜牧业都是国民经济中不可分割的重要组成部分，从道理上讲，两者之间的关系应该是非常融洽的。农业为牲畜提供饲料，牲畜则为农作物提供赖以生长的粪肥。两者之间产品可以交换和互为补充。但检索元代史料发现，元代农业和畜牧业存在着此消彼长的对立关系。

元代的畜牧业分为草原畜牧业和农区畜牧业两种类型。蒙古国时期，畜牧业占绝对支配地位，国内几乎没有农业，也就不存在农牧矛盾和冲突。随着蒙古势力的扩张，尤其是先后灭了西夏、金和南宋之后，统治着广大中原地区，元政府不得不按照中原地区的生产方式，种植谷物，农业逐步得以发展并日益拓展，农牧矛盾渐露端倪。这里以元大都与内地为例。大都即今天的北京，地跨北纬 40°，是元朝农业和畜牧业都很发达的地区，分布有元朝的官营牧场——自上都、大都以至玉你伯牙、折连怯呆儿，周回万里，无非牧地。至大元年（1308）中书省臣在张珪在奏言中提到："大都去岁饲马九万四千匹……外路饲马十一万九千余匹，"④仅大都一处就饲养 9.4 万余匹马，畜牧业规模之大自不待言。

另一方面，作为元朝的都城，政治、经济和文化中心，大都又是达官贵人、贩夫走卒、士兵、商贾云集的地方，人口众多，必然需要大量的粮食才能满足基本的需求。这些粮食仅仅依靠东南地区的漕运是远远不够的，还需要依靠本地的粮食生产。据《朴通事谚解》记载：大都城外种植的农作物有"稻子、蜀秫、黍子、大麦、小麦、荞麦、黄豆、小豆、菉豆、莞豆、黑豆、芝麻、苏子诸般"。元武宗时，在大都周边地区大力屯田，

① （元）王祯：《农书·农器图谱集之一·田制门·梯田》，北京：中华书局，1956 年版，第142 页。
② （元）脱脱等：《元史》卷 100《兵志三》，北京：中华书局，1976 年版，第 1553 页。
③ 程民生：《中国北方经济史》，北京：人民出版社，2004 年版，第 443 页。
④ （明）宋濂等：《元史》卷 22《武宗纪一》，北京：中华书局，1976 年版，第 503 页。

"摘汉军五千，给田十万顷，于直沽沿海口屯种"①，这说明大都地区的农业经营在地域分布上已经拓展到大都路的最东部边缘。农牧业在大都的扩张，必然会因为对土地的争夺而发生激烈的冲突，经常出现相互侵占的现象。如元世祖中统年间，"时行营军士多占民田为牧地，纵牛马坏民禾稼桑枣，或言于中书，遣官分画疆畔，捕其强猾不法者置之法"②。因军士强占民田为牧田，牲畜践踏庄稼，姜彧上言中书，要求划分农牧用地疆界，严惩不法者。

又如《元史·张珪传》记载：

> 阔端赤牧养马驼，岁有常法，分布郡县，各有常数，而宿卫近侍，委之仆御，役民放牧。始至，即夺其居，俾饮食之，残伤桑果，百害蜂起；其仆御四出，无所拘钤，私鬻刍豆，瘠损马驼。大德中，始责州县正官监视，盖暖棚、团槽枥以牧之。至治初，复散之民间，其害如故。臣等议：宜如大德团槽之制，正官监临，阅视肥瘠，拘钤宿卫仆御，著为令。③

元朝政府在大都周边放牧驼马，经常出现牲畜残害庄稼和桑果的现象，元成宗大德年间加强了对畜牧业的管理，委派州县地方官加强对牲畜的管理，盖暖棚、团槽将牲畜圈养起来。元英宗至治年间，将牲畜又"散之民间，其害如故"，张珪建议恢复团槽之制，畜牧业要为农业让步。

其实，有元一代，尽管朝廷三令五申禁止牲畜残害农作物，但牲畜对农作物的损害从来都没有停止过。元朝建立之初，世祖就屡次"申严畜牧损坏禾稼桑果之禁"。然而到了成宗大德十一年（1307），仍"申扰农之禁……纵畜牧损禾稼桑枣者，责其偿而后罪之"④。显然，禁令颁布后成效并不显著。蔡美彪先生认为："元朝通过国家的力量使部分牧业区和农业区相结合，大大改善了畜牧业的条件，促进了畜牧业的发展。"⑤其实，畜牧业的发展又何尝不是建立在损害农业基础之上的！

不仅如此，为了获得饲料，元朝政府有时也将大都周边的牧地募人垦种。如至元六年（1269），王恽上书言道：

---

① （明）宋濂等：《元史》卷23《武宗纪二》，北京：中华书局，1976年版，第511页。
② （明）宋濂等：《元史》卷167《姜彧传》，北京：中华书局，1976年版，第3928页。
③ （明）宋濂等：《元史》卷175《张珪传》，北京：中华书局，1976年版，第4081页。
④ （明）宋濂等：《元史》卷93《食货志一》，北京：中华书局，1976年版，第2356页。
⑤ 蔡美彪、周良霄：《中国通史》（第七册）北京：人民出版社，1983年版，第321页。

今察到涿州站慊占牧马地内有熟地二百七十七顷二十二亩，每年召人租种，每亩收粟三升，秆草一束。为此取到管站官提领马仲祥呈，并与所察相同。今扣算得上项地亩，每年计取粟八百三十一石六斗六升，秆草二万七千七百二十二束。且自至元三年为头，至今四年，计粟三千三百二十六石六斗四升、秆草一十一万八百八十八束。①

元朝政府企图将部分牧地租赁给农户耕种，农户缴纳一定的秆草和饲料，这样某种程度上既能够满足农户对耕地的需求，也能够满足牲畜对饲料的需要。其实，历史时期这种折中的办法很多朝代，很多区域都曾尝试过，譬如北宋神宗和徽宗时期实行给地牧马法，将黄河沿岸的牧地租给民户，但并不能从根本上解决农牧争地问题。

在内地，农牧冲突也从来没有停止过。因为内地传统上以种植业为主，零星分布着一些畜牧业，一旦畜牧业规模扩大，饲养的牲畜增多，就会出现损害庄稼，侵占农田的现象。不仅如此，也会出现农业用地侵占牧地的现象。农牧之间要么是牧进农退，要么是农进牧退，两者关于土地的争端很难平息。围绕农牧之间的争端，元世祖上台后曾一度对农业作出让步，诏令将内地的一些牧地令民户耕垦，或者将牧地迁移到东北草原牧区，恢复内地的农业生产。如元世祖中统二年（1261）七月，"谕河南管军官于近城地量存牧场，余听民耕"。又"敕怀孟牧地，听民耕垦"②。"蒙古军取民田牧久不归，希恺悉夺归之，军无怨言。至元二年（1265）迁顺天治中"。③ 元世祖至元十一年（1274）三月，"亦乞里带强取民租产、桑园、庐舍、坟墓，分为探马赤军牧地，诏还其民"④。诏令牧地侵占的农地、桑园、庐舍、坟墓归还民户。

元代在内地，农田侵占牧地的现象也屡见不鲜。如"大同东胜州之吴栾、永兴马、牛三驿，牧马草地为诸人所侵冒，讼久弗决，公被旨按问得其实，十二乡之人百有余家，冒耕其地已十六七年，一旦同声辞服，愿返所侵地，公为正其经界，而缓其历年之租赋"⑤。大同胜州的吴栾、永兴等驿站，牧养牛马的牧地长期为周边村民侵占，辟为农田，直到17年以后才得以偿还。元成宗大德三年（1299）五月，"免山东也速带而牧地岁输粟之

---

① （元）王恽：《秋涧先生大全集》卷88《乞征问取牧马地草粟事状》，元人文集珍本丛刊影印本，第12—13页。

② （明）宋濂等：《元史》卷4《世祖纪一》，北京：中华书局，1976年版，第72页。

③ （明）宋濂等：《元史》卷151《奥敦世英传》，北京：中华书局，1976年版，第3579页。

④ （明）宋濂等：《元史》卷8《世祖纪》，北京：中华书局，1976年版，第154页。

⑤ （元）黄溍：《金华黄先生文集》卷24，四部丛刊本，第17页。

半，禁阿而剌部毋于广平牧马"①。大德七年（1303）春正月，"益都诸处牧马之地为民所垦者，亩输租一斗太重，减为四升"②。显然也是牧地被当地民户垦辟为农田。

为了协调农牧之间的关系，元朝政府诏令将牧地与农田之间用一定的标识物分开，互不侵犯："诸站元有牧马草地，仰管民官与本站（官）打量见数，插立标竿，明示界畔，无得互相侵扰，亦不得挟势冒占民田。如有种田与人收到子粒，附簿收贮，不得非理破使。"③但这种解决方法似乎并不怎么奏效，有元一代，农牧冲突几乎没有停止过。

总之，从根本上讲，蒙元是一个以畜牧业为主的国家，在蒙古国建立之初，由于其基本上是单一的民族，畜牧业是国民经济的基础。随着蒙古国疆域的扩大及最终确立了对全国的统治，蒙元统治者不得不吸收汉族的先进文化，采用汉族的生产方式，在内地大力发展农业。但由于受传统习俗的影响，蒙古贵族也在内地开辟了一些牧场，农牧之间的矛盾也就长期存在，此消彼长，直至蒙古政权的灭亡。

第五节　宋代的农牧关系

两宋是我国古代经济高度发展的时期，就农业经济而言，土地得到了大规模的开垦，到宋徽宗时期，据漆侠先生统计，垦辟土地达 7.2 亿亩，粮食单位面积产量平均在 2 石以上，都超过了以往的朝代。尽管如此，宋代发展经济也有诸多的制约瓶颈，比如疆域狭小，丧失了西北地区传统的畜牧业基地，畜牧业不得不转移到黄河沿岸以农耕为主的区域，造成农牧之间矛盾和冲突。可以说，宋代农牧之间的矛盾是先天性的，有宋一代，它们之间的博弈几乎都没有停止过。只不过在不同的历史时期，农牧之间的矛盾和冲突存在着大小之别。

一、　宋代农田的开垦与人口的增长

客观而言，宋王朝是一个以汉民族为主的政权，传统上以农耕为主，"农者，天下之大本，衣食财用之所从出"④。宋政权建立伊始就非常重视

---

① （明）宋濂等：《元史》卷 20《成宗纪》，北京：中华书局，1976 年版，第 427 页。
② （明）宋濂等：《元史》卷 21《成宗纪》，北京：中华书局，1976 年版，第 447 页。
③ 《元典章》卷 36《兵部三·站赤》，重印沈刻本，第 3 页。
④ （宋）陈旉著，万国鼎校注：《陈旉农书校注》卷中《牛说》，北京：农业出版社，1965 年版，第 47 页。

农业生产，多次颁布垦田的诏令。如宋太祖乾德四年（966）闰八月诏令：
"所在长吏，告谕百姓，有能广植桑枣，开垦荒田者，并只纳旧租，永不
通检。"①宋太宗至道元年（995）六月诏令："近年以来……民多转徙……应
诸道州府军监内旷土并许民请佃，便为永业，仍免三年租调，三年外输税
十之三。"②至道三年（997）七月诏："应天下荒田许人户经管清射开垦，不
计岁年，未议科税；直俟人户开耕事力胜任起税，即于十分之内定二分，
永远为额。"③宋真宗天禧元年（1017）八月壬申诏令："京城四面禁围草地令
开封府告谕百姓，许其耕垦畜牧。"④宋仁宗天圣初年（1023）诏："民流积十
年者，其田听人佃耕，三年而后收赋，减旧额之半。后又诏流民能自复
者，赋亦如之。既而又与流民限，百日复业，蠲赋役，五年旧赋十之八；
期尽不至，听他人得耕。"⑤总之，宋朝几乎历代皇帝都颁布过垦荒的诏令，
一方面因为农业是根本，统治者从思想上重视发展农业；另一方面，因为
宋代是我国古代人口增长最快的朝代之一，人口的显著增长对土地开垦、
粮食生产提出了更高的要求，为了适应飞速增长的人口对粮食的迫切需
求，统治者不得不重视农业，垦荒屯田。

宋初，政府主要在中原地区的唐、邓、汝州一带移民垦荒。宋初刚刚
经历了五代十国的硝烟，土地大片荒芜，可供开垦的土地很多。宋太宗时
期太常博士、直史馆陈靖上言："今京畿周环二十三州，幅员数千里，地
之垦者十才二三，税之入者又十无五六。"⑥《宋史·地理志》描述宋初京西
一带的地理环境时这样写道："东暨汝、颍，西被陕服，南略鄢、郢，北
抵河津……土地编薄，迫于营养……唐、邓、汝、蔡率多旷田。"随着政府
的鼓励垦荒与大批移民的到来，京西地区大量土地得到了垦辟。如宋仁宗
嘉祐年间，赵尚宽、高赋在京西地区募民垦田，"益募两河流民，计口给
田使耕……比其去，田增辟三万一千三百余顷，户增万一千三百八十，岁
益税二万二千二百五十七"⑦。到北宋中后期，"京、洛、郑、汝之地，垦
田颇广"⑧。宋徽宗政和二年（1112）九月，京西路转运使王琦说："本路唐、
邓、襄、汝等州，治平以前地多山林，人少耕殖，自熙宁中四方之民辐

---

① （清）徐松：《宋会要辑稿·食货》1 之 16，北京：中华书局，1957 年版，第 4809 页。

② 《宋大诏令集》卷 182，北京：中华书局，1960 年版，第 660 页。

③ （清）徐松：《宋会要辑稿·食货》1 之 17，北京：中华书局，1957 年版，第 4810 页。

④ 《宋大诏令集》卷 182，北京：中华书局，1960 年版，第 660 页。

⑤ （元）马端临：《文献通考》卷 4《天赋四·历代田赋之制》，北京：中华书局，1986 年版，第 57—58 页。

⑥ （元）脱脱等：《宋史》卷 173《食货志》上一，北京：中华书局，1977 年版，第 4160 页。

⑦ （元）脱脱等：《宋史》卷 426《高赋传》，北京：中华书局，1977 年版，第 12703 页。

⑧ （元）脱脱等：《宋史》卷 85《地理志一》，北京：中华书局，1977 年版，第 2117 页。

凑，开垦环数千里，并为良田。"①可见，通过移民垦荒，京西路大量土地被开辟为良田。

北宋中后期，为了满足人口的迅速增长以及战争对粮食的大量需求，宋政府在西北边境地区大规模地开垦农田。熙宁七年（1074），宋神宗诏令，"召人开垦以助塞下积粟"，于是"自麟石、鄜延南北近三百里及泾原、环庆、熙河兰会新复城砦地土，悉募厢军配卒耕种免役"。② 环庆路镇原一带循马莲河谷地是通往西夏的最便捷的通道，宋政府在此驻扎有数万军队，为保障军需，大量屯田。如宋神宗元丰四年（1081）泾源路经略司言："渭州、陇山一带，州原陂地四千余顷，可募弓箭手二千余人。"③宋哲宗元祐三年（1088），刘昌祚知渭州，又"根括陇山地凡一万九百九十顷，招置弓箭手人马凡五千二百六十一"④。在陇山一带开垦土地达 1 万余顷。

镇戎军（今宁夏固原）、德顺军（今宁夏隆德）是扼守镇原一带的重要据点，土壤肥沃，也是宋政府觊觎的重要目标。宋神宗熙宁年间，蔡挺知渭州（今甘肃陇西东北），"括并边生地冒耕田千八百顷，募人佃种，以益边储。取边民阑市蕃部田八千顷，以给弓箭手。又筑城定戎军为熙宁砦，开地二千顷，募卒三千人耕守之"⑤。熙宁八年（1075）以来，德顺军周边相继垦辟为农田。"诏陇山一带新经差官按视可耕官田，德顺军事卢逢原申报，大量出新占旧边豪外地共四万八千七百三十一顷有余"。⑥ 此外，兰州以东的定西一带垦田达一二万顷。⑦ 由于宋政府在西北边境的尽力垦荒，到北宋后期，这一带的黄土坡几乎被开垦殆尽。晁补之曾写诗对范纯粹言道："君不见，先君往在康定中，奉诏经略河西戎。大顺胡芦尽耕稼，贼书不到秦关东。"⑧范仲淹经略西北时在边境也是大量屯田。

宋政府在西北地区大规模的垦田开荒并没有达到预期的目的。熙宁八年（1075），枢密院上书河东经略司言道：

> 去年出兵耕种木瓜原地，凡用将兵万八千馀人，马二千馀匹，费钱七千馀缗，谷近九千石，糗粮近五万斤，草万四千馀束。又保甲守

---

① （清）徐松：《宋会要辑稿·食货》70 之 24，北京：中华书局，1957 年版，第 6382 页。

② （元）脱脱等：《宋史》卷 176《食货志》上四，北京：中华书局，1977 年版，第 4270 页。

③ （清）徐松：《宋会要辑稿·兵》4 之 10，北京：中华书局，1957 年版，第 6825 页。

④ （元）脱脱等：《宋史》卷 190《兵志》四，北京：中华书局，1977 年版，第 4716 页。

⑤ （元）脱脱等：《宋史》卷 328《蔡挺传》，北京：中华书局，1977 年版，第 10576 页。

⑥ （元）脱脱等：《宋史》卷 190《兵志》四，北京：中华书局，1977 年版，第 4716 页。

⑦ （宋）李焘：《续资治通鉴长编》卷 460，元祐六年六月丙午，北京：中华书局，2004 年版，第 10997 页。

⑧ （宋）晁补之：《鸡肋集》卷 12《送龙图范丈德孺帅庆》，四部丛刊初编本，第 76 页。

御费缗钱千三百，米三千二百石，役耕民千五百，雇牛千具，皆强民为之，所收禾、粟、荞麦万八千石，草十万二千，不偿所费。又借转运司钱以为子种，至今未偿。增人马防拓之费，仍在年计之外。虑经略司来年再欲耕种，乞早赐约束。[①]

宋政府在垦辟木瓜原一带所投入的人力、物力和财力远远大于所收获的粮食数量，可谓得不偿失。尽管如此，宋政府并没有停下垦荒的步伐，至宋哲宗元祐年间，"自邑以及郊，自郊以及野，巉崖重谷，昔人足迹所未尝至者，皆为膏腴之壤"[②]。几乎到了无田不耕的地步。虽然北宋一朝一直致力于开垦土地，但是土地垦辟的速度仍然赶不上人口增长的速度。为避免芜杂，笔者依据漆侠先生的统计，将北宋时期人口增长与土地开垦的情况如表4-3所示。

表 4-3　宋代人口与垦田数目统计表[③]

年代	户数	增长指数	垦田数(亩)	增长指数	每户平均亩数(亩)
开宝九年(976)	3 090 504	100	295 332 060	100	95.5
至道三年(997)	4 132 576	134	312 525 125	105	76.3
天禧五年(1021)	8 677 677	281	524 758 432	178	60.5
皇祐三年(1051)			228 000 000	77	
治平三年(1066)	12 917 221	418	440 000 000	149	34
元丰六年(1083)	17 211 713	557	461 455 000	156	26.8

从表4-3看出，宋代人口从宋太祖开宝九年(976)到宋神宗元丰六年(1083)一直呈飞速增长的趋势。107年间，户数从 3 090 504 户增长到 17 211 713 户，增长了5.6倍；土地基本上也呈现快速增长的势头（土地开垦增长了1.6倍），尽管其间有过一些曲折与反复。显而易见，土地垦辟的速度远远低于人口增长的速度，从开宝九年户均土地95.5亩到元丰六年下降到26.8亩。为了满足不断增长的人口对粮食的大量需求，宋政府不惜牺牲畜牧业为代价，退牧还耕（下文详细探讨这个问题）。

宋代无节制的垦荒给生态环境造成了恶劣的影响。韩茂莉指出，这种兵屯"无意珍惜和涵养地力，往往采取粗放的掠夺性耕作方式，至于各种农田基本建设及水利工程设施更无从谈起了，这样经营的土地，必然加剧

---

① （元）马端临：《文献通考》卷7《天赋七·屯田》，北京：中华书局，1986年版，第77页。

② 曹树基：《〈禾谱〉校释》，《中国农史》1985年第3期，第76页。

③ 漆侠：《宋代经济史》（上），北京：经济日报出版社，2000年版，第64页，第79页。

水土流失，使环境迅速恶化"[①]。谭其骧也认为，在西北地区大规模的开垦，"终于使草原变成了耕地，林场也成了耕地，陂泽薮地成了耕地，丘陵坡地也成了耕地，耕地又变成了沟壑陡坡和土阜，到处光秃秃，到处千沟万壑"[②]。不仅不利于畜牧业的发展，还破坏了当地的生态平衡。

南宋时期偏安江南，金瓯有缺，领土局限在淮河以南地区。靖康之变，衣冠人物萃于江南，移民的到来使江南地区人口迅速增加。据韩茂莉统计，有宋一代江南地区人口处于显著增长的趋势。详细统计结果如表 4-4 所示。

表 4-4　宋代东南五路户数[③]　　　　　　（单位：户）

区域 时间	两浙	福建	江东	江西	总计	史料来源
太平兴国初年(976)	305 710	467 815	157 112	591 870	1 522 507	《太平寰宇记》
元丰三年(1080)	1 778 953	1 043 839	1 127 311	1 287 136	5 237 239	《元丰九域志》
崇宁元年(1102)	1 975 041	1 061 759	1 096 737	1 467 289	5 600 826	《宋史·地理志》
绍兴三十二年(1162)	2 243 548	1 390 566	966 428	1 891 392	6 491 934	《宋会要辑稿·食货》
嘉定十六年(1223)	2 220 321	1 599 214	1 046 272	2 267 983	7 133 970	《文献通考·户口考》

由表 4-4 可知，从北宋太宗太平兴国初年(976)到南宋宁宗嘉定年间近 250 余年间，东南五路两浙、福建、江东、江西的户数基本上一直呈持续增长的趋势。太平兴国初年五路人口为 1 522 507 户，到嘉定十六年(1223)增加为 7 133 970 户，增加了 4.7 倍。前文提到，土地的开垦远远赶不上人口增长的速度。很显然，人口的持续增长无疑会使人均耕地面积迅速减少，一些地方出现了人均耕地面积捉襟见肘的窘状。为了缓和人地矛盾，南宋时期，出现了规模空前的围湖造田、开山垦田的现象。"隆兴、乾道之后，豪宗大姓相继迭出，广包强占，无岁无之，陂湖之利，日朘月削，已无几何，而所在围田，则遍满矣。以臣耳目所接，三十年间，昔日之曰江、曰湖、曰草荡者，今皆田也"[④]。如江南一些世家大族"障陂湖以为田，日广于旧"[⑤]。太湖平原"豪家势户围田湖中者大半"[⑥]。豪门望族开创了围

---

① 韩茂莉：《宋代农业地理》，太原：山西古籍出版社，1993 年版，第 67 页。

② 谭其骧：《何以黄河在东汉以后会出现一个长期安流的局面》，《学术月刊》1962 年第 2 期，见：《长水集（下）》，北京：人民出版社，1987 年版，第 30 页。

③ 韩茂莉：《宋代农业地理》，太原：山西古籍出版社，1993 年版，第 93 页。

④ （宋）卫泾：《后乐集》卷 13《论围田札子》，文渊阁四库全书，1169 册，第 654 页。

⑤ （宋）陈造：《江湖长翁集》卷 33《吴门芹宫策问二十一首》，文渊阁四库全书本，第 1166 册，第 417 页。

⑥ （宋）凌万顷：《玉峰志》卷上《水》，《宛委别藏(45)》，南京：江苏古籍出版社，1988 年版，第 19 页。

湖造田、滥垦土地的先河。

除围湖造田之外，还出现了柜田、涂田和梯田之类的，与水与山争地的新形式，提高了土地利用面积。人们因地制宜，依据不同的地形和土壤状况，种植不同的农作物。"高田种旱，低田种晚，燥处宜麦，湿处宜禾，田硬宜豆，山畲宜粟"。[①] 凡是能够开垦的土地几乎被垦辟殆尽。如两浙路的苏州昆山一带，"吴中自昔号称繁盛，四郊无旷土，随高下皆为田"[②]。婺州(今浙江金华)"浦江居山僻间，地狭而人众，一寸之土，垦辟无遗"[③]；台州(今浙江台州)"滨海，土少而瘠地为多"，"寸壤以上未有莱而不耕"。[④]到宋度宗咸淳年间，整个两浙路"无不耕之地"，"浙间无寸土不耕"。[⑤] 土地几乎被开发殆尽。江南也是垦田增加最多的地区之一。"盖自江而南，井邑相望，所谓闲田旷土，盖无几也"。[⑥] 范成大去广西赴任时途经江西看到"岭阪上皆禾田，层层而上至顶"。梯田已经开到了山顶。"江东西无旷土"。[⑦] 甚至达到了"一寸之土，垦辟无遗"[⑧]的地步。福建路地狭人稠，"八山一水一分田"，可耕用地少，农户向山索取，开辟梯田。"闽地瘠狭，层山之颠，苟可置人力，未有寻丈之地不垦而为田"。[⑨] 如福州"种稻到山顶，栽松侵日边"[⑩]。泉州，据宋人廉布《修朝宗石碶记》记载，"水无涓滴不为用，山到崔巍犹力耕"。"闽浙之邦，土狭人稠，田无不耕"，"土地迫狭，生籍繁夥，虽硗确之地，耕耨殆尽，亩直浸贵，故多田讼"。[⑪] 因土地问题而导致了很多纠纷。

南宋时期，四川一带的土地也得到了广泛开垦，早在宋神宗时期张方平就曾指出："两川地狭，生齿繁，无尺寸旷土。"[⑫]尤其是人口最多的成都府路，几无旷土，"蜀民岁增，旷土尽辟"[⑬]。江南一带无限制的土地开垦

---

①　(宋)真德秀：《真西山先生集》卷7《再守泉州劝农文》，丛书集成初编本(2401册)，北京：中华书局，1985年版，第125页。

②　(宋)范成大：《吴郡志》卷2《风俗》，文渊阁四库全书本，第485册，第11页上。

③　(宋)倪朴：《倪石陵书·投巩宪新田利害劄子》，文渊阁四库全书本，第1152册，第17页。

④　(宋)陈耆卿：《嘉定赤城志》卷13《版籍门一》，文渊阁四库全书本，第486册，第698页下。

⑤　(宋)黄震：《黄氏日钞》卷78《咸淳八年春劝农文》，文渊阁四库全书本，第708册，第810页上。

⑥　(宋)陈傅良：《八面锋》卷2，文渊阁四库全书本，第923册，第1001页上。

⑦　(宋)陆九渊：《象山集》卷16《与章德茂书》，文渊阁四库全书本，第1156册，第402页下。

⑧　(宋)倪朴：《倪石陵书·投巩宪新田利害劄子》，文渊阁四库全书本，第1152册，第17页。

⑨　(清)徐松：《宋会要辑稿·瑞异》2之29，北京：中华书局，1957年版，第2096页。

⑩　王十朋：《王十朋全集》卷17《入长溪境》，上海：上海古籍出版社，1998年版，第486页。

⑪　(元)脱脱等：《宋史》卷89《地理志五》，北京：中华书局，1977年版，第2210页。

⑫　(宋)张方平：《张方平集》卷36，郑州：中州古籍出版社，2000年版，第614页。

⑬　(宋)李焘：《续资治通鉴长编》卷168，皇祐二年六月乙酉，北京：中华书局，2004年版，第4068页。

导致水土流失非常严重。据谈钥《嘉泰吴兴志》卷5记载："每遇霖潦，则洗涤沙石下注溪港，以致旧图经所载渚溇廒淤者八九，名存实亡。"泥土冲刷农田、河流，造成土地被淹，水灾频繁。

总之，两宋时期为了解决日益增长的人口对粮食的需求，宋政府几乎是竭尽全力，从建国伊始到政权灭亡，垦辟土地一刻也没有停止过，全国可供开垦的土地几乎被开发殆尽。尽管如此，由于人口增长的速度远远超过了垦田的速度，以及国土面积的日益式微和日渐蚕食，粮食问题依然十分突出。在国土资源有限的情况下，农业用地面积的扩大也就意味着用于畜牧的面积减少。而当所有的土地都用作种植业，生产供人类食用的粮食的时候，也就意味着畜牧业的消失。

二、 宋代农牧的博弈

在传统的农业社会里，种植业和畜牧业的发展息息相关。它们都是国民经济不可分割的重要组成部分，在发展的过程中，本应该和平共处，相互促进、相得益彰。前苏联农学家威廉士指出："畜牧业实质上是一种技术性的农业生产，它与农业的基本部门——种植业是密不可分的，假如没有畜牧业参加，种植业的合理组织，无论从技术方面或从经济方面，尤其是从有计划地组织国民经济方面来说，都是不可能实现的。"[1]而现实中农牧关系往往更为复杂。

唐代以前，种植业和畜牧业基本上和平共处，共同发展（只是在个别时段，农牧问题比较尖锐），因为无论是种植业还是畜牧业都有专门的用地。《周礼·地官·司徒·遂人》记载："以岁时稽其人民，而授之田野"，"辨其野之土上地、中地、下地，以颁田里。上地，夫一廛，田百亩，莱五十亩，余夫亦如之；中地，夫一廛，田百亩，莱百亩，余夫亦如之；下地，夫一廛，田百亩，莱二百亩，余夫亦如之。"这里的田，即用来种植的田地；而莱则是用于休闲放牧的草地。"古者分田之制，必有莱牧之地，称田而为等差，故养牧得宜，博硕肥腯，不疾瘯蠡也……后世无莱牧之地，动失其宜"。[2] 两宋时期，由于疆域的狭小和西北传统畜牧基地的丧失，农业和畜牧业因争地存在着激烈的冲突，农牧关系一度不可调和。这是因为，无论畜牧业还是种植业都离不开土地。曾如宋人所言："切惟民生之本在农，农之本在田。衣之本在蚕，蚕之本在桑。耕犁耙种之本在

---

① 〔苏〕威廉士著，孙渠译：《土壤学》，苏联农业书籍出版社，1949年版，第18页。

② （宋）陈旉著，万国鼎校注：《陈旉农书校注》卷中《牧养役用之宜篇第一》，北京：农业出版社，1965年版，第47页。

牛，耘锄收获之本在人。"①"农者天下之大本，衣食财用之所从出，非牛无以成其事"。② 在宋代疆域狭小，没有大量土地可以耕垦的情况下，这样就产生了难以调和矛盾：一方面要将土地尽可能地种上庄稼，以满足人们的衣食所需；另一方面，又不能将所有的土地都种上庄稼，还必须保留一定的土地来饲养牲畜，充当畜力，耕垦农田。因此，有宋一代，种植业和畜牧业反反复复进行着较量，农牧博弈最终以农进牧退而结束。

（一）宋初种植业与畜牧业的和平共处

宋初，农业和畜牧业的关系可称之为"短暂的春天"。960 年，赵匡胤陈桥兵变夺取政权，建立北宋。宋建都后，由于刚刚经历了五代十国战火的蹂躏，地广人稀，很多土地尚处于开发阶段。如京师开封周边地区到宋太宗统治时期还依然有大片荒地。"今京畿周环二十三州，幅员数千里，地之垦者十才二三，税之人者又十无五六"。③ 京师开封周边 23 州，幅员数千里，土地开垦率仅占 20%—30%。京西路的唐、邓、汝、蔡等州，"率多旷田"④。两淮荆襄地区"素多旷土"⑤到北宋末年"其不耕之田，千里相望"⑥。河东路的边境地区有许多未开垦的处女地："潘美镇河东，患寇钞，令民悉内徙，而空塞下不耕，于是忻、代、宁化、火山之北多废壤。"⑦总之，宋初因忙于统一全国，政府无暇顾及垦田，再加上人口稀少，劳动力严重匮乏，很多土地没有开垦，尽管在传统的农业区内设置有大片牧地，种植业与畜牧业关系较为和谐，很少出现矛盾和冲突。

（二）北宋中后期农业与畜牧业对土地的争夺

北宋中后期到南宋时期，随着人口的迅猛增长，土地也得到了大规模开垦，一些地区土地垦殖率很高，有些地区土地甚至被开发殆尽，只有岭南地区还有大片未开垦的土地。据韩茂莉统计，北宋中后期，京师开封一

---

① 李修生：《全元文》卷 195《王恽二九〈劝农文〉》，南京：江苏古籍出版社，1999 年版，第575—576 页。

② （宋）陈旉著，万国鼎校注：《陈旉农书校注》卷中《牛说》，北京：农业出版社，1965 年版，第 47 页。

③ （元）脱脱等：《宋史》卷 173《食货志》上一，北京：中华书局，1977 年版，第 4160 页。

④ （元）脱脱等：《宋史》卷 85《地理志一》，北京：中华书局，1977 年版，第 2117 页。

⑤ 曾枣庄、刘琳：《全宋文》卷 6794《程珌二零·朱惠州行状》，上海：上海辞书出版社，2006 年版，第 150 页。

⑥ （宋）汪藻：《浮溪集附拾遗》卷 2《奏疏·论淮南屯田》，丛书集成初编本，北京：中华书局，1985 年版，第 15 页。

⑦ （元）脱脱等：《宋史》卷 312《韩琦传》，北京：中华书局，1977 年版，第 10224 页。

带垦殖率为 66.9％，江东路与成都府路分别达到 47.3％和 47.5％。黄河流域的垦地约占全国总额的 30.2％，平均土地垦殖为 21％。长江流域垦地约占全国总额的 69％，平均土地垦殖率为 23.7％；只有珠江流域因人口稀少，瘴气弥漫，气候恶劣，土地垦殖率很低，土地开垦仅占全国的 0.68％，平均土地垦殖率为 1.1％，详细情况如表 4-5 所示。

表 4-5　元丰年间各地土地垦殖率及其他①

路名	人口密度（人/km²）	土地垦殖率（%）	地区垦田数/全国垦田数（%）
开封	66.1	66.9	2.5
京东	54.9	19.4	5.6
京西	27.9	11.5	4.5
河北	57.3	24.0	5.8
陕西	27.4	17.8	9.6
河东	25.9	9.6	2.2
淮南	36.6	29.1	21.0
两浙	72.5	31.0	7.9
江东	69.0	47.5	9.1
江西	50.0	30.8	9.8
湖南	28.1	24.5	7.0
湖北	20.3	15.7	5.6
福建	45.4	8.8	2.4
成都	111.5	47.3	4.7
梓州	39.2		
利州	25.5	1.7	0.3
夔州	16.2	0.25	0.05
广东	18.4	2.3	0.7
广西	8.7	0.01	0.003

尽管如此，土地开垦的速度远远不及人口增长的速度。前文提到，宋太祖开宝九年(975)户均土地 95.5 亩，到宋神宗元丰六年(1082)户均土地下降到 26.8 亩，107 年间户均占有土地下降了 3.6 倍。这就意味着解决粮食问题成为统治者需要考量的重中之重。为了满足因人口增长而带来的粮食生产的压力，宋政府开始觊觎有限的牧地，种植业与畜牧业关系日趋激化。

---

① 韩茂莉：《宋代农业地理》，太原：山西古籍出版社，1993 年版，第 28—29 页。

其实，宋辽夏金是我国历史上后三国时期，狭小的疆域，内忧外患的政治格局，就注定了宋朝农牧之间的矛盾和冲突最终是不可调和的。诚如欧阳修所言：

> 今之马政皆因唐制，而今马多少与唐不同者，其利病甚多，不可概举。至于唐世牧地，皆与马性相宜，西起陇右（陇山以西）、金城（今甘肃兰州北）、平凉（今甘肃平凉）、天水（今甘肃天水南），外暨河曲（今山西河曲）之野，内则歧（今陕西凤翔）、邠（今陕西彬县）、泾（今甘肃泾川）、宁（今甘肃宁县），东接银（今陕西米脂）、夏（今陕西靖边县境），又东至于楼烦（今山西娄烦），此唐养马之地也。以今考之，或陷没夷狄，或已为民田，皆不可复得。①

中国古代传统的西北地区畜牧业基地，西起陇右，东到银州、夏州、楼烦一带，或被西夏、辽等民族政权占领，或被农户辟为农田，已经无法得以恢复。宋朝畜牧业不得不在夹缝中生存，被迫向内地农业区迁徙。

宋代官营牧地肇始于宋初，"其厩牧之政，则自太祖置养马务二，葺旧务四，以为牧放之地始"②。然后以京师开封为中心向黄河两岸拓展，在北宋太宗时期和真宗初年，河南及周边地区牧地发展达到顶峰，所养官马达 20 余万匹，这时也是官营牧马业发展的黄金时期。据笔者统计黄河沿岸陆陆续续建立了 82 所马监，仅河南境内就有 35 所。③ 到淳化、景德年间，马监牧地的总额达 9.8 万顷。

> 凡牧地，自京畿甸及近郡，使择水草善地而标占之。淳化、景德间，内外坊、监总六万八千顷，诸军班又三万九千顷不预焉。岁久官失其籍，界堠不明，废置不常，而沦于侵冒者多矣。④

宋真宗时期，中央与地方坊监有牧地 6.8 万顷，军队占有牧地达 3.9 万顷。因时间太久，户籍不明，牧地兴废无常，导致牧地与农耕用地之间界标不明，为百姓所侵占。

宋代马监牧地基本上地处黄河中下游地区，（韩茂莉认为宋代农牧分

---

① （宋）李焘：《续资治通鉴长编》卷 192，嘉祐五年八月甲申，北京：中华书局，2004 年版，第 4642—4643 页。

② （元）脱脱等：《宋史》卷 198《兵志》12，北京：中华书局，1977 年版，第 4928 页。

③ 张显运：《宋代畜牧业研究》，北京：中国文史出版社，2009 年版，第 145 页。

④ （元）脱脱等：《宋史》卷 198《兵志十二》，北京：中华书局，1977 年版，第 4936 页。

界线由雁门关经岢岚、河曲、西渡黄河至无定河谷地，循横山、陇山一线，沿青藏高原的东缘南下，此线以东是农耕区，以西为畜牧区）。[①] 这一地区历史上向来以农业发达而闻名，从气候与自然条件看，这里属于暖温带大陆性季风气候，冬夏长，春秋短，光照充足，适合农业生产，农作物一年两熟或两年三熟。马监牧地的强行入主，无疑影响甚至打断了原来已有的农业生产，在宋初地广人稀，人口压力很小的时候，这一矛盾和冲突尚不明显。但随着人口的增长和牧地的持续开垦，农牧之争渐趋尖锐。台湾学者江天健曾就北宋真宗时期牧地与农田面积的比例进行过统计，下面依据其统计结果，列表如 4-6 所示。

表 4-6 北宋牧地与农田面积的比较[②]　　　　　（单位：%）

路名	京畿路	河北路	京西路	京东路	河东路	陕西路
牧地与农田比值	4.2	5.4	10	4.5	2.9	2

由表 4-6 分析，北宋时期京西地区因人口稀少，农田开发较少，故大量牧地在这里分布，牧地与农田之比达到 10% 以上，但京西路因地旷人稀，农牧之间尚能够和平共处。此外，河北路、京东路与京畿路牧地亦不在少数。尤其是河北路，地处黄河下游，水灾频繁，很多州县皆是淀泊不毛之地，无法发展种植业，如"深、冀、沧、瀛间，惟大河、滹沱、漳水所淤，方为美田；淤淀不至处，悉是斥卤，不可种艺"[③]。有限的良田上又分布有十数所马监，再兼之河北大量屯兵"无虑三十余万"[④]，可耕土地狭小，粮食供应非常紧张，农牧之间的矛盾异常突出。宋仁宗统治时期，包拯言道："缘河北西路惟漳河南北最是良田，牧马地已占三分之一，东路又值横陇、商胡决溢，占民田三分之二，乃是河北良田六分，河水马地已占三分，其余又多是高柳及泽卤之地，俾河朔之民何以存济。"[⑤]河北漳河沿岸牧马地占据良田几乎达到三分之一。包拯所言并无夸张，据曾巩记载，河北路仅邢（今河北邢台）、洺（今河北永年）、赵（今河北赵县）3 州牧监就"占有沃壤万五千顷"[⑥]。占有 1.5 万顷的农耕用地。比较而言，陕西路牧地数量较少，牧地与农田之比仅为 2%。这是因为，陕西缘边适合畜

① 韩茂莉：《宋代农业地理》，太原：山西古籍出版社，1993 年版，第 4 页。

② 江天健：《北宋市马之研究》，台北：台湾"国立"编译馆，1995 年版，第 80—81 页。

③ （宋）沈括：《梦溪笔谈》卷 13《潴水为塞》，呼和浩特：远方出版社，2004 年版，第 58 页。

④ （宋）李焘：《续资治通鉴长编》卷 166，皇祐元年三月己亥，北京：中华书局，2004 年版，第 3993 页。

⑤ （宋）包拯：《包拯集》卷 7《宽恤·请将邢、洺州牧马地给予人户依旧耕佃一》，北京：中华书局，1963 年版，第 94 页。

⑥ （宋）曾巩：《隆平集》卷 11《枢密·包拯》，文渊阁四库全书本，第 371 册，第 112 页。

牧的区域基本上被西夏侵占。

北宋中期以来，随着农牧冲突日趋激化，不少官员要求退牧还耕；同时，一些农户、土豪私下侵吞大量牧地，屯田垦荒的现象也愈演愈烈。笔者略举一二史料便可一窥端倪。

异时常多马，而不以马多故费土；今内则空可耕之地以为牧，盖巨万顷，外则弃钱币以取之四夷，然亦不足于马，此何故也？①

夫善御敌者，必思所以务农实边之计。河北为天下根本，其民俭啬勤苦，地方数千里，古号丰实。今其地十三为契丹所据，余出征赋者七分而已。魏史起凿十二渠，引漳水溉斥卤之田，而河内饶足。唐至德后，渠废，而相、魏、磁、洺之地并漳水者，屡遭决溢，今皆斥卤不可耕。故缘边近郡数蠲税租，而又牧监乌地占民田数百千顷，是河北之地虽有十之七，而得租赋之实者四分而已。以四分之力，给十万防秋之师，生民不得不困也。且牧监养马数万，徒耗刍豢，未尝获其用，请择壮者配军，衰者徙之河南，孳息者养之民间，罢诸坰牧，以其地为屯田，发役卒、刑徒佃之，岁可获穀数十万斛。②

陕西有沙苑监等处监牧草地七八千顷，自来养马，别无增息，虚占良田。今陕西四塞之地，不通漕运，若得彼中自出谷食，则屯聚大兵，宜为供赡、今乞罢陕西监牧，将上件地开为营田，募民耕种，一顷岁收，公私无虑二百石，则岁可得一百五十石，以助关右兵民之食。为利不细。其所得刍秆，自可秣马，以助军计一方。③

元祐置监，马不蕃息，而费用不赀。今沙苑最号多马，然占牧田九千余顷，刍粟、官曹岁费缗钱四十余万，而牧马止及六千。自元符元年至二年，亡失者三千九百。且素不调习，不中于用。以九千顷之田、四十万缗之费，养马而不适于用，又亡失如此，利害灼然可见。今以九千顷之田，计其硗瘠，三分去一，犹得良田六千顷。以直计之，顷为钱五百余缗，以一顷募一马，则人得地利，马得所养，可以绍述先帝隐兵于农之意。请下永兴军路提点刑狱司及同州详度以闻。俟见实利，则六路新边闲田，当以次推行。④

又牧地多占良田，围人侵扰闾里棚井，科率无宁岁，公私苦之。⑤

---

① （宋）王安石：《临川先生文集》卷70《问策十一》，北京：中华书局，1989年版，第462页。

② （宋）李焘：《续资治通鉴长编》卷104，天圣四年八月辛巳，第2415—2416页。

③ 曾枣庄、刘琳：《全宋文》卷1548，成都：巴蜀书社，1988年版，第170页。

④ （元）脱脱等：《宋史》卷198《兵志》十二，北京：中华书局，1977年版，第4945页

⑤ （清）徐松：《宋会要辑稿·兵》24之19，北京：中华书局，1957年版，第7188页。

"退牧还耕"论者认为牧地侵占大量农田，养马数额极少，得不偿失，且圉人骚扰农户，科率频繁，严重影响了农户的正常生活，因此要退牧还耕，畜牧业要为农业让步。

其实，在现实生活中，民户侵占牧地的事件也屡有发生。尽管宋政府诏令："侵冒牧地，法许人告，每亩给赏钱千至三百千止。"①鼓励人们检举揭发侵吞牧地的行为，但并不能有效制止。如宋真宗景德年间，新乡县牧龙乡100余里牧地为民侵占。②成都府路汶山县（今四川茂县）农民侵占牧地的现象非常严重，李昭述时为群牧判官，他"举籍钩校，凡括十数千顷，时议伏其精"③。根据牧地帐籍清查出十数千顷被民户侵占的牧地。宋神宗熙宁初年，河北制置牧田所言："牧田没于民者五千七百余顷。"④宋神宗元丰年间，京东路郓州数千顷牧地为民侵占：

> 朝散郎杨叔仪奏："臣契勘得郓州所管六县牧地，共二十六棚，都计租额地一万二千余顷，惟四棚租额数足，二十二棚隐陷之地计七十余顷，人户冒佃，积有岁年。臣遂擘画先阅视见存牧地，循其边幅，图以形势，方见见存牧地尖斜弯曲阙缩之状。呼集人户，令就纸图见存牧地之旁，自里及外，签贴所占地段，然后谕以牧地形势，侵冒灼然之迹。除豪右侵占外，复有见任官职田、州学学田之类，系占牧地者，先次拘括，以塞百姓观望之意。其人户遂肯伏认所占地段在牧地四至内，其地例皆肥沃，情愿依旧住佃，改税为租讫。臣今画到六县牧地新旧形势图一册，伏望特赐宣取。"御批："可契勘所陈虚实及曾与不曾依格酬奖，并审其人材，如堪任使，宜特除太仆寺丞、主簿，填见阙，以劝在仕首公干力之人。"⑤

宋神宗元丰六年（1083）六月，朝散郎杨叔仪指出郓州所管辖26棚牧地共计1.2万余顷，其中被侵耕的达7000余顷。侵占牧地的有地方土豪、官员职田，以及州县学田，可谓雁过拔毛，"利益均沾"。北宋末年地方土豪侵吞牧地的现象达到了无以复加的地步。如宋徽宗大观二年（1108）废除监牧，施行给地牧马法，"虽已推行而地之顷数尚少，访闻多缘土豪侵

① （宋）李焘：《续资治通鉴长编》卷271，熙宁八年十二月庚寅，北京：中华书局，2004年版，第6634页。
② （清）徐松：《宋会要辑稿·兵》21之25，北京：中华书局，1957年版，第7137页。
③ （宋）胡宿：《文恭集》卷38，文渊阁四库全书本，第1088册，第950页。
④ （元）脱脱等：《宋史》卷198《兵志》12，北京：中华书局，1977年版，第4941页。
⑤ （宋）李焘：《续资治通鉴长编》卷336，元丰六年六月戊子，北京：中华书局，2004年版，第8099页。

冒，官司失实，牙吏欺隐，百不得一"①。数万顷的牧地几乎被土豪侵冒殆尽。

北宋中后期，随着人口的大幅度增长，农牧之争无法调和，为了保证农业用地，宋政府不惜牺牲大量牧地，退牧还耕，或者将牧地租给农户，收取租税。

> 至乾兴、天圣间，兵久不试，言者多以为牧马费广而亡补，乃废东平监，以其地赋民。五年，废单镇监。六年，废洛阳监。于是河南诸监皆废，悉以马送河北。
>
> 河北一路诸军牧地剩田三千三百五十余顷，得岁课斛斗一十一万七千八百二石、绢万三千二百五十一匹，草十六万一千二百三十束。②
>
> 治平末，牧地总五万五千，河南六监三万二千，而河北六监则二万三千。
>
> 于是，枢密副使邵亢请以牧马余田修稼政，以资牧养之利。而群牧司言："马监草地四万八千余顷，今以五万马为率，一马占地五十亩，大名、广平四监余田无几，宜且仍旧。而原武、单镇、洛阳、沙苑、淇水、安阳、东平等监，余良田万七千顷，可赋民以收刍粟。"从之。
>
> (熙宁)五年，废太原监。七年，废东平、原武监，而合淇水两监为一。八年，遂废河南北八监，惟存沙苑一监，而两监司牧亦罢矣。
>
> 绍圣初，用事者更以其意为废置，而时议复变。太仆寺言，府界牧田，占佃之外，尚存三千余顷，议复畿内孳生十监。③

由上述史料可知，宋代马监牧地大规模罢废始于宋仁宗统治时期，洛阳、东平、单镇等河南诸监几乎罢废殆尽，"以牧地赋民"，收取租税。到宋神宗熙宁年间，河南北 8 监被废，仅存沙苑监。宋政府将牧地租给民户，少者数千顷，多则 1.7 万余顷。

随着马监的大量罢废和退牧还耕，宋初 9.8 万余顷的牧地到宋神宗时期仅剩 5.5 万顷，44% 的牧地被开辟为农田，详细情况请参如表 4-7 所示。

---

① (清)徐松：《宋会要辑稿·兵》21 之 31，北京：中华书局，1957 年版，第 7140 页。

② (宋)李焘：《续资治通鉴长编》卷 190，嘉祐四年十二月甲申，北京：中华书局，2004 年版，第 4602 页。

③ (元)脱脱等：《宋史》卷 198《兵志》十二，北京：中华书局，1977 年版，第 4937—4943 页。

表 4-7　北宋牧地数量统计表①

牧地数量	时间	内容	史料来源	备注
9.8 万顷	淳化年间	内外坊监总六万八千顷，诸军班又三万九百顷不预焉	《宋史》卷 198《兵》12，第 4936 页	内外坊监与诸军班牧地总数
7.53 万顷	咸平三年(1000)	诸坊监总四万四千四百余顷，诸班、诸军又三万九百顷	《宋会要·兵》24之 1，第 7179 页	内外坊监与诸军班牧地总数
5.5 万顷	治平末年(1067)	治平末，牧地总五万五千，河南六监三万二千，而河北六监则二万三千	《宋史》卷 198《兵》12，第 4937 页	河南河北监牧司所辖牧地总数
6.36 万顷	熙宁元年(1068)	左右厢马监草地四万八千二百余顷，原武、洛阳等七监地三万二千四百余顷，其中万七千顷赋民以收刍粟	《宋会要·兵》21 之 26 至 27，第 7137—7138 页	开封府界牧地，河南六监及沙苑监牧地总数
5.5 万顷	熙宁二年(1069)	诏括河南河北监牧司总牧地，旧籍六万八千顷，而今籍五万五千	《宋史》卷 198《兵》12，第 4940 页	河南河北监牧司所辖牧地总数

宋政府退牧还耕带来了严重的后果，牧地日渐萎缩，制约了官营牧马业的发展。江天健指出："监牧受到农业的强势威胁，人口激增，农牧争地是促使官营牧马业衰落的根本原因之一。"②

（三）南宋时期农牧之间的博弈

南宋偏安江南，丧失了淮河以北的大片领土，疆域狭小，无论是农业还是畜牧业发展都受到了很大的局限。人口急剧增长的现实与内忧外患的政治环境对农业与畜牧业提出了更多的要求。人们疯狂地进行垦荒，种植粮食以满足日益增长的需要："隆兴、乾道之后，豪宗大姓相继迭出，广包强占，无岁无之，陂湖之利，日朘月削，已无几何，而所在围田，则遍满矣。以臣耳目所接，三十年间，昔日之曰江、曰湖、曰草荡者，今皆田也。"③到宋孝宗统治时期，土豪大族掀起了围湖造田的高潮。

除了土豪强占土地滥垦之外，政府和军队也大肆屯田以保障军需供应。如绍兴元年(1131)，孟庚、韩世忠等在淮南"措置将兵马为屯田之计"④，朝臣建议"沿江淮襄汉川蜀关外未耕之田，或可种之山，使总领取

---

① 张显运：《试论北宋时期的马监牧地》，《兰州学刊》2012 年第 8 期，第 58 页。

② 江天健：《北宋市马之研究》，台北：台北"国立"编译馆，1995 年版，第 85 页。

③ (宋)卫泾：《后乐集》卷 13《论围田札子》，文渊阁四库全书，第 1169 册，第 547 页。

④ (宋)周应合：《景定建康志》，南京稀见文献丛刊，南京：南京出版社，2006 年版，第 298 页。

而自耕自种，以养屯驻大兵"①在江淮荆襄蜀汉一带垦荒，为军队提供粮食。南宋大军仅在真州（今江苏仪征）、盱眙军（今江苏盱眙）境内得水陆山田 1.5 万余亩。② 大理寺主簿薛季宣在黄冈、麻城一带立官庄 22 所，大肆屯田。③ 南宋政府在楚州宝应、山阳、盐城、淮阴四县有水陆官田 7200 余顷被置为庄田。④ 大片的农田被开垦，则意味着大量的牧地被挤占，畜牧业不得不为农业让步。

另一方面，频繁的内忧外患促使宋政府不得不发展官营畜牧业，为战争提供马匹。据笔者统计，南宋一朝，陆续建立了 35 所马监，详细情况如表 4-8 所示。

表 4-8　南宋马监在现今各省分布数统计表　　　（单位：个）

省名	湖北	甘肃	四川	江苏	浙江	江西	广东	广西	安徽	福建	陕西	湖南	不详	合计
马监数额	5	5	4	4	4	3	2	2	2	1	1	1	1	35

从表 4-8 可知，南宋马监牧地基本上分布在今湖北、甘肃以及江浙一带。尤其是江浙地区，本身就是宋代人口集中、农业发达、土地高度开发的地区。监牧在此大量分布，无疑会挤占原本就不宽裕的农耕用地。"时言者以为军旅之事马政为急；多事以来，国马为强敌所侵，盗贼所有，其在诸军者无几。乞讲求孳生之利，于江东、西择水草善地，置地以牧之"。⑤ 用以牧马的水草善地显然也是上好的农耕用地。因此，整个南宋时期，农业与畜牧业矛盾与冲突几乎就没有停止过。

起初，南宋政府主要将官田用作牧地，尽量不侵占农户的耕地。

高宗绍兴二年，置马监于饶州，守倅领之，择官田为牧地，复置提举。俄废。四年，置监临安之余杭及南荡。⑥

缘双港近下难得全系官田，如有民田，将系官田拨换。如不足，即支还价钱。切详所降指挥，盖欲使地土宽广，以便出牧。缘并置之初，务在早获就绪。今来内有合行拨换官田，肥瘠高下，事须相当。兑置民田，所估价直，理须优厚。以至给还之间无令减克、留滞，方

①　（宋）叶适：《习学记言》卷 17《正论解》，北京：中华书局，1977 年版，第 244 页。

②　（清）徐松：《宋会要辑稿·食货》63 之 138，北京：中华书局，1957 年版，第 6055 页。

③　（元）脱脱等：《宋史》卷 173《食货志》上一，北京：中华书局，1977 年版，第 4193 页。

④　（清）徐松：《宋会要辑稿·食货》3 之 17，北京：中华书局，1957 年版，第 4844 页。

⑤　（宋）李心传：《建炎以来系年要录》卷 59，绍兴二年冬十月戊子，北京：中华书局，1955 年版，第 1017 页。

⑥　（元）脱脱等：《宋史》卷 198《兵志》12，北京：中华书局，197 年版，第 4954 页。

始宜于兑买。①

　　川广骒马自来付王胜军，可令镇江府、淮南运司标拨官地美水草处放牧。数年间，便见蕃息。此在军政，所当留意。②

　　十九日，诏御前南荡孳生马监可罢。见管马，令丞旨司验火印讫，均拨付殿前步军司。官兵发归元来去处。其所占地，令转运司拘收，召人请佃。内有侵占民地，照契给还。③

南宋初年由于战乱频繁，很多人流离失所，被迫奔走他乡，留下了一些无人耕种的土地，宋政府将其作为官田。江南西路、淮南路、江南东路都分布有部分官田，宋政府将这些地方开辟为牧地，饲养官马。

　　但在实际的放牧过程中，由于牧地狭小，周边都是民田，难免会出现侵占民田的现象。

　　上谓府臣曰："放牧所在，实妨农耕。淮甸旷闲之地甚多，何必逼近居民，可令更切相度于宽闲去处移盖"。④

　　马监所占田极广，今既还之于民，甚便。⑤

　　平江府改造马屋，殿前司彩画到图子两段，其一在旧寨，地傍西至南至，目今皆系稻田，即非荒闲白地；其一在常熟县界，系创行踏逐北枕山，南瞰湖，东西皆百姓住屋，四至之内皆膏腴良田，既系民间累世久安之业，岂肯辄以售人。望只委平江府及本路转运司差清强官，亲行踏逐系省宽闲水草便利官地，拨付殿前司，依已降自行管任修盖指挥施行。⑥

　　绍兴三十二年九月三日诏："御马院放牧马草地，除承买承佃并系官地，并依旧存留外，应侵占盐地、民产、寺观等业，并去干照日下给还，勿纵官吏因事苛扰。"⑦

从上述史料可知，南宋因疆域狭小，牧地侵占农田的现象屡有发生，连最高统治者宋高宗都认为"放牧所在，实妨农耕"，宋政府能够认识到这一点，并主动采取与民户交换土地、退牧还耕等措施来缓和农牧之间的矛盾

①　（清）徐松：《宋会要辑稿·兵》21之9，北京：中华书局，1957年版，第7129页。
②　（清）徐松：《宋会要辑稿·兵》21之32，北京：中华书局，1957年版，第7140页。
③　（清）徐松：《宋会要辑稿·兵》21之16，北京：中华书局，1957年版，第7132页。
④　（清）徐松：《宋会要辑稿兵》24之38，北京：中华书局，1957年版，第7197页。
⑤　（清）徐松：《宋会要辑稿·兵》21之16，北京：中华书局，1957年版，第7132页。
⑥　（清）徐松：《宋会要辑稿兵》24之39，北京：中华书局，1957年版，第7198页。
⑦　（清）徐松：《宋会要辑稿·兵》21之33，北京：中华书局，1957年版，第7141页。

与冲突。

另外，南宋时期，由于东南地区广大土地被辟为农田，无疑挤占了原本就很狭窄的牧地。就私营畜牧业而言，也不得不向农业妥协。比如牛在耕田之余，只好"往往逐之水中，或放之山上"①牧牛为放牛所代替，然而放牛也不能随心所欲，必须有专人看管，以免践踏农田。宋人袁采就曾告诫："人养牛羊，须常看守，莫令与邻里，践踏山地六种之属；人养鸡鸭，须常照管，莫令与邻里，损啄菜茹六种之属。"②或者在秋收之后，谷物已经归仓，不必担心牲畜的践踏，同时收获时所遗留下的残茬、余穗等物也为牲畜提供了一些可食之物，于是，秋后放牧也是江南一带普遍的牲畜饲养方式。宋人梅尧臣有诗写道："力虽穷田畴，肠未饱刍菽。稼收风雪时，又向寒坡牧。"③显然是秋后农闲放牧的情景。唐晔指出宋代传统的农业发达地区采取牧牛与縻牛（将牛系在某一固定之处，食草或喂养）相结合的牧养方式，可以减少对牧地的需求，同时也反映了人、地矛盾加剧这一现实情况。④ 这一看法是很有道理的。

南宋时期，战乱频繁，生灵涂炭，大量居民迁往东南，很多州县的人口飞速增长。据日本学者斯波义兴统计，在南宋，人口增长率大于 1000％的有泉、漳、汀、建 4 州；400％—999％的有吉、袁、福 3 州；300％—399％的有洪、江、衢、信、饶、婺、黄、蕲、苏 9 州和南康军；200％—299％的有虔、庐、楚、濠、泗、滁 6 州及无为军；100％—199％的有歙、温、处、光、明、台 6 州。⑤ 由于人口过于稠密，土地垦殖率高，牧地被农田所侵占，人们不得不改变传统的牧养方式，对牲畜采取圈养，以减少和节省牲畜用地。周去非记载江浙地区牛的饲养方式："冬月密闭其栏，重藁以藉之，暖日可爱，则牵出就日，去秽而加新。又日取新草于山，唯恐其一不饭也。浙牛所以勤苦而永年者，非特天产之良，人为之助亦多矣。"⑥陆游也曾记载家乡越州地区养牛的情景："村东买牛犊，舍北作牛屋。饭后三更起，夜寐不敢熟。"⑦显然都是采取圈养的方式，以节省土地，

① （宋）陈旉著，万国鼎校注：《陈旉农书校注》卷中《牧养役用之宜篇第一》，北京：农业出版社，1965 年版，第 47 页。

② （宋）袁采：《袁氏世范》卷 3《治家·邻里贵和同》，丛书集成初编本，北京：中华书局，1985 年版，第 59 页。

③ （宋）梅尧臣：《梅尧臣诗选·和孙端叟蚕具十五首》，北京：人民出版社，1980 年版，第 218 页。

④ 唐晔：《宋代养牛业》，河北大学 2008 年硕士学位论文，第 6—8 页。

⑤ 韩茂莉：《宋代农业地理》，太原：山西古籍出版社，1993 年版，第 133 页。

⑥ （宋）周去非著，杨武泉校注：《岭外代答校注》卷 4《踏犁》，北京：中华书局，1999 年版，第 156 页。

⑦ （宋）陆游：《陆游集·剑南诗稿》卷 55《农家歌》，北京：中华书局，1976 年版，第 1338 页。

牧地让位于农田于此可见一斑。

南宋时期，只有岭南地区土地开发很少，农牧之间关系比较融洽，人们可以自由放牧。如广西人牧牛，"任其放牧，未尝喂饲。夏则放之水中，冬则藏之岩页，初无栏屋以御风雨"。牲畜完全采取放牧的方式，显然有宽广的牧地做后盾。

总之，两宋时期由于疆域狭小，人口的快速增长，农田的大规模开垦，对农业提出了更高的要求，国家必须生产大量粮食以满足日益增长的需要；同时宋代是处于多元国际关系的时代，辽、夏、金、蒙古时刻威胁着宋代的安全，内忧外患的政治环境促使宋王朝又必须大力发展畜牧业，尤其是养马业，以提高军队的战斗力。而现实的困顿（丧失了幽云十六州和西北传统的畜牧业基地）又迫使政府不得不将畜牧业基地设置在黄河沿岸的农业区，南宋时转移到江南地区，农业和畜牧业的关系不可调和。每当农业与畜牧业发生矛盾时，宋政府便以牺牲畜牧业来保证农业的发展。农业的拓展和人口的增长过程，也就是畜牧业日益萎缩和牲畜的减少过程。

本 章 小 结

十至十三世纪是我国历史上的民族分裂和大融合时期。随着气候的寒冷，北方少数民族契丹、党项、女真、蒙古等大举南下，与中原王朝展开了激烈的争锋。少数民族入主中原，不仅侵占了大量的领土，也将其传统生产方式畜牧业扩展到中原地区。随着五代时期幽云十六州的丧失，中原王朝失去了抵御北方民族政权的天然屏障，同时也失去了西北地区传统的畜牧业基地。正因为如此，五代后晋、后周和宋王朝不得不将畜牧业由西北地区转移到黄河沿岸这些传统的以农耕为主的地区，农牧之间的矛盾异常尖锐。五代、辽、宋、夏、金、元等王朝受传统生产方式或战争对畜牧业迫切需求的影响，最初基本上都大力发展畜牧业。一旦政权稳定下来，转而逐渐退牧还耕，走上了大力发展农业的道路。尽管采取了一系列协调和解决农牧之间冲突的措施，但因人口的增长，国际形势的紧张，农牧之间的矛盾和冲突始终未能得到有效的解决。

第 五 章

宋代畜禽的空间分布与生态环境变迁

第一节 官营畜牧业的地理分布与生态环境变迁

对于畜牧业而言，疆域和位置不仅是一个国家自然地理面貌的基础，更是畜牧业生产的重要物质条件。两宋时期，因西北地区领土的丧失，古代传统的畜牧业地区基本上都不在宋朝版图之内。据《中国农业地理总论》一书的观点，我国农牧业区分界线是："从东北的大兴安岭东麓——辽河中上游——阴山山脉——鄂尔多斯高原东缘（除河套平原）——祁连山（除河西走廊）——青藏高原的东缘，此线以南以东是农区，以西以北是牧区。"[1]韩茂莉也指出，宋代农牧分界线由雁门关经岢岚、河曲、西渡黄河至无定河谷地，循横山、陇山一线，沿青藏高原的东缘南下，此线以东是农耕区，以西为畜牧区。[2] 据此界线，宋代适合畜牧的区域基本上都被周边少数民族政权所占有。如宋的北部、西北部、东北部，被辽、夏、金所统治，西北、西南周边地区，存在着高昌、吐蕃、大理等少数民族政权，只有北部边界上陕西、山西、甘肃、河北等部分地区是农牧混合区。所以就发展畜牧业的地理条件而言，与前代和周边国家辽、夏、金相比，宋代都相形见绌。正因为如此，宋代发展草原畜牧业的空间非常狭小，不得不发展农区畜牧业。我国畜牧业大体由草原畜牧业、农区畜牧业、城市郊区和工矿区畜牧业，三种不同的经营类型组成。草原畜牧业是我国牧区畜牧业的主体，经营方式主要是靠天养

---

① 吴传钧、郭焕成：《中国农业地理总论》，北京：科学出版社，1980年版，第286页。
② 韩茂莉：《宋代农业地理》，太原：山西古籍出版社，1993年版，第4页。

畜；农区畜牧业占有重要地位，是农业地区专业户、专业村集约经营的商品畜牧业，主要为社会提供畜产品，也为农业生产提供畜力和肥料；城市郊区和工矿区畜牧业主要为城市和工矿区提供奶、蛋，以及各种肉食而就地兴办的现代化禽畜场。[①] 宋代是我国古代农区畜牧业发展的典型，因畜牧业向农区拓展，出现了激烈的农牧争地现象，严重制约了官营畜牧业的发展。

北宋时期，由于疆域狭小和传统畜牧业基地的丧失，官营畜牧业不得不分布在黄河两岸相对适合畜牧的区域。统治者出于拱卫京师的目的，将官营畜牧业尽量分布在黄河两岸离都城开封较近的区域。由于各地气候与地理环境的差异，官营牲畜的数量与种类也有很大的地域性差异。下面以区域为单位，对宋代官营畜牧业地域分布与环境变迁的关系进行系统的探讨。

一、 河南地区官营畜牧业

北宋时期，河南官营畜牧业得到了空前发展，堪称中国古代历史上河南畜牧业发展的最辉煌时代。官营畜牧业之所以获得了空前发展，是当时的社会和自然条件综合作用的结果。从社会条件来看，河南是全国政治、经济、文化、交通中心。首都开封、陪都西京河南府洛阳、南京应天府、商丘均在河南，宋徽宗时期建立的拱卫京师的四辅，即东辅襄邑县、南辅颍昌府、西辅郑州、北辅澶州，也全部位于河南。这种特殊的政治优势无疑为河南畜牧经济的发展提供了良好的契机。如京师开封乃"八方争凑、万国咸通"[②]之地，人口150多万，是当时世界上最大、最繁华的都市。这正如宋太宗时期参知政事张洎所言："今天下甲卒数十万众，战马数十万匹，并萃京师……比汉唐京邑民庶十倍。"[③]如此众多的人口和军队，必然要消费大量的畜禽产品。而西京洛阳是仅次于开封的大城市，"西都自古繁华地，冠盖优游萃四方"[④]。南京应天府"两县一镇，正当汴路，敖仓、营垒、官守、民居，夹河万家，最为繁庶"[⑤]。此外，豫北安阳、新乡、濮阳等地的经济也有一定程度的发展，如卫州新乡"土地绕美，物产阜盛……其民富庶安乐"[⑥]。豫中郑州、许昌等地也多有沃土，"田园极膏

---

① 中国牧区畜牧气候区划科研协作组：《中国牧区畜牧气候》，北京：气象出版社，1988年版，第1页。

② （宋）孟元老著，邓之城注：《东京梦华录注·序》，北京：中华书局，2004年版，第1页。

③ （元）脱脱等：《宋史》卷93《河渠志》3，北京：中华书局，1977年版，第2342页。

④ 司马光：《温国文正司马公文集》卷14《和子骏洛中书事》，四部丛刊本，台北：商务印书馆，1979年版，第6页。

⑤ （宋）苏颂：《苏魏公文集》卷19，北京：中华书局，1988年版，第262页。

⑥ （明）李锦：《新乡县志》卷6，上海：上海古籍书店，1963年版，第34页。

腴"①。豫西南地区虽然在宋初经济落后，但到北宋仁宗时期，"榛莽复为膏腴，增户积万余"②。农业经济得到了长足的发展。比较而言，豫南地区光州、信阳等地地处淮河流域，北宋时期经济发展迟缓，人烟稀少，耕牛缺乏。③ 综上所述，特殊的政治地位、城镇人口的密集和社会经济的发展，为河南官营畜牧业的发展奠定了坚实的基础。

随着人口的增值和社会经济的发展，河南各种与畜牧业有关的行业，如交通运输业、租赁业、餐饮业等，也迅速发展起来，成为畜牧业发展的重要动力。如，京师牲畜租赁业就相当发达："京师人多赁马出入"④，"逐坊巷桥市，自有假赁鞍马者，不过百钱"⑤，"京师赁驴，途之人相逢无非驴也"⑥。众多的人口必然促进肉蛋奶等畜禽产品的消费，仅北宋宫廷消费的羊肉一年就在43万斤以上⑦，畜产品消费之多由此可见一斑。需特别指出的是，因三京四辅特殊的政治地位，河南地区在军事防备方面远比其他地区周密，这里除拥有大量的骑兵部队外，与畜牧业有关的军器制造业也较为发达。如京师开封设立了弓弩院，"岁造弓弩、箭弦、镞等，凡千六百五十余万"⑧。制造弓弩的原料主要是羊马牛筋，1650多万弓弩需要庞大数量的筋角，客观上对河南地区官营畜牧业提出了更多的要求。

北宋时期河南也有大力发展畜牧业的空间。豫北安阳、濮阳等地（宋代属河北路），因"南滨大河"⑨，经常遭受水患的侵袭，许多地方皆"斥卤不可耕"⑩，"宜于畜牧"⑪。宋政府因地制宜发展畜牧业，先后建立了安阳监、镇宁监、卫州淇水二监，饲养马、驴、驼等牲畜。豫西河南府龙门以南，"地气稍凉，兼放牧，水草亦甚宽广"⑫。洛阳南部的广成川，"地旷远

---

① （宋）孙觌：《鸿庆居士集》卷33《朱绂墓志铭》，文渊阁四库全书本，第642页。

② （元）脱脱等：《宋史》卷426《赵尚宽传》，北京：中华书局，1977年版，第12702页。

③ （宋）楼钥：《攻媿集》卷91《直秘阁广东提刑徐公行状》，四部丛刊本，第18页。

④ （宋）魏泰：《东轩笔录》卷9，北京：中华书局，1983年版，第100页。

⑤ （宋）孟元老著，邓之诚注：《东京梦华录注》卷4《杂赁》，北京：中华书局，2004年版，第125页。

⑥ （宋）王得臣：《麈史》卷下《杂志》，上海：上海古籍出版社，1986年版，第91页。

⑦ （清）徐松：《宋会要辑稿·方域》4之10，北京：中华书局，1957年版，第7361页。

⑧ （宋）章如愚：《群书考索·后集》卷43《兵制门》，北京：书目文献出版社，1992年版，第736页。

⑨ （元）脱脱等：《宋史》卷86《地理志》2，北京：中华书局，1977年版，第2130页。

⑩ （宋）李焘：《续资治通鉴长编》卷104，天圣四年八月辛巳，北京：中华书局，2004年版，第2416页。

⑪ （元）脱脱等：《宋史》卷86《地理志》2，北京：中华书局，1977年版，第2131页。

⑫ （宋）李心传：《建炎以来系年要录》卷190，绍兴三十一年五月辛卯，北京：中华书局，1956年版，第3172页。

而水草美，可为牧地"①。人们因地制宜，利用优越的自然地理条件发展畜牧业。豫中郑州中牟、许昌等地相对适合畜牧。例如，中牟以南，"地广沙平，尤宜牧马"，北宋政府在这里建立了监牧，搭建了 38 所马棚，②仅淳泽监在景德年间存栏马就达 1 万余匹。③许昌是官营牧马业的重要基地，梅尧臣景德年间途经这里时看到了盛大的牧马场面："国马一何多，来牧郊甸初。大群几百杂，小群数十驱。或聚如斗蚁，或散如惊鸟。"④开封所在的豫东地区有着一望无际的平原，"土薄水浅"⑤，"风吹沙度满城黄"⑥，地薄多沙，干旱少雨，不大适合种植业的发展，却是发展畜牧业的理想场所。开封北部有大片的牧地，"乃官民放养羊地"⑦。汴河两岸，更是沃壤千里，而夹河两岸公私废田，略计 2 万余顷，大多用来牧马。⑧汴河以南各县，"长陂广野，多放牧之地"⑨。显然，宋政府在这里设置监牧是对其地理条件进行充分考量的。豫西南地区在宋初"土旷民稀"⑩，但到北宋中期农牧经济得到了发展，号称"土酥醍醐出肥牛"⑪，成为耕牛的重要输出地，"今湖南之牛岁买于北者，皆出京西"⑫。简而言之，北宋时期河南大部分地区有适于畜牧的地理条件，这为畜牧业的发展提供了最基本的物质基础。

（一）官营牧马业

北宋时期河南官营牧马业发展迅猛，在全国遥遥领先。从黄河以北的濮阳到河南中部的许昌陆陆续续建立了 30 多所马监，占全国马监总额近 1/2。现将河南境内马监的分布情况统计如表 5-1 和表 5-2 所示。

---

① （宋）李焘：《续资治通鉴长编》卷 72，大中祥符二年十二月己丑，北京：中华书局，2004 年版，第 1644 页。

② （清）徐松：《宋会要辑稿·兵》21 之 36，北京：中华书局，1957 年版，第 7142 页。

③ （清）徐松：《宋会要辑稿·兵》24 之 10，北京：中华书局，1957 年版，第 7185 页。

④ （宋）梅尧臣：《宛陵集》卷 26《逢牧》，四部丛刊本，台北：商务印书馆，1936 年版，第 10 页。

⑤ （宋）江少虞：《宋朝事实类苑》61《土厚水深无病》，上海：上海古籍出版社，1981 年版，第 815 页。

⑥ （宋）王安石：《王文公文集》卷 76《读诏书》，上海：上海人民出版社，1974 年版，第 809 页。

⑦ （元）陶宗仪：《说郛三种》卷 43，上海：上海古籍出版社，1988 年版，第 700 页。

⑧ （元）脱脱等：《宋史》卷 95《河渠志》5，北京：中华书局，1977 年版，第 2367 页。

⑨ （宋）吕祖谦：《宋文鉴》卷 2，北京：中华书局，1990 年版，第 21 页注文。

⑩ （元）脱脱等：《宋史》卷 426，北京：中华书局，1977 年版，第 12702 页。

⑪ （宋）韩驹：《陵阳集》卷 2，文渊阁四库全书本，第 1133 册，第 776 页。

⑫ （宋）欧阳修：《欧阳修全集》卷 45《通进司上书》，北京：中华书局，2001 年版，第 642 页。

表 5-1 北宋时期河南马监的地域分布

马监名称	今地名	马监性质	兴废沿革	史料来源
澶州镇宁监	濮阳	孳生监	建隆初年,在濮州置养马务,开宝八年(975),迁至澶州,景德二年(1005),改名镇宁监,乾兴元年(1022)废监	《宋会要辑稿·兵》21 之 5,第 7127 页
卫州淇水二监	汲县	第一监为孳生监,第二监为杂犬马监	后周设置。建隆元年(960)修葺,熙宁八年(1075)废监。元祐年间复监,绍圣四年(1097)又废	《宋史》卷 198《兵志》12,第 4941—4943 页
相州安阳二监	安阳	孳生监	建隆元年(960)增葺,景德二年(1005)改为安阳监,熙宁八年(1075)废监。元祐年间重设马监,绍圣四年(1097)又废	《宋会要辑稿·兵》21 之 4 至 6,7127 页;《宋史》卷 198《兵志》12,第 4942—4944 页
西京洛阳监	洛阳	杂犬马监	在五代飞龙院故址上置监,牧养由京城送来的马匹。熙宁八年(1075)废监,后又恢复。绍圣四年(1097)又废	《宋会要辑稿·兵》21 之 4,7126 页;《宋史》卷 198《兵志》12,第 4930 页
郑州原武监	郑州	杂犬马监	建隆元年(960)修葺,景德二年(1005)改分为一、二监,同年七月改为广武监,大中祥符二年(1009),又改为原武监。熙宁七年(1074)废监,元祐元年(1086)恢复置监,绍圣四年(1097)又废	《宋会要辑稿·兵》21 之 4,第 7126 页;《宋史》卷 198《兵志》12,第 4930—4944 页
河阳监	孟州	孳生监	熙宁元年(1068)置监,由枢密院管辖,熙宁八年(1075)废监	同上
白马县灵昌监	滑县	普通	旧为龙马监,太平兴国五年(980),改为牧龙坊。景德二年(1005)七月,改为灵昌监,天禧三年(1019),黄河泛滥,遂废监	《宋会要辑稿·兵》21 之 5,第 7127 页
许州单镇监	许昌	杂犬马监	大中祥符六年(1013)置监,天圣五年(1027)废监,后屡置屡废,绍圣四年(1097),最终告废	同上
长葛县长葛监	长葛	普通	景祐元年(1034),令许州知州、通判兼领监牧事,仍令通判逐季往本监点检诸般官物,四年(1037),以原武第二监为单镇监移于此处	《玉海》卷 149《马政》下,第 2734 页
中牟淳泽监	中牟	牧养监	地广沙平,最宜牧马。大中祥符四年(1011)置监,乾兴元年(1022)罢废	《宋会要辑稿·兵》21 之 5,第 7127 页

续表

马监名称	今地名	马监性质	兴废沿革	史料来源
京师左右骐骥二院及其所属左右天驷四监、左右天厩二坊	开封	牧养孳生监	宋太祖时设左右飞龙二院，太平兴国五年(980)，改为天厩坊。雍熙四年(987)，改为左右骐骥院。太平兴国五年，宋太宗平太原，获马4.2万匹，于景阳门外新作4监，即左右天驷四监，熙宁三年(1070)将其并作2监	《宋会要辑稿·兵》21之3，7126页；《文献通考》卷56《职官考》，第506页
畿内十监	开封及周边县市	牧养孳生监	元丰六年(1083)设置，孳生马匹，但成效不彰。元丰八年(1085)八月罢废	《宋会要辑稿·兵》23之16至17，第7167—7168页；《东京梦华录注》卷1《外诸司》，第47页
庆历宫骏坊	开封	宗室马厩	庆历八年(1048)五月，以群牧司新修马厩为宫骏坊。罢废时间不详	《玉海》卷149《马政》下，第2737页
牧养上下监	开封	病马监	大中祥符四年(1011)，于京城西开远门外置监，病重者送下监，轻者上监。上监不久即废，明道二年(1033)于上监故址上置天堌监，养无病马，病马送下监	《宋史》卷198《兵志》12，第4931页
天堌监	开封	普通	明道二年(1033)于上监故址上置天堌监，养无病马，病马送下监	《宋史》卷198《兵志》12，第4931页

表5-2　北宋马监在现今各省分布数量统计表[①]　（单位：个）

省名	河南	福建	甘肃	河北	陕西	山西	山东	青海	合计
马监数额	35	11	11	10	9	3	1	1	81

从表5-1、表5-2可以看出，北宋时期在今河南境内先后建立了35所马监，相当于今甘肃、陕西、山西、河北4省（这4个省有部分土地为周边民族占领，又处于前线，影响了马监的建立）这些传统的畜牧地区马监数量的总和，河南官营牧马业之兴盛由此可见。除豫西南和豫南没有马监外，其余地区均有马监分布，尤其是京师开封建立了21所马监，体现了统治者守内虚外，拱卫京师的意图。河南境内马监不仅数量多，所养马匹也相当可观。如前文提到宋太宗时期京师"战马数十万匹"。这个数字未免有些夸张，但也从一个侧面表明开封官马数量之多。如1126年靖康之变之时，金兵占领开封，仅从其东北的牧马基地牟驼冈就掳掠官马2万匹。[②]

---

① 张显运：《宋代畜牧业研究》，北京：中国文史出版社，2009年版，第142页，个别地方笔者做了修改。

② （清）黄以周：《续资治通鉴长编拾补》卷52，靖康元年正月癸酉，北京：中华书局，2004年版，第1616页。

其他州县监牧养马也同样兴盛，如中牟县淳泽监在景德年间存栏马在 1 万匹；西京"洛阳监秣五千匹"[①]亦可证明。为便于说明，列表如 5-3 所示。

表 5-3 河南部分监牧马匹存栏数目 （单位：个）

马监名称	存栏马数	具体情况	史料来源
淳泽监	17 000	祥符四年，群牧制置使言近置中牟县淳泽监，在京自来岁留准备供使马多至万七千匹，少亦不减万余匹	《宋会要辑稿·兵》24之 10，第 7183 页
洛阳监	5 000	祥符六年二月二十五日，知河南府言请增市刍粮以广储备。群牧司言洛阳监秣五千匹，岁费颇重，只令裁减二千	《宋会要辑稿·兵》24之 12，第 7184 页
卫州淇水第二马监	2 000	元祐六年闰八月十八日，太仆寺言卫州淇水监乞改为第一监，牧养孳生群马，复置第二监，牧养调习杂犬马两千匹	《宋会要辑稿·职官》23 之 19，第 2878 页
单镇监	1 500	元祐六年诏改单镇监作杂犬马监，牧养调习马一千五百匹	《续资治通鉴长编》卷465，元祐六年闰八月甲子，第 11102 页

因资料所限，以上仅是河南部分监牧马匹的存栏数目，很不全面，但就这些残缺的史料亦可看出宋代河南官牧的规模较大，畜牧业相当兴盛。

（二）官营牧牛业

北宋时期河南优越的社会和地理条件同样促进了境内牧牛业的迅猛发展。豫东开封成立了官营牧牛业的管理机构牛羊司，一些监牧、车营务等牧养机构内饲养有大量牛群："自今十坊监、车营务、乳酪院、诸园苑、开封县西郭省庄有孳生纯赤黄色牛犊，别置栏圈喂养，准备拣选供应……逐处有新生犊即申省簿记，关太仆寺逐祭取索供应。"[②]官营牧牛业的饲养和管理机构非常多，包括牛羊司在内，还有诸坊监、车营务、乳酪院、各园苑及开封县周边村庄等。仅车营务用来饲养牛驴的监役卒就有 4400 多人[③]，显然牛群的饲养数量相当可观。除以上诸机构之外，开封还有专门的养牛院[④]，每年饲养数千头牛，专供祭祀、宴享之用。[⑤] 北宋灭亡，金兵

---

① （清）徐松：《宋会要辑稿·兵》24 之 12，北京：中华书局，1957 年版，第 7184 页。

② （清）徐松：《宋会要辑稿·礼》26 之 9，北京：中华书局，1957 年版，第 1008 页。

③ （清）徐松：《宋会要辑稿·食货》55 之 19 与 20，北京：中华书局，1957 年版，第 5758 页。

④ （宋）王应麟：《玉海》卷 149《雍熙骐骥院》，南京：江苏古籍出版社；上海：上海书店，1987 年版，第 2734 页。

⑤ （清）徐松：《宋会要辑稿·礼》26 之 10，北京：中华书局，1957 年版，第 1008 页。

一次就从开封掠去牛 1 万头。① 宋徽宗被金人俘虏到北方，仅用以拉车的官牛就达 4300 头。②

（三）驴、驼等牲畜

北宋时期今河南境内官方还饲养有一定数量的驴、骡、驼等牲畜。早在宋建立伊始，京师开封就成立了牧驴业的管理机构车营致远务，"掌饲驴、牛以驾车乘"③，仅饲养驴、牛的役卒就达 4412 人。此外还有饲养驴骡大牲畜的致远坊，"掌养饲驴、骡，以供载乘舆、行幸、什器及边防军资之用"。负责管理的兵校 1624 人。④ 宋初开封还成立了专门饲养骆驼的机构驼坊，"掌收养橐驼以供内外负载之用"。开宝年间，驼坊置监官 2 人，兵校 682 人。⑤ 若以《天圣令·厩牧令》规定："诸系饲……驼三头、牛三头，各给兵士一人。"每 3 头骆驼就要配给一名兵士专职管理来计算的话，京师开封官驼至少 2000 峰以上。这些骆驼往往用作使节骑乘的交通工具。"文武群臣奉使于外，藩郡入朝，皆往来备饔饩，又有宾幕、军将、随身、牙官，马、驴、橐驼之差"⑥即是明证。靖康之变，金军占领开封索要犒师之物，仅驴就达 1 万头。⑦以上诸史料表明，北宋时期河南境内大牲畜驴、骡、驼等官畜饲养普遍。

（四）官营牧羊业

河南因特殊的政治和经济地位，人口众多，皇亲贵戚、达官贵人、巨商大贾云集于此，消费水平远远要超出其他地区，肉类市场需求量大，极大地促进了猪、羊等饲养业的发展。宋立国之初就在京师开封成立了牧羊业的管理机构牛羊司，"掌畜牧羔羊，栈饲以给烹宰之用"，经营者达 1126 人。⑧ 如果按"在京三栈羊千口，给牧子七人，群头一人"⑨计算，那么宋初开封栈养羊至少在 14 万只以上。因牧羊业发达，羊肉成为王公百官生活中

---

① （宋）佚名：《靖康要录》卷 1，台北：文海出版社，1967 年版，第 56 页。
② （宋）曹勋：《北狩见闻录》（第 19 册），历代笔记小说集成本，石家庄：河北教育出版社，1995 年版，第 6 页。
③ （元）马端临：《文献通考》卷 56《职官考》10，北京：中华书局，1986 年版，第 506 页。
④ （清）徐松：《宋会要辑稿·食货》55 之 20，北京：中华书局，1957 年版，第 5758 页。
⑤ （清）徐松：《宋会要辑稿·方域》3 之 48，北京：中华书局，1957 年版，第 7367 页。
⑥ （元）脱脱等：《宋史》卷 172《职官志》12，北京：中华书局，1977 年版，第 4145 页。
⑦ （宋）佚名：《靖康要录》卷 1，台北：文海出版社，1967 年版，第 56 页。
⑧ （清）徐松：《宋会要辑稿·职官》21 之 14，北京：中华书局，1957 年版，第 2859 页。
⑨ 《天一阁藏明钞本天圣令校证》卷 24《厩牧令》，北京：中华书局，2006 年版，第 289 页。

必不可少的肉食，"御厨岁费羊数万口"①。羊肉还成为官员俸禄的重要组成部分，宋政府规定官员每月要给 2 至 20 只食料羊②，仅此一项一年要消费数百万只羊，苏轼甚至有"十年京国厌肥羜"③之感叹。豫中地区的中牟县也有为数众多的官牧羊，宋政府专门设置了牧羊使臣、群头、牧子等进行管理和放养。④ 官员食料羊的配给很大一部分来源于开封及周边地区。河南府洛阳也有一部分官牧羊，南部的广成川，地平宽广，水草丰美，吕蒙正要求在此养羊，减轻陕西岁贡的压力，得到了宋真宗的同意。⑤

　　总之，北宋是我国古代历史上疆域较为狭小的一个朝代，广大西部、西北部传统的畜牧地区的丧失使得畜牧业发展具有先天不足的特点。一方面统治者不得不面对现实，退而求其次，将畜牧业基地调整到黄河南北较为适合畜牧的区域；另一方面，气候的寒冷，农牧分界线的南移使黄河沿岸出现了退耕还牧现象，为河南畜牧业的发展提供了物质基础。

二、　西北地区官营畜牧业

　　西北地区⑥是我国古代传统的畜牧地区，北宋时期官营畜牧业有了较大发展，尤其是牧马业、牧羊业相当繁盛，牛、驴、驼等大牲畜的饲养较为普遍。西北地区官营畜牧业的巨大发展为宋政府提供了军事作战所用的马匹、交通运输所需的大量畜力、畜禽产品和乳制品，是社会经济中不可或缺的组成部分，是北宋统治赖以生存的重要物质基础。

（一）官营牧马业

　　西北历来是我国古代畜牧业发达的地区，汉唐时期统治者就在此大规模地饲养马匹。宋建国之初，宋太祖在永兴军路的同州（今陕西大荔）"葺故地为监"；太平兴国五年（980），此监改为牧龙坊。咸平六年（1003），分成二监，景德二年（1005），又改名沙苑监。⑦ 随着沙苑监的建立，整个北宋时期西北地区陆陆续续建立了 20 多所马监。现将西北地区马监的分布情况统计如表 5-4 所示。

---

① （宋）李焘：《续资治通鉴长编》卷 53，咸平三年十二月丙戌，北京：中华书局，2004 年版，第 1171 页。

② （元）脱脱等：《宋史》卷 172《职官志》12，北京：中华书局，1977 年版，第 4134 页。

③ （宋）苏轼：《苏东坡全集·后集》卷 6《闻子由瘦》，北京：北京市中国书店，1986 年版，第 521 页。

④ （清）徐松：《宋会要辑稿·职官》2 之 11，北京：中华书局，1957 年版，第 2377 页。

⑤ 张显运：《宋代畜牧业研究》，北京：中国文史出版社，2009 年版，第 159 页。

⑥ 本处所述的西北地区是指北宋统治下的河东路、永兴军路和秦凤路。

⑦ （宋）孙逢吉：《职官分纪》卷 19《同州沙苑二监》，北京：中华书局，1988 年版，第 455 页。

表 5-4　北宋西北地区马监的地域分布

路名	马监名称	今地名	兴废沿革	史料来源
河东路	太原府太原马监	山西太原	设置时间不详，熙宁五年(1072)废监，将其马匹可骑乘者给义勇	《长编》卷241，熙宁五年十二月乙酉，第5878页
	太原府交城马监	山西交城	治平四年(1067)十一月，唐介知太原，请于交城县置监，遂置。熙宁八年(1075)废监	《宋会要辑稿·兵》21之7，第7128页；《宋史》卷198《兵志》12，第4941页记为1072年废监，待考
	汾州马监	山西汾阳	此地气候凉爽，地接原唐代楼烦监，水草丰美。由于西北所市马匹中有瘠弱者运往京师，道远多死，景德元年(1004)在此置监	《长编》卷56，景德元年七月戊戌，第1246页
永兴军路	同州沙苑二监	陕西大荔	在冯翊、朝邑两县县界，此监历史悠久，建隆元年(960)，葺故地为监。太平兴国五年(980)，改为牧龙坊。咸平六年(1003)，分成二监，景德二年(1005)，又改名沙苑监，独此监不废	《宋会要辑稿·兵》21之4，第7126页；《宋会要辑稿·食货》63之43，第5994页；《长编》卷55，咸平六年十一月戊子，第1216页
	陕西河苑监	今陕西境内	该监先是隶属于陕西提举监牧，熙宁八年(1075)，河南北八监皆废，唯存此监，自是，复隶属于群牧司	《文献通考》卷160《兵考》12，第1391页
	兴平四马务	陕西兴平	位于该县东南20余里，由飞龙、大马、小马、羊泽4务组成，地跨渭水两岸。庆历年间辟为营田，不久罢废	(宋)宋敏求：《长安志》卷14《兴平》，第154页
	同州病马务	陕西大荔	景德元年(1004)置监，以沙苑监官管理，饲养本监及各监病马。天圣二年(1024)，另派使臣监管	《宋会要辑稿·兵》21之5，第7127页
秦凤路	凤翔府盩厔县望迁泽马监	陕西周至	嘉祐五年(1060)八月，薛向领陕西路买马之事，曾规度凤翔府牧地	《长编》卷192，嘉祐五年八月甲申，第4642页
	岷州床川砦、荔川砦、闾川砦；通远军熟羊砦等牧养十监	甘肃岷县及陇西县北	元丰二年(1079)二月二十九日设置，七月二十日，命凤翔府钤辖王君万负责	《玉海》卷149《马政》下，第2739页；《长编》卷299，元丰二年七月丁亥，第7272页
	秦州永宁坊	甘肃天水	设置时间不详，庆历八年(1048)在原址上重新置监	《玉海》卷149《马政》下，第2739页
	青海马监	青海境内	崇宁二年(1105)三月设置	《宋史》卷20《徽宗纪》2，第374页

从表 5-4 统计可以看出，北宋时期西北地区先后建立了 24 所马监，占全国马监数额的近 1/3，可见，西北地区是除河南以外官营牧马业最为发达的地区之一。需要指出的是，一方面，由于北宋西北地区因位于边境地带，经常遭受周边民族政权的骚扰，一定程度上影响了马监牧地的建立；另一方面，北宋时期宋政府推行守内虚外、强干弱枝的统治政策，大力加强京师开封的军事装备，将大量马监牧地集中在开封周边的河南地区，仅现今河南省内就相继建立了 35 所马监，牧马监集中于京师周围无疑对西北地区的马监建设造成了一定的影响。所以西北牧马监的建立并不能完全真实地反映当地牧马业的发展状况。

（二）官营牧羊业

西北地区也是宋政府养羊的重要地区之一。早在宋太宗淳化年间，宋政府就在邠（今陕西彬县）、宁（今甘肃宁县）、庆（今甘肃庆阳）等州都开辟有牧地，用以牧羊。由于管理不善，这些羊"侵民田，妨种艺"①，对农业生产造成了一定的危害。宋仁宗时，政府在陕西牧放 1.6 万只羊。② 同州的沙苑监规模较大，这里是官羊的重要放牧场所之一，所产羊品质优良。③如这里放养的细肋羊，因饮沙苑苦泉水，肉肥而美，故有"苦泉羊，洛水浆"的美誉。④ 政府就在西北建立孳生羊务，牧养和收购民间羊。⑤

需要指出的是，宋政府在西北地区饲养的官羊与在京师开封所养的，在草料、盐药的供给上明显不同，京师羊处处显示出"唯我独尊"的待遇。这是因为，西北地区的官牧羊主要是供给百官的"食料羊"，而京师开封所养主要为皇家食用。依据《天圣令·厩牧令》的相关规定：

> 诸系饲……外群羊一口，日给大豆五合，每二旬一给䬸，盐各半两，三月以后就牧饲青，惟给䬸、盐。在京三栈羊，日给大豆一升二合，月给䬸、盐二两半（其在京三栈牡羊，豆、盐皆准外群，准四月以后就牧）。⑥

---

① （清）徐松：《宋会要辑稿·刑法》2 之 4，北京：中华书局，1957 年版，第 6483 页。
② （宋）欧阳修：《欧阳修全集》卷 118《乞住买羊》，北京：中华书局，2001 年版，第 1818 页。
③ （宋）李焘：《续资治通鉴长编》卷 256，熙宁七年九月丙午，北京：中华书局，2004 年版，第 6251 页。
④ （宋）乐史：《太平寰宇记》卷 28，文渊阁四库全书本，第 469 册，第 244 页。
⑤ （宋）李焘：《续资治通鉴长编》卷 55，北京：中华书局，2004 年版，咸平六年十一月己酉，第 1218 页。
⑥ 《天一阁藏明钞本天圣令校证》卷 24《厩牧令》，北京：中华书局，2006 年版，第 290 页。

在地方上的官牧羊，每天配给大豆 5 合，每 20 天给药、盐各半两，农历三月就必须就青牧养；在京师开封的三栈羊，每天给大豆 1 升 2 合，每月给药、盐各 2.5 两，四月以后青草茂盛时才就青牧养；在京栈养的公羊在盐、豆的配给上同地方羊相同，放牧要晚于地方羊一月。

（三）其他官畜

西北地区由于气候干爽，非常适合驴、驼等牲畜的饲养。驻扎在西北地区的部队中也饲养了数量众多的驴、骡、驼等牲畜。两宋时期行军打仗，军队中除配给马匹外，"每火别置驴一头，准备疾病添补。如当队不足，均抽比队、比营。其杂畜非警急，兵士不得辄骑"[①]。每火（一般 10 人左右）都要配给一头驴备用，宋代西北边境驻扎有数十万军队，那么它所饲养的驴也有数万，足见军队养驴之多。宋仁宗庆历四年（1044），权知凤翔府滕宗谅私下派遣士兵回图贸易，运载茶叶，动用驴车 40 辆。[②] 西北地区还饲养一定数量的骆驼。如河东路石州（今山西离石）就放养了许多官驼，驼坊每年派监官轮差管理。[③] 陕西及河东路其他州县等也有官营牧驼地。[④]

宋真宗时，刘综在西北镇戎军（今宁夏固原）"开田五百顷，置下军二千人、牛八百头耕种之"[⑤]。北宋中期宋英宗、神宗统治时，在河北和陕西边境大规模地屯田，由于屯田太多，甚至出现官牛不足，雇佣农户耕牛的现象。[⑥]

总之，两宋时期西北地区是传统的畜牧业基地，兼之气候寒冷，不利于部分农作物的生长，宋政府因地制宜在这里牧养了一定数量的马匹、羊和驴驼等牲畜。宋神宗元丰年间，一位官员五月底到达陕西路岷州（今甘肃岷县），"寒甚，换棉衣、毛褐、絮帽乃可过。每岁四月、七月常大雪三二尺，至是林雪犹未消"[⑦]。严寒的气候严重影响了农业生产。如陕西沿边地带，"地苦寒，种麦周岁始熟，以故黏齿不可食"[⑧]。因气候寒冷，生长期短，小麦一年才能成熟，且质量低劣，无法食用。保安军（今陕西志丹）

---

① （宋）曾公亮等：《武经总要·前集》卷 6《征马》，文渊阁四库全书本，第 726 册，第 317 页。
② （宋）李焘：《续资治通鉴长编》卷 146，庆历四年二月辛丑，北京：中华书局，2004 年版，第 3538 页。
③ （清）徐松：《宋会要辑稿·方域》3 之 48，北京：中华书局，1957 年版，第 7367 页。
④ （清）徐松：《宋会要辑稿·食货》42 之 9，北京：中华书局，1957 年版，第 5552 页。
⑤ （元）脱脱等：《宋史》卷 176《食货志》4 上，北京：中华书局，1977 年版，第 4265 页。
⑥ （元）脱脱等：《宋史》卷 176《食货志》4 上，北京：中华书局，1977 年版，第 4270 页。
⑦ （宋）庞元英：《文昌杂录》卷 2，文渊阁四库全书本，第 862 册，第 665 页。
⑧ （宋）庄绰：《鸡肋编》卷上，北京：中华书局，1983 年版，第 16 页。

"地寒霜早，不宜五谷"①。位于黄土高原和太行山脉的河东路最基本的地理特征是："地高气寒……陵阜多，川泽少。"②"地多山瘠"③，西北部分地区山多、水少、气候寒冷，不利于农业经济的发展。这种干燥寒冷的气候却较适合马、驴、驼、羊等耐寒牲畜的生存，"河北、陕西、河东出马之地，民间皆宜畜马"，河东路"其地高寒，必宜马性"；④"羊者，火畜也，其性恶湿，利居高燥"⑤。为此，宋政府因地制宜发展畜牧业，正是对西北地区气候、环境和历史传统综合考量的结果。

三、　河北地区官营畜牧业

北宋时期，河北路是重要的官营畜牧业基地，政府陆陆续续在这里兴建了10余所马监，又开辟了大量牧地，用以牧养马、牛、羊等牲畜。河北路官营畜牧业的发展得益于优越的畜牧条件、重要的战略位置。

首先，从气候与生态环境来看，河北路具有发展畜牧业的优势。河北南边濒临黄河，经常遭受水患的侵袭，许多地方皆"斥卤不可耕"⑥，土地不适合种植庄稼，但"宜于畜牧"⑦。北部的沧、瀛、深、冀、邢、洺等州以及大名府界的西北，均有许多"泊淀不毛"⑧之地。其典型如深州"其地巀滫，不可艺植"⑨，冀州"其地产瘠卤，人不根著"⑩。很显然，这里的自然条件不大适合发展农业，宋政府便在此建立了10多所牧马监，发展官营畜牧业。"诸牧监多在此路"⑪即是明证。中南部的瀛（今河北河间、高阳一带）、定（今河北定州）等州之间"相望皆是棚基草地"⑫。宋政府因地制宜发展畜牧业，先后建立了镇宁监、真定监等马监，饲养马、驴、驼等牲畜。

---

① （宋）乐史：《太平寰宇记》卷37，文渊阁四库全书本，第469册，第321页。
② （宋）李昭玘：《乐静集》卷11，文渊阁四库全书本，第1122册，第309页。
③ （宋）范纯仁：《范忠宣集》卷16文渊阁四库全书本，第1104册，第713页。
④ （宋）欧阳修：《欧阳修全集》卷112，北京：中华书局，2001年版，第1703页。
⑤ （宋）陈元靓：《事林广记》卷6，北京：中华书局，1999年版，第445页。
⑥ （宋）李焘：《续资治通鉴长编》卷104，天圣四年八月辛巳，北京：中华书局，2004年版，第2416页。
⑦ （元）脱脱等：《宋史》卷86《地理志》2，北京：中华书局，1977年版，第2131页。
⑧ （宋）欧阳修：《欧阳修全集》卷118《论河北财产上时相书》，北京：中华书局，2001年版，第1852页。
⑨ （宋）沈括：《梦溪笔谈》卷11，呼和浩特：远方出版社，2004年版，第47页。
⑩ （宋）黄庭坚：《山谷集》卷17《冀州养正堂记》，文渊阁四库全书本，第122页。
⑪ （宋）李焘：《续资治通鉴长编》卷192，嘉祐五年八月庚辰，北京：中华书局，2004年版，第4641页。
⑫ （宋）李焘：《续资治通鉴长编》卷374，元祐元年四月辛卯，北京：中华书局，2004年版，第9069页。

其次，河北路又是重要的军事要地。河北路地接契丹，是辽宋的边界，是抵御辽金的前沿阵地，战略地位十分重要。王安石曾言道：

> 而河北又天下之重处，左河右山，强国之于邻，列而为藩者皆将相大臣，所屯无非天下之劲兵悍卒，以惠则恣，以威则摇。幸时无事，庙堂之上，犹北顾而不敢忽；有事，虽天子其忧未尝不在河北也。①

河北由于地理位置的重要，宋政府特别加强这里的军备边防建置，有宋一代，河北边境经常驻扎数十万军队。如宋仁宗庆历年间，据河北转运使欧阳修报告，河北"厢禁军马、义勇民兵四十七万七千人骑"②。宋英宗治平二年（1065）诏书云："河北战兵三十万一千余人。"③大量的军队无疑增加了对牲畜及畜牧产品的需求，促使政府不得不在这里兴建了十几所监牧，以备不时之需。据笔者统计，宋代长期存在的马监有16所，其中分布在河北路的就有7所，即澶州镇宁监、洺州广平2监、卫州淇水2监、安阳监、邢州安国监。④（其中澶州镇宁监、卫州淇水2监、安阳监，在今河南省境内，北宋时隶属于河北路）由于河北诸监的长期存在，占有大量农田，宋仁宗时期，大臣王沿、包拯与河北转运使薛向为筹集军粮，曾先后提出废除监牧改为屯田的建议：

> 夫善御敌者，必思所以务农实边之计。河北为天下根本，其民俭啬勤苦，地方数千里，古号丰实。今其地十三为契丹所据，余出征赋者七分而已。魏史起凿十二渠，引漳水溉斥卤之田，而河内饶足。唐至德后，渠废，而相、魏、磁、洺之地并漳水者，屡遭决溢，今皆斥卤不可耕。故缘边近郡数蠲税租，而又牧监刍地占民田数百千顷，是河北之地虽有十之七，而得租赋之实者四分而已。以四分之力，给十万防秋之师，生民不得不困也。且牧监养马数万，徒耗刍粟，未尝获其用，请择壮者配军，衰者徙之河南，孳息者养之民间，罢诸坰牧，

---

① （宋）王安石：《王文公文集》卷3《上杜学士书》，上海：上海人民出版社，1974年版，第39页。

② （宋）欧阳修：《欧阳修全集》卷118《论河北财产上时相书》，北京：中华书局，2001年版，第1826页。

③ （宋）李焘：《续资治通鉴长编》卷208，治平三年五月乙丑，北京：中华书局，2004年版，第5053页。

④ 张显运：《宋代畜牧业研究》，北京：中国文史出版社，2009年版，第6页。

以其地为屯田，发役卒、刑徒佃之，岁可获穀数十万斛。[①]

又河北有河防塘泊之患，地多泻卤，戎马所屯，地利不足。诸监牧多在此路，马又不堪，未尝孳息。若就陕西兴置监牧，即河北诸监有可存者，悉以西良马易其恶种。有可废者，悉以肥饶之地赋民，收其课租，以助戎马之费，于此又利之大者。[②]

臣窃见河北漳河淤地，名为沃壤，而广平监于邢、洺、赵三州，共占民田约一万五千余顷，并是漳河左右良田。每牧马一匹，占草地一百一十五亩。兼知卫州淇水监每马一匹，止占地三十一亩。其广平监剩占八十四亩。兼广平系两监，自后停废一监，三州共约退下草地七千五百余顷。往岁官司遂令百姓请射出租课佃，时年岁深远，耕为熟田，就种已成园林，及作父祖邱莹。其佃户共九千三百四十余户，每年共约出粟八万七千五百余石，小麦三万一千二百余石，秆草五十五万六千余束，绢八百余匹。昨准群牧司指挥，令逐州作二年尽起遣佃户，却收其地入官。今年限满，人户全不肯起移。累经鼓司进状，及三司亦曾论列，不报。访闻广平虽再分为两监，马只有五六千匹，不及往时一监之数。亦不销得此地，枉有废为闲田。纵添得马三二千匹，况元占牧马一匹之地，比淇水监可就牧三匹，亦未为阙事。缘河北西路惟漳河南北最是良田，牧马地已占三分之一，东路又值横陇，商胡决溢，占民田三分之二，乃是河北良田六分，河水马地已占三分，其余又多是高柳及泽卤之地，俾河朔之民何以存济？欲乞且令人户依旧耕佃，供纳租课。若据一年所得，亦可置数倍鞍马，公私大利，无甚于此。伏望圣慈体念河北人户，累值灾伤，流亡未复，岂忍更夺其衣食，俾之失所，有伤和气，无益仁化。又况与国家岁出斛斗万数，利益不少，经久实为稳便。伏望出自宸断特降指挥。[③]

包拯、王沿认为，河北监牧广占农田，致使数十万军队缺乏军粮；且监牧养马数万，没有发挥多大作用，不如废监牧为农田，实行军屯；或将"肥饶之地"租给农户，收其租课，既可增加军粮，满足粮食需求，又可"以助戎马之费"。总之，由于监牧的大量存在，农牧争地已经对农业生产造成了威胁，这成为宋政府需要考量的现实问题。那么，北宋时期监牧在河北

---

① （宋）李焘：《续资治通鉴长编》卷104，天圣四年八月辛巳，北京：中华书局，2004年版，第2415—2416页。

② （清）徐松：《宋会要辑稿·兵》22之4，北京：中华书局，1957年版，第7145页。

③ （宋）张田：《包拯集》卷7《请将邢洺赵州牧马地给与人户依旧耕佃》，北京：中华书局，1963年版，第93—94页。

到底有哪些？它们又是如何分布的呢？为便于说明，现将河北路马监的分布情况统计如表 5-5 所示。

表 5-5 北宋时期河北路马监的地域分布①

路名	马监名称	今地名	马监性质	兴废沿革	史料来源
河北东路	大名府大名三监	河北大名东北	孳生监	大名三马监，太平兴国三年（978），初置养马务，五年，改为牧龙坊。景德三年（1006），分为二坊，同年七月改为大名第一、二监，大中祥符二年（1009）增设第三监，熙宁八年（1075）废监	《宋会要辑稿·兵》21之4，第7126页；《宋史》卷198《兵志》12，第4941页；《玉海》卷149《马政》下，第2734页
	元城马监	河北大名	孳生监	元城马监，设置时间不详，熙宁八年（1075）废监。元祐年间恢复置监	同上
	广平二监	河北广平	孳生监	位于邢、洺、赵三州境内，建隆二年（961）置养马务，太平兴国五年（980）改名牧龙坊，景德二年（1005）改为广平监，大中祥符三年（1010）置第二监，熙宁八年（1075）废	《宋史》卷198《兵志》12，第4930、4937、4941页；《长编》卷166，皇祐元年三月丁巳，第2878页
河北西路	邢州安国监	河北邢台	牧养孳生监	大中祥符二年（1009），置监牧放孳生马匹。景祐二年（1035）春废监，后充作天庆观庄田	《宋会要辑稿·兵》21之5，第7127页
	顺安军高阳监	河北高阳东	普通	熙宁年间废监。凡废监钱归市易之外，又给熙河岁计	《宋史》卷198《兵志》12，第4941页
	真定府真定监	河北正定	普通	同上	同上
	定州监	河北定州	普通	同上	同上

注：因前文将北宋时期属于河北路，今属于河南省地区的监牧统计为河南监牧，故今属于河南省地区的马监没有在统计之列，特此说明

从表 5-5 统计可以看出，河北境内从宋太祖建隆二年（961）到宋哲宗元祐年间先后建立了 10 所马监。宋神宗时期，王安石变法实行保马法，牧马与民，大肆罢废监牧，河北马监也在劫难逃，许多马监惨遭废弃。史载：熙宁八年（1075），"诏河南北见管九监内沙苑监令属群牧司，余八监并废。后尽以牧地募民租佃，所收岁租计百余万"。河北诸监遭到废弃，暂时可

---

① 张显运：《宋代畜牧业研究》，北京：中国文史出版社，2009 年版，第 127—131 页。

以缓解农业的压力，然对于官营牧马业而言则是一个致命打击。诚如司马光所言，"国马尽于此矣"①。

　　韩茂莉依据设置在河北路的官牧监大量马匹却因气候条件不适宜致死，存者亦瘠弱不堪②，认为河北路不适合养马。其实有些史料证明河北气候也是较为适合养马的。

> 　　契丹马骨格颇（大？），多河北孳生，谓之本群马，盖因其水土服习而少疾焉。③
>
> 　　今河北洺（今河北永年东）、卫（今河南汲县）、相（今河南安阳）、北京（今河北大名）五监之地，皆水草甘凉可以蕃息，但官非其人，不能尽法牧养，何者？ 马数虽增未之赏，马数虽耗未之罚，急则括买民马，苟以充数，既不可用，徒有刍秣之费。驱之边境未战而冻死者十八九矣。④

河北路洺、卫、相、北京大名府等州、府监牧"皆水草甘凉可以蕃息"，气候和自然地理条件适宜马匹生存，真正导致马匹死损的原因是人为因素，即官非其人，赏罚不明，牧养不得法。另外，我们从河北民间私营养马的情况亦可知其适合养马。如宋仁宗庆历四年（1044），政府诏令："河北点印民间马，凡收市外，见余二万七百。"⑤又如，宋徽宗宣和七年（1125），宋金战争，宋政府在河北诸郡大括 4 万余牛马。⑥

　　河北一带还是官营牧羊业的重要基地。宋政府专门在邢州、洺州、赵州开辟了大块草地，牧养从榷场买回的羊群。⑦ 因牧羊业兴盛，羊及其副产品成了河北路上供京师与商品贸易的重要物品，每年上供的羊有数万只。边境的雄州（今河北雄县）也有大量官牧羊。宋政府所赐契丹使臣的饩羊（用于赠送的活羊），由于在道驱使不便，大中祥符二年（1009），宋真宗诏令雄州地方政府赠送本地羊。⑧

---

　　① （宋）司马光：《涑水记闻》卷 15，北京：中华书局，1989 年版，第 197 页。

　　② 韩茂莉：《宋代农业地理》，太原：山西古籍出版社，1993 年版，第 9 页。

　　③ （元）马端临：《文献通考》卷 160《兵考》12，北京：中华书局，1986 年版，第 1390 页。

　　④ （宋）宋祁：《景文集》卷 29《论群牧制置使》，丛书集成本，第 1872 册，第 366 页。

　　⑤ （元）脱脱等：《宋史》卷 198《兵志》12，北京：中华书局，1977 年版，第 4934 页。

　　⑥ （宋）徐梦莘：《三朝北盟会编》卷 24，宣和七年十二月丁未，上海：上海古籍出版社，1987 年版，第 173 页。

　　⑦ （宋）欧阳修：《欧阳修全集》卷 118《乞住买羊》，北京：中华书局，2001 年版，第 1818 页。

　　⑧ （宋）李焘：《续资治通鉴长编》卷 72，大中祥符二年十二月己丑，北京：中华书局，2004 年版，第 1644 页。

总之，北宋时期，河北官营畜牧业尤其是牧马业，由于优越的自然条件及广泛的社会需求，取得了较大发展，但畜牧业发展的同时，与农业生产产生了深刻的矛盾，作为畜牧业物质基础的牧地如果得不到根本保障，畜牧业的发展无疑会举步维艰。

四、东南地区官营畜牧业

宋代东南地区①向以农业和商品经济发达而闻名，有"苏湖熟，天下足"之美誉。相比而言，官营畜牧业似乎不那么光彩夺目，故未引起学者的重视。诚然，在北宋时期，官营畜牧业几乎完全分布在黄河流域一带相对适合畜牧的区域，东南地区则显得无足轻重。1127 年，北宋灭亡，宋室偏安江南，宋金形成了东起淮水，西到大散关的国土分界线，黄河流域适合畜牧的区域几乎丧失殆尽，南宋政府不得不将官营畜牧业，尤其是牧马业迁徙到江南一带。

（一）官营牧马业

马性喜凉，宋代东南地区由于高温多雨，不大适合马匹的生存，牧马业的发展举步维艰。尽管如此，南宋政府由于丧失了淮河以北的大片国土，偏安江南，官营监牧不得不从黄河沿岸移到江淮流域，在东南地区相继建立了十几所马监。现将东南地区马监分布情况统计如表 5-6 所示。

表 5-6　宋代东南地区马监分布概况统计表

路名	马监名称	今地名	马监性质	兴废沿革	史料来源
两浙路	余杭马监	浙江杭州西北	孳生监	绍兴四年(1134)置监，以杨宗悯提点。罢废时间不详	《宋会要辑稿·兵》21 之 9，第 7129 页
	南荡马监	浙江杭州	孳生监	绍兴四年置监，以杨宗悯提点，乾道六年(1170)，罢南荡马监以田还民。《宋会要辑稿补编》则为乾道四年(1168)罢监	《宋会要辑稿·兵》21 之 9，第 7129 页；《宋史》卷 198《兵志》12，第 4954 页
	左右骐骥二院	浙江杭州	御马监	南宋初年置监，在杭州漾沙坑，一说在紫坊岭。两院以马 24 匹为额	《梦粱录》卷 9《监当诸局》，第 72—73 页；(宋)周淙：《乾道临安志》，第 9 页
	宜兴马监	江苏宜兴	牧养监	牧马寨旧有二，一在宜兴县法藏寺前，一在潼渚村。中兴后为殿司牧放之所，乾道年间徙往苏、湖等州	(宋)史能之：《咸淳毗陵志》卷 12《武备》，第 3058 页

① 本处所述东南地区指宋统治下的江南东路、淮南路和两浙路。

续表

路名	马监名称	今地名	马监性质	兴废沿革	史料来源
淮南东路	瓜州马监	江苏扬州	孳生监	设置时间不详，淳熙七年（1180）二月废监	《宋史》卷35《孝宗纪》3，第672页
	扬州马监	江苏扬州	孳生监	隆兴元年（1163）张浚请求置监，扬州守臣向子固买马1000匹。所养马皆质量低劣，不堪军用，隆兴二年五月罢废	《宋会要辑稿·兵》21之12至13，第7130—7131页；《宋会要辑稿补编》，第413页
	含山县二马监	安徽含山	牧养孳生监	乾道四年（1168）七月始置，一在县东乌土冲，一在县西天公摇，水草丰美，牧养御前驹马	《宋会要辑稿·兵》21之33，第7141页
	和州马监	安徽马鞍山西北	普通	设置时间不详，后废。嘉泰四年（1204）又置，后废，开禧元年（1205）十月复置	《宋史》卷38《宁宗纪》3，第738页；《续编两朝纲目备要》卷8，开禧元年十月甲子，第152页
淮南西路	蕲春马监	湖北蕲春	普通	设置时间不详，后废，开禧元年（1205）复置监	《续编两朝纲目备要》卷8，开禧元年六月壬寅，第150页
江南东路	建康府马监	江苏南京	普通	乾道五年（1169）二月置监，牧马5000匹，由淮西总领所管理	《宋会要辑稿·兵》21之34，第7141页
	饶州马监	江西波阳	孳生监	绍兴二年（1132）置监，以守臣提领，选使臣5人专主其事。因置于饶州四望山，地势高寒，非马所宜，自置监后孳育率低下，绍兴五年三月废监	《玉海》卷149《马政》下，第2740页；《建炎以来系年要录》卷87，绍兴五年三月庚子，第2824页；《宋会要辑稿·兵》21之9，第7129页
	双港马监	江西波阳	孳生监	绍兴三年（1133）八月置监，诏令提举饶州监牧都渐应办各项事宜	《宋会要辑稿·兵》21之9，第7129页

由表5-6可知，东南地区陆续建立了14所马监，它们大多集中在行在临安周围，有拱卫京师之意图。马监兴废频繁，有些存在时间还不到一年。如扬州马监，宋孝宗隆兴元年（1163）九月置监，第二年五月便废，仅存在8个月时间；饶州马监，宋高宗绍兴二年（1132）置监，绍兴五年（1135）三月罢废。马监所养马匹孳育率低，死损严重：

（绍兴五年三月）庚子，罢饶州孳生监……自置监至今，所蓄北、牡马五百六十二，而毙者三百十有五，驹之成者，二十有七而已，其刍粟又皆赋于民，人不以为便，故罢之。①

　　后（乾道年间）又置监于郢、鄂之间，牝牡千余，十有余年，才生三十驹，而又不可用，乃已。②

宋高宗绍兴年间饶州孳生监养马 562 匹，三年期间死损 315 匹，而孳生驹子仅为 27 匹，孳生成活率还不到 6%。宋孝宗乾道年间孳生率更低，郢（今湖北钟祥）、鄂（今湖北鄂州）之间的孳生监，10 年间孳生率仅为 4% 左右。"马生西北，骤至东南，已失其性"③，当是一个重要因素。

（二）其他官畜

宋代东南诸路还饲养有一定数量的官牧牛、羊。《宋会要·食货》记载，宋高宗绍兴年间东南发生灾荒，政府诏令："诸路州县将寄养官牛权那一半，许缺牛人户租赁。依本处乡原则合纳牛租，以十分为率，量减二分。"④绍兴五年（1135），政府在浙东、福建各买牛 2000 头⑤，租赁给缺牛农户。宋政府对东南诸路的耕牛贸易非常重视，派专人负责置场买牛，并把买来的牛群分编成纲，每纲 100 头，选差兵士 20 人，将校、等级各 1 名管押。为了防止贩运途中管理人员偷换耕牛，还把每头耕牛用牌子标号，写上牛的齿口、格尺，建立档案。为了增强押纲士兵的责任心，减少耕牛死损，政府也出台了一些奖惩措施："如倒死不及五厘，将校、节级并与转一资，管押人支赐银、绢各一两匹。如死损过分，从杖一百科罪，仍依元买价赔偿。"⑥可见，东南地区存在着一定的官牧牛，这些牛有些是当地牧养，有些则来源于耕牛贸易。

南宋时期，东南地区还饲养有一定数量的官羊。如宋高宗绍兴年间规定皇太后每月食料羊 90 口⑦，这些羊基本上来源于当地。宋孝宗乾道年间，官方在行在临安圈养了一些胡羊："御马院所养胡羊，每遇断屠，则以一

---

①　（元）佚名：《宋史全文》卷 19 中，绍兴五年三月庚子，哈尔滨：黑龙江人民出版社，2003 年版，第 1162 页。

②　（宋）李心传：《建炎以来朝野杂记·甲集》卷 18《孳生监牧》，北京：中华书局，2000 年版，第 432 页。

③　（清）徐松：《宋会要辑稿·兵》26 之 23，北京：中华书局，1957 年版，第 7238 页。

④　（清）徐松：《宋会要辑稿·食货》1 之 9，北京：中华书局，1957 年版，第 4806 页。

⑤　（清）徐松：《宋会要辑稿·食货》63 之 96，北京：中华书局，1957 年版，第 6020 页。

⑥　（清）徐松：《宋会要辑稿·食货》2 之 13，北京：中华书局，1957 年版，第 4831 页。

⑦　（清）徐松：《宋会要辑稿·职官》21 之 13，北京：中华书局，1957 年版，第 2859 页。

口奉太上,一口奉寿圣。"①这种胡羊比较珍贵,采用舍饲喂养,专供御膳。

综上所述,南宋时期东南诸路存在着一定数量的官营畜牧业,所养牲畜主要是马、牛、羊等。东南地区官营畜牧业的发展存在诸多不利因素。首先,从自然、地理条件上看,东南地区属于亚热带,高温多雨,不大适合马、驴、驼等"喜干爽、温凉"的牲畜生存。据现代科学研究,炎热多雨的环境下马、驴等家畜散热受阻,体温升高,皮肤充血,呼吸困难,中枢神经受体内高温影响而导致机能障碍,严重者引起病变和死亡。② 正因为如此,东南诸路官营马匹的孳育率很低,而死亡率很高。另外,两宋时期东南地区又是我国古代自然灾害极为频繁的时期,尤其是水灾和疫病严重摧残了东南地区的官、私畜牧业。

> 臣访闻浙西疾疫大作,苏、湖、秀三州……有田无人,有人无粮,有粮无种,有种无牛,饿死之余,人如鬼腊。③
>
> 绍兴五年,江东、西羊大疫。④
>
> 绍熙十四年春,淮西牛大疫死。
>
> 庆元元年,淮浙牛多疫死。⑤
>
> 乾道三年六月,庐、舒、蕲州水,坏苗稼,漂人畜。
>
> 乾道四年七月壬戌,衢州大水,败城三百余丈,漂民庐、孳牧,坏禾稼。
>
> 是岁(乾道五年)夏秋,温、台州凡三大风,水漂民庐,坏禾稼,人畜溺死者甚众。
>
> 淳熙十五年五月戊午,祁门县群山暴汇为大水,漂田禾、庐舍、冢墓、桑麻、人畜什六七,浮胔甚众,余害及浮梁县。
>
> 嘉定十一年六月戊申,武康、吉安县大水,漂官舍、民庐,坏田稼,人畜死者甚众。⑥

---

① (元)佚名:《宋史全文》卷26下,淳熙七年十一月己未,哈尔滨:黑龙江人民出版社,2003年版,第1857页。

② 中国牧区畜牧气候区划科研协作组:《中国牧区畜牧气候》,北京:气象出版社,1988年版,第2页。

③ (宋)苏轼:《苏轼文集》卷34《再论积欠六事四事札子》,北京:中华书局,1986年版,第971页。

④ (元)马端临:《文献通考》卷312《物异考》18,北京:中华书局,1986年版,第2444页。

⑤ (元)马端临:《文献通考》卷311《物异考》17,北京:中华书局,1986年版,第2440—2442页。

⑥ (元)脱脱等:《宋史》卷61《五行志》1上,北京:中华书局,1977年版,第1319—1337页。

由上述史料可知，宋代尤其是南宋，疫病和水灾爆发频繁，是导致东南地区官、私牲畜死亡的巨大杀手，常常造成牲畜"大疫死"、"多疫死"、"溺死者甚众"的悲惨局面，畜牧业的发展无疑是雪上加霜。

五、 两湖地区官营畜牧业

南宋时期，偏安江南，原来适合养马的黄河流域基本上沦为金人的统治之下，为了发展骑兵，宋政府不得不将官营牧马业迁徙到淮河以南的区域。两湖地区亦成为南宋政府官马分布的重要区域之一。据笔者统计，南宋初年到宋宁宗嘉定年间，两湖地区共兴置6所马监，详细情况如表5-7所示。

表 5-7　南宋时期两湖地区马监的地域分布

路名	马监名称	今地名	马监性质	兴废沿革	史料来源
淮南西路	蕲春马监	湖北蕲春	普通	设置时间不详，后废，开禧元年(1205)复置监	《续编两朝纲目备要》卷8，开禧元年六月壬寅，第150页
湖北路	鄂州马监	湖北武汉	牧养监	鄂州大军所置。监牧兴盛时，马匹蕃息可满足军中所需。绍兴年间罢废，马匹荡然无存	(明)杨士奇编：《历代名臣奏议》卷242《马政》，第847页
不详	汉阳军马监	湖北武汉	收发马监	乾道四年(1168)正月二十九日，宋孝宗诏令赵搏置监，后罢废，开禧元年(1205)重新置监	《宋会要辑稿·兵》21之13，第7131页；《续编两朝纲目备要》卷8，开禧元年六月壬寅，第150页
不详	德安府应城县马监	湖北应城	孳生监	乾道六年(1170)六月，赵搏置监。到乾道九年收马630匹，孳育率低，死损严重，同年罢废	《玉海》卷149《马政》下，第2740页；《宋会要辑稿·兵》21之14、之15，第7131—7132页
不详	华容马监	湖南华容	孳生监	嘉定十三年(1220)置监。华容县邓氏马产龙驹，朝廷知道后，命令在此设立马监，以示祥瑞	(清)夏力恕编：《湖广通志》卷1，第66页
湖北路	荆南龙居山马监	湖北江陵	孳生监	乾道六年(1170)三月，刘珙置监，牧养马500匹。置监数年止生驹10余匹，不堪骑乘，乾道九年(1173)五月六日废监	《宋会要辑稿·兵》21之15至16，第7132页

从表5-7可知，南宋两湖地区马监基本上分布在今湖北省境内，尽可能的靠近北方的区域，湖南省境内仅有1所华容马监，其设置的原因仅仅是当地一户邓氏人家所养马生了龙驹，为了庆贺这种祥瑞才于此设立了马监；两湖地区的马监所养马数额较少，且兴废无常，"马性喜凉，非炎方

所利"，这是因为南方气候炎热不适合马匹生存。

六、　西南、两广一带官营畜牧业

客观而言，西南与两广地区就其自然条件而言不大适合畜牧业，尤其是喜干爽的马、羊、骆驼等牲畜的饲养。但西南与两广地域广阔，人口稀少，由于纬度位置的差异，各个州郡畜牧业的发展是不平衡的，那些靠近西北传统的畜牧业基地的州县养马业还是有所发展的，如利州路宕昌（今甘肃宕昌）、峰贴峡（今甘肃舟曲西）、文州（今甘肃文县）等位于北纬35°，属暖温带大陆性季风气候，"地接乌蛮、西羌，皆产大马"[①]，西南边境一些少数民族地区，"地连西戎，马生尤蕃"。[②] 而且在两宋时期，尤其是南宋时期，由于传统市马区域的丧失，西南不少州县是宋代官马重要的输出地。而一些处于热带、亚热带地区的州县，因气候炎热，官畜较少，虽也作为上贡马匹的地区，但所产马质量低劣。如黎（今四川汉源）、叙（今四川宜宾）等5州所产马上贡朝廷，"每纲五十，其间良者不过三五，中等十数，余皆下等，不可服乘"[③]。退而求其次，南宋政府仍然在在川峡的益（今四川成都）、黎（今四川汉源）、戎（今四川宜宾东）、茂（今四川茂县）、雅（今四川雅安）、夔州（今重庆奉节）、永康军（今四川都江堰）等处置买马务，派遣官员专主买马事宜。[④] 有宋一朝的320年间，宋政府在西南与广南地区陆续购买了10余万马匹，详细情况如表5-8所示。

表 5-8　西南、两广一带的马匹输出　　　　（单位：匹）

时间	买马数额	史料来源	备注
嘉祐五年至八年（1060—1063）	2 100	杜大珪：《名臣碑传琬琰集》卷32《赵待制开墓志铭》，第867页	黎州市马数额
元符二年（1099）	5 280	《宋会要辑稿·职官》43之80至81，第3299—3300页	同上
元符三年（1100）	4 100	同上	同上
崇宁三年（1104）	4 100	《宋会要辑稿·职官》43之82，第3300页	同上
绍兴五年（1135）	3 500	《宋会要辑稿·兵》22之24，第7155页	提举广西路买马司买马数

———————————

① （元）脱脱等：《宋史》卷198《兵志》12，北京：中华书局，1977年版，第4955页。

② （宋）范成大著，胡起望、覃光广校注：《桂海虞衡志辑佚校注·志兽》，北京：中华书局，1999年版，第92页。

③ （元）脱脱等：《宋史》卷198《兵志》12，北京：中华书局，1977年版，第4955页。

④ （元）马端临：《文献通考》卷160《兵考》12，北京：中华书局，1986年版，第1389页。

续表

时间	买马数额	史料来源	备注
绍兴十三年(1143)	18 750	《建炎以来系年要录》卷148,绍兴十三年二月辛巳,第2382页	川陕卖茶博马数
绍兴十六年(1146)	2 340	《宋会要辑稿·兵》22之31,第7159页	邕州(今广西南宁)提点买马司买马数
绍兴二十七年(1157)	8 700	《宋史》卷198《兵志》12,第4956页	四川茶马司买马岁额
隆兴元年(1163)	1 500	《宋会要辑稿·兵》22之28,第7157页	广西经略司买马岁额
乾道三年(1167)	8 270	《宋会要辑稿·兵》23之1,第7160页	四川茶马司买马岁额
乾道年间(1165—1173)	11 900	《建炎以来朝野杂记·甲集》卷18《川秦买马》,第424页	其中川司6000匹,秦司5900,此为所定买马岁额
乾道七年(1171)	15 900	《宋会要辑稿·兵》23之6,第7162页	除岁额买马11 900匹外,四川宣抚司、广西邕州提点买马司于岁额外各买骒马2000匹
淳熙元年(1174)	1 151	《宋会要辑稿·兵》23之12,第7165页	在叙州(今四川宜宾东)买七等马851匹,骟驮马300匹
庆元元年(1195)	11 016	《建炎以来朝野杂记·甲集》卷18《川秦买马》,第425页	其中川司买马岁额4896匹,秦司为6120匹
嘉泰四年(1204)	12 994	同上	其中川司买马岁额5196匹,秦司为7798匹

从表5-8统计来看,从宋仁宗嘉祐年间(1056—1063)到宋宁宗嘉泰四年(1204)的140余年间,宋政府在西南、广南一带共购进马匹111 601匹。需要说明的是有些马匹并非本地所产,是边境少数民族将马匹驱赶至此地进行贸易。如北宋时期,政府在广南路横山寨所买马匹大多来源于周边大理、自杞①等国(图5-1)。据周去非《岭外代答·经略司买马》、《宜州买马》条记载:

自元丰间,广西帅司已置干办公事一员于邕州,专切提举左、右江峒丁同措置买马。绍兴三年,置提举买马司于邕。六年,令帅臣兼领。今邕州守臣提点买马经干一员,置廨于邕者,不废也,实掌买马之财。其下则有右江二提举,东提举掌等量蛮马,兼收买马印;西提举掌入蛮界招马。有同巡检一员,亦驻札横山寨,候安抚上边,则率甲兵先往境上,警护诸蕃人界。有知寨、主簿、都监三员,同主管买马钱物。产马之国曰大理、自杞、特磨、罗殿、毗那、罗孔、谢蕃、

---

① 自杞国是南宋时期云南东部、贵州西南地区的一个以"乌蛮"为主体的少数民族政权。

图 5-1　北宋横山寨买马图[①]

滕蕃等。每冬，以马叩边。买马司先遣招马官，赍锦缯赐之。马将入境，西提举出境招之。同巡检率甲士往境上护之。既入境，自泗城州行六日至横山寨，邕守与经干，盛备以往，与之互市，蛮幕谯门而坐，不与蛮接也。东提举乃与蛮首坐于庭上，群蛮与吾兵校博易、等量于庭下。朝廷岁拨本路上供钱、经制钱、盐钞钱及廉州石康盐、成都府锦，付经略司为市马之费。经司以诸色钱买银及回易他州金银彩帛，尽往博易。以马之高下，视银之重轻，盐锦彩缯，以银定价。岁额一千五百匹，分为三十纲，赴行在所。绍兴二十七年，令马纲分往江上诸军。后乞添纲，令元额之外，凡添买三十一纲，盖买三千五百匹矣。此外，又择其权奇以入内厩，不下十纲。马政之要，大略见此。

绍兴三十一年，自杞与罗殿有争，乃由南丹径驱马直抵宜州城下。宜人峻拒不去，帅司为之量买三纲，与之约曰："后不许此来！"自是有献言于朝："宜州买马良便。"下广西帅臣议，前后帅臣，皆以宜州近内地不便。本朝堤防外夷之意，可为密矣，高丽一水可至登、莱，必令自明州入贡者，非故迁之也，政不欲近耳。今邕州横山买马，诸蛮远来，入吾境内，见吾边面阔远，羁縻州数十，为国藩蔽，峒丁之强，足以御侮，而横山夐然远在邕城七程之外，置寨立关，傍引左、右江诸寨丁兵，会合弹压，买马官亲带甲士以临之，然后与之为市。其形势固如此。今宜州之境，虎头关也，距宜城不三百里。一过虎关，险阻九十里，不可以放牧，过此即是天河县平易之地，已逼宜城矣，此其可哉？[②]

①　江天健：《北宋市马之研究》，台北：台湾"国立"编译馆，1995年版，第296页。
②　周去非著，杨武泉校注：《岭外代答校注》卷5《财计门》，北京：中华书局，1999年版，第186—190页。

由上述史料可知，宋代在广西横山寨(今属广西田东县)买马始于宋神宗元丰年间，广西经略买马司在横山寨派驻官员，专门负责买马。运到横山寨的马匹基本上来源于大理、自杞、特磨、罗殿、毗那、罗孔、谢蕃、膝蕃诸国及民族。他们将马匹贩运到横山寨，邕州(今广西南宁)知州与经办买马官员"与之互市"，每年1500匹；宋高宗绍兴二十七年(1157)，增加到3500匹。绍兴三十一年(1161)自杞与罗殿发生纠纷，南宋朝买马由邕州横山寨移到宜州(今广西宜州)。

为了运输马匹，宋政府还在西南、两广一带建立了收发马监，作为马匹运输的中转站。沿边一带贩运而来的马匹在这些马监里稍作休息，然后再运到行在临安或前线。宋代西南、两广一带马监的分布情况如表5-9所示。

表 5-9　宋代西南、两广一带马监的地域分布

路名	马监名称	今地名	马监性质	兴废沿革	史料来源
利州东路	兴元府马务	陕西汉中	收发马监	嘉泰三年(1203)置监，每年发三衙马120纲，因茶马司克扣博马钱帛，因此经常达不到此数	《宋史》卷198《兵志》12，第4955页
	利州马监	四川广元	普通	设置时间不详，后废，开禧元年(1205)十月复置监	(宋)刘时举：《续宋编年资治通鉴》卷13，开禧元年十月甲子，第1011页
利州西路	西和州丰草监	甘肃西和	收发马监	淳熙十二年(1185)十二月置监，负责马匹歇养，管理牧养人员达100人	《宋史全文》卷27下，淳熙十二年十二月庚戌，第1915页
	西和州宕昌马务	甘肃宕昌	收发马监	嘉泰三年(1203)置监，养饲买回的纲马，以供军用	《宋会要辑稿·兵》26之15，第7234页
	阶、成、凤州牧马监	甘肃武都、成县和陕西凤县东北	普通	乾道六年(1170)十月九日，四川宣抚使王炎得旨置监。该地水草丰美，宜于牧马	《宋会要辑稿·兵》25之26，第7213页
成都府路	成都府里、外马监	四川成都	普通	嘉泰元年(1201)置监，有监官2员，嘉泰四年(1204)，设置里马监官1员，所有指挥1员	《宋会要辑稿·兵》26之18，第7235页
	成都府马务	四川成都	收发马监	兴废时间不详，岁发江上诸军马凡58纲，月券钱米200缗，每年共计11600缗	《宋史》卷198《兵志》12，第4955页
广南东路	潮州马监	广东潮安	普通	绍兴三十年(1160)置监	《宋史》卷31《高宗纪》8，第594页
	惠州马监	广东惠州	普通	同上	同上

路名	马监名称	今地名	马监性质	兴废沿革	史料来源
广南西路	邕州马监	广西南宁	收发马监	置于绍兴三十二年(1162)十二月十四日，养饲从横山买来的部分马匹	《宋会要辑稿·兵》22之27，第7157页
	邕州上郭地马监	广西南宁	收发马监	乾道八年(1172)置监，饲养母马1000匹，3年为一界，押赴临安交纳	《宋会要辑稿·兵》23之8，第7163页

由表5-9可知，宋代在西南、广南一带共置马监13所，其中收发马监6所，普通马监7所。这就表明，这一地区除贩运马匹外，还饲养一部分官马。当然，因气候原因，马匹死损相当严重。

需要指出的是，广南一带还饲养一部分官牧牛，"桂州管内，先配民岁市沙糖，及茶园久荒，吏岁征其课，先以官牛给与民，岁取租"。宋太宗太平兴国年间一次就曾给当地缺牛农户官牛226头。[①]

综上所述，两宋时期，西南与广南一带官营畜牧业以饲养马匹为主，各地区因气候与环境的不同，官马的分布也存在较大差异。客观上而言，西南、广南一带官营监牧更多的是作为一种临时过渡，即中转站的性质，其饲养的官马暂时寄养在这里，然后运到东南地区和边境前线。

第二节　民间畜牧业的地域分布与生态环境变迁

两宋时期民间畜牧业因受气候与生态环境的影响，牲畜的种类与数量分布具有明显的地域特征。骆驼、羊、马、驴等牲畜耐旱性强，大多分布在气候温凉的北方地区；黄牛、猪、鸡对环境的适应性较强，对食物品质的要求不高，耐粗饲，在全国各地均有分布；水牛、鹅、鸭等畜禽则主要分布在气候炎热多雨的江南地区。

一、 民间养马业的地域分布与生态环境的关系

（一）气候对民间养马业的影响

马的地理分布直接或间接受地球经纬度，尤其是纬度的影响和制约。纬度位置的高低主要反映出降水量和温度的变化。一般来说，纬度每增加1°，

---

① （宋）李焘：《续资治通鉴长编》卷24，太平兴国八年八月癸巳，北京：中华书局，2004年版，第549页。

平均气温约下降 0.55℃。另外，年降水量的大小与季节性分布相关，不但影响植物生长，而且还影响着人们选择不同的畜种结构、品种结构和饲养管理形式，从而影响马的分布。[①]

我国是世界上养马历史悠久，饲养马匹数量较多的国家之一。马在我国分布十分广泛，无论是寒风凛冽的冀北，还是杏花春雨的江南，都可以领略到马的风采。就目前较新的统计资料来看，我国马匹现有 11 个品种，其中 9 个是土产马，另外 2 个是从其他国家引进的。[②] 另据王清义研究，我国马匹按照其地理分布及生态条件，可分为六大类型。即北部牧区草原马、西北牧区高山草原马、西北高原马、青藏高原马、西南山地马、岛屿或局部闭锁地区马。[③]

在古代中原王朝与周边少数民族国家交往中马匹扮演着重要角色。由于受自然条件和历史传统的影响，中原汉民族虽也发展养马业，但往往缺少良马，加上政治、经济、军事、外交诸因素的影响，必须从境外引进马匹。周边民族因受自然环境的影响，往往也需要用自己所拥有的马匹去换取必需的生活用品。在两宋时期，这种茶马贸易对宋朝而言则显得尤为重要，因为宋代养马业先天不足，不得不依靠周边民族和国家的马匹。

宋代疆域狭小，适合养马的区域更少。宋朝还是我国历史上自然灾害最为频繁的时期，对牧草的生长和马匹的健康非常不利，总体而言，宋代养马业具有明显的先天不足的特点。

> 太仆寺言犬马非其土性不畜。前代皆置牧与西北之地，藉其地气高凉。今单镇、原武置监，皆地炎热，马失其性。[④]
> 窃见茶司之马，每岁发卒取隶诸军，积而计之，宜不可胜数，而诸军之马曾不加多。尝访其故，盖缘马生西北，骤至东南，已失其性。[⑤]

前述提到，五代时期，后晋石敬瑭割幽云十六州给契丹，致使唐朝以前养马的区域沦为契丹人之手，剩下一些狭窄的牧地也为边境民户开辟为农田。如此尴尬的境地，促使宋政府不得不将马匹放在内地气候炎热的区域

---

① 王清义等：《中国现代畜牧业生态学》，北京：中国农业出版社，2008 年版，第 250 页。
② 田家良：《马驴骡的饲养管理》，北京：金盾出版社，2002 年版，第 8—11 页。
③ 王清义等：《中国现代畜牧业生态学》，北京：中国农业出版社，2008 年版，第 251—252 页。
④ (宋)李焘：《续资治通鉴长编》卷 465，元祐六年闰八月甲子，北京：中华书局，2004 年版，第 11102 页。
⑤ (清)徐松：《宋会要辑稿·兵》26 之 22 至 23，北京：中华书局，1957 年版，第 7237—7238 页。

饲养，导致马匹失去了赖以生存的环境，孳育率低下，死损严重。

据现代科学研究，气候因素中对家畜影响最大的是环境因素。气温过高使家畜的散热发生困难，影响牲畜采食和饲料报酬[①]等许多方面，所以一般的热带家畜生产力较低。[②] 马是喜温良的动物，炎热的气候直接影响马匹的繁殖，"马者，火畜也。其性恶湿，利居高燥"。马"性畏暑，不畏寒，病宜洗澡，不宜日晒"。[③] 马匹适合生活在干燥温凉的地方，春季要喂药预防疾病，夏季要洗澡，以防中暑。南宋偏安江南，马监牧地不得不从北方相对温凉的地带迁到湿热的江南地区，结果孳育率低，死损严重。如饶州孳生监，绍兴二年（1132）置监到绍兴五年（1135）三年间，"所蓄牝、牡马五百六十二，而毙者三百十有五，驹之成者，二十有七而已"[④]。繁殖马驹27匹，孳生成活率仅为6%。又如宋孝宗乾道年间在湖北设置马监，"牝牡千余，十有余年，才生三十驹，而又不可用乃已"[⑤]。10年之间繁殖率为4%，得不偿失。另一方面，茶马司从西北气候温凉的地区购买的马匹因不适应南方湿热的环境也大批死亡。

总之，一方面，宋朝丧失了西北地区传统的畜牧业基地，马匹的生境受到了破坏，兼之不少马匹来自于外方，不适应宋代东南地区炎热的气候，死损严重；另一方面，两宋又是我国古代内忧外患最为频繁的时期，对马匹的需求非常迫切，因此，不管是官方还是民间尽可能地发展养马业。

两宋时期从西北到江南地区由于生态环境和气候的差异，各地区马匹的数量和质量差别很大。北方温凉干燥，民间养马业较为兴盛；南方炎热多雨，养马业相形见绌。

（二）北方民间养马业

首先是西北边境地区，这里是传统的畜牧业基地，所产马品种优良。如西北蕃马，主要产于吐蕃及邻近地区，即今天的西藏、青海一带的青藏高原地区，它是今天藏马的祖先。西北地区自古以来就是我国马匹的主要产地，所产马匹品种优良，也是宋朝市马的主要来源之一。据《宋史·兵

---

① 饲料报酬，是畜牧业生产中表示饲料效率的指标，它表示每生产单位重量的产品所耗用饲料的数量。

② 中国畜牧兽医学会：《畜牧学进展》，北京：农业出版社，1964年版，第14页。

③ （宋）赵希鹄：《调燮类编》卷4，丛书集成初编本，第211册第88—89页。

④ （元）佚名：《宋史全文》卷19中，绍兴五年三月庚子，哈尔滨：黑龙江人民出版社，2003年版，第1162页。

⑤ （宋）李心传：《建炎以来朝野杂记·甲集》卷18《孳生监牧》，北京：中华书局，2000年版，第432页。

志》记载：

> 宋初，市马唯河东、陕西、川峡三路，招马唯吐蕃、回纥、党项、藏牙族，白马、鼻家、保家、名市族诸蕃。至雍熙、端拱间，河东则麟、府、丰、岚州、岢岚、火山军、唐龙镇、浊轮砦，陕西则秦、渭、泾、原、仪、延、环、庆、阶州、镇戎、保安军、制胜关、浩亹府，河西则灵、绥、银、夏州，川峡则益、文、黎、雅、戎、茂、夔州、永康军，京东则登州。自赵德明据有河南，其收市唯麟、府、泾、原、仪、渭、秦、阶、环州、岢岚、火山、保安、保德军。其后置场，则又止环、庆、延、渭、原、秦、阶、文州、镇戎军而已。[①]

宋初以来，居住在西北地区的吐蕃、回纥、党项、藏牙族，白马、鼻家、保家、名市族诸蕃盛产名马，是宋政府重要的马匹输入地。西夏赵德明崛起后占据了这些地区，阻碍了内地与西北边境地区的茶马贸易，宋政府才不得不忍痛割爱，将买马地点转移到北部河东路和西南地区的川峡一带。

西北部的秦凤、永兴军、河东路一带，维度位置偏高，气候寒冷，有些地方不大适合种植业的发展，当地的农户因地制宜发展养马业。如陕西边境一带，气候寒冷，小麦经周年才能够成熟，味苦难食。[②] 保安军（今陕西志丹）"地寒霜早，不宜五谷"[③]。"熙河一路数州，皆有田宅、牛马，富盛少比"。[④] 养马业是当地的主要产业。"河北、陕西、河东出马之地，民间皆宜畜马"。[⑤] 尤其是熙州（今甘肃临洮）和河州（今宁夏河州），"出马最多"[⑥]。永兴军同州（今陕西大荔）一带，"畜宜牛马"[⑦]。河东路"山川深峻，水草甚佳，其地高寒，必宜马性"[⑧]。这里所产马匹称为西马，又称秦马，以府州（今陕西府谷）所产质量最优。"凡马以府州为最，盖生于子河汊，

---

① （元）脱脱等：《宋史》卷198《兵志》12，北京：中华书局，1977年版，第4932—4933页。

② （宋）庄绰：《鸡肋编》卷上，北京：中华书局，1983年版，第16页。

③ （宋）乐史：《太平寰宇记》卷37《保安军》，文渊阁四库全书本，第321页。

④ （宋）李焘：《续资治通鉴长编》卷489，绍圣四年七月癸丑，北京：中华书局，2004年版，第11607页。

⑤ （宋）宋祁：《景文集》卷29《又论京东西淮北州军民间养马法》，文渊阁四库全书本，第1872册，第367页。

⑥ （宋）李焘：《续资治通鉴长编》卷254，熙宁七年六月丁卯，北京：中华书局，2004年版，第6205页。

⑦ （宋）宋敏求：《长安志》卷1《土产》，宋元方志丛刊本，北京：中华书局，1990年版，第77页。

⑧ （宋）欧阳修：《欧阳修全集》卷112《论监牧札子》，北京：中华书局，2001年版，第1703页。

有善种"。① 特殊的地理环境造就了府州马优良的品质。隰州(今山西隰县)石城县也盛产良马，境内有一泉，"因山下牧马，多产名驹，故得龙泉之号"②。此外，河东路的岚(今山西岚县)、石州(今山西离石)麟(今陕西神木)、丰(不详)、岚州(今山西岚县)、岢岚(今山西岢岚)、火山军(今山西河曲南)、唐龙镇(今山西偏关唐隆镇)、浊轮砦(不详)等地区，民间普遍养马，成为宋政府的重要马源。③ 宋仁宗天圣四年(1026)，购得"蕃部省马，总三万四千九百余匹"④。一次购买 3 万多匹，足见其民间养马之兴盛。

河北气候凉爽，为马匹生存提供了良好的环境。"今河北洺、卫、相、北京五监之地，皆水草甘凉可以蕃息"。洺州、卫州、相州、北京大名府等府州，气候温凉，水草丰美，有利于马匹的生息繁衍。因河北处于宋辽的交界处，契丹马和河北本土马杂交，孕育了一种良马——本群马。河北马匹精良且多，苏颂曾描述当地养马业的盛况，"田畴高下如棋布，牛马纵横似谷量"⑤。养马之兴盛自不待言。

京东路山东、江苏与豫东的部分州县民间养马业较为兴盛，但各地发展又具有不平衡性。齐(今山东济南)、淄(今山东淄博南)、青(今山东青州)、郓(今山东东平)、密(今山东诸城)、维(今山东潍坊)6 州产马最多，且体格高大，称为东马。尤其是齐州和淄州，"民号多马，禹城(今山东禹城)一县养马三千，壮马居三之一……虽土产，亦骨格高大，可备驰突之用。兼齐州第六将骑兵多是东马，与西马无异"⑥。齐、淄等州所产马骨格高大，品种优良，适合用于行军打仗。元丰七年(1084)提举京东路保马霍翔在当地买马 1.1 万匹。⑦ 濮(今山东鄄城)、济(今山东巨野)、沂(今山东临沂)、兖(今山东兖州)、徐(今江苏徐州)、单(今山东单县)、曹州(今山东菏泽)、淮扬军(今江苏邳州南)、南京(今河南商丘)产马相对少一些，登(今山东蓬莱)、莱(今山东莱州)2 州产马多，但马质低劣，往往不及格尺。⑧ 京东地区各地产马虽数量不等，质量优劣不同，但总体上看民间养

<hr/>

① (元)马端临：《文献通考》卷 160《兵考》12，北京：中华书局，1986 年版，第 1390 页。

② (宋)乐史：《太平寰宇记》卷 48，文渊阁四库全书本，第 469 册，第 411 页。

③ (元)脱脱等：《宋史》卷 198《兵志》12，北京：中华书局，1977 年版，第 4932 页。

④ (宋)李焘：《续资治通鉴长编》卷 104，天圣四年九月戊申，北京：中华书局，2004 年版，第 2422 页。

⑤ (宋)苏颂：《苏魏公文集》卷 13《牛山道中》，北京：中华书局，1988 年版，第 170 页。

⑥ (清)徐松：《宋会要辑稿·兵》24 之 22，北京：中华书局，1957 年版，第 7189 页。

⑦ (宋)李焘：《续资治通鉴长编》卷 347，元丰七年七月庚申，北京：中华书局，2004 年版，第 8335 页。

⑧ (清)徐松：《宋会要辑稿·兵》22 之 11，北京：中华书局，1957 年版，第 7149 页。

马业有一定规模。

中原地区的河南地处暖温带，部分州县有大片牧地，适合养马。如前文提到的中牟以西和汴河两岸，沃壤千里，荒废土地有 2 万余顷，大多用来牧马。[①] 人们利用优越的自然地理条件发展养马业。豫西一带产马也较多。如河南府龙门以南"地气稍凉，兼放牧，水草亦甚宽广"[②]。当地一般上等户"私马有三两匹者"[③]不在少数。据《宋会要·兵》载：

> 比年京西民间产马蕃盛，其间中披带者极多，如上驷，市直不过二百缗。诏令西京安抚司同本司，每年差官，就所属州县买二百匹，逐时解总领所呈验印记，拨付军中教阅。[④]

显然，豫西一带不仅多马，还土产一些优质马匹，价格并不十分昂贵。淮河流域的信阳、光州一带的民间饲养一种"淮马"。"淮民多畜马善射"[⑤]，"两淮之地，承平之际，畜马成群"。然"淮南马矮小，实不可用，其可用者，乃取之淮北耳"[⑥]。淮南、淮北因维度位置不同，所产马匹质量也存在很大差异，淮北马匹质量相对优良。

（三）南方民间养马业

两宋时期南方地区气候炎热，高温多雨，不大适合马匹的生存，总体而言，民间养马业较为落后。但由于各地纬度位置的差异与降水量的多寡不同，养马业也有一定地域分布的不平衡性。

我国西南地区地形复杂，有高山、浅山、平坝、丘陵和台地，海拔高度为 580—3585m，形成特殊的高原季风气候，境内交通受地形的限制，利用马匹驮载是一种重要的运输方式，因而养马业颇为发达，自古至今都有大大小小的马帮来运输盐巴、丝绸、布匹、原漆、桐油、粮食、土特产等。西南地区马匹的数量占全国马匹数量的 1/5，云南省养马在全国占第四，滇东的文山壮族苗族自治州、曲靖地区，滇西的大理白族自治州、保山地区，都养有不少马匹。贵州省的毕节、六盘山、安顺市和黔东南州，

---

① （元）脱脱等：《宋史》卷 95《河渠志》5，北京：中华书局，1977 年版，第 2367 页。

② （宋）李心传：《建炎以来系年要录》卷 190，绍兴三十一年五月辛卯，北京：中华书局，1955 年版，第 3172 页。

③ （宋）李焘：《续资治通鉴长编》卷 345，元丰七年五月丁卯，北京：中华书局，2004 年版，第 8294 页。

④ （清）徐松：《宋会要辑稿·兵》26 之 2，北京：中华书局，1957 年版，第 7227 页。

⑤ （元）脱脱等：《宋史》卷 406《崔与之传》，北京：中华书局，1977 年版，第 12259 页。

⑥ （元）马端临：《文献通考》卷 160《兵考》12，北京：中华书局，1986 年版，第 1389 页。

四川省的马分布在西北部的甘孜、阿坝藏族自治州。西藏自治区的马主要分布在昌都、那曲地区和拉萨市。① 北宋时期西南地区也分布着不同品种的马匹。如四川地区，北宋时期分为成都府路、梓州路、利州路、夔州路，地跨北纬25°与北纬34°之间②，即处于亚热带和暖温带，维度位置的差异也造成了各地养马数量和质量的不同。如靠近西部的宕昌（今甘肃宕昌）、峰贴峡（今甘肃舟曲西）、文州（今甘肃文县）等地，传统上就是畜牧业生产和集中的地区，"地接乌蛮、西羌，皆产大马"，与西北边境的乌蛮、西羌等少数民族接壤，所产马匹体格高大；位于今四川境内的黎（今四川汉源）、叙（今四川宜宾）等5州所产马上贡朝廷，"每纲五十，其间良者不过三五，中等十数，余皆下等，不可服乘"③。这些马尺格短小，质量低劣，是宋政府市马的来源之一，称为羁縻马。④ 宋政府出于政治的需要也适当购买这些马匹。

西南的贵州地区还产一种蛮马，"出西南诸蕃。多自毗那、自杞等国来。自杞取马于大理，古南诏也。地连西戎，马生尤蕃"⑤。这种蛮马实际上来自于今云南大理地区。西南地区还有种土产小马，因为体型矮小，称为"果下马"。果下马毛褐色，高约3尺，长3尺7寸，体重只有100余斤，但可拉1200斤至1500斤重的货物，主要分布在云、贵、川、广西、广东一带，性勤劳，不惜力、健行且善走滑坡，适合多雨的南方驾役，可称得上动物进化史上的罕见现象。⑥ 周去非《岭外代答·果下马》中有明确记载：

> 果下马，土产小驷也，以出德庆之泷水者为最。高不逾三尺，骏者有两脊骨，故又号双脊马。健而善行，又能辛苦，以泷水人多孳牧。岁七月十五日，则尽出其所蓄，会江上驰骋角逐，买者悉来聚观。会毕，即议价交易。它日则难得矣。湖南邵阳、营道等处，亦出一种低马，短项如猪，驽钝，不及泷水，兼亦稀有双脊者。⑦

这种果下马虽然低矮，但体健善行，非常适合西南地区崎岖多雨的山路，

---

①　王清义等：《中国现代畜牧业生态学》，北京：中国农业出版社，2008年版，第250页。

②　谭其骧：《中国历史地图集》第六册，北京：地图出版社，1982年版，第29—30页。

③　（元）脱脱等：《宋史》卷198《兵志》12，北京：中华书局，1977年版，第4955页。

④　（宋）李心传：《建炎以来朝野杂记·甲集》卷18《川秦买马》，北京：中华书局，2000年版，第425页。

⑤　（宋）范成大著，胡起望、覃光广校注：《桂海虞衡志辑佚校注·志兽》，北京：中华书局，1999年版，第92页。

⑥　http://baike.baidu.com/view/358381.htm.

⑦　（宋）周去非著，杨武泉校注：《岭外代答校注》，北京：中华书局，1999年版，第351页。

成为当地的一种稀有品种和主要畜力。《宋史·兵志》记载：果下马"匹直十余千，与淮，湖所出无异。"①可见南方因生态环境与气候因素，所产马匹体型矮小。

东南地区的江东、江西、两浙、福建一带养马很少，"江东素乏马，每县不过十余匹"②。两浙路"地气卑湿"③亦不大适合马匹生存，产马不多。如湖州(今浙江湖州)"独土族间山家养一二匹而已"④。台州(今浙江临海)地不产马，"有自他境贸易而至，皆驽材"⑤。江南路产马也不多，宋初曹彬率兵攻破池州(今安徽贵池)，获马300匹，"验其马，尚有印文，然后知其为朝廷所赐也"⑥。《宋会要·兵》甚至记载："江表本无战骑"⑦，虽有些绝对，却能反映出江南一带马匹之稀少。宋代江南路个别州县还是产马的，如赣州瑞金县(今江西瑞金)民江某，"家骤富，畜马十余匹"⑧。福建路民间产马，质劣体小。如泉州(今福建泉州)、福州(今福建福州)和兴化军(今福建莆田)所产洲屿马，"皆低弱不胜具装，第以给本道厢军及江浙驿置之用"⑨。只配给本地厢军和驿递铺使用，不能用于行军打仗。

东南地区也产一种小矮马，宋神宗时期，日僧成寻前往天台山和五台山，途径越州(今浙江绍兴)时"见兔马二匹，一匹负物，一匹人乘。马大如日本二岁小马，高仅三尺许，长四尺许，耳长八寸许，似兔耳形"⑩。这种马体格矮小，称为"兔马"。

总之，宋代民间养马业无论就数量与质量而言，北方都占优势，较为发达，而南方由于气候和环境不适于马匹生存，除西南地区和江淮、荆湖一带毗邻西北和北方，养马业有所发展外，其他地区则一直未能兴盛。这是因为马不适应南方高温、多雨气候和稻田耕作，因而分布界限大体到北纬32°左右。就今天国内民间养马业而言："江苏省北部有马，镇江市所属

---

① (元)脱脱等：《宋史》卷198《兵志》12，北京：中华书局，1977年版，第4956页。

② (宋)罗愿：《新安志》卷5《贤宰》，宋元方志丛刊本，北京：中华书局，1990年版，第7671页。

③ (清)徐松：《宋会要辑稿·兵》21之34，北京：中华书局，1957年版，第7141页。

④ (宋)谈钥：《嘉泰吴兴志》卷20《物产》，宋元方志丛刊本，北京：中华书局，1990年版，第4861页。

⑤ (宋)齐硕、陈耆卿：《嘉定赤城志》卷36《土产》，宋元方志丛刊本，北京：中华书局，1990年版，第7567页。

⑥ (宋)曾敏行：《独醒杂志》卷1，上海：上海古籍出版社，1986年版，第16页。

⑦ (清)徐松：《宋会要辑稿·兵》24之5，北京：中华书局，1957年版，第7181页。

⑧ (元)佚名：《湖海新闻夷坚续志·后集》卷2《灵异门》，北京：中华书局，1986年版，第271页。

⑨ (元)马端临：《文献通考》卷160《兵考》12，北京：中华书局，1986年版，第1390页。

⑩ 〔日〕成寻著，平林文雄校注：《参天台五台山记》第一，日本风间书房，1978年版，第12页。

县只有几百匹马，苏州市所属县无马。安徽省北部有马，南部的安庆、巢湖、宣城地区无马。湖北省鄂西山地、鄂中丘陵有马。湖南省的马散见于岳阳、常德地区。广西壮族自治区因有9012万亩草山草坡，故养马不少，桂西的百色地区，桂北的河池地区有马。福建省只有不到0.1万匹马，散见于闽北、闽南的山区。"①南方地区一些有荒山草坡的地区还饲养着零星的马匹。虽时过境迁，今天南方地区和两宋时期南方养马业的地理分布没有太大区别。

二、 耕牛的地域分布与生态环境的关系

牛是我国的六畜之一，早在五六千年前的仰韶文化时期，人们就开始了对野牛驯化饲养。殷商时期，牛已经广泛用于交通运输中去。《管子·轻重戊》载："殷人之王，立皂牢，服牛马，以为民力，而天下化之"即是明证。豫西一带的桃林"牛散桃林之野而不复服。"②春秋时期牛已开始用于农田耕作，并逐步推广，牧牛业得到了迅速发展。宋代随着农业的迅猛发展，商品经济的繁荣和畜牧业技术的进步，牧牛业更是空前兴盛。官、私牧牛的数量都超过了前代，这和其发达的社会经济是一致的。

两宋时期牛的品种主要有黄牛、水牛、牦牛。水牛主要分布在南方水源充足、气候温暖的地区；黄牛分布较广，各路几乎均有分布；牦牛主要分布在西南地区海拔较高的州县。

（一）江南地区耕牛分布

南方气候温暖，水域宽广，是耕牛分布最集中的区域，无论是水牛还是黄牛均大量饲养。福建、广南、浙东是"出产牛去处"。"两浙、福建、二广出产(牛)，除福建外，止是二广"。③绍兴五年(1135)，宋政府从这些地区一次性购买耕牛4000头。④南方"黄牛角缩而短悍，水牛丰硕而重迟"⑤。叶梦得认为在南方能够提供耕牛的路中，福建居首位，连产牛较多的临安有时也要从福建购买耕牛。⑥因盛产牛，交纳牛皮成为当地的税收

① 王清义等：《中国现代畜牧业生态学》，北京：中国农业出版社，2008年版，第251页。
② （汉）司马迁：《史记》卷24《乐书》，北京：中华书局，2005年版，第1229页。
③ （宋）叶梦得：《建康集》卷7《又与秦相公书》，文渊阁四库全书本，第1129册，第650页。
④ （清）徐松：《宋会要辑稿·食货》63之96，北京：中华书局，1957年版，第6020页。
⑤ （宋）梁克家：《淳熙三山志》卷42《物产》，宋元方志丛刊本，北京：中华书局，1990年版，第8262页。
⑥ 《建炎以来系年要录》卷144，绍兴十二年二月丙戌，北京：中华书局，1955年版，第2312页。

之一。福州每年要向朝廷上贡黄牛皮 904 段 60 尺。① 岭南地区的广东和广西许多州县牧牛业相当发达。如雷（今广东雷州）、化（今广东化州）等州"牛多且贱"②，是南方的重要产牛区，也是耕牛输出的重要地区。江西吉州（今江西吉安吉州区）、赣州（今江西赣州）的农民每到农闲季节，"即相约入南贩牛"，谓之"作冬"。由于来此贩牛者多，征收"贩牛税"已成为两广各州、郡经济收入的来源之一。③

　　江南路民间养牛较多。陆游在兴国军的大冶县（今湖北大冶）见到"沙际水牛至多，往往数十为群，吴中所无也……当是土产所宜尔"④。气候条件适于水牛生存，故民间广泛饲养。洪州（今江西南昌）与丰城（今江西丰城）盛产牛，"此两县者，牛羊之牧相交，树木果蔬五谷之垄相入也"⑤。抚州（今江西临川）民间普遍养牛，"牛马之牧于山谷者不收，五谷之积于郊野者不垣"⑥。牛、马较多，采取露天放养，估计应该有宽广的牧场。江南东路也盛产牛，品种有黄牛、水牛，"水牛色苍而多力，其角如环。古所谓吴牛也；黄牛小而垂胡，色杂驳不正"。所产水牛古称吴牛，是当地的名优畜产。江南东路的牛露天放养："自绩溪（今安徽绩溪）以往，牛羊之牧不收。"⑦江南东路产牛多，牛除用于农耕之外还广泛用于祭祀，仅广德县（今安徽广德）境内张王庙"民岁祀神，杀牛数千"⑧，该县另一个灵济王祠，也"岁杀牛数百以祀之"⑨。

　　江南路不少地方还出现了养牛专业户和养牛大户。如饶州余干县（今江西余干）村民张氏家，"圈中牛五十头尽死"⑩。一场牛疫竟使该户一次就丧失了 50 头牛，可见张家是地地道道的养牛大户；信州（今江西上饶）不少地方也出现了"庸童牧牛"⑪的现象，其养牛专业户当不在少数。

　　地僻西南的四川地区自古以来就是"罗纨锦绮等物甲天下"⑫，繁荣的经济与农业的发展密不可分，而农业的发展与牧牛业的兴盛息息相关。诗

---

① (宋)梁克家：《淳熙三山志》卷 17《岁贡》，北京：中华书局，1990 年版，第 7926 页。
② (清)徐松：《宋会要辑稿·食货》3 之 10，北京：中华书局，1957 年版，第 4840 页。
③ (清)徐松：《宋会要辑稿·食货》18 之 26，北京：中华书局，1957 年版，第 5120 页。
④ (宋)陆游：《陆游集·渭南文集》卷 46《入蜀记》4，北京：中华书局，1976 年版，第 2438 页。
⑤ (宋)曾巩：《曾巩集》卷 14《送江任序》，北京：中华书局，1984 年版，第 221 页。
⑥ (宋)曾巩：《曾巩集》卷 18《拟岘台记》，北京：中华书局，1984 年版，第 292 页。
⑦ (宋)罗愿：《新安志》卷 2《畜扰》，北京：中华书局，1990 年版，第 7623 页。
⑧ (元)脱脱等：《宋史》卷 302《范师道传》，北京：中华书局，1977 年版，第 10025 页。
⑨ (宋)杨杰：《无为集》卷 13《故朝散郎致仕朱君墓志铭》，文渊阁四库全书本，第 1099 册，第 755 页。
⑩ (宋)洪迈：《夷坚志·夷坚丙志》卷 11《牛疫鬼》，北京：中华书局，1981 年版，第 460 页。
⑪ (元)脱脱等：《宋史》卷 450《忠义传》5，北京：中华书局，1977 年版，第 13260 页。
⑫ (元)脱脱等：《宋史》卷 276《樊知古传》，北京：中华书局，1977 年版，第 9396 页。

人文同在四川为官时，写下了"牛羊纵横鸡犬放"①的诗句来讴歌当地畜牧业的兴盛。这里牛品种多，除黄牛、水牛外，还有五角牛（无角牛）、牦牛等。尤其是牦牛，"体格肥大，重达千斤"②，是不可多得的优良品种。宋室南渡后，四川成为重要的官牛供应地区。绍兴五年(1135)，荆南府一次就从四川买牛1700头③，时隔两年，大臣薛弼在荆襄屯田，又一次从当地买牛3000头。④荆湖一带不少地方产牛较多。苏轼被贬黄州（今湖北黄冈）时看到这里"猪牛麖鹿如土，鱼蟹不论钱"⑤。可见其畜牧业和渔业都相当发达。宋真宗咸平年间，官方在襄阳屯田，一次就从荆湖民间买牛700头。⑥

海南地区虽地僻偏远，孤悬岛上，但民间普遍养牛。据苏轼记载："岭外俗皆恬杀牛，而海南为甚……既至海南，耕者与屠者常相半。病不饮药，但杀牛以祷，富者至杀十数牛。"⑦海南地区经济落后，许多牛用于祭神、治病。

南方各路由于气候、温度的差异，耕牛在饲养方式上也存在着不同。广南西路地处热带和亚热带，气温较高，牧草丰富，但蚊虫较多，所以在饲养上，"任其放牧，未尝喂饲。夏则放之水中，冬则藏之岩页，初无栏屋以御风雨"。几乎完全是自由放牧。据现代科学研究，在植物生长季节，青草是放牧期的最好饲草。优良的青草，含有家畜正常生活所必需的营养物质，如蛋白质、脂肪、糖和各种矿物质、维生素和酶等，使家畜能发育健全，维持正常的繁殖，获得优质高产的畜产品。⑧广南一带地广人稀，气候炎热，牧草一年四季常青，故耕牛采取散养的方式。

江浙一带气候属亚热带地区，气温常年在零度以上，但冬季气温还是有些偏低，为了防止耕牛受冻，人们对牛实行圈养，"冬月密闭其栏，重藁以藉之，暖日可爱，则牵出就日，去秽而加新。又日取新草于山，唯恐其一不饭也。浙牛所以勤苦而永年者，非特天产之良，人为之助亦多矣"⑨。陆游对两浙地区丰富的养牛经验也有介绍，他写道："村东买牛犊，

---

① （宋）文同：《丹渊集》卷17《青鸟》，四部丛刊本，第156页。

② （宋）乐史：《太平寰宇记》卷78，文渊阁四库全书本，第469册，第635页。

③ （宋）李心传：《建炎以来系年要录》卷95，绍兴五年十一月丁酉，北京：中华书局，1977年版，第1579页。

④ （宋）李心传：《建炎以来系年要录》卷109，绍兴七年二月庚寅，北京：中华书局，1977年版，第1779页。

⑤ （宋）苏轼：《苏轼文集》卷52《答秦太虚七首》，北京：中华书局，1977年版，第1536页。

⑥ （清）徐松：《宋会要辑稿·食货》63之38，北京：中华书局，1957年版，第5991页。

⑦ （宋）苏轼：《苏轼文集》卷66《书柳子厚牛赋后》，北京：中华书局，1986年版，第2058页。

⑧ 贾慎修：《草地学》，北京：农业出版社，1982年版，第247页。

⑨ （宋）周去非著，杨武泉校注：《岭外代答校注》卷4《踏犁》，北京：中华书局，1999年版，第156页。

舍北作牛屋。饭后三更起，夜寐不敢熟。"[①]由上可知，广西民间养牛完全采用一种粗放型的饲养方式，而两浙地区农业发达，土地开发程度较高，没有更多的牧地进行散养，人们不得不将牛圈养起来。圈养虽然违背了牛的天性，但能够精心喂饲，所以牛体质优良，使用期长。其实，除了气候差异外，各地土地开垦情况及人口的多少对耕牛的饲养方式也有一定的影响。依据现代畜牧生态学的研究，将南方黄牛品种、地域分布、气候生态特点详细列表如 5-10 所示。

表 5-10　西南及南部亚热带和热带地区黄牛地理分布与生态环境的关系[②]

代表品种	血统来源	地域分布	气候生态特点
海南高峰牛、温岭高峰牛、西镇牛、台州小黄牛、北沙牛	亚洲原牛、瘤牛型原牛	秦岭以南、大渡河以下的长江、淮河、珠江流域、台湾	湿润炎热，年降水量 1500mm，无霜期 9—10 个月

从表 5-10 看，宋代南方黄牛的地域分布与今天黄牛的分布并无太大的差别，这是因为，1000 年来气候和生态环境虽有所变化，但黄牛适应环境的能力很强，所以也能够生存下去。

（二）北方各地耕牛分布

北方是黄牛的重要产地，其著名品种有秦川牛、南阳黄牛、晋南黄牛、北方黄牛、中原黄牛等。早在北宋时期，有些优质品种就已经存在，至今仍名闻遐迩。

陕西路八百里秦川自古以来就有着发达的畜牧业和农业，宋代这里依然是"森森松栢围先陇，溅溅牛羊满近坡"植被茂密，畜牧成群的景象。[③]宋人黄庶记载："今（天圣年间）雍（今陕西西安）千里民无灾疹，牛羊蕃息，稼穑满野。"[④]陕西到处呈现一派农牧发达、繁荣昌盛的景象。文学家苏辙在陕西看到牛羊满野的情景时写诗吟道："草木埋深谷，牛羊散晚田。"[⑤]文人墨客对陕西的畜牧业，尤其是牧牛业进行了尽情地讴歌，足见其民间养牛业之兴旺。熙河一路更是其中的佼佼者，"熙河一路数州，皆有田宅、牛马，富盛少比"[⑥]。畜牧业成为当地的支柱产业。陕西由于盛产牛，当地

---

① （宋）陆游：《陆游集·剑南诗稿》卷 55《农家歌》，北京：中华书局，1976 年版，第 1338 页。

② 王清义等：《中国现代畜牧生态学》，北京：中国农业出版社，2008 年版，第 198 页。

③ （宋）韩琦：《安阳集》卷 8《禔亭道中农居》，文渊阁四库全书本，第 1089 册，第 267 页。

④ （宋）黄庶：《伐檀集》卷下《祭神文》，文渊阁四库全书本，第 1092 册，第 803 页。

⑤ （宋）苏辙：《苏辙集·栾城集》卷 2《大秦寺》，北京：中华书局，1986 年版，第 32 页。

⑥ （宋）李焘：《续资治通鉴长编》卷 489，绍圣四年七月癸丑，北京：中华书局，2004 年版，第 11607 页。

民间有着丰富的饲养经验，孳育率很高。如渭州(今甘肃平凉)安阳、大角两地自古就有"十牛九犊"①之说。耕牛是河东路民间农户广泛饲养的牲畜之一，欧阳修在送其友人的途中，在并州(今山西太原)境内看到"牛羊日暖山田美"②，牛羊在田间自由放牧的情形；诗人文同在山西黄土高原一带看到了"日落云四起，牛羊下高原"③夕阳下牛羊遍野的壮观画面。河北路发展畜牧业的自然条件非常优越。大名、澶渊、安阳、临洺(今河北永年南)、汲郡(今河南汲县)等许多地方"颇斥杂卤，宜于畜牧"④。河北民间养牛相当普遍，据文彦博讲："河北人户例有车牛，乃是民间日用之物，"⑤当地民间养牛业的确兴旺。

中原地区民间养牛较为普遍，尤其是京师开封、豫西和南阳一带。开封人口众多，交通便利，商业发达，乃是"八方争凑，万国咸通"⑥之地。发达的社会经济极大地促进了民间牧牛业的发展，牛被广泛地运用到社会生活的诸多方面，仅用于交通运输的牛车就数以万计，"近新城有草场二十余所，每遇冬月诸乡纳粟秆草，牛车阗塞道路，车尾相衔，数千万量(辆)不绝"⑦。靖康之变，宋徽宗被虏时，金人掠走"牛骡车仗千乘"⑧，表明其城内养牛业很发达。开封虽地居北方，但其河湖纵横，水域宽广，气候环境也适合水牛生存。梅尧臣曾在开封见到不少挽车的水牛，不禁诗兴大发："只见吴牛事水田，只见黄犁负车轭。今牵大车同一群，又与驴骡走长陌。"⑨此处吴牛即指水牛。由于牧牛业的兴盛，开封还出现了租赁牛车的场所，"独牛驾之亦可假赁"⑩。耕牛买卖的牛行也分布在汴河沿岸，"沿汴官司拘拦牛马、果子行"⑪即是证明。

---

① (宋)乐史：《太平寰宇记》卷151《渭州》，文渊阁四库全书本，第470册，第423页。

② (宋)欧阳修：《欧阳修全集》卷57《送薛水部通判并州》，北京：中华书局，2001年版，第818页。

③ (宋)文同：《丹渊集》卷4《宿田家》，文渊阁四库全书本，第185册，第75页。

④ (元)脱脱等：《宋史》卷86《地理志》2，北京：中华书局，1977年版，第2131页。

⑤ (宋)文彦博：《潞公文集》卷22《乞罢河北预雇车牛》，文渊阁四库全书本，第1100册，第712页。

⑥ (宋)孟元老著，邓之诚注：《东京梦华录注·序》，北京：中华书局，2004年版，第1页

⑦ (宋)孟元老著，邓之诚注：《东京梦华录注》卷1《外诸司》，北京：中华书局，2004年版，第47页。

⑧ (宋)佚名：《靖康要录》卷16，台北：文海出版社，1967年版，第979页。

⑨ (宋)梅尧臣：《宛陵集》卷16《十九日出曹门见水牛拽车》，四部丛刊本，第10页。

⑩ (宋)孟元老著，邓之诚注：《东京梦华录注》卷4《皇后出乘舆》，北京：中华书局，2004年版，第89页。

⑪ (宋)李焘：《续资治通鉴长编》卷358，元丰八年七月庚戌，北京：中华书局，2004年版，第8568页。

　　京西路一带盛产黄牛，"今湖南之牛岁买于北者，皆出京西"①。显然，京西土产牛不仅用于当地的农业生产，还对外输出。河南府地毗京师，经济发达，有"菽粟露积，牛羊被野"②之美誉，养牛业也很兴盛。汝州（今河南汝州）、登封（今河南登封）也是"村间桑柘春，川阔牛羊暮"③，"钟磬出邻寺，牛羊下远村"。④ 一派畜牧兴旺、经济繁荣的景象。南阳黄牛在北宋中期时已很有名气，有"土酥醍醐出肥牛"⑤之语，至今仍名闻遐迩。连远在深山的房州（今湖北房县）养牛业也十分发达。其典型如居民焦氏，在整个北宋时期，家中饲养的牛一直在 1000 头以上⑥，可谓养牛业之翘楚。

　　与其他路相比，地处淮河流域的淮南路养牛业发展要稍逊一筹，宋代文献中常见其耕牛不足的记载。如"淮上不惟人稀，牛亦难得"⑦，"淮浙耕牛绝少"⑧，"淮田一废不夏秋，五夫扶犁当一牛"⑨。由于耕牛不足，出现了人挽犁耕地的现象，当然其效率与牛相比大为逊色。南宋时期，淮河流域的养牛业才日渐兴盛：宋高宗绍兴末年，两淮的农户大量走私耕牛，"牛于郑庄私度，每岁春秋三纲至七八万头，所收税钱固无几矣"⑩。一个小小的渡口每年走私的牛就达 7—8 万头。宋孝宗乾道元年（1165），建康（今江苏南京）诸郡所管屯田，一次于淮西买耕牛 500 头。⑪ 宋宁宗嘉泰四年（1204），有大臣上言："牛皮、筋、角惟两淮、荆襄最多者，盖其地空旷，便于水草"。仅一个安丰（今安徽寿县）小郡，每年官收皮、角不下1000 余件。⑫ 宋宁宗嘉定十四年（1221），金军侵略南宋，仅在蕲州（今湖北蕲春）的一个小村庄就掠得耕牛 500 余头。⑬ 可见，南宋时期淮南路民间牧牛业已经得到了迅速发展，有些地方已经迎头赶上。

　　总体来看，两宋时期无论是南方还是北方，牧牛业的发展都较为迅

<hr/>

① （宋）欧阳修：《欧阳修全集》卷 45《通进司上书》，北京：中华书局，2001 年版，第 642 页。
② （宋）司马光：《温国文正司马公文集》卷 2《送伊阙王大夫歌》，四部丛刊本，第 16 页。
③ （宋）韩维：《南阳集》卷 2《泛汝联句》，文渊阁四库全书本，第 1101 册，第 525 页。
④ （宋）蔡襄：《端明集》卷 4《嵩阳道中》，文渊阁四库全书本，第 1090 册，第 372 页。
⑤ （宋）韩驹：《陵阳集》卷 2《送赵承之密监出守南阳》，文渊阁四库全书本，第 1133 册，第 776 页。
⑥ （宋）洪迈：《夷坚志·夷坚支乙》卷 4《焦老墓田》，北京：中华书局，1981 年版，第 826 页。
⑦ （宋）楼钥：《攻媿集》卷 91《直秘阁广东提刑徐公行状》，四部丛刊本，第 18 页。
⑧ （清）徐松：《宋会要辑稿·食货》18 之 20，北京：中华书局，1957 年版，第 5117 页。
⑨ （宋）周紫芝：《太仓稊米集》卷 2，文渊阁四库全书本，第 1141 册，第 11 页。
⑩ （宋）李心传：《建炎以来系年要录》卷 186，绍兴三十年九月壬午，北京：中华书局，1955 年版，第 3117 页。
⑪ （清）徐松：《宋会要辑稿·食货》63 之 149，北京：中华书局，1957 年版，第 6047 页。
⑫ （清）徐松：《宋会要辑稿·刑法》2 之 13，北京：中华书局，1957 年版，第 6548 页。
⑬ （宋）赵与衮：《辛巳泣蕲录》，历代笔记小说集成本，石家庄：河北教育出版社，1995 年版，第 24 册，第 136 页。

速。南方气候湿热，以水牛饲养为主，其著名品种有沙牛、吴牛等；北方大多属于半湿润、半干旱气候，夏天炎热，冬季较冷，较为适合黄牛的生存，其著名品种有南阳黄牛、秦川牛等。由于各地人口分布密度不同，土地开发的程度不同，所以耕牛饲养的方式也存在很大差别，比如在北部沿边地带，散养与圈养相结合，中原地区、江浙一带人口众多，农业发达，耕牛基本上以放养与圈养为主，精心喂饲。广南一带则靠天养牛，采取散养的方式。

三、　驴的地域分布与生态环境的关系

（一）驴的生理特点及分布

我国养驴历史悠久，驴产资源丰富，分布广，数量多，质量好，是世界上养驴最多、最好的国家。我国产驴地区辽阔，从西部高原荒漠到东部滨海平原，从东北平原到西南山地和青藏高原均有驴的分布。长江以南养驴集中产区在北纬 32°—42°，属中温带、南温带气候的西北、华北、西南和东北的部分地区，尤以黄河中下游分布最多。[1] 这种分布特点，也是与这一区域内的平原、丘陵山区、半荒漠、荒漠地区人民生产和生活需要，驴作为役畜有关。据现代科学研究，在炎热及干旱的荒漠区，植物稀疏，灌木丛生，驴的数量占优势。[2]

驴的形象似马，多为灰褐色，不威武雄壮，且头大，耳朵长，胸部稍窄，四肢瘦弱，躯干虽短，但较长于四肢，因而体高和身长不相等，呈小长方形。颈项皮薄肉厚，蹄小坚实，体质健壮，抵抗能力很强。驴很结实，耐粗放，不易生病，并有性情温驯、刻苦耐劳、听从使役等优点。早在殷商时期，新疆莎车一带已开始驯养驴，并繁殖其杂种。自秦代开始逐渐由中国西北及印度进入内地，当做稀有家畜。约在公元前 200 年的汉代以后，就有大批驴、骡由西北进入陕西、甘肃及中原内地，逐渐作为役畜使用。据《逸周书》卷 6 记载："伊尹为献令，正北空同、大夏、莎车、匈奴、楼烦、月氏诸国，以橐驼、野马、騊駼、駃騠为献。（原注）驴父马母曰骡，马父驴母曰駃騠。（古今注）以牡马牝驴所生谓之驅。"按伊尹为商汤时代人，上述地区大多在今新疆天山以南和甘肃等地。依此而论，在 3500 年前，新疆已经驯养了驴，并利用驴和马杂交获得骡。《汉书·西域传》记

---

[1]　侯文通、侯宝申：《驴的养殖与肉用》，北京：金盾出版社，2002 年版，第 1 页。

[2]　中国牧区畜牧气候区划科研协作组：《中国牧区畜牧气候》，北京：气象出版社，1988 年版，第 3 页。

载："鄯善国(今新疆都善地区)有驴马,多橐驼;乌孙国(今新疆西部)有驴无牛。"明代顾炎武《日知录》卷 29 记载："自秦以上,传记无言驴者,意其虽有而非人家常畜也。"可见,在汉代以前,内地很少饲养驴。

驴、骡是大牲畜之一,其体格和力气较牛、马、驼而言相对稍小;就地位和作用来说,与它们相比也稍逊一筹,但它也有自身的优点:"驴性能旋磨及就负,"[①]"驴之为物,体幺而足驶,虽穷阎隘路,无不容焉。当其捷径疾驱,虽坚车良马或不能逮,斯亦物之一能,顾致远必败耳"[②]。在使用价值上,驴、骡往往可补充马、牛之不足。因此,在古代农业社会里,驴、骡是民间普遍饲养的牲畜。两宋时期,民间牧驴业有一定的发展,尤其是北方还相当兴盛。

(二) 宋代各地民间养驴业

关中一带是驴的重要产地,所产驴体格高大,体高 130—133 厘米,个别公驴高达 144 厘米以上。关中驴适应性强,能忍受饥渴,发病少,繁殖力强,是我国驴类中不可多得的优质品种。[③] 宋代关中地区也普遍养驴,驴肉是当地的主要肉食之一:"客生于关中,常食此(驴)肉"[④]即说明了这一问题。当地驴还是国家征括的主要大牲畜之一。庆历年间,韩琦讨伐元昊,"尽括关中之驴运粮"[⑤]。关中驴在军粮运输中发挥了重要作用。西北的永兴军民间普遍养驴,魏野送友人途经邠州(今陕西彬县)郊外时,看到"山险下驴多"[⑥],许多驴在山下自由放牧。永兴军东南的解州(今山西运城西南)是解盐的重要产地,"牛、驴以盐役死者,岁以万计"[⑦]。每年有上万头驴、牛死于解盐运输,足见当地民间养驴之兴盛。

河东、河北、京东一带的民间也养驴。宋仁宗统治时期,宋夏边境战事频繁,驴常常用于军事运输。如宋廷讨伐元昊,在京东、河东、开封府等地括驴 5 万头。宋神宗元丰四年(1081),宋出兵西夏,在河东大规模括驴,"愿出驴者,三驴当五夫。五驴别差一夫驱喝。一夫雇直约三十千以上,一驴约八千"[⑧]。民户差出 3 头或 5 头驴者,国家都给予相应的经济补

---

① (宋)罗愿:《尔雅翼》卷 22《释兽》5,丛书集成本,第 1147 册,第 247 页。

② (宋)宋祁:《景文集》卷 2《偬驴赋并序》,四部丛刊本,第 25 页。

③ 田家良:《马驴骡的饲养管理》,北京:金盾出版社,2002 年版,第 12 页。

④ (宋)洪迈:《夷坚支丁》卷 1《韩庄敏公食驴》,北京:中华书局,1981 年版,第 973 页。

⑤ (宋)魏泰:《东轩笔录》卷 4,北京:中华书局,1997 年版,第 43 页。

⑥ (宋)魏野:《东观集》卷 2《送臧奎之宁州谒韩使使君》,文渊阁四库全书本,第 1087 册,第 360 页。

⑦ (元)马端临:《文献通考》卷 16《征榷考》3,北京:中华书局,1986 年版,第 159 页。

⑧ (元)脱脱等:《宋史》卷 175《食货志》上 3,北京:中华书局,1977 年版,第 4256 页。

偿。说明河东民间养驴业相当发达，不少家庭能养 3 至 5 头。京东路莱州胶水县（今山东平度）主簿董国庆弃官后家贫，其妾见此情景，"买磨，驴七八头"，买驴七八头发展粮食加工业，从而发家致富。① 北方的太平车"前列骡或驴二十余，前后作两行；或牛五七头拽之……仍于车后系驴、骡二头，遇下峻险桥路，以鞭譹之，使倒坐纼车，令缓行也。可载数十石"②。一辆大车竟役使驴、骡 20 多头，车辆机械的落后，畜力的作用更为突出。据现代畜牧学研究，河东、河北、京东一带的毛驴应属华北小毛驴，它们在不同的区域形成了同种异名的驴：河南毛驴、河北毛驴、山东毛驴和淮北灰驴。它们已由古代西域的干旱沙漠生态类型演变成平原、丘陵山地类型，其共同特征为：体格矮小，体躯较清秀，肌肉欠丰满，皮肤较薄，被毛细密。头大小中等，颈薄多呈水平……四肢干燥，蹄小踵高、毛色以原始的灰色为主等外部特征。③ 北宋时期，因官马不昌，政府不得不大规模地从民间征购毛驴从事交通运输。

中原一带养驴较为普遍，京师开封是其中的佼佼者。据史料记载，开封许多家庭都要养驴，有的甚至养数十头。如京师人王昭素"家有一驴，人多来假"④，许大郎"世以鬻面为业……买驴三四十头"⑤。养驴30 多头用于磨面。京师驴多，还广泛用于租赁行业："京师赁驴，途之人相逢无非驴也"⑥，"妓女旧日多乘驴"⑦。另从北宋画家张择端的《清明上河图》中亦可窥视其牧驴业发达的盛况，据笔者统计，此画共画了 94 头牲畜，其中驴竟占了 49 头。这些驴有拉车的，有用于骑乘的，还有用于驮运行李的，广泛用于社会生活的诸多方面。⑧ 由于牧驴业的发达，驴成为政府征括的对象，康定元年（1040）宋政府讨伐元昊，下令从开封府、京东西、河东等地征括驴子 5 万头。⑨ 靖康之变，金军占领开封索要犒师之物，仅驴就达 1 万头。⑩ 黄河以北的焦作、新乡等地在北宋时期属河北路，产驴较多，

---

① （宋）洪迈：《夷坚志·夷坚乙志》卷 1《侠妇人》，北京：中华书局，1981 年版，第 190 页。
② （宋）孟元老著，邓之诚注：《东京梦华录注》卷 3《般载杂卖》，北京：中华书局，2004 年版，第 113 页。
③ 王清义等：《中国现代畜牧业生态学》，北京：中国农业出版社，2008 年版，第 261 页。
④ （元）脱脱等：《宋史》卷 431《儒林》1，北京：中华书局，1977 年版，第 12809 页。
⑤ （宋）洪迈：《夷坚支戊》卷 7《许大郎》，北京：中华书局，1981 年版，第 1110 页。
⑥ （宋）王得臣：《麈史》卷下《杂志》，上海：上海古籍出版社，1986 年版，第 91 页。
⑦ （宋）孟元老著，邓之诚注：《东京梦华录注》卷 7《驾回仪卫》，北京：中华书局，2004 年版，第 187 页。
⑧ （宋）张择端：《清明上河图》，西安：陕西人民出版社，2000 年版。
⑨ （宋）李焘：《续资治通鉴长编》卷 129，康定元年十二月辛未，北京：中华书局，2004 年版，第 3070 页。
⑩ （宋）佚名：《靖康要录》卷 1，台北：文海出版社，1967 年版，第 56 页。

"卫地出驴，则名驴曰卫"①。卫州(今河南卫辉)因盛产驴，竟然把驴的名字改成了卫。

南方地区由于气候湿热，多水田，驴不适应这种潮湿炎热的气候，故数量很少，只在两浙、四川、广南部分山地、丘陵有零星分布，如宁波(今浙江宁波)②、海盐③(今浙江海盐)。四川、两广民间也饲养驴，因为"今川、广皆产骡"④，没有驴是不可能产骡的。北宋未统一四川时，当地民户还要向后蜀政权交纳驴革。"黔南可怪无驴养"未免绝对，想必贵州民间养驴较少罢了。南方其他地区因史料缺乏不知其养驴状况，估计不会太多。总而言之，南方养驴业较北方大为逊色，这是由驴的生活习性决定的。驴适合生活在干旱、半干旱地区，南方气候炎热，空气湿度大，不大适于驴的生存。

总之，由于受生活习性和生态环境的影响，两宋时期，驴是北方和中原地区民间普遍饲养的牲畜，南方炎热多雨，不大适合驴的生存，只有个别地区有零星的分布。

四、 骆驼的地域分布与生态环境的关系

骆驼是生活在沙漠地区的一种大型牲畜。在我国，骆驼主要分布在北纬32°—50°，东经73°—122°的区域，地理范围上包括西北、华北北部、东北西部，属中温带气候的高原、山地、荒漠、半荒漠地带。以内蒙、新疆最多，甘肃、青海、宁夏、陕西、山西、河北、辽宁等省和自治区亦有分布。骆驼受自然气候与生态环境的影响远远大于人为选择作用，对气候极其干燥、雨量极其稀少、植被特别贫乏的地区有很强的适应能力。两宋时期，西北地区的党项族、北部的女真族居住区域，以及宋朝北部诸路边境地区分布有大量的骆驼。

宋代民间牧驼业主要分布在北方地区，其中河东路和陕西路是民间饲养骆驼最为普遍的地区。宋神宗时，太原(今山西太原)知府韩绛言当地，"驼与羊，土产也，家家资以为利"⑤。骆驼成为民户家庭收入的重要来源

---

① (宋)孙奕卫：《示儿编》卷15《因物得名》，文渊阁四库全书本，第864册，第525页。

② (宋)罗濬：《宝庆四明志》卷6《杂赋》下，宋元方志丛刊本，北京：中华书局，1990年版，第5058页。

③ (宋)罗叔韶、常棠：《澉水志》卷上《物产门》，宋元方志丛刊本，北京：中华书局，1990年版，第4667页。

④ (宋)罗愿：《尔雅翼》卷22《释兽》5，丛书集成本，第1147册，第248页。

⑤ (宋)李焘：《续资治通鉴长编》卷279，熙宁九年十二月丙申，北京：中华书局，2004年版，第6836页。

之一。日本僧人成寻在河东境内的官道上旅行时，每天都可看到30—40头骆驼。[①] 宋神宗熙宁年间，官方曾一次从河东购买了300头骆驼。河东沦于金人之手后，金统治者在民间括买骆驼，仅从太原就买得5000头。[②] 骆驼"有灵性，能知水脉，识泉源，风将发即引项而鸣。然负重致远，力可千斤，日行三百里"[③]。具有识水源、感知天气变化、运载负重、善于长途跋涉等优点，所以常常成为政府征括的对象。如宋仁宗康定元年(1040)，元昊大举入侵，宋政府一次就在郐州(今陕西富县)差配骆驼、骡子近2万头[④]，宋神宗元丰五年(1082)，又在陕西一带调拨官、私骆驼2000头运输军需。"诏熙河兰会经略制置司计置兰州人万、马二千粮草，于次路州军划刮官私橐驰二千与经略司，令自熙州摺运，事力不足，即发义勇、保甲"。[⑤]梅尧臣送友人去解州(今山西运城西南)赴任时，途经陕西，在其境内看到"白径岭上橐驼鸣"[⑥]的景象。

中原一带也有骆驼分布，《清明上河图》上画有运输的驼队。宋初武将薛怀让家就饲养有骆驼30头："怀让好畜马驼，马有大乌小乌者，尤奇骏……及罢节镇，环卫禄薄，犹有马百匹、橐驼三十头，倾资以给刍粟，朝夕阅视为娱。"[⑦]靖康之变，金军占领开封后索要骆驼1000头。[⑧] 孔武仲在《尉氏道中》云："前村应稍近，时有驼鸣輠。"[⑨]显然京畿地区的尉氏县民间也牧养骆驼。在此需要指出的是，不少学者认为开封不产骆驼，《清明上河图》中的骆驼来自于西域、西夏或辽朝，而非京师开封本地的骆驼。[⑩]笔者在拙作《宋代畜牧业研究》中已经清楚地指出《清明上河图》中的骆驼为

---

① 〔日〕成寻著，平林文雄校注：《参天台五台山记》第五，日本风间书房，1978年版，第153页。

② (元)脱脱等：《金史》卷10《章宗本纪》2，北京：中华书局，1975年版，第235页。

③ (宋)谢维新：《古今合璧事类备要·别集》卷76《走兽门》，文渊阁四库全书本，第941册，第359页。

④ 〔清〕范能濬：《范仲淹全集·范文正公集》卷1《乞先修诸寨未宜进讨》，南京：凤凰出版社，2004年版，第716页。

⑤ (清)徐松：《宋会要辑稿·食货》43之3，北京：中华书局，1957年版，第5560页。

⑥ (宋)梅尧臣：《宛陵集》卷17《送潘司封知解州》，四部丛刊本，第3页。

⑦ (元)脱脱等：《宋史》卷254《薛怀让传》，北京：中华书局，1977年版，第8889页。

⑧ (宋)徐梦莘：《三朝北盟会编》卷29，靖康元年正月丙子，上海：上海古籍出版社，1987年版，第218页。

⑨ (宋)孔文仲、孔武仲、孔平仲：《清江三孔集》，孔武仲《尉氏道中》，济南：齐鲁书社，2002年版，第112页。

⑩ 杨蕤：《西夏环境史研究三题》，《西北第二民族学院学报》2007年第2期，第15页；杨蕤：《宋代陆上丝绸之路贸易三论》，《新疆大学学报》2009年第5期，第62页；荣新江：《〈清明上河图〉为何千汉一胡》，见：北京大学中国古代史研究中心：《纪念邓广铭教授100周年诞辰国际宋史学术研讨会论文集》，北京：中华书局，2008年版，第659页。

开封本地骆驼，京师开封饲养有大量的骆驼。① 后来业师程民生先生在其大作中也专门澄清了这一问题，与笔者表达了同样的观点。② 京西路一带也有少量骆驼分布，宋仁宗时期，成为官方征括的对象。③

南方由于气候潮湿多雨，不大适合骆驼的生存，因此骆驼很少，有些地方的人们甚至从未见过骆驼。宋初平定南方诸政权时，带有不少骆驼运输军资。湖南澧（今湖南澧县）、郎（今湖南常德）等州的百姓"素不识骆驼……村落妇女，见而惊异，竞来观之。有拜而祝者曰：'山王圣灵，愿赐福祐'。及见屈膝而促，人走避之，曰：'卑下小人，不劳山王还拜'。军士见者，无不大噱。又拾其所遗之粪，以线穿联，载于男女项颈之下，用禳兵疫之气。"④把骆驼当做神灵顶礼膜拜，结果传为笑谈。无独有偶，宋人蔡絛《铁围山谈丛》记载："唐人说江东不识橐驼，谓是'庐山精'，况今南粤，宜未尝过五岭也。顷因云扰后，有北客驱一橐驼来。吾时在博白，博白人小大为鼓舞，争欲一识。客辄阖户蔽障，亏取十数金，即许一入。如是，遍历濒海诸郡，藉橐驼致富矣。后橐驼因瘴疠死，其家如丧其怙恃。"⑤广东博白因无骆驼，有人竟将骆驼运到此地，然后设立围栏，向参观者收取费用而致富。

总之，骆驼由于自身的生理特点和气候环境的影响，成为在宋代北方普遍饲养的大牲畜之一，尤其是河东、陕西、京师一带发展迅速。与北方不同的是，南方因气候湿热，不利于骆驼等"喜干爽"牲畜的生存，故南方几乎很少饲养骆驼。

五、 猪的地域分布与生态环境的关系

猪是杂食性动物，"大凡水陆草叶根皮无毒者，皆食之"⑥。对环境的适应性较强，对食物品质的要求不高，因此在我国各地区普遍饲养。我国养猪业历史悠久，早在原始社会时期就已经开始驯养。目前考古发现的最早埋葬猪骨的遗址是广西桂林的甑皮岩遗址和河北徐水的南庄头遗址，经考古专家鉴定，时间在 9000 多年前。⑦ 后来，在距今 6000 多年前的半坡

---

① 张显运：《宋代畜牧业研究》，北京：中国文史出版社，2009 年版，第 168、242 页。

② 程民生：《〈清明上河图〉中的骆驼是胡商的吗？——兼谈宋朝境内骆驼的分布》，《中国宋史研究会第十五届年会论文·经济组》，第 86—87 页。另见：《历史研究》2012 年第 5 期。

③ （宋）王得臣：《麈史》卷上《利疚》，上海：上海古籍出版社，1986 年版，第 21 页。

④ （宋）吴曾：《能改斋漫录》卷 15《骆驼》，上海：上海古籍出版社，1979 年版，第 448 页。

⑤ （宋）蔡絛著，李欣、符均注：《铁围山丛谈》卷 6，西安：三秦出版社，2005 年版，第 206 页。

⑥ 王毓瑚：《中国畜牧业料集》，北京：农业出版社，1958 年版，第 227 页。

⑦ 徐旺生：《中国养猪史》，北京：中国农业出版社，2009 年版，第 2 页。

氏族墓葬里也发现了大量的猪骨。① 殷商时期，猪已经成了农户饲养的主要牲畜。在郑州碧沙岗发掘的墓葬中有祭肉出土，从祭肉的骨头看可分为猪、羊、牛，其中用猪的最多。② 郑州二里岗商代遗址出土有 3 万块骨料，主要就是猪骨。③ 先秦时期，猪除了用于祭祀外，已经是餐桌上的主要肉食之一。《诗经·豳风·七月》有"言私其豵，献豜于公"④之记载。《礼记·王制》亦言道："诸侯无故不杀牛，大夫无故不杀羊，士无故不杀犬豕，庶人无故不食珍。"⑤可见，猪是下层人民的主要肉食。秦汉时期随着国家疆域的扩大，养猪业及其他畜牧业有了进一步发展。据《史记》记载，拥有"陆地牧马二百蹄，牛蹄角千，千足羊，泽中千足彘"⑥可比千户侯。魏晋南北朝时期，民间养猪业发展较快，养猪技术有了明显提高，已开始使用阉割技术。⑦ 隋唐五代时期，养猪业较为兴盛，出现了"其家富，多养豕"⑧的养猪专业户。

宋代由于社会经济和农业的迅速发展，人口的飞速增长，不仅为养猪业提供了丰富的食物来源，还为其发展提供了广阔的市场，因此，这一时期是我国古代养猪业发展的一个重要阶段。民间养猪业相当兴盛，尤其是南方更胜一筹。

据现代畜牧学研究，猪的地理分布受以下因素影响较大：①人口密度大；②生态条件优越；③土地肥沃、种植业生产丰足；④民族、宗教的关系；⑤海拔高度。海拔 4000m 以上，猪的数量锐减；海拔在 4500m 以上则很少见到猪。就目前国内养猪业来看，以长江流域诸省数量最多，其中四川省居首位，其次为江苏、浙江、湖南、湖北、广东、广西、山东、河南诸省；西北各省猪数量不多，甘肃、青海、宁夏、内蒙古、新疆和西藏等少数民族居住的地方尤其少。⑨ 两宋时期，北方除京师开封养猪业较为兴盛外，其他各路养猪业均不能与南方诸路并驾齐驱。可见，养猪业除受

① 中国社会科学院考古研究所：《新中国的考古发现与研究》，北京：文物出版社，1984 年版，第 195 页。

② 河南省文化局文物工作队第一队：《郑州碧沙岗发掘简报》，《文物参考资料》1956 年第 3 期，第 30 页。

③ 中国社会科学院考古研究所：《新中国的考古发现和研究》，北京：文物出版社，2002 年版，第 196 页。

④ 《诗经·豳风·七月》，长春：吉林文史出版社，1999 年版，第 79 页。

⑤ （清）朱彬：《礼记训纂》卷 5《王制第五》，北京：中华书局，1996 年版。第 189 页。

⑥ （汉）司马迁：《史记》卷 129《货殖列传》69，北京：中华书局，1982 年版，第 3272 页。

⑦ （北魏）贾思勰著，石声汉校释：《齐民要术今释·养猪第五十八》，北京：科学出版社，1958 年版，第 412 页。

⑧ （宋）李昉等：《太平广记》卷 439《李汾》，北京：中华书局，1960 年版，第 3581 页。

⑨ 王清义等：《中国现代畜牧业生态学》，北京：中国农业出版社，2008 年版，第 184 页。

环境影响外，一个地区的经济发展水平和人口数量也是非常重要的因素。据业师程民生先生研究，两宋时期，从地域角度看，南方户口占绝对优势。如以宋神宗朝为例，可知户数最多的是两浙路，其次为江西、江东、福建。这一时期，全国总户数为 16 569 874 户，其中北方为 5 676 606 户，占 34.3%；南方为 10 893 268 户，占 65.7%，几乎是北方的 2 倍。① 从地方为中央财政提供的钱物来看，两浙、江东、京东、淮南、江西等路为中央提供了 1200 余万贯匹两的钱物，占总数的 83%，其中两浙路就占了 29%。② 这表明，无论经济发展还是人口数量，南方都占绝对优势，正因为有着雄厚的经济做后盾，又有着广阔的社会市场，兼之南方地区处于热带和亚热带，四季常青，为农户养猪提供了充足的食物，所以南方地区发展养猪业可谓得天独厚。

正因为如此，南方各路民间普遍养猪。如淮南路，王之道在诗中讴歌了无为军(今安徽无为)的养猪状况："桑芽蚕翅小，荻筍彘肩肥，"③甚至不少家庭"养猪数十口"④。由于猪多，猪肉非常便宜，有"淮南猪肉不论钱"⑤之说。养猪不仅能改善生活条件，还可以补贴家用。江南路饶州德兴(今江西德兴)"猪羊满圈，不知金贵"⑥，歙州(今安徽歙县)一般家庭饲养"大豕至二三百斤，岁终以祭享"⑦。乐平县(今江西乐平)广衡人许光仲之仆，"畜一牝豕。凡历岁，每生豚必以十数，满三月则出鬻，累计二百不啻，获利已多"⑧。两浙路一般农家都要养猪，如湖州(今浙江湖州)"田家多豢豕"⑨。陆游的诗歌："莫笑农家腊酒浑，丰年留客足鸡豚。"⑩描绘了两浙一带农村杀鸡宰猪，殷勤好客的欢乐景象。秀州(今浙江嘉兴)东城居民韦十二，"于其庄居，豢豕数百，散市杭、秀间，数岁矣。"⑪养猪数百，显然是名副其实的养猪专业户。荆湖一带的民间适合发展养猪业。苏轼被贬黄州

---

① 程民生：《宋代地域经济》，开封：河南大学出版社，1992 年版，第 54 页。
② 程民生：《宋代地域经济》，开封：河南大学出版社，1992 年版，第 262 页。
③ (宋)王之道：《相山集》卷 7《春日无为道中》，文渊阁四库全书本，第 1132 册，第 571 页。
④ (宋)王之道：《相山集》卷 20《申三省枢密利害札子》，文渊阁四库全书本，第 1132 册，第 679 页。
⑤ (宋)虞俦：《尊白堂集》卷 4《戏书》，文渊阁四库全书本，第 1154 册，第 85 页。
⑥ (宋)张世南：《游宦纪闻》卷 8，北京：中华书局，1981 年版，第 74 页。
⑦ (宋)罗愿：《新安志》卷 2《畜扰》，北京：中华书局，1990 年版，第 7623 页。
⑧ (宋)洪迈：《夷坚志·夷坚支癸》卷 6《许仆家豕怪》，北京：中华书局，1981 年版，第 1269 页。
⑨ (宋)谈钥：《嘉泰吴兴志》卷 20《物产》，北京：中华书局，1990 年版，第 4861 页。
⑩ (宋)陆游：《陆游集·剑南诗稿》卷 1《游山西村》，北京：中华书局，1976 年版，第 29 页。
⑪ (宋)何薳：《春渚纪闻》卷 3《悬豕首作人语》，北京：中华书局，1983 年版，第 51 页。

(今湖北黄冈)时记载这里"猪、牛、麋、鹿如土，鱼、蟹不论钱"①，可见当地养猪很多。鄂州(今湖北武汉)也是"鸡豚兼蓄，枣栗成林"②。峡州夷陵县(今湖北宜昌)几乎家家养猪，"一室之间，上父子而下畜豕"③。辰州叙浦县(今湖南溆浦)因养猪太多而又管理不善，结果导致县常平仓墙壁为"群豕所穴，食仓米五十石"④，可见当地民间养猪以牧放为主。江陵(今湖北江陵)民莫氏，"世以圈豕为业"⑤。世世代代以养猪为业。荆湖地区一些地方官员也养猪。如南宋宁宗时期，安丙在长沙为官，"设厅前豢豕成群，粪秽狼籍，肥腯则烹而卖之。罢镇，梱载归蜀"⑥。这里养猪显然以圈养为主，由于粪便堆积，对环境卫生造成了一定的影响。

岭南地区，"深广之民，结栅以居，上施茅屋，下豢牛豕……牛豕之秽，升闻于栈罅之间，不可向迩。彼皆习惯，莫之闻也。考其所以然，盖地多虎狼，不如是则人畜皆不得安，无乃上古巢居之意欤?"⑦岭南地区，气候湿热，虎狼众多，为了适应这样的生态环境，避免猪、牛等牲畜遭到虎狼的袭击，岭南之民只得忍受着猪牛的粪便和气味。岭南地区气候炎热，动植物生长速度快，营养物质积聚较少，"五谷濇而不甘，六畜淡而无味"⑧，部分地区的人们甚至"不食彘肉"，养猪主要用于祭神。⑨ 陆游在广西桂林看到舟人祭神一次就用了 10 余头猪，⑩ 祭神是推动养猪业发展的因素之一。

较之南方，北方各路民间养猪业稍逊一筹。但因受气候环境的影响，北方猪肉的品质远远优于南方。如京师开封人口稠密，经济发达，猪肉需求量大，催生了养猪业的迅速发展。据《东京梦华录》记载：开封民间，

---

① (宋)苏轼：《苏轼文集》卷 52《答秦太虚七首》，北京：中华书局，1986 年版，第 1536 页。

② (宋)罗愿：《罗鄂州小集》卷 1《鄂州劝农》，文渊阁四库全书本，第 1142 册，第 471 页。

③ (宋)欧阳修：《欧阳修全集》卷 39《夷陵县至喜堂记》，北京：中华书局，2001 年版，第 563 页。

④ (元)马端临：《文献通考》卷 312《物异考》18，北京：中华书局，1986 年版，第 2443 页。

⑤ (宋)洪迈：《夷坚志·夷坚支景》卷 1《江陵村侩》，北京：中华书局，1981 年版，第 883 页。

⑥ (宋)罗大经：《鹤林玉露·乙编》卷 4《安子文自赞》，北京：中华书局，1983 年版，第 189—190 页。

⑦ (宋)周去非著，杨武泉校注：《岭外代答校注》卷 4《风土门》，北京：中华书局，1999 年版，第 155 页。

⑧ (宋)周去非著，杨武泉校注：《岭外代答校注》卷 4《风土门》，北京：中华书局，1999 年版，第 149 页。

⑨ (宋)范成大著，胡起望、覃光广校注：《桂海虞衡志辑佚校注》，北京：中华书局，1999 年版，第 209 页。

⑩ (宋)陆游：《陆游集·渭南文集》卷 47《入蜀记》第五，北京：中华书局，1976 年版，第 2450 页。

"其杀猪、羊作坊，每人担猪、羊及车子上市，动即百数。"[①]"唯民间所宰猪，须从此入京。每日至晚，每群万数，止十数人驱逐，无有乱行者"。[②]大量养猪，每天从早到晚，动以万数的猪群被趋往京城。河南府永宁县（今河南洛宁）一屠家，"豢猪数十头"[③]，可视为养猪专业户。京东西路单州砀山县（今安徽砀山）养猪较多，是重要的生猪输出地。[④] 京西路河阳县（今河南孟州）所产优质猪，远近闻名。苏轼在陕西为官时，"闻河阳猪肉至美，使人往致之"[⑤]。不远千里派人往河阳买猪。

简而言之，两宋时期民间养猪业总体上较为发达。就养猪的数量、规模和发达程度来看，北方不如南方；但就猪肉的质量而言，南方不及北方。

六、 羊的地域分布与生态环境的关系

（一）气候与气温对羊群分布的影响

羊的地理分布受气候、温度的影响较大。在自然生态因素中，气温是对羊群影响最大的生态因子，在羊群的生活中起着重要作用，直接或间接地影响着羊的生长、发育、生活状况、生存、行为、生产力以及分布等。不同的纬度，不同的海拔高度，甚至在同一地区的不同季节，或一天中的不同时间，气温都有差异。气温的变化，在不同程度上影响着羊的新陈代谢，进而影响羊的生长、繁殖，以及其他生命活动。适当的低温能增强畜体代谢，促进生长发育，但温度过低则使家畜生长发育受阻，甚至冻伤、冻死。

气温高而湿度大的地区，羊的数量比较少，因为在湿热地区体温散发是比较困难的；在雨量集中的地方，羊对倾盆大雨很不习惯，被毛较稀的羊更是如此，往往停止啃食牧草，所以在此季节营养水平急剧下降，影响了繁殖和成活。潮湿的环境有利于寄生虫的繁殖，对绵羊危害很大。[⑥] 其

① （宋）孟元老著，邓之诚注：《东京梦华录注》卷3《天晓诸人入市》，北京：中华书局，2004年版，第117页。

② （宋）孟元老著，邓之诚注：《东京梦华录注》卷2《朱雀门外街巷》，北京：中华书局，2004年版，第59页。

③ （金）元好问：《续夷坚志》卷3《猪善友》，北京：中华书局，1986年版，第67页。

④ （宋）徐梦莘：《三朝北盟会编》卷199，绍兴十年二月甲申，上海：上海古籍出版社，1987年版，第1437页。

⑤ （宋）苏轼：《仇池笔记》卷上《佛菩萨语》，上海：华东师范大学出版社，1983年版，第233页。

⑥ 贾慎修：《草地学》，北京：农业出版社，1982年版，第23页。

实，不仅仅是羊，其他牲畜对高温也有一定的不适应，当环境温度接近或高于体温时，牲畜体热散失增加，代谢减弱。高温使家畜的泌乳量显著下降，并对家畜的繁殖机能有不良影响，使精液品质下降，精子活力降低，畸形精子比例增多，造成夏季不育。降水过多，羊毛油汗被冲刷，降低羊毛纤维质量，蚊蝇、寄生虫及其他一些病菌大量繁殖。羊群长期处于潮湿的环境，会引起严重的腐蹄病及寄生虫病，影响家畜健康。一般情况下，较干燥的大气环境对羊群较为有利，尤其是低温条件下更是如此。在高温高湿的环境下，羊散热受阻，体温升高，皮肤充血，呼吸困难，中枢神经受体内高温影响而导致机能障碍，严重者引起病变和死亡。[①] 表 5-11 是我国不同生产类型的绵羊对气温适应的生态幅度表。

表 5-11　不同生产类型的绵羊对气温适应的生态幅度表（单位：℃）

绵羊类型	掉膘极端低温	掉膘极端高温	抓膘气温	最适宜抓膘气温
细毛羊	≤−5	≥25	8—22	14—22
早熟肉用羊	≤−5	≥25	8—22	14—22
卡拉库尔羊	≤−10	≥32	8—22	14—22
粗毛肉用羊	≤−15	≥30	8—24	14—22

资料来源：王清义：《中国现代畜牧业生态学》，北京：中国农业出版社，2008 年版，第 234 页

　　从表 5-11 看，绵羊适于生长在气温 −5—22℃ 之间的地区。当气温比绵羊、山羊活动适宜的温度稍低时，羊的有机体为了适应低温环境，必须加强体内新陈代谢作用，增加食欲和消化能力，以提高对外界低温环境的抵抗力，故气温比绵羊、山羊活动的适宜温度稍低时，对畜体的锻炼有良好的作用。我国西北地区，绵羊、山羊夏季放牧多选择在高山牧场上，因为此时高山地区气候凉爽、雨水较多、牧草繁茂、蚊蝇很少，羊只新陈代谢旺盛，几乎终日采食不息，容易抓膘长肉，是夏季绵羊、山羊放牧的理想场所。如新疆巩乃斯种羊场的新疆细毛羊群，每年通过 3 个月左右的夏季放牧的抓膘时间，每只羊平均增重在 13 公斤以上。[②]

　　降水量对植物生长的影响很大，家畜饲料以植物为主，因而降水多寡也间接地影响了畜牧业的发展和家畜的特性。热带潮湿地区牧草成熟极快，所以纤维含量比较高，而可消化的蛋白质和可消化营养分含量则迅速

---

① 中国牧区畜牧气候区划科研协作组：《中国牧区畜牧气候》，北京：气象出版社，1988 年版，第 2 页。

② 王清义等：《中国现代畜牧业生态学》，北京：中国农业出版社，2008 年版，第 234—235 页。

降低。① 正因为如此，南方高温潮湿的地域羊分布较少，这种湿热环境不利于羊的繁殖、生长发育、还是多种疾病丛生的温床。就目前我国国内羊群的分布来看，也充分证明了气候、环境与温度对羊的重要影响。表5-12是不同生产类型的绵羊对水适应的生态幅度。②

表 5-12　不同生产类型的绵羊对水适应的生态幅度③

绵羊类型	适宜相对湿度(%)	适宜降水量(mm)	最适宜相对湿度(%)	最适宜年降水量(mm)
细毛羊	50—75	300—700	55—65	300—500
早熟肉用羊	50—80	450—1000	60—70	500—800
卡拉库尔羊	40—60	100—250	45—50	200
粗毛肉用羊	55—80	300—800	60—70	400—600

在温度高湿度大的地区，羊群的数量较少，在雨量相对集中的地方或季节，羊只的采食量下降，摄入营养较少，进而影响繁殖和存活。因此，羊的地域分布与气温和降水有着千丝万缕的联系。

(二) 宋代羊的地域分布

宋代羊的分布有明显的地域特征。北方陕西、河东、河北以及京师开封地区牧羊业相当发达，所产羊品种优良；西南地区的巴蜀、东南的江浙以及广南一带也分布着为数不等的羊群，除个别品种外，大多质量低劣。

北方诸路。牧羊业在北方迅猛发展，"今河东、陕西及近都州郡皆有之"④。河东路的民间牧羊业发展最快，太原一带几乎家家养羊，"驼与羊，土产也，家家资以为利"⑤，是民户经济收入的重要来源之一。宋太宗雍熙年间，政府把并（今山西太原）、代（今山西代县）等州的 8000 民户迁到河南府、汝（今河南汝州）、许（今河南许昌）等州，他们随身带来的羊、牛、驼、马等牲畜就达 40 多万头。⑥ 泽州（今山西晋城）的民间牧羊业尤为发

---

① 汤逸人：《畜牧学进展》，北京：农业出版社，1964 年版，第 22 页。
② 生态幅度是指一种生物能适应不同的环境条件能力为其"生态幅度"，在不同的环境条件下，同一种生物会变化以适应环境，产生不同的"生态类型"。
③ 王清义等：《中国现代畜牧业生态学》，北京：中国农业出版社，2008 年版，第 236 页。
④ （宋）唐慎微：《重修政和证类本草》卷 17《羖羊角》，四部丛刊本，第 16 页。
⑤ （宋）李焘：《续资治通鉴长编》卷 279，熙宁九年十二月丙申，北京：中华书局，2004 年版，第 6836 页。
⑥ （宋）李焘：《续资治通鉴长编》卷 27，雍熙三年七月壬午，北京：中华书局，2004 年版，第 620 页。

达，成寻在其境内太行山上看到3处羊群，"或五千，或三千，或一千"①。每群数以千计，足见当地养羊业的兴盛。府州(今陕西府谷)土产羊、马。②由于产羊多，河东还成为国家重要的活羊供应地，早在宋初，政府就在此地建立了孳生羊务，专门收购民间羊。③河东的绛州(今山西新绛)每年向朝廷上供数万只羊④，忻州(今山西忻州)每年也要交纳数量众多的肉羊和羊皮。⑤

陕西也是产羊的主要地区之一，"秦人筑城备胡处，扰扰唯有牛羊声"⑥。牛羊的叫声充斥着宋夏边境。宋仁宗时，政府在陕西牧放1.6万只羊。⑦ 地处西北的永兴军和秦凤路，由于气候、自然地理条件诸因素的影响，传统上就是以畜牧业为主的地区。如永兴军路的保安军(今陕西志丹)地区"地寒霜早，不宜五谷"，主要发展畜牧业，羊是当地的主要畜产之一。⑧ 秦凤路民间普遍养羊，叠州(今甘肃迭部)土产羊、马、麝香。⑨ 泾州(今甘肃泾川)也以畜牧业为主，土产羊、马、驼毛、麝香等。⑩ 据文彦博记载，秦凤路、泾原路沿边熟户番部最多，每年秋季，"禾稼、牛羊满野，以致饵寇诲盗"⑪。陕西由于土产羊多，因而成为重要的活羊输出地，每年都有数万只羊卖到京师。⑫ 河北路适合养羊，出现了专门雇人牧羊的记载。如王则流亡到贝州(今河北清河西)后，"自卖为人牧羊"⑬。河北羊不仅多而且体格庞大，土产一种胡头羊重达100斤。⑭

---

① 〔日〕成寻著，平林文雄校注：《参天台五台山记》第五，日本风间书房，1978年版，第149页。

② (宋)乐史：《太平寰宇记》卷38，文渊阁四库全书本，第469册，第331页。

③ (宋)李焘：《续资治通鉴长编》卷55，咸平六年十一月己酉，北京：中华书局，2004年版，第1218页。

④ (宋)曾巩：《曾巩集》卷43《司封员外郎蔡公墓志铭》，北京：中华书局，1984年版，第585页。

⑤ (宋)欧阳修：《欧阳修全集》卷115《倚阁忻代州和籴米奏状》，北京：中华书局，2001年版，第1739页。

⑥ (宋)王安石：《王文公文集》卷37《胡笳十八拍》，上海：上海人民出版社，1974年版，第866页。

⑦ (宋)欧阳修：《欧阳修全集》卷118《乞住买羊》，北京：中华书局，2001年版，第1818页。

⑧ (宋)乐史：《太平寰宇记》卷37，文渊阁四库全书本，第469册，第321页。

⑨ (宋)乐史：《太平寰宇记》卷155，文渊阁四库全书本，第470册，第454页。

⑩ (宋)乐史：《太平寰宇记》卷32，文渊阁四库全书本，第469册，第281页。

⑪ (宋)文彦博：《潞公文集》卷17《乞令团结秦凤泾原番部》，文渊阁四库全书本，第1100册，第686页。

⑫ (宋)李焘：《续资治通鉴长编》卷53，咸平三年十二月丙戌，北京：中华书局，2004年版，第1171页。

⑬ (元)脱脱等：《宋史》卷292《明镐传》，北京：中华书局，1977年版，第9770页。

⑭ (宋)周辉著，刘永翔校注：《清波杂志校注》卷9《说食经》，北京：中华书局，1997年版，第404页。

中原地区民户也大量养羊。尤其是京师开封因人口众多，羊肉需求量大，牧羊业堪称发达。开封之北分布有大片牧地，"乃官民放养羊地"[①]。因养羊多，羊肉充斥着整个东京市场，"每人担猪、羊及车子上市，动即百数"。近年来有不少人认为，《清明上河图》中缺少了市井常见动物——马和羊。马和羊是当时的重要战备物资。马匹是必不可少的交通工具；羊皮则要制作营帐、军服，马和羊是契丹输入中原王朝的违禁牲畜。[②] 这种看法是缺少足够证据的。京西路一带也有养羊的传统，早在五代时就产羊较多："京西有客见人牧羊遍满山陇，不知几千万口。"[③]至今河南豫西一带民间仍广泛养羊。

北方民间土产羊不仅数额巨大，而且大多品种优良。史载："河西、陕西、河东羊最佳。"[④]陕西、河东的羖羊"毛最长且厚"，"毛长尺余"[⑤]，堪称长毛羊中的佼佼者。京东路所产羊体格庞大，如密州（今山东诸城）"剪毛胡羊大如马"[⑥]，也属于优质品种。北方羊肉味道还特别鲜美，深得人们的喜爱，"盖西北品味，止以羊肉为贵"[⑦]。陕西大羊之肉，"信天下之美味不能过也"[⑧]。同州（今陕西大荔）产羊，"膏嫩第一。言饮食者，推冯翊白沙龙为首"[⑨]。以至于黄庭坚认为吃同州羔羊乃是人生的一大乐事。[⑩] 同州还土产一种细肋羊，因饮沙苑苦泉水，肉肥而美，有"苦泉羊，洛水浆"的谚语。[⑪] 总之，北方所产羊无论皮毛还是肉质都堪称优良。

南方各地因处于热带和亚热带地区，气温较高，降水丰富，客观而言，不大适于羊的生存。如前述提到羊群最适宜生活的温度为14—22℃，

---

① （明）陶宗仪：《说郛三种》卷43，孔偁《宣靖妖化录》，上海：上海古籍出版社，1988年版，第700页。

② 黄仁宇：《中国大历史》，北京：生活·读书·新知三联书店，2007年版，第139—140页；华道敬、陈刚：《〈清明上河图〉泄露"军事机密"》，《历史教学》（高教版）2008年第2期，第88页；张继合：《〈清明上河图〉的军事机密》，《人才资源开发》2012年第2期，第11页。

③ （五代）尉迟偓：《中朝故事》，石家庄：河北教育出版社，1995年版，第27册，第200页。

④ （宋）谢维新：《古今合璧事类备要·别集》卷83《畜产门》，文渊阁四库全书本，第941册，第394页。

⑤ （宋）唐慎微：《重修政和证类本草》卷17，四部丛刊本，第16页。

⑥ （宋）周辉著，刘永翔校注：《清波杂志校注》卷9《说食经》，北京：中华书局，1997年版，第404页。

⑦ （宋）周辉著，刘永翔校注：《清波杂志校注》卷9《猫食》，北京：中华书局，1997年版，第401页。

⑧ （宋）李之仪：《姑溪居士前集》卷39《跋山谷晋州学铭》，文渊阁四库全书本，第1120册，第574页。

⑨ （宋）陶穀：《清异录》卷上《白沙龙》，文渊阁四库全书本，第1047册，第880页。

⑩ （宋）赵令畤：《侯鲭录》卷8《黄鲁直品食》，北京：中华书局，2002年版，第200页。

⑪ （宋）乐史：《太平寰宇记》卷28，文渊阁四库全书本，第469册，第244页。

而南方地区气温显然要高于这个数字。但羊并非完全被动适应环境，它在自然选择的过程中对生态环境有一定的抗逆性，[①] 因此，南方不少地区也有羊群的分布。

西南地区地势较高，气候凉爽，民间养有一定数量的绵羊。据周去非记载：西南"地产绵羊，固宜多毡毳。自蛮王而下至小蛮，无一不披毡者……南毡之长，至三丈余，其阔亦一丈六七尺，折其阔而夹缝之，犹阔八九尺许。"[②]绵羊皮成了西南少数民族地区人们的主要衣料来源。永康军(今四川都江堰)崇德庙每年祭祀李冰父子，用去4万只羊[③]，范成大言崇德庙"岁刲羊五万"[④]，数字虽有些出入，但都能说明当地牧羊业之发达。

东南地区民间有养羊的传统。江东歙州(今安徽歙县)"羊昼夜山谷中，不畏露草"[⑤]，也可能是野生羊群。两浙地区民间也养羊，为当地的土产之一。浙江湖州(今浙江湖州)"今乡土间有无角、斑黑而高大者曰胡羊"[⑥]。这种湖羊经过漫长的风土驯化，逐渐培育成耐湿热的优良品种。[⑦] 此外，江浙一带还有"白、青羊，以青为胜"[⑧]。严州(今浙江建德东)民间也饲养羊和其他畜禽。[⑨] 台州(今浙江临海)"地宜草而肥息"[⑩]。为羊提供了丰富的食物，一些农家也往往养些羊，在山上放养。[⑪] 江南路民间养羊较多，如西路岁贡生羊皮18 392张31尺。[⑫] 袁州(今江西宜春)的一个仰山神祠，每年祭祀"动以数百羊为群"[⑬]。福建路也产羊，尤其是福清(今福建福清)、长溪(今福建霞浦)等县"岁两生息"[⑭]。福建土产羊品质优良，羊皮成为进

---

① 抗逆性主要包括两个方面：避逆性(stress avoidance)和耐逆性(stress tolerance)。避逆性指动植物在环境胁迫和它们所要作用的活体之间在时间或空间上设置某种障碍从而完全或部分避开不良环境胁迫的作用；耐逆性指活体承受了全部或部分不良环境胁迫的作用，但没有或只引起相对较小的伤害。

② (宋)周去非著，杨武泉校注：《岭外代答校注》卷6《毡》，北京：中华书局，1999年版，第227页。

③ (宋)曾敏行：《独醒杂志》卷5，上海：上海古籍出版社，1986年版，第46页。

④ (宋)范成大：《范成大笔记六种·吴船录》，北京：中华书局，2004年版，第189页。

⑤ (宋)罗愿：《新安志》卷2《畜扰》，北京：中华书局，1990年版，第7623页。

⑥ (宋)谈钥：《嘉泰吴兴志》卷20《物产》，北京：中华书局，1990年版，第4861页。

⑦ 张仲葛、邹介正：《中国畜牧史料集》，北京：科学出版社，1986年版，第171页。

⑧ (宋)谈钥：《嘉泰吴兴志》卷20《物产》，北京：中华书局，1990年版，第4861页。

⑨ (宋)陈公亮、刘文富：《淳熙严州图经》卷1《物产》，北京：中华书局，1990年版，第4293页。

⑩ (宋)齐硕、陈耆卿：《嘉定赤城志》卷36《土产》，北京：中华书局，1990年版，第7567页。

⑪ (宋)洪迈：《夷坚志·夷坚丁志》卷11《沈仲坠崖》，北京：中华书局，1981年版，第632页。

⑫ (宋)张守：《毗陵集》卷7《措置江西善后札子》，文渊阁四库全书本，第1127册，第745页。

⑬ (宋)范镇：《东斋记事·辑遗·仰山神》，北京：中华书局，1980年版，第56页。

⑭ (宋)梁克家：《淳熙三山志》卷42《物产》，北京：中华书局，1990年版，第8262页。

奉朝廷的贡品，福州每年都要上贡一些羊皮。[①]

岭南地区气候炎热，潮湿多雨，但不少羊抗逆性强，也能在此生存。如岭南有一种绵羊，"毛如茧纩，剪毛作毡，尤胜朔方所出者"[②]。岭南的英州（今广东英德）在宋代还培育出一种乳羊，据朱彧记载："碧落洞生钟乳，牧羊者多往焉。或云羊食钟乳间水，有全体如乳白者，其肉大补羸，谓之乳羊。"[③]范成大则认为：乳羊"本出英州。其地出仙茅，羊食茅，举体悉化为脂，不复有血肉，食之宜人。"[④]乳羊是如何培育出来的？朱彧认为是因为乳羊长期食用含有碳酸钙的钟乳水导致通体乳白，范成大则认为乳羊吃了英州的一种植物仙茅使得洁白如脂。应该说乳羊的出现和当地的生态环境与气候密切相关，是多种因素综合作用的结果。岭南惠州（今广东惠州）州治这个极小之邑，"市寥落，然每日杀一羊"[⑤]。羊已成为达官贵人日常生活中必不可少的肉食。

概而言之，两宋时期，由于气候和生态环境的差异，南北方牧羊业无论在数量还是质量上都存在较大的差异，北方气候温凉、干爽，民间牧羊业发展迅猛，是传统的畜牧基地，所养羊品种优良，体格高大；南方高温多雨，总体上不大适合羊的生存，只是个别地区养有一定数量的羊，个别品种的羊堪称优良。

七、 民间家禽的地域分布与生态环境的关系

我国是世界上最早饲养家鸡的国家。近年来在河北武安磁山、河南新郑裴李冈、山东滕县杜辛等遗址都有家鸡遗骨出土，说明早在七八千年前我国已开始了家鸡的驯化。殷商时期，据考古发掘资料和甲骨文记载，鸡已成为当时人们的主要肉食之一，并开始用于祭祀和殉葬。春秋战国时期养鸡业有了一定的发展，出现了"斗鸡"的娱乐活动，《庄子》、《左传》等文献均有记载。秦汉、魏晋南北朝时期，养鸡业已相当发达，是一种普遍的家庭副业。这一时期的农学著作《齐民要术》详细记载了鸡的饲养方法和品种改良，说明养鸡技术有了较大发展。隋唐五代时期，鸡养业取得了巨大

---

① （宋）梁克家：《淳熙三山志》卷17《岁贡》，北京：中华书局，1990年版，第7926页。

② （宋）周去非著，杨武泉校注：《岭外代答校注》卷9《绵羊》，北京：中华书局，1999年版，第359页。

③ （宋）朱彧：《萍州可谈》卷2，历代笔记小说集成本，石家庄：河北教育出版社，1995年版，第11册，第347页。

④ （宋）范成大著，胡起望、覃光广校注：《桂海虞衡志辑佚校注》，成都：四川民族出版社，1986年版，第96页。

⑤ （宋）苏轼：《仇池笔记》卷下《众狗不悦》，上海：华东师范大学出版社，1983年版，第255页。

发展，盛极一时。① 到了宋代，养鸡业在前代发展的基础上更是空前繁盛。鸡在社会生活中运用非常广泛，除用于饮食、司晨、斗鸡娱乐之外，在医疗卫生事业中也得到广泛运用，是重要的食疗禽类。这一时期，鸡的品种改良和人工孵化技术也得到了飞速发展，从而进一步促进了养鸡业的兴盛。

（一）鸡的分布

鸡的品种的形成与分布与自然生态和社会经济条件有着密切的关系，两宋时期，由于各地自然条件、社会经济和文化发展的程度不同，人们对鸡的选择和利用的目的也不尽相同，从而形成了外貌特征、遗传特性、生产性能各异的众多鸡种，分布于各路州县。

先看北方。北方各路的民间普遍养鸡，如陕西民间"鸡犬混放，亦识其家"②，一般家庭都饲养鸡、犬。河东路从北部的银城（今陕西神木银城砦）到南部的临泉（今山西临县），"幅员数百里间，楼橹相望，鸡犬相闻"③，京东路产一种鲁鸡，"枵然而大，绝有力而奋，行有威，视有光，其翮之端若比刃，距去地三寸……无有与之匹者"④。是斗鸡中的优良品种，这就是至今仍名闻遐迩的鲁西斗鸡。⑤ 济南府章丘县（今山东章丘西北）农家："饥寒自常事，鸡鸣复萧萧，"⑥"鸡豚为岁计，谷米望秋收"⑦。贫苦人家把畜养鸡、猪作为家庭收入的重要来源。

中原地区养鸡蔚然成风。京师开封因人口众多，鸡肉及鸡蛋市场需求量大，故也促进了养鸡业的迅猛发展。宋真宗大中祥符八年（1015）八月五日，"禁京城杀鸡"⑧。次年八月，再次颁布禁令"禁京城杀鸡，违即罪之"。之所以先后两次颁布禁令，是因为宋真宗得知京师开封杀鸡太多，"始闻京城烹鸡者滋多，增害物命，故行此禁"⑨。另据《文献通考》记载，从寿春（今安徽寿县）到京师绵延 1000 多里的途中"农官兵田，鸡犬之声，阡陌相

① 乜小红：《唐五代畜牧经济研究》，北京：中华书局，2006 年版，第 258 页。

② （宋）程大昌：《雍录》卷 7《郡县》，宋元方志丛刊本，北京：中华书局，1990 年版，第 460 页。

③ （宋）李焘：《续资治通鉴长编》卷 514，元符二年八月甲午，第 12227 页。

④ （宋）孔武仲：《清江三孔集》卷 17《鸡说》，文渊阁四库全书本，第 1345 册，第 372 页。

⑤ 中国斗鸡包括中原斗鸡（河南斗鸡、皖北斗鸡和鲁西斗鸡统称中原斗鸡）、吐鲁番斗鸡、西双版纳斗鸡和漳州斗鸡。参见：王清义：《中国现代畜牧业生态学》，北京：农业出版社，2008 年版，第 279 页。

⑥ （宋）韩淲：《涧泉集》卷 4《溪汛浮桥屡解》，文渊阁四库全书本，第 1180 册，第 612 页。

⑦ （宋）韩淲：《涧泉集》卷 8《寄章丘》，文渊阁四库全书本，第 1180 册，第 670 页。

⑧ （清）徐松：《宋会要辑稿·刑法》2 之 13，北京：中华书局，1957 年版，第 6488 页。

⑨ （清）徐松：《宋会要辑稿·刑法》2 之 160，北京：中华书局，1957 年版，第 6561 页。

属"①。西京河南府民间大量养鸡与政府的强制要求密不可分。宋庠担任河南知府时,下令每家都要养鸡,并要求将鸡带到官府验证,以防虚假应付。②京西路陈州(今河南淮阳)"民家鸡忽人言,近鸡祸也"③。由于民间养鸡兴旺,鸡挚生较多,出现了生理变异现象。

与北方相比,宋代南方养鸡业十分发达,这是民间养鸡业的一个突出特点。一方面,南方有着广阔的荒山、草甸,为鸡的生息繁殖提供了丰富的虫、草等绿色食物,为大规模发展养鸡业提供了良好的条件。再加之南方气候温暖,鸡"一岁四产"④一年四季均可繁殖,故养鸡较多。另一方面,两宋时期随着经济重心南移的完成,南方(尤其是东南一带)发达的农业经济更是北方所无法比拟的。农业的发展为家禽饲养业提供了充足的食物,宋代东南一些地方志就指出:"鸡,今田家多畜,秋冬月,乐岁尤多,盖有粃谷之类为食也。"⑤显然,农业经济的发展,充足的食物来源是养鸡业兴盛的重要保证。此外,两宋时期北方常年战乱,南方相对安定,客观上也为发展家禽养殖业提供了稳定的社会环境。南方发展养鸡业的条件可谓得天独厚。

江浙一带。"左右桑果足,岁日鸡豚肥"⑥是当地鸡豚兴旺的真实写照。杭州城郊的养鸡业很兴盛,西湖沿岸更是"白水沿堤护绿苗,鸡鸣犬卧柳边桥。"一片鸡鸣犬吠的欢乐祥和景象。月夜泛舟于西湖上,到处可以听到"破晓西村鸡犬鸣"⑦的喧器。为了适应迅速发展的养鸡业的需要,官方在杭州的横河桥头设置了专门的家禽交易市场——鸡鹅行,⑧表明宋代养鸡业商品化程度较高,养鸡已成为人们经济收入的来源之一。江浙一带鸡的品种众多。如台州(今浙江临海)"鸡有黄、白、乌、花色,大者喜斗,又有潮鸡,遇潮长则鸣"⑨。杭州鸡鹅行出售的活鸡也有数种,如山鸡、家鸡、朝鸡等。⑩为了适应养鸡业迅速发展的需要,精明的商家在鸡的养殖器具和饲料上打起了主意,杭州市场就有不少商贩出售"鸡笼……鸡食、

① (元)马端临:《文献通考》卷7《田赋考》7,北京:中华书局,1986年版,第74页。

② (宋)王得臣:《麈史》卷下《乖缪》,上海:上海古籍出版社,1986年版,第92页。

③ (元)脱脱等:《宋史》卷65《五行志》3,北京:中华书局,1977年版,第1431页。

④ (宋)范成大著,胡起望、覃光广校注:《桂海虞衡志辑佚校注》,成都:四川民族出版社,1986年版,第221页。

⑤ (宋)谈钥:《嘉泰吴兴志》卷20《物产》,北京:中华书局,1990年版,第4862页。

⑥ (宋)陈起:《江湖小集》卷43《恳昌化民家》,文渊阁四库全书本,第1357册,第343页。

⑦ (宋)陈起:《江湖小集》卷16《月夜泛湖》,文渊阁四库全书本,第1357册,第129页。

⑧ (宋)吴自牧:《梦粱录》卷13《团行》,杭州:浙江人民出版社,1980年版,第115页。

⑨ (宋)齐硕等:《嘉定赤城志》卷36《土产》,北京:中华书局,1990年版,第7567页。

⑩ (宋)吴自牧:《梦粱录》卷18《物产》,杭州:浙江人民出版社,1980年版,第170页。

鱼食"①。养鸡业的兴盛带动了相关产业的发展。

巴蜀、岭南和福建等偏远地区仍然有着发达的民间养鸡业。尤其是岭南地区，养鸡业发展迅速，并培育出许多优良品种，其著名品种有长鸣鸡，"自南诏诸蛮来，一鸡直银一两。形矮而大，羽毛甚泽，音声圆长，一鸣半刻"。潮鸡，"潮至则鸣，身小足矮"。枕鸡，"大如初生鸡儿，毛翎纯黑，项下有横白毛，向晨必啼，如鸡声而细。人置枕间，以之司晨。"翻毛鸡，"鸡翻翎皆翻生，弯弯向外，雌雄皆然"。②此外还有锦鸡，"又名金鸡，形如小雉"。长鸣鸡，"高大过常鸡，鸣声甚长，终日啼号不绝"③。竹鸡，"比之（鹧鸪）差小，毛羽褐多斑赤纹，自呼泥滑滑"④。需要指出的是，这种竹鸡也可能是一种未被驯化的野鸡或其他禽类，据一位四川的朋友讲，在今天当地仍生活有这种禽类。

福建和四川鸡的品种没有岭南多，但一般家庭也养些鸡，四川金堂县鸡圈和福建顺昌石鸡的出土就证明了这一点。1957年四川金堂县出土了鸡圈⑤，1983年福建顺昌出土了石鸡。⑥ 不仅普通平民养鸡，一些寺院僧人和士大夫家庭也养鸡。如剑州佑圣僧舍就养有一些公鸡用来司晨。⑦ 苏颂的祖父在福建泉州老家"喜养朝鸡"⑧。

总之，两宋时期，养鸡业已经是一种较为普遍的家庭副业。据唐慎微记载：鸡"今处处人家畜养甚多……鸡之类最多：丹雄鸡、白雄鸡、乌雄、雌鸡。"⑨民间养鸡不仅普遍，而且种类繁多。较之北方，南方因气候温暖，便于繁殖，养鸡业更胜一筹。鸡有多种用途，是民户经济收入的重要来源："徒为识昏晓，犹未免庖厨。年少苦令斗，主人频见呼。"⑩具有司晨，提供肉、蛋，斗鸡娱乐等功能。宋代养鸡业总体而言，是一家一户为单位的粗放式经营，规模小。由于受交通运输与科技条件的限制，还没有形成集约化的，大规模的家庭饲养。

---

① （宋）周密：《武林旧事》卷6《小经纪》，北京：中国商业出版社，1982年版，第127页。

② （宋）周去非著，杨武泉校注：《岭外代答校注》卷9《禽兽门》，北京：中华书局，1999年版，第380—382页。

③ （宋）范成大著，胡起望、覃光广校注：《桂海虞衡志辑佚校注》，成都：四川民族出版社，1986年版，第83页。

④ （宋）谢维新：《古今合璧事类备要·别集》卷69《飞禽门》，文渊阁四库全书本，第334页。

⑤ 陆得良：《四川金堂县的宋代石墓》，《考古通讯》1957年第6期，第47页。

⑥ 刘玉生：《河南省方城县出土宋代石俑》，《文物》1983年第8期，第42页。

⑦ （宋）庄绰：《鸡肋编》卷上，北京：中华书局，1983年版，第18页。

⑧ （宋）苏颂：《苏魏公文集·潭训》卷8，北京：中华书局，1988年版，第1166页。

⑨ （宋）唐慎微：《重修政和证类本草》卷19《诸鸡》，四部丛刊本，第5页注文。

⑩ （宋）李觏：《李觏集》卷36《鸡》，北京：中华书局，1981年版，第409页。

(二) 鹅鸭的饲养

宋代长江流域以南的广大区域在自然带的划分上属于我国的亚热带、热带地区,气候炎热、高温多雨。受降雨的影响,形成了众多的湖泊,宽广的水域,为鹅鸭等水禽类提供了良好的生态环境。因此,当地民户多因地制宜大力饲养鹅鸭。据王清义研究:"我国地方鸭品种的原产地及饲养地区基本上分布在大兴安岭、太行山、河南和湖北西部、贵州西部一线以东的低海拔地区,以及安宁河流域及其以东的四川大部分地区和云南东部地区。但分布最集中的是在长江、珠江流域及沿海地区,这一地区的鸭品种占全国鸭品种的68%。"①两宋时期鹅鸭饲养仍以这些地区为主。

江南路和两浙路民间鹅鸭饲养非常普遍。它们位于长江中下游地区,湖泊陂塘星罗棋布,是典型的水乡泽国,发展水禽饲养业的地理条件十分优越。南宋时,这里又是经济重心和政治中心,人口众多,商业发达,交通便利,有着巨大的消费市场,无疑促进了家禽饲养业的发展。当地民户充分利用这些优越的条件,大力发展鹅鸭饲养。如苏州一带:

> 鸭,今水乡乐岁尤多畜,家至数百只。以竹为落,暮驱入宿,明旦驱出。已收之,用食遗粒,取其子以卖。今肥饱一鸭便生百卵,视他禽尤有息。②

一般的家庭都要饲养数百只鸭子,朝出暮归,有专人看管。养鸭既可以卖雏鸭,还可以卖鸭蛋,而且鸭的产蛋率很高,在家禽饲养业中利润最大。显然这里的养鸭业已经走上了商品化道路,是农村家庭副业收入的重要来源。杭州、越州(今浙江绍兴)一带也是鸭鹅成群。如苏辙泛舟西湖之上,看到"谁家鹅鸭横波去,日暮牛羊饮道边"③。夕阳西下,鹅鸭在西湖畅游,牛羊在道边饮水,一幅欢乐祥和的图画。在南宋杭州城内,有专门出售家禽的鹅鸡行,不少人以杀鹅为业:"钱塘人喜杀,日屠百鹅而鬻之市。余自湖上夜归,过屠者之门,群鹅皆号,声震衢路,若有知者。"④这些鹅可能来自于鹅鸡行,也可能来自于周边的城郊,农村养鹅既满足了自家消费,还能为城市提供鹅肉。因鹅、鸭等家禽宰杀太多,政府不得不采取一些保护措施:"民间竞食鸡、鹅、鱼、虾之属,害物命多过百倍,可令断

---

① 王清义:《中国现代畜牧业生态学》,北京:农业出版社,2008年版,第281页。
② (宋)谈钥:《嘉泰吴兴志》卷20《物产》,北京:中华书局,1990年版,第4862页。
③ (宋)苏辙:《苏辙集·栾城集》卷5《槛泉亭》,北京:中华书局,1997年版,第89页。
④ (宋)苏轼:《仇池笔记》卷上《鹅有二能》,上海:华东师范大学出版社,1983年版,第226页。

三日，生命微物悉禁之。"①有利于家禽饲养业的发展。

在宋代，鹅、鸭饲养是政府税收的来源之一。为了鼓励民户饲养，国家采取减免鹅、鸭税收的办法。景德三年（1006），宋真宗下诏："除两浙州、军税鹅、鸭年额钱。"②由于地方政府执行不力，宋真宗再次下诏："除杭、越十三州军税鹅鸭年额钱。"③先后两次下诏，表明政府对民间鹅鸭饲养的重视和扶植。

江南路一带民间也大量饲养鹅、鸭，到处是鹅鸭成群。王质在《芜湖道中》一诗中描绘道："扰扰千支水，攒攒一簇村。牛羊纷下括，鹅鸭闹争门。"④说明江南水乡民户养鹅、鸭众多，凡是江河湖泊均可饲养。梅尧臣在诗中言道："鹅鸭出栏去，儿童临水驱。"⑤指出这里的鹅、鸭有专人看管，可能是养殖专业户。陆游也曾讴歌："春水六七里。夕阳三四家。儿童牧鹅鸭，妇女治桑麻。"⑥显然江南一带利用小儿牧养鹅、鸭的现象随处可见。

西南巴蜀地区江河纵横，有长江、嘉陵江、大渡河、雅砻江等众多的干流和支流，大小湖泊更是星罗棋布，在历史上被称为土地肥美、人饶地腴的天府之国，发展鹅鸭饲养业有着天然的优越条件。农户以此为契机，大力饲养鹅鸭。郭印在巴川县（今重庆铜梁）避暑时，看到当地牛马成群、鹅鸭嬉戏时诗兴大发："避暑巴川馆，凭栏瞰水渍。马牛纷浴汗，鹅鸭乱飞纹。"⑦诗歌中"彭山隔重湖，落日见孤塔。扬舲入空旷，烟树散鹅鸭。"⑧描绘了落日余晖下，扬帆江湖，见到农村中炊烟袅袅、鹅鸭成群的情景。一个"散"字表明鹅鸭数量多，采用的是散养方式。凡是有水的地方，蜀人都因地制宜放养鹅鸭，"蜀人园池养鹅"⑨即为明证。

福建和两广一带经济发展相对落后，农户利用当地湖泊、陂塘饲养鹅鸭，以增加家庭收入。如陈藻进入福建境内时，映入眼帘的是："鹅鸭溪

①　（宋）李心传：《建炎以来系年要录》卷181，绍兴二十九年三月癸亥，北京：中华书局，1955年版，第3008页。

②　（宋）李焘：《续资治通鉴长编》卷63，景德三年六月壬午，北京：中华书局，2004年版，第1046页。

③　（清）徐松：《宋会要辑稿·食货》17之15，北京：中华书局，1957年版，第5091页。

④　（宋）王质：《雪山集》卷13《芜湖道中》，文渊阁四库全书本，第1149册，第471页。

⑤　（宋）梅尧臣：《宛陵集》卷43《朝二首》，四部丛刊本，第9页。

⑥　（宋）陆游：《陆游集·剑南诗稿》卷22《泛湖至东泾》，第632页。

⑦　（宋）郭印：《云溪集》卷8《到巴川县日炽不可行遂留宿用明复留题韵》，文渊阁四库全书本，第1134册，第56页。

⑧　（宋）胡宿：《文恭集》卷1《彭山赠贯之》，文渊阁四库全书本，第1088册第621页。

⑨　（宋）苏轼：《仇池笔记》卷上《鹅有二能》，上海：华东师范大学出版社，1983年版，第226页。

溪浴，蜩蝉树树吟"①的画面。除了利用自然水域，有的家庭还凿池养鸭。福建南安县（今福建南安）不少家庭就在其家堂后"汗池广寻丈，以散鹅鸭"②，可见当地农户对鹅鸭饲养的重视。岭南地区地广人稀，湖河众多，是长江和珠江流域的交汇处，从地理环境上看较适合饲养鹅鸭。虽缺乏直接史料，但从一些间接材料中仍能看出其鹅鸭饲养的情况。如宋太祖开宝年间，广南路转运使王明就曾上言：本地"猪、羊、鹅、鹿、鱼、果，并外场镇课利，岁收铜钱一千七十贯。"③鹅是当地政府的税收来源之一，说明当地的家禽饲养较为普遍。由于养鹅较多，两广一带的人们就利用丰富的鹅毛织成羽绒服、羽绒被："洞人生理尤苟简。冬编鹅毛木绵，夏缉蕉竹麻纻为衣，抟饭掬水以食。"④罗愿对此也有类似记载："邕之南多熟鹅毛为被，取项、腹软毛蒸治之，如称畦纳之。其温软不下绵纩，且宜小儿衣中云。"⑤可见早在 1000 多年前，我国已经开始了制作羽绒产品。

广南路鹅鸭饲养业的发达与当地家禽饲养技术的进步密不可分，如"广东汤燖鸭卵出雏"⑥。岭南人已经能够用温水孵化出鸭雏，这是我国首次利用提高温度进行家禽人工孵化的记载，是家禽饲养技术发展史上的一次飞跃。这项技术的发明可以使鹅鸭的繁殖摆脱气候、季节条件的限制，提高家禽的繁殖速率。孵化技术的进步，客观上促进了鹅鸭饲养业的发展。岭南地区在古代科技比较落后的情况下，能够率先在全国发明这一孵化技术，实属难能可贵。估计与当地发达的家禽饲养业息息相关，长期的经验积累逐渐使农户创造了人工孵化技术。

比较而言，北方地区民间鹅、鸭饲养较少一些，这是由当地的地理环境和气候条件决定的。北方气候寒冷干旱，水域稀少，不大适于喜水性的禽类生活。"今自淮而北极难得鹅。南渡以来，虏人奉使必载之以归"。⑦在宋金对峙时期，金人出使南宋要载鹅以归，鹅成了淮河以北稀有的禽类。实际上北方民间也饲养鹅、鸭，只不过相对南方而言较少罢了。宋仁宗天圣年间下诏收购鹅翎，除向南方出产各军置场收买外，"所有河、陕、

---

① （宋）陈藻：《乐轩集》卷2《归入福建界作》，文渊阁四库全书本，第1152册，第41页。

② （宋）佚名：《东南纪闻》卷3，文渊阁四库全书本，第1040册，第219页。

③ （清）徐松：《宋会要辑稿·食货》17之10，北京：中华书局，1957年版，第5088页。

④ （宋）范成大著，胡起望、覃光广校注：《桂海虞衡志辑佚校注》，成都：四川民族出版社，1986年版，第137页。

⑤ （宋）罗愿：《尔雅翼》卷17《释鸟》5，丛书集成本，第1147册，第182页。

⑥ （宋）赵希鹄：《调燮类编》卷4《鸟兽》，丛书集成初编本，第211册第87页。

⑦ （宋）赵叔向：《肯綮录》，历代笔记小说集成本，石家庄：河北教育出版社，1995年版，第555页。

京东、西五路州军即令转运司破省钱收买应副"①。河东路、陕西、京东、西等北方地区也饲养一定数量的鹅，在本地收购鹅翎就是证明。

总之，两宋时期，由于南北气候和地理环境的差异，北方地区气候干旱，缺乏水源，冬天又特别寒冷，一些喜水的禽类鹅鸭等不大适合这种气候，故民间养殖相对较少；而南方尤其是长江流域和珠江流域一带，河湖众多，气候温暖，家禽一年四季均可繁殖，成为重要的鹅鸭饲养地区。诚如罗愿记载："骛（即鸭）无所不食，易以蕃息。今江湖间人家养者千百为群，暮则以舟敛而载之。其雄，尾有毛翘起如钩。大率皆雌鸣乘雄，与他畜异。出水则舍卵于舟中。"②南方地区利用得天独厚自然地理条件，大力饲养鹅鸭，"千百为群"即为明证。

本 章 小 结

宋代由于疆域的狭小和传统畜牧业基地的丧失，畜牧业生产不得不集中到传统的农耕地区。由于各地气候、温度的差异，光照和降水的多寡不同，无论是官营畜牧业还是私人畜牧业都呈现出明显的地域特征。由此可见，在古代科技较为落后的情况下，生态环境要素气候是决定牲畜种类和数量的根本因素。但不可否认，社会经济条件和政治因素对畜牧业的发展也起到一定的能动作用。比如，京师开封是全国的政治中心和人口高度集中的区域，对肉、蛋奶和畜力的需求量大，故畜牧业较为发达；东南地区因农业的迅猛发展，客观上为畜禽提供了饲料，故饲养业有显著的发展。

---

① （清）徐松：《宋会要辑稿·方城》3 之 52 至 53，北京：中华书局，1957 年版，第 7369—7370 页。

② （宋）罗愿：《尔雅翼》卷 17《释鸟》，丛书集成初编本，第 1147 册，第 181 页。

第 六 章

宋政府为保护生态环境与畜牧业发展
采取的应对措施

第一节 森林资源的保护

两宋时期，由于人口的显著增长，土地的大规模开垦，战乱的频繁以及统治者大兴土木，致使森林资源遭到了破坏，尤其是黄河流域植被破坏极为严重。为了保护有限的森林资源，宋政府采取了诸多措施。

一、 倡导植树造林

宋朝统治者特别重视植树造林，从而保护生态环境。开国皇帝宋太祖在位期间多次下诏令民种树，如建隆元年（960），诏：“课民种树，定民籍为五等。第一等种杂树百，每等减二十为差，桑枣半之……令、佐春秋巡视，书其数，秩满，第其课为殿最……野无旷土者。议赏。”①依据民户的财产情况，将其分为五等，第一等种杂树100株，每下一等种树减少20棵。地方官要定期巡视，登记存活的树木数量，作为年终考核和奖惩的标准。森林具有防风固沙、涵养水源的作用，宋政府常令官民在黄河与汴河沿岸植树造林。建隆三年（962）十月，诏：“沿黄、汴河州县长吏，每岁首令地分兵种榆柳，以壮堤防。”②同年，又“禁民伐桑枣为薪。又诏黄、汴河

---

① （元）马端临：《文献通考》卷 4《田赋考四》，北京：中华书局，1986 年版，第 54 页。
② （清）徐松：《宋会要辑稿·方域》14 之 1，北京：中华书局，1957 年版，第 7546 页。

两岸，每岁委所在长吏课民多栽榆柳，以防河决。"①乾德四年（966）闰八月，宋太祖又下令："所在长吏告谕百姓，有能广植桑、枣，开垦荒田者，并只纳旧租，永不通检。令、佐能招复逋逃，劝课栽植，岁减一选者，加一阶。"②对那些广植桑树、枣树等民户减免租税。开宝五年（972）正月，诏令："自今沿黄、汴、清、御河州县人户，除准先敕种桑枣外，每户并须创柳及随处土地所宜之木。量户力高低，分五等：第一等种五十株，第二等四十株，第三等三十株，第四等二十株，第五等十株。如人户自欲广种者，亦听。孤老、残患、女户、无男女丁力作者，不在此限。"③依照户等高低种植 10—50 株树，女户与老弱病残的家庭可以免于种树。

太祖以后的北宋其他皇帝也较为重视植树造林。宋太宗至道元年（995）下诏："宜令诸路州府各据本县所管人户，分为等第，依元定桑枣株数，依时栽种；如欲广谋栽种者，亦听。其无田土，及孤老残疾、女户无男丁力者，不在此限。如将来增添桑土，所纳税课并依原额，更不增加。"④至道二年（996）再次下诏："耕桑之外，令益种杂木、蔬果。"⑤植桑种枣既能带来一定的经济效益，又能够美化环境，可谓一举两得。宋真宗咸平六年（1003）谢德全提举总京城四排岸，领护汴河兼督辇运，在汴河沿岸"植树数十万以固岸"⑥。大中祥符九年（1016）六月二十七日，太常博士范应建言，令马递、铺卒，"夹官道植榆柳，或随土地所宜种杂木。五七年可致茂盛，供用之外，炎暑之月亦足荫及路人"，得到了朝廷的应允。⑦ 宋仁宗天圣二年（1024）正月，开封府提点县镇李识言："'请下开封府委令、佐劝诱人户栽植桑、枣、榆、柳，如栽种万数倍多，委提点司保明闻奏，各与升差使'。从之。"⑧宋神宗多次强调种植树木。熙宁年间，他言道："农桑，衣食之本。民不敢自力者，正以州县约以为赀，升其户等耳，宜申条禁。"强调不要因为植桑而升民户等。在神宗的倡导下，"于是司农寺诸立法，先行之开封，视可行，颁于天下。民种桑柘毋得增赋。安肃广信顺安军、保州，令民即其地植桑榆或所宜木，因可限阂戎马。官计其活茂

　　① （宋）李焘：《续资治通鉴长编》卷 3，建隆三年九月丙子，北京：中华书局，2004 年版，第 72 页。

　　② （清）徐松：《宋会要辑稿·食货》63 之 161，北京：中华书局，1957 年版，第 6067 页。

　　③ （清）徐松：《宋会要辑稿·方域》14 之 1，北京：中华书局，1957 年版，第 7546 页。

　　④ （清）徐松：《宋会要辑稿·食货》63 之 163，北京：中华书局，1957 年版，第 6068 页。

　　⑤ （元）脱脱等：《宋史》卷 173《食货志上一》，北京：中华书局，1977 年版，第 4167 页。

　　⑥ （元）脱脱等：《宋史》卷 309《谢德全传》，北京：中华书局，1977 年版，第 10166 页。

　　⑦ （清）徐松：《宋会要辑稿·方域》10 之 2，北京：中华书局，1957 年版，第 7474 页。

　　⑧ （清）徐松：《宋会要辑稿·食货》63 之 168，北京：中华书局，1957 年版，第 6070 页。

多寡，得差减在户租数；活不及数者罚，责之补种"①。全国掀起了种树之风。宋神宗熙宁年间，知南安军蔡挺与其兄蔡抗在岭南一带广植树木"越数岁，稍起知南安军，提点江西刑狱，提举虔州盐。自大庾岭下南至广，驿路荒远，室庐稀疏，往来无所芘。挺兄抗时为广东转运使，乃相与谋，课民植松夹道，以休行者"②。宋神宗熙宁七年（1074），曾孝宽任河北东路察访司联合其他官员在"沧州三塘及缘界河经黄河填污地募人种木"③。宋徽宗政和元年（1111）正月二十六日，京东路转运使建议在京东路军州城壁内外空闲地段植树造林：

> 今相度欲乞逐州委自兵官一员，于内外城脚下栽种槐、榆、柳、枣，以备修补城隍之用，贵免侵损公私，即不得非时以剥破为名，应副他用。依河北濠城司栽种，比较青活死损法赏罚。所有其余路分军州，应无居止、不系占射地段，似此可以栽种去处，仍乞依此施行。④

宋徽宗政和六年（1116），知福州黄裳在福建路 8 州军，建、汀、南剑州、邵武军等驿路，"遍于官驿道路两畔，共栽植到杉松等木共三十三万八千六百株"⑤。所谓上行下效，统治者的大力提倡，地方官员也身体力行，植树效果非常明显。

南宋偏安江南，也许因战乱频繁，统治者无暇顾及植树，文献记载植树造林者并不多见，惟宋孝宗在位时多次倡导。如宋孝宗乾道元年（1165）正月，都省言："淮民复业，宜先劝课农桑。令、丞植桑三万株至六万株，守、倅部内植二十万株以上，并论赏有差。"⑥淳熙二年（1175）十月，政府诏令，在许浦河植树一万株以固岸。⑦ 总之，宋代君臣对植树造林的重视对增加森林覆盖率，美化环境具有一定的作用。

二、 出台奖惩措施加强森林资源的保护

两宋时期，统治者不仅在观念上重视植树、身体力行，而且还特别重

---

① （元）脱脱等：《宋史》卷 173《食货志上一》，北京：中华书局，1977 年版，第 4167 页。

② （元）脱脱等：《宋史》卷 328《蔡挺传》，北京：中华书局，1977 年版，第 10575 页。

③ （宋）李焘：《续资治通鉴长编》卷 254，熙宁七年六月庚午，北京：中华书局，2004 年版，第 6206 页。

④ （清）徐松：《宋会要辑稿·方域》8 之 11，北京：中华书局，1957 年版，第 7446 页。

⑤ （清）徐松：《宋会要辑稿·方域》10 之 7，北京：中华书局，1957 年版，第 7477 页。

⑥ （元）脱脱等：《宋史》卷 173《食货志上一》，北京：中华书局，1977 年版，第 4174 页。

⑦ （清）徐松：《宋会要辑稿·方域》16 之 37，北京：中华书局，1957 年版，第 7594 页。

视保护林木资源，出台了许多奖惩措施。

（一）颁布诏令，禁止滥砍滥伐

宋朝统治者非常重视森林资源的保护，早在宋初宋太祖就颁布诏令禁止砍伐林木。如建隆三年（962）九月诏令：“桑枣之利，衣食所资，用济公私，岂宜剪伐？如闻百姓斫伐桑枣为樵薪者，其令州县禁止之。”①宋太宗太平兴国二年（977），“又禁伐桑枣为薪”②。宋真宗即位后多次颁布禁令。大中祥符四年（1011）八月五日诏：“火田之禁，着在礼经；山林之间，合顺时令。其或昆虫未蛰，草木犹蕃，辄纵潦（燎）原，有伤生类。应天下有畬田，依乡川旧例，其余焚烧田野，并过十月，及禁居民延燔。”③宋仁宗皇祐元年（1049）三月十二日，诏：“定州界以北，一概禁止採伐林木。”④后来仁宗又下令：“墓田及田内林木土石，不许典卖及非理毁伐，违者杖一百，不以荫论，仍改正。”⑤宋神宗熙宁八年（1075）诏：“黄河向着堤岸榆柳，自今不许采伐。后又诏虽水退背堤岸，亦禁采伐。初，大名府修城，伐河堤林木为用，都水监丞程昉以为言，故禁之。”⑥宋哲宗元符元年（1098）四月诏：“陕西、河东诸路，禁采伐新疆林木。”⑦宋徽宗统治时期，政府下诏：“当春发生，万物萌动，在京委开封府、京畿并诸路仰州县官告谕奉行，令禁止伐木、毁巢、杀胎、麛卵。检会举行，牓示知委，常切觉察。违犯依条施行。”⑧禁止在春天砍伐林木，捕鸟取卵。综上，有宋一朝，统治者还是较为重视环境保护的，一些措施的颁布客观上对保护森林，打击违法犯罪活动者有一定的效果。

（二）派官员检较林木

宋政府在树木栽种后，并不是让其自生自灭，而是由官员定期察看。宋真宗大中祥符九年（1016）九月，河北安抚司言：“缘边官地所种榆柳，

---

① 《宋大诏令集》卷198《禁斫伐桑枣诏》，北京：中华书局，1960年版，第729页。

② （元）马端临：《文献通考》卷4《田赋考》，北京：中华书局，1986年版，第54页。

③ （清）徐松：《宋会要辑稿·刑法》2之159，北京：中华书局，1957年版，第6575页。

④ （清）徐松：《宋会要辑稿·刑法》2之29，北京：中华书局，1957年版，第6510页。

⑤ （清）徐松：《宋会要辑稿·刑法》2之39，北京：中华书局，1957年版，第6515页。

⑥ （宋）李焘：《续资治通鉴长编》卷259，熙宁八年正月丙辰，北京：中华书局，2004年版，第6323页。

⑦ （宋）李焘：《续资治通鉴长编》卷497，元符元年四月丙申，北京：中华书局，2004年版，第11833页。

⑧ （清）徐松：《宋会要辑稿·刑法》2之51，北京：中华书局，1957年版，第6521页。

望令逐处官籍其数，以时检校，从之。"①要求各地官吏登记树木的数量，定时察看，以防盗砍。宋神宗熙宁年间检效林木的条款更为详尽，如熙宁六年(1073)诏令：

> 安肃、广信、顺安军、保州人户地内，令自植桑榆或所宜之木，官为立劝课之法：每三株青活，破官米一升，计每户岁输官之物，以实估准折，不尽之数，以待次年。如遇灾伤，放税及五分以上，即以准折未尽米数等第济接。仍据逐户内合栽之数，每岁二月终以前点检及一分青活，至十年周遍。如不及一分，即量罪罚赎，勒令补种。令佐得替，转运司差不干碍官点检，以一任合栽之数，纽为十分，如及十分者有赏，不及七分者有罚。其所栽植之木，令人户为主，非时毋得遣人下乡，以点检为名，以致骚扰。委转运司施行，应昨所差管勾提举官并罢。②

诏令规定，沿边州郡如安肃、广信、顺安军、保州等民户种植桑榆，国家给予一定的粮米补贴，每年农历二月以前官方要进行检查，十年为一个周期。如果树苗存活不到一分，相关责任人要受到处罚；地方官任期考核，栽种树木的数量成为一个重要指标。以十分为准，达到要求者给予奖赏，不及七分者要进行处罚。

南宋宁宗时期国家颁布法律条文，其中的《杂令》与《河渠令》对检效林木作出了具体的规定。

《杂令》
> 诸军营坊监马递铺内外有空地者，课种榆柳之类。马递铺委巡辖使臣及本辖节级，余本辖将校检校(无检校委节级)，岁终具数申所属。按亲本处应修造者由请採斫(枝稍卖充修造杂用)以时补足，仍委通判点检催促(非通判所至处即委季点或因便官准此点检内马递铺点检讫，仍具数申提举官)。

《河渠令》
> 诸缘道路渠堰官林木随近官司检校，枯死者以时栽植补，不得斫伐及纵人畜损。

---

① (宋)李焘：《续资治通鉴长编》卷88，大中祥符九年九月己巳，北京：中华书局，2004年版，第2020页。

② (宋)李焘：《续资治通鉴长编》卷246，熙宁六年七月癸巳，北京：中华书局，2004年版，第5987页。

法令要求军营马递铺有空地者种植榆柳，有专门的使臣及将校检效，年终将数目申报上去；砍伐的林木要及时补种，仍委通判检查督促。

宋代为了保护林木资源，除颁布严格的律令打击盗伐者外，还积极探索采用生物防治的办法。庄绰《养柑蚁》中记载了"买蚁除蛀养柑"的生物防治方法。当时，广南可耕之地较少，农户大多种柑橘以图利，"常患小虫，损失其实。惟树多蚁，则虫不能生，故园户之家，买蚁于人。遂有收蚁而贩者，用猪羊脬脂其中，张口置蚁穴旁，俟蚁入中，则持之而去，谓之养柑蚁"。蚂蚁是专吃柑橘虫子的天敌，将蚂蚁放在柑橘树旁，则虫子就会减少。这种利用生物界的生物链来防治虫害，保护林木资源的方法是我国古代劳动人民智慧的结晶。

（三）对盗砍林木者施以重刑

宋代盗伐林木的现象较为严重。苏轼曾言道："自小吴之决，故道诸埽，皆废不治，堤上榆柳，并根掘取。"①树木具有保持水土、涵养水源的功能，河堤榆柳的盗伐会导致水土大量流失，直接影响了河堤的坚固，一旦洪水到来，后果不堪设想。宋代对盗砍林木者绝不姑息，而是施以重刑，以儆效尤。"祖宗时重盗剥桑柘之禁，枯者以尺计，积四十二尺为一功，三功已上抵死。殿中丞于大成请得以减死论，下法官议，谓宜如旧，帝特欲宽之。五月丁未朔，诏至死者奏裁"。②宋初严厉惩处盗伐林木者，盗伐三功（长126尺的树木）以上者判处死刑，宋仁宗天圣年间才稍微放宽禁令。大中祥符六年（1013）正月，勾当汴口康德舆言："沿汴河清军士盗伐榆柳，自来杖配西京开山指挥，缘比便（汴）河功役忧轻汴，故要移配，欲望自今后止配汴口广济指挥。"③对盗伐沿汴榆柳的，建议发配到汴口广济指挥。

宋真宗大中祥符六年（1013）七月四日，知滑州李若穀言：

> "河清军士盗伐堤埽榆柳，准条凡盗及卖、知情者，赃不满千钱以违制失论，军士刺配西京开山军，诸色人决讫纵之；千钱已上系系狱裁如持杖斗敌，以持杖窃盗论。臣所部州多此辈，盖堤埽重役，故图徒配。欲望自今河清军士盗不满千钱者，决讫仍旧充役；千钱以上

---

①　(宋)苏轼：《苏轼集》卷29《述灾沴论赏罚及修河事缴进欧阳修议状札子》，北京：中华书局，1986年版，第823页。

②　(宋)李焘：《续资治通鉴长编》卷110，天圣九年四月乙巳，北京：中华书局，2004年版，第2557页。

③　(清)徐松：《宋会要辑稿·刑法》3之15，北京：中华书局，1957年版，第6585页。

及三犯者，决讫刺配广南远恶州牢城；诸色人准旧条施行。"事下法寺，请如所奏，凡京东西、河北、淮南瀕河之所，悉如滑州例。从之。①

李若毅建议凡军士盗伐河边榆柳，赃不满 1000 文者按违制论处，刺配西京；1000 文以上及屡犯者刺配广南远恶州郡。前述提到宋仁宗年间诏令，盗伐墓田内林木"违者杖一百"。宋神宗元丰七年（1083）四月中书省上言："河北路频奏群党一二十人以至三二百人盗取河堤林木梢芟等。欲令监司体量有无，如盗迹明白，即依累降指挥督捕。如续有盗河堤林木梢芟等，非凶恶群党，一面依此觉察收捕，月具人数捕获次第以闻。"②建议对盗取河堤林木梢芟者要依法收捕。宋徽宗政和年间规定："诸系官山林辄采伐者，杖八十，许人告。政和格，告获辄伐系官山林者，钱二十贯。本部看详，乞依前项条法，诸路作此。"③对盗窃官方林木的杖 80，对于告发者给予一定的奖励。可见，宋代对盗伐林木者的打击力度是很大的。

南宋宁宗时期对盗伐林木惩处的律令进一步完善。如《庆元条法事类》作出了详尽而具体的规定。

《职制敕》

诸县丞任满任内种植林木亏三分降半年名次，五分降一半，八分降一资（承务郎以上展二年磨勘）。

《杂敕》

诸系官山林辄採伐者杖八十，许人告。

诸因仇嫌毁伐人桑柘者杖一百，积满五尺徒一年，一功徒一年半（于本身去地一尺围量积满四十二尺为一功）。每功加一等，流罪配邻州。虽毁伐而不至枯死者，减三等。

《婚敕》

诸以墓地（贍茔田土同）及林木土石非理毁伐者，杖一百。不以荫论。土石可追改者，悉追改。

诸人户栽种桑柘非灾伤及枯朽而辄毁伐者，杖六十。

《时令》

诸春夏不得伐木，若不可待时者不拘此令。

---

① （清）徐松：《宋会要辑稿·刑法》3 之 15 至 16，北京：中华书局，1957 年版，第 6585 页。

② （宋）李焘：《续资治通鉴长编》卷 345，元丰七年四月戊子，北京：中华书局，2004 年版，第 8278 页。

③ （清）徐松：《宋会要辑稿·方域》10 之 7，北京：中华书局，1957 年版，第 7477 页。

《杂令》

　　　诸前代帝王及诸后陵寝不得耕收樵採，其名臣、贤士、义夫、节妇坟冢准此。

　　　诸系官山林所属州县籍其长阔四至不得令人承佃，官司兴造，须採伐者报所属。

　　　诸岳渎庙及名山洞府灵迹界内山林不得请占及樵採，所禁地内亦不许创造舍屋置窑埋葬。①

由上述律令可知，宋代对盗伐林木者进行惩罚的规定非常具体，详尽，易于操作，而且能够针对不同的盗伐情况，具体问题具体分析，体现了宋代律令的灵活以及法制的健全。这些律令条文对打击那些滥砍滥伐的行为，保护森林资源起到了一定的积极作用。

（四）对植树成效卓著者予以奖赏

为了能提高民户的植树造林意识，更好的保护森林，宋政府对那些造林突出的地方官员和民户予以一定的物质奖励。如宋徽宗政和四年（1114）七月三日，详定一司敕令所奏："修立到诸县丞任内种植林木，以青活须及二万株，有增亏者赏罚如法。"②诸县丞令植树超过 2 万株者予以奖赏。宋孝宗乾道元年（1165）正月二十一日，诏：

　　　两淮民户并已复业，宜先劝课农桑，若不稍优其赏，窃虑无缘就绪。应县令丞于本县界内种桑及三万株，承务郎以上减磨勘二年，承直郎以下循一资；六万株，承务郎以上减磨勘四年，承直郎以下循两资，并与占射。守倅劝课部内植二十万株以上，转一官。种及一年，许民户租佃，五年后，量立租课，不得科扰。应守倅、令丞赏格，任满，本路转运司核寔闻奏。既而三省言："已降指挥，两淮民户，令监司帅臣督责守倅、令丞劝课农桑。窃虑民户恐输纳租课，未肯用心种植，有失课农之意。"诏令两淮监司帅守遵依已降指挥，督责守倅、令丞多方劝谕民户广行种植，依已定年限免纳租税。如栽种及格，即保明推赏施行。③

---

　　① （宋）谢深甫：《庆元条法事类》卷 80《采伐林木》，哈尔滨：黑龙江人民出版社，2002 年版，第 900—910 页。

　　② （清）徐松：《宋会要辑稿·刑法》1 之 27 至 28，北京：中华书局，1957 年版，第 6475 页。

　　③ （清）徐松：《宋会要辑稿·食货》1 之 42 至 43，北京：中华书局，1957 年版，第 4822—4823 页。

宋孝宗将官员植树的政绩与磨勘联系起来。在任职期间植树 3 万株以上，承务郎以上减磨勘 2 年；6 万株以上，承务郎以上减磨勘 4 年，承直郎以下循两资；守倅劝课部内植 20 万株以上，转一官。

南宋宁宗时期颁布的《庆元条法事类·赏令》以明确的法律条文规定县令任职期间植树成效显著者予以推恩表彰："诸县丞任满任内种植林木滋茂依格推赏，即事功显著者所属监司保奏乞优与推恩。"由此可见宋政府对植树造林的重视。

（五）鼓励告发毁林者

为了更加有效地打击盗伐林木者，保护森林资源，宋政府还颁布律令，鼓励人们告发那些为非作歹偷盗树木的不法分子。如前文提到宋徽宗政和年间诏令："诸系官山林辄采伐者杖八十，许人告。政和格，告获辄伐系官山林者，钱二十贯。本部看详，乞依前项条法，诸路作此。"[①]对揭发者予以 20 贯的金钱奖励。此外，《庆元条法事类》也更为详细地规定了揭发盗伐林木和烧毁山林者的奖励数额：

《赏格》
　　诸色人
　　告获辄采伐系官山林者
　　钱三十贯
《赏格》
　　诸色人
　　告获故烧官山林者（延烧者减半）
　　不满一亩
　　钱八贯
　　一亩
　　钱一十贯，每亩加二贯（五十贯止）

《庆元条法事类·赏格》规定揭发采伐官林者赏钱 30 贯；告发故意焚烧山林者，不满一亩奖励 8 贯；一亩者奖励 10 贯，每亩增加 2 贯。宋政府通过颁布律令鼓励人们告发那些偷采林木的犯罪分子，客观上对保护林木资源起到一定的作用。

---

① （清）徐松：《宋会要辑稿·方域》10 之 7，北京：中华书局，1957 年版，第 7477 页。

第二节　野生动物资源的保护

动物是生态系统中重要的生物链，保护野生动物资源是维护生态平衡的重要环节之一。两宋时期，统治者较为重视动物资源的保护，出台了许多律令、条文，为保护野生动物资源保驾护航，一些措施至今仍有很大的借鉴意义。

一、　禁止非时捕杀野生动物

中国古代统治者有着朦胧的生态意识，颁布了不少禁止非时捕杀野生动物的诏令，严禁在春夏之时动物繁殖生育季节，猎捕野生动物。如《礼记·月令》载："孟春之月，禁止伐木，毋履巢，毋杀孩虫、胎夭、飞鸟、毋麛、毋卵。仲春之月，毋竭川泽，毋漉陂池，毋焚山林。"强调保护生物资源，禁止非时滥捕野生动物，维护生态平衡。此种做法有助于动物的正常生长繁殖，特别是成年鸟兽鱼类正在孵卵育雏，如捕杀成年，还会害及大量幼年鸟兽或卵子的生育孵化，因此，这一时期不应对野生动物进行捕猎，是合乎禽兽繁殖生长的自然规律。宋代也不例外，甚至更强化了野生动物资源的保护。宋朝统治者颁布了许多诏书、律令禁止猎杀野生动物。

宋朝统治者非常重视野生动物资源的保护，几乎每位皇帝在位时都颁布有禁止采捕的诏书，尤其是宋真宗统治期间，多次颁布禁止捕杀野生动物的诏令。宋太祖建隆二年（961）二月《禁采捕诏》中言道："王者稽古临民，顺时布政，属阳春在候，颁诏书更是品汇咸亨，鸟兽虫鱼，俾各安于物性，置罘罗网，宜不出于国门，庶无胎卵之伤，用助阴阳之气。其禁民无得采捕虫鱼，弹射飞鸟，仍永为定式，每岁有司具申明之。"[①]强调每年春季禁止猎捕鸟兽虫鱼。宋太宗太平兴国二年（977）四月丙辰，诏："禁民自春及秋毋捕猎。"[②]次年四月，宋政府再次出台《二月至九月禁捕猎诏》云："方春阳和之时鸟兽孳育。民或捕取以食，甚伤生理。而逆时令，自宜禁民二月至九月，无得捕猎；及持竿挟弹，探巢摘卵，州县吏严饬里胥，伺察擒捕，重置其罪。仍令州县于要害处粉壁揭诏书示之。"[③]二月至九月正

①　《宋大诏令集》卷198《禁采捕诏》，北京：中华书局，1960年版，第729页；（清）徐松：《宋会要辑稿·刑法》2之160，北京：中华书局，1957年版，第6575页。

②　（元）脱脱等：《宋史》卷4《太宗本纪一》，北京：中华书局，1977年版，第58页。

③　《宋大诏令集》卷198《二月至九月禁捕猎诏》，北京：中华书局，1960年版，第731页；（清）徐松：《宋会要辑稿·刑法》2之160，北京：中华书局，1957年版，第6575页。

是动物的生长季节，禁止猎捕野生动物，也不许摘取飞禽的卵，地方各州县要在交通要道粉壁告知。

宋真宗上位后东封泰山，西祀汾阴，为了显示其宅心仁厚，表现出一种对野生动物资源高度重视的姿态，先后颁布了十几道禁止捕杀生物的诏令：

> 真宗景德四年（1007）二月十三日，诏："方春用事，前令禁采捕鸟兽，有司当申明之。"
>
> 大中祥符二年（1009）十一月二日，诏曰："朕承天育物，体道临人，宗上圣之无为，期有生之咸遂。况列真秘宇，大觉仁祠，式示创崇，岂宜亵渎！自今应伤生鸷禽之类，粘竿、弹弓等物，不得携入宫观、寺院及有屠宰，违者论如法。仍令开封府条约民间，无使广有采捕。"
>
> 三年二月己亥，禁方春射猎，每岁春夏，所在长吏申明之。①
>
> 三年二月十九日，诏："诸州应粘竿、弹弓、罝网、猎捕之物，于春夏依前诏禁断，犯者委长吏严行决罚。"自后每岁降诏申戒。
>
> 八月二十四日，诏以将祀汾阳，沿路应有粘竿、弹弓并罝网及诸般飞放猎捕禽兽并采取雏卵等，并令禁断。
>
> 九月十七日，诏："将来祀汾阴，百司并从驾臣僚等，应网罟、鹰鹞伤生之物，并不得将行。令御史台采（觉）察闻奏。"六年将幸亳，亦下此二诏。
>
> （四年）八月五日，诏曰："火田之禁，著在礼经；山林之间，合顺时令。其或昆虫未蛰，草木犹蕃，辄纵潦（燎）原，有伤生类。应天下有畲田，依乡川旧例，其余焚烧田野，并过十月，及禁居民延爇。"
>
> 八年八月二十四日，禁获龙河鱼者。初，皇城司言，民有私捕河鱼，故命开封府谕禁之。
>
> （九年）八月四日，禁京城杀鸡者，违即罪之。初，帝曰："始闻京中烹鸡者滋多，增害物命。"故行此禁。
>
> 天禧元年（1017）八月十一日，诏禁捕采、取狨毛。
>
> 三年二月七日，诏禁诸色人不得采捕山鹧。
>
> 十月十六日，禁京师民卖杀鸟兽药。②
>
> 天禧三年二月诏令："山薮之广，羽族实繁。眷彼微禽，本乎善

---

① （元）脱脱等：《宋史》卷7《真宗本纪二》，北京：中华书局，1977年版，第142页。

② （清）徐松：《宋会要辑稿·刑法》2之160，之161，北京：中华书局，1957年版，第6575—6576页。

斗，致嬰羈绁之患，以为玩好之资。悦目则多，违性斯甚。载念有生之类，务敦咸若之仁。属以阳春戒时，动植叶序。特申科禁，俾遵熙宁。自今诸色人不得采捕山鹧，所在长吏，常加禁察。"①

宋真宗多次颁布诏书禁捕野生生物，虽有作秀之嫌，但不可否认客观上对保护野生动物、维护生态平衡有一定的积极意义。

宋仁宗统治时期，也多次诏令禁止猎捕野生动物，真可谓"仁"。

仁宗天圣四年（1026）四月十八日，诏："山泽之民采取大龟倒植坎中，生伐去肉，别壳上薄皮，谓之龟筒，货之作玳瑁器。暴殄天物，兹为楚毒。宜令江淮、两浙、荆湖、福建、广南诸路转运司严加禁止。如官中须用，即临时计度之。"

六年二月十二日，诏禁止诸色人等持黏竿、弹弓、置网及诸般飞放猎捕禽兽，采取雏卵，犯者严断。

景祐三年（1037）二月五日，诏曰："国家本仁义之用，达天地之和。春令方行，物性咸遂，当明弋猎之禁，俾无麛卵之伤。眷乃攸司，各谨常宪。应有持粘竿、弹弓、置网及诸般飞放猎捕禽兽并采取雏卵及鹿胎人等，于春夏月并依条严切禁断，今后春首举行。"

六月十五日，诏曰："冠服有制，必戒于侈心；麛卵无伤，用蕃于庶类。惟兹麌鹿，伏在中林，俗贵其皮，用诸首饰，竞剐胎而是取，曾走险之莫逃。既浇民风，且暴天物。特申明诏，仍立严科，绝其尚异之求，一此好生之德。应臣僚士庶之家，禁戴鹿胎冠子，及无得辄采捕制造。"乃购赏以募告者。②

"冠冕有制盖戒于侈心，麛卵无伤用蕃于庶类，惟兹麌鹿，伏在中林，宜安濯濯之游，勿失呦呦之乐。而习俗所贵，猎捕居多，资其皮存，用诸首饰，兢剐胎而是取，会走险之莫逃。既浇民风，且暴天物。特申明诏，仍立严科，绝其尚异之求，一此好生之德。宜令刑部遍牒三京及诸路转运司辖下州府军监等，应臣僚士庶之家，不得戴鹿胎冠子；及今后诸色人不得采捕鹿胎，并制造冠子。如有违犯，并许诸色人陈告，其本犯人严行断遣，告事人如采捕鹿胎人，支赏钱二十贯文；陈告戴鹿胎冠子并制造人，赏钱五十贯文，以犯事人家财充。"③

---

① 《宋大诏令集》卷199《禁采捕山鹧诏》，北京：中华书局，1960年版，第736页。
② （清）徐松：《宋会要辑稿·刑法》2之161，北京：中华书局，1957年版，第6576页。
③ 《宋大诏令集》卷199《禁鹿胎诏》，北京：中华书局，1960年版，第737页。

宋仁宗不仅禁止残杀野生动物，而且从源头上杜绝虐杀野生动物的行为，禁止全国穿戴用野生动物皮毛做成的奢侈品，如玳瑁、鹿胎冠子等，对遏制残杀野生动物的行为会起到一定的作用。在服装界"皮草"盛行的今天，宋仁宗的做法无疑具有很大的镜鉴意义。

宋徽宗也曾颁布过禁止残杀野生动物的诏令。如大观四年(1110)正月三十日，诏："当春发生，万物萌动，在京委开封府、京畿并诸路仰州县官告谕奉行，令禁止伐木、毁巢、杀胎、麛卵。检会举行，牓示知委，常切觉察。违犯依条施行。"[1]

宋高宗时期，特别有好生之德，屡次强调在全国建放生池以解救那些放生的鱼类，同时对残杀生物的犯罪分子施以重刑。

> (绍兴)十七年(1147)十月二十一日，知荆门军赵士初言："丁亥日禁屠宰，未有禁渔猎，望于条禁内添入丁亥日禁渔猎之文。"从之。
>
> 二十年二月三日，军器监丞齐旦言："今江浙之民乐于渔捕，往往饰网罟、罩弋，以□春时操以入山林川泽，所取必竭，盖未有断罪。望诏有司，申严法禁。"刑部看详，禁止采捕，在法止科违令之罪，欲从杖八十科断。从之。
>
> 二十七年九月二十九日，宰执进呈知均州吕游问奏，"城下边接汉水，乃是放生去处。公使库岁收鱼利钱补助收卖天申节进银，自金州以来，密布鱼枋，上下数百里，竭泽而渔，无一脱者。乞将本州岛岛鱼枋尽行毁拆，除免公使库鱼利钱窠名，严立法禁，后来不得复置，仍禁止应干沿流不得采捕。"上曰："均州所贡银数不多而经营至此，必是别无窠名钱物可以应办。且放生虽有法禁，亦细民衣食所资，姑大为之防，岂能尽绝？今自官中竭泽采捕以供诞节，其亦不仁甚矣，宜依奏。"
>
> 二十九年二月九日，诏："比得太宗皇帝尹京日禁断春夏捕雏卵等榜文，训敕丁宁，唯恐不至，仰见深仁厚泽及于昆虫。今付三省，可申严法禁行下，以广祖宗好生之德。"既而宰臣沈该等言："伏奉御笔，颁降太宗皇帝尹京日禁采捕，仰陛下以不杀之仁，再造区宇，推爱人之心普及含生，恩被动植，虽鸟兽鱼鳖，罔不咸若。好生之德，用符祖宗，实万世无疆之休。乞宣付史馆，垂示无穷。"于是可其请。
>
> 十二日，知枢密院事陈诚之言："窃见民间轻用物命以供玩好，有甚于翠毛者，如龟筒、玳瑁、鹿胎是也。玳瑁出于海南，龟则山泽

---

[1] (清)徐松：《宋会要辑稿·刑法》2之51，北京：中华书局，1957年版，第6521页。

之间皆有之，取其壳为龟筒，与玳瑁同为器用。人争采捕，掘地以为，倒直坎中，生伐其肉。至于鹿胎，抑又甚焉。残二物之命以为一冠之饰，其用至（危）［微］，其害甚酷。望今后不得用龟筒、玳瑁为器用，鹿胎为冠，所有兴贩制造，乞依翠毛条禁。"从之。①

诏令的颁布对不法分子起到一定的震慑作用，有利于野生动物怀胎和孕育，有利于野生动物资源的保护。宋宁宗时期颁布的《庆元条法事类》严厉惩罚那些非时猎捕鸟兽的犯罪分子："诸畜有孕而辄杀及鸟兽雏卵之类，春夏之月（谓二月至四月终）辄采捕及制造采捕之具货卖者，各杖八十（谓罗网弹弓黏竿弩子之类）。厢耆巡察人纵容者，与同罪。"②总之，宋代禁止非时猎捕鸟兽诏令、法律条文的颁布虽不能从根本上杜绝盗猎野生动物的现象，但客观上对保护野生动物资源，维持生态平衡具有一定的积极意义。

二、 诏令全国建立放生池，畜养水生动物

放生池是众多佛教寺院中都有的一个设施，一般为人工开凿的池塘。放生池最早见于南北朝时期，以后历代佛教寺院几乎都建有放生池，以体现佛教"慈悲为怀，体念众生"的情怀。两宋时期，皇帝多次诏令全国建立放生池，以畜养那些放生的鱼类。

　　（天禧元年）十一月八日，诏："淮南、江浙、荆湖旧放生池废者，悉兴之；元无池处沿江淮州军近城上下各五里并禁采捕。"③

　　高宗绍兴十三年五月十九日，中书舍人杨愿言："天申令节，诏天下访求国朝放生池遗迹，申严法禁，仰祝圣寿。"从之。

　　十九日，尚书工部郎中林义言："窃见临安府西湖实形胜之地，天禧中王钦若尝奏为放生池，禁采捕，为人主祈福。比年以来，佃于私家，官收遗利，采捕殆无虚日，至竭泽而渔者，伤生害物，莫此为甚。今銮舆驻跸，王气所存，尤宜涵养，以示渥泽。望依天禧故事，依旧为放生池，禁民采捕，仍讲利害而浚治之。"诏令临安府措置。

　　十一月十四日，诏诸路州军每遇天申节，应水生之物，系省钱赎

　　①　（清）徐松：《宋会要辑稿·刑法》2之160，之161，北京：中华书局，1957年版，第6575—6576页。

　　②　（宋）谢深甫：《庆元条法事类》卷79《杀畜产》，哈尔滨：黑龙江人民出版社，2002年版，第891页。

　　③　（清）徐松：《宋会要辑稿·刑法》2之160，北京：中华书局，1957年版，第6576页。

生，养之于池，禁止、断罪依窃盗法。

十四年五月一日，宰执进呈诸路已置放生池事，上曰："此事固善，但恐有妨细民渔采，所害亦大，其元有处可令复旧。"①

解读上述史料可知，早在宋真宗天禧年间，宋政府就诏令维修与恢复各地的放生池，以体现皇帝的好生之德。如天禧中，故相王钦若上奏以西湖为放生池，禁捕鱼鸟，为人主祈福。"自是以来，每岁四月八日，郡人数万会于湖上，所活放羽毛鳞介以百万数，皆西北向稽首，仰祝千万岁寿"。②宋高宗统治时期，多次号召在天申节（宋高宗的生辰）这天建放生池，为皇帝祈福祝寿。

水生动物放生后，为了防止人们捕杀放生的鱼类，《庆元条法事类》规定：诸州放生池辄采捕鱼鳖之类者，杖一百。对那些捕杀放生池鱼鳖的不法分子，杖刑 100 下。

三、　停止地方进献珍禽异兽

为了保护珍禽异兽，宋政府数次下令禁止地方上贡野生动物。

（乾德四年），罢光州岁贡鹰鹞，放养鹰户。③

太宗端拱元年二月丙申，禁诸州献珍禽奇兽。④

端拱元年二月九日，诏诸道、州、军，诸色人今后不得以珍禽异兽来充贡奉。⑤

夏州赵保忠献鹘，号海东青，上曰："朕久罢游畋，无事此也。保忠时出捕猎，今当还赐之。"淳化三年十月壬子，府州观察折御卿贡白花鹰，上令对其使放之，仍诏御卿勿复以珍禽异兽来献。⑥

至道三年六月，帝谓宰相曰："诸州多以祥瑞之物来献，此甚无益。但令稼穑丰稔，且得贤臣，乃为瑞也。"辛丑，诏天下勿献珍禽奇兽及诸瑞物。⑦

---

① （清）徐松：《宋会要辑稿·刑法》2 之 160，之 161，北京：中华书局，1957 年版，第6576—6577 页。

② （宋）苏轼：《苏轼集》卷 30《杭州乞度牒开西湖状》，北京：中华书局，1986 年版，第 864 页。

③ （宋）李焘：《续资治通鉴长编》卷 7，乾德四年四月壬子，北京：中华书局，2004 年版，第 169 页。

④ （元）脱脱等：《宋史》卷 5《太宗本纪二》，北京：中华书局，1977 年版，第 81 页。

⑤ （清）徐松：《宋会要辑稿·崇儒》7 之 47，北京：中华书局，1957 年版，第 2312 页。

⑥ （清）徐松：《宋会要辑稿·崇儒》7 之 48，北京：中华书局，1957 年版，第 2312 页。

⑦ （清）徐松：《宋会要辑稿·崇儒》7 之 54，北京：中华书局，1957 年版，第 2315 页。

真宗咸平五年十月十四日，知来州齐化基献白鹰。帝曰："珍禽异兽，何所用也？"命还之，给来使缗钱。

（大中祥符）五年十一月二十二日，知梓州崔端献白鹤一。帝以地远劳人，赐牙吏缗钱遣之。仍令诸州，依前诏不得以珍禽异兽为献。①

（隆兴）二年七月二十八日，诏四州宣抚使岁进胡羊，路远劳民，可令住罢。②

上述所摘史料只是宋代文献中的一小部分，仍可以看出宋太祖、太宗、真宗、南宋孝宗等皇帝在位期间均颁布过禁止上贡珍禽异兽的诏令。皇帝率先垂范，禁止上贡这些兽类，对保护野生动物资源、维护生态平衡有着积极的意义。

四、　禁止穿戴鹿胎、玳瑁、羽毛等奢侈品

两宋时期，随着商品经济的发展和社会生活水平的提高，社会上追求奢侈享乐之风盛行，其中之一就是官宦争奇斗艳，盛行戴鹿胎、玳瑁和羽毛做成的帽子、衣服等奢侈品。有了需求就有了杀戮，鹿、龟以及禽类横遭劫难，被大量捕杀。如宋仁宗景祐年间，朝野内外兴起戴一种用鹿胎制作的冠帽，甚至妇女也以戴此种帽子为荣，一时间杀鹿取胎、贩卖鹿胎、制作冠帽的现象蔚然成风，震动了朝廷。要想更好地杜绝猎杀野生动物的行为，必须从滥捕乱杀的根源上加以制止，那就是禁止穿戴用鹿胎、玳瑁、羽毛等做成的奢侈品或装饰品。宋代不少皇帝在位时都曾下令禁止，尤以宋仁宗与南宋高宗在位时力度最大。

（宋仁宗）上尝谓近臣曰："圣人治世，有一物不得其所，若己推而置诸死地。羽虫不伤，则凤凰来；毛兽不伤，则麒麟出。比闻臣僚士庶人家多以鹿胎制造冠子，及有命妇亦戴鹿胎冠子入内者，以致诸处采捕，杀害生牲。宜严行禁绝。"乃下诏曰："冠冕有制，盖戒于侈心；麛卵无伤，用蕃于庶类。惟兹麀鹿，伏在中林，宜安濯濯之游，勿失呦呦之乐。而习俗所贵，猎捕居多，既浇民风，且暴天物。特申明诏，仍立严科，绝其尚异之求，一此好生之德。宜令刑部遍牒施行，应臣僚士庶之家不得戴鹿胎冠子，今后诸色人不得采杀鹿胎并制鹿胎冠子。如有违犯，许人陈告，犯人严行断遣，告事人如告获捕鹿

---

① （清）徐松：《宋会要辑稿·崇儒》7之48，北京：中华书局，1957年版，第2312页。
② （清）徐松：《宋会要辑稿·崇儒》7之68，北京：中华书局，1957年版，第2322页。

胎人，赏钱二十贯；告戴鹿胎冠子并制造人，赏钱五十贯，以犯人家财充。"自是鹿胎无用，而采捕者亦绝。①

仁宗天圣四年四月十八日，诏："山泽之民采取大龟倒植坎中，生伐去肉，剔壳上薄皮，谓之龟筒，货之作玳瑁器。暴殄天物，兹为楚毒。宜令江淮、两浙、荆湖、福建、广南诸路转运司严加禁止。如官中须用，即临时计度之。"

（景祐三年）六月十五日，诏曰："冠服有制，必戒于侈心；麛卵无伤，用蕃于庶类。惟兹诸鹿，伏在中林，俗贵其皮，用诸首饰，竞刳胎而是取，曾走险之莫逃。既浇民风，且暴天物。特申明诏，仍立严科，绝其尚异之求，一此好生之德。应臣僚士庶之家，禁戴鹿胎冠子，及无得辄采捕制造。"乃购赏以募告者。②

（天圣四年四月）甲子，翰林学士夏竦言："江西、闽越之民，多采山泽大龟，倒植墙中，生戕去肉取其甲，谓之龟筒。痛楚之声，所不忍闻，得直至微，而残物尤甚，请严禁止。"又请于金山、大孤小孤山、扬澜、左里、马当、长芦口别置游艇，募水工拯救危溺。并从之。③

（景祐三年六月）壬戌，禁以鹿胎皮为冠。④

大观元年十月十九日，四方馆使莱州防御使郭天信奏，乞今后中外并罢翡翠装饰。上批："先王之政，仁及草木禽兽，皆在所治。今取其羽毛，用于不急，伤生害性，非先王惠养万物之意。可令有司立法闻奏。"⑤

（绍兴二年）三月二十七日德音："勘会高、藤、雷、容等州累降指挥禁止采捕翠羽、蚌珠、玳瑁、龟筒、鹿胎之属，非不严切，尚虑贪吏抑勒民户采捕，伤害物命。仰本路监司常切觉察，如违，按劾闻奏。"⑥

（绍兴二十九年二月）十二日，知枢密院事陈诚之言："窃见民间

---

① （宋）李攸：《宋朝事实》卷3《诏书》，北京：中华书局，1955年版，第34—35页。

② （清）徐松：《宋会要辑稿·刑法》2之47，之48，北京：中华书局，1957年版，第6518—6519页。

③ （宋）李焘：《续资治通鉴长编》卷104天圣四年四月甲子，北京：中华书局，2004年版，第2406页。

④ （宋）李焘：《续资治通鉴长编》卷118，景祐三年六月壬戌，北京：中华书局，2004年版，第2791页。

⑤ （清）徐松：《宋会要辑稿·刑法》2之47，之48，北京：中华书局，1957年版，第6518—6519页。

⑥ （清）徐松：《宋会要辑稿·刑法》2之156，北京：中华书局，1957年版，第6573页。

轻用物命以供玩好，有甚于翠毛者，如龟筒、玳瑁、鹿胎是也。玳瑁出于海南，龟则山泽之间皆有之，取其壳为龟筒，与玳瑁同为器用。人争采捕，掘地以为，倒直坎中，生伐其肉。至于鹿胎，抑又甚焉。残二物之命以为一冠之饰，其用至（危）[微]，其害甚酷。望今后不得用龟筒、玳瑁为器用，鹿胎为冠，所有兴贩制造，乞依翠毛条禁。"从之。①

由上述史料可知，人们获得鹿胎、玳瑁的手段非常残忍，捕杀怀孕的母鹿将胎儿直接取出；盗取玳瑁、龟筒则是将大龟翻过来，生生将其龟壳与肌肉剥离，人性的自私与凶残在此暴露无遗。为了从根本上保护这些野生动物，宋政府通令全国，一律不准戴鹿胎冠，不得捕鹿取胎，不许以鹿胎制造冠帽，如有违犯，即处以重罚。尤其是宋仁宗统治时期，禁令更严。他还诏令鼓励人们告发揭露那些不法分子，凡告发捕采鹿胎属实者，获赏钱20贯；凡告发戴鹿胎冠或制造鹿胎冠者，赏钱50贯。这些诏令的颁布一定程度上煞住了乱捕滥猎鹿、龟的歪风，有利于野生动物资源的保护，维护生态平衡。

　　南宋中后期加大了对不法者的打击力度。南宋宁宗庆元年间颁布的《庆元条法事类》以法律的形式对攫取、贩运、买卖、制造翡翠、鹿胎、玳瑁等奢侈品者施以重刑，对告发者予以重奖。

　　《敕》
　　　　诸采捕翡翠若卖或兴贩及为人造并服用（装物同）各徒二年并许人告。鹿胎、龟筒、玳瑁减三等。
　　《关市令》
　　　　诸龟筒瑇瑁·鼍皮不得私采。
　　《赏令》
　　　　诸备赏应以犯人财产充而无或不足者採捕翡翠及卖或兴贩，若为人造并服用（装饰诸物同）责知情得罪人均备。
　　《赏格》
　　　　诸色人
　　　　告获採捕翡翠若卖或兴贩及为人造并服用（装饰诸物同）钱三百贯。

律令规定：采捕、制造、贩运翡翠者，徒二年，鹿胎、龟筒、玳瑁者减三

---

① （清）徐松：《宋会要辑稿·刑法》2之156，北京：中华书局，1957年版，第6573页。

等；告发者奖励钱 300 贯。

五、 禁止捕食青蛙、蜂儿等生物

两宋时期，青蛙、蜂儿也成了人们口中的美食，捕食它们不仅能够满足口腹之欲，还可以贩卖，带来一定的经济效益。因此，社会上捕食青蛙、蜂儿者不可胜计，甚至不少人以此为业。如钱塘民沈全、施永"皆以捕蛙为业。政和六年，往本邑灵芝乡，投里民李安家遇止。彼处固多蛙，前此无人采捕、沈、施既至，穷日力取之，令儿曹挈入城贩鬻，所获视常时十倍"[1]，巨大的经济利益促使他们不惜远离家乡到外地捕猎青蛙。为了打击那些捕猎者，宋孝宗淳熙三年(1176)五月八日诏令："民间采捕田鸡，杀害生命，虽累有约束，货卖愈多。访闻多是缉捕使臣火下买贩，及纵容百姓出卖。令出牓晓谕，差不干碍人收捉。如火下货卖，捉获，其所管使臣一例坐罪。"严禁捕杀青蛙，贩卖者及地方使臣一并处罚。

蜂儿也是人们喜食的美食。据史料记载："蜂子味甘平，微寒，无毒，主风头，除蛊毒，补腑脏伤，中心腹痛，大人小儿腹中五虫，口吐出者面目黄。久服令人光泽好，颜色不老，轻身益气。"[2]"一房蜂子或五六斗至一石，以盐炒干，味佳"[3]，蜂儿不仅味美，还可以治疗疾病，延年益寿。因此，蜂儿深得达官贵人与宫廷的青睐。史载，北宋徽宗时期的大贪官蔡京被抄家时，从其家中搜出蜂儿 13 秤，[4] 即 295 斤(宋代一秤为 15 斤)，需要数十万只蜂子。此外，交纳蜂子成为老百姓的一项沉重负担："宣州蜂儿每斤不下三十千，近增至四十千，科于民间，极以为苦，上乃诏悉罢之。"[5]宋高宗绍兴二十六年(1156)才废除宣州百姓的这项苛捐杂税。为了从源头上杜绝民间捕杀蜂儿，宋孝宗淳熙四年(1177)六月二十日再次下诏："'江东提刑司下所属州郡禁止采捕蜂儿'，从之。"[6]严禁诸州郡采捕蜂儿。

六、 野生动物资源保护的成效

在古代，人们捕杀野生动物主要目的是食用、治病或利用皮毛、龟壳

---

① （宋）洪迈：《夷坚志》卷 4《钱塘老僧》，北京：中华书局，1981 年版，第 742 页。

② （宋）唐慎微：《重修政和证类本草》卷 20，四部丛刊本，第 5 页。

③ （宋）谢维新：《古今合璧事类备要·别集》卷 91《虫豸门》，文渊阁四库全书本，第 941 册，第 428 页。

④ （宋）周辉著，刘永翔校注：《清波杂志校注》卷 5《蜂儿》，北京：中华书局，1997 年版，第 193 页。

⑤ （清）徐松：《宋会要辑稿·刑法》2 之 153，北京：中华书局，1997 年版，第 6572 页。

⑥ （清）徐松：《宋会要辑稿·刑法》2 之 146，北京：中华书局，1997 年版，第 6568 页。

制作衣物等。正因为如此，野生动物资源有着广阔的市场。如岭南人好食野生动物，"岭南人好啖蛇，易其名曰茅鲜；草虫曰茅虾；鼠曰家鹿；虾蟆曰蛤蚧，皆常所食者"①。"民或以鹦鹉为鲊，又以孔雀为腊"。②这些野生动物是人们餐桌上的美味佳肴。除了能食用外，不少动物的器官还可以用来治病。如犀牛角就是一副珍贵的中药材，"犀出永昌山谷及益州。今出南海者为上，黔蜀次之……凡犀入药者，有黑白二种，以黑者为胜。其角尖又胜……大率犀之性寒，能解百毒。世南友人章深之，病心经热，口燥唇干，百药不效。有教以犀角磨服者；如其言，饮两碗许，疾顿除"③，犀牛角性寒，能够解百毒，可谓灵丹妙药。又如象牙，"主诸铁及杂物入肉。刮取屑细研，和水傅疮上，及杂物刺等立出"④，手上扎刺用象牙研沫涂抹疮上，刺立即出来，亦堪称神奇。前文提到的蜂儿也是延年益寿的良药品种。

野生动物的皮毛筋角还可以用来制作一些服装和器物："南方大龟，长二三尺，介厚而白，造玳瑁器者用以补衬，曰龟筒。"⑤玳瑁和龟筒都是珍贵的奢侈品。在宋代，利用金丝猴的毛制作的狨座价格昂贵，"狨似大猴，生川中，其脊毛最长，色如黄金，取而缝之，数十片成一座，价直钱百千"⑥。野生动物有如此多的用途，而且价格不菲，受经济利益的驱动，社会上贩卖者不绝如缕。在京师开封"鬻鹑者，积于市，诸门皆以大车载而人，鹑才直二钱"⑦。在南宋初年，"一兔至直五六千，鹌鹑亦三数百"⑧。更有甚者，"海南诸国有倒挂雀，尾羽备五色，状似鹦鹉，形小如雀，夜则倒悬其身……元符中，始有携至都城者，一雀售钱五十万"⑨，一只小小的倒挂雀竟然价值50万文！前文提到一些人专以贩卖青蛙为生。广泛的社会需求，促使很多人不惜以身试法，大肆捕杀野生动物。尽管政府出台了诸多禁止猎捕的律令，但并不能从根本上杜绝。由于大肆猎捕，一些野生动物在宋代逐渐减少，如大象栖息地由长江流域逐渐迁徙到岭南一带，犀

① （明）陶宗仪：《说郛》卷33上《倦游杂录》，文渊阁四库全书本，第877册，第734页。
② （宋）范成大：《桂海虞衡志·志禽》，《范成大笔记六种》，北京：中华书局，2002年版，第103页。
③ （宋）张世南《游宦纪闻》卷2，北京：中华书局，2006年版，第12—14页。
④ （宋）唐慎微：《重修政和证类本草》卷16《象牙》，北京：中国中医药出版社，2013年版，第1008页。
⑤ （宋）朱彧：《萍州可谈》卷2，北京：中华书局，2007年版，第137页。
⑥ （宋）朱彧：《萍州可谈》卷1《狨座》，北京：中华书局，2007年版，第116页。
⑦ （宋）江少虞：《宋朝事实类苑》卷61《蛙变为鹑》，上海：上海古籍出版社，1981年版，第814页。
⑧ （宋）李心传：《建炎以来系年要录》卷38，建炎四年十月癸未，北京：中华书局，1988年版，第723页。
⑨ （宋）朱彧：《萍州可谈》卷2，北京：中华书局，2007年版，第136页。

牛也仅分布在西南地区。

尽管如此,我们应该看到宋政府颁布的一些禁猎的诏令和法律条文还是有一定效果的。就整个生态环境而言,宋代还是良好的,野生动物资源也相当丰富。如荆湖路黄州:"猪牛麋鹿如土,鱼蟹不论钱。"①辰、沅、靖州诸蛮"皆焚山而耕,所种粟豆而已。食不足则猎野兽,至烧龟蛇啖之"②。湖南永州生态环境良好,野生动物出没,常常给由此经过的马纲带来威胁:"永州界排山驿四望空迥,人烟在数里之外,草木深茂,虎狼出没,最为危险。寻常马纲经由,不敢就驿存住,却于道次客店人家寄歇。"③西南地区的牂牁(今贵州思南西南)诸蛮,"土宜五谷,多种秔稻,以木弩射麋鹿充食"④。福建漳州漳浦县,"地连潮阳,素多象。往往十数为群,然不为害"⑤。所以,从这个层面上而言,宋政府保护野生动物资源的措施还是有一定积极意义的。

第三节　水土流失的治理

两宋时期,由于森林的大肆砍伐,导致严重的水土流失,水患频繁,畜牧业遭受重创。为了加强对水土流失的治理,宋政府注意从源头上解决问题,积极采取植树造林、兴修水利、废田为湖等诸多措施。这些措施的实施对减少水土流失,涵养水源起到了一定的积极作用。

一、　植树造林

森林具有保持水土、涵养水源的作用。宋人已经深刻地认识到这一点,即"沙土为木根盘固,留下不多,所淤亦少,开淘良易"。为了减少水土流失,宋政府多次令民户植树造林,并对造林多者予以嘉奖,尤其在黄河与汴河沿岸植树造林,以防水患。如建隆三年(962)十月,诏:"沿黄、汴河州县长吏,每岁首令地分兵种榆柳,以壮堤防。"⑥同年,又"禁民伐桑枣为薪。又诏黄、汴河两岸,每岁委所在长吏课民多栽榆柳,以防河

---

①　(宋)苏轼:《苏轼文集》卷52《答秦太虚七首》,北京:中华书局,1986年版,第1536页。
②　(宋)陆游:《老学庵笔记》卷4,北京:中华书局,2005年版,第44页。
③　(清)徐松:《宋会要辑稿·兵》25之10,北京:中华书局,1957年版,第7205页。
④　(元)脱脱等:《宋史》卷496《蛮夷四·西南诸夷》,北京:中华书局,1977年版,第14225页。
⑤　(宋)彭乘:《墨客挥犀》卷3《潮阳象》,北京:中华书局,2002年版,第306页。
⑥　(清)徐松:《宋会要辑稿·方域》14之1,北京:中华书局,1957年版,第7546页。

决"①。其他皇帝在位时也是多次颁布倡导植树造林的诏令，宋代的植树造林措施，对减少水土流失确实起到了一定的作用。

二、　兴修水利

兴修水利对保护水资源，防止水土流失起到一定的作用。两宋时期，政府比较注重水利的兴修与维护。早在宋初，政府就开始兴修水利。宋仁宗庆历三年(1043)十一月七日诏令：

> 访闻江南旧有圩田，能御水旱，并两浙地卑，常多水灾，虽有堤防，大半堕废。及京东西亦有积潦之地，旧常开决沟河，今罢役数年，渐已湮塞，复将为患。宜令江淮、两浙、荆湖、京东、京西路转运司辖下州军圩田并河渠、堤堰、陂塘之类，合行开修去处，选官计工料，每岁于二月间未农作时兴役，半月即罢。仍具逐处开修并所获利济大小事状，保明闻奏，当议等第酬奖。"
>
> (庆历)四年正月二十八日，诏陂塘、圩田之类及逐处堤堰、河渠可备水患者或能创置开决。②

以上史料可知，宋仁宗在位时，将兴修农田水利作为一项制度确定下来。即由政府出资，每年农历二月农闲时开始动工兴修水利，时间为半个月，其目的是预防水旱灾害，灌溉农田。

宋神宗熙宁年间王安石变法，其中重要一条就是农田水利法，也是成效最为显著的一项变法内容。全国掀起了兴修水利的高潮，修复水利工程达1万多处。关树东先生进行了统计，如表6-1所示。

表6-1　熙宁三至九年黄淮海区、东南区各路农田水利建设情况表③

路分	农田水利设施(处)	水利田面积
开封府界	25	15 749 顷 29 亩
京东东路	71	8 849 顷 38 亩
京东西路	106	17 091 顷 76 亩
京西北路	283	21 802 顷 66 亩
京西南路	727	11 558 顷 79 亩

---

① (宋)李焘：《续资治通鉴长编》卷3。建隆三年九月丙子，北京：中华书局，2004年版，第72页。
② (清)徐松：《宋会要辑稿·食货》7之11，北京：中华书局，1957年版，第4911页。
③ 关树东：《辽金时期的水旱灾害、水利建设与经济重心的转移——以黄淮海地区和东南江浙地区为考察对象》，http://www.lsjyshi.cn/LJLW/2013/830/1383019483947G0JF2KJ241D2JKIDG4.html.

续表

路分	农田水利设施(处)	水利田面积
河北东路	11	19 451 顷 56 亩
河北西路	34	40 209 顷 4 亩
淮南东路	513	31 160 顷 51 亩
淮南西路	1761	43 651 顷 10 亩
江南东路	510	10 702 顷 66 亩
江南西路	997	4 674 顷 81 亩
两浙路	1980	104 848 顷 42 亩
总计	7024	329 745 顷 98 亩

表 6-1 仅是黄淮海及东南地区兴修的水利工程数字的统计,从熙宁三年到熙宁九年的 6 年间共兴修水利达 7024 处,灌溉农田达 329 745 顷 98 亩。这些水利在为农业生产提供充足用水的同时,客观上也对防洪与水资源的保护也起到一定的作用。

三、 废田为湖

前文提到,宋代围湖造田带来了一系列生态环境问题,如洪涝灾害,水土流失等,宋政府已经认识到这一点。宋钦宗靖康元年(1126)三月一日,有大臣建议:

> "东南地濒江海,旧有陂湖蓄水,以备旱岁。近年以来,尽废为田,涝则水为之增益,旱则无灌溉之利,而湖之为田亦旱矣。民既承佃,无复可脱,租税悉归御前,而漕司暗亏常赋多至数百万斛至,而民之失业者众矣。乞尽罢东南废湖为田者,复以为湖。"诏令逐路转运常平司计度以闻。①

宋高宗绍兴二十三年(1143),谏议大夫史才言:

> "浙西民田最广,而平时无甚害者,太湖之利也。近年濒湖之地,多为兵卒侵据,累土增高,长堤弥望,名日壩田。旱则据之以溉,而民田不沾其利;涝则远近泛滥,不得入湖,而民田尽没。望尽复太湖

---

① (清)徐松:《宋会要辑稿·食货》7 之 40,北京:中华书局,1957 年版,第 4925 页。

旧迹，使军民各安，田畴均利。"从之。①

东南诸路围湖造田的现象比较严重，致使水旱等灾害频繁。大臣们多次建议废田为湖，但在利益的驱使下，很多大地主并不愿意执行。

为了打击围湖造田者，南宋时期，政府多次颁布废田为湖的诏令，张芳在《中国古代灌溉工程技术史》一书中曾进行过统计：

> 绍兴二年五月己巳诏令，废绍兴府余姚、上虞县湖田为湖，溉民田；绍兴二十三年秋七月庚戌，禁诸军濒太湖擅作坝田；隆兴二年八月戊午，命江东、浙西守臣措置开决围田；乾道二年夏四月庚辰，诏两浙漕臣王炎开平江、湖、秀围田；乾道二年五月癸未，禁浙西修筑围田；乾道二年六月丙戌，废永丰圩；淳熙三年秋七月乙丑，禁浙西围田；淳熙八年二月戊子，禁浙西民因旱置围田者；庆元三年三月庚子，禁浙西州军围田；嘉泰元年九月辛亥，遣朝臣二人决浙西围田；嘉定三年秋七月辛卯，申严围田增广之禁。

从统计结果来看，南宋政府先后11次颁布诏令废田为湖，并采取了一些措施，恢复原来的胡泊，客观上有利于减少水土流失，维护生态平衡。

第四节　畜牧业发展的保护

前文提到，十至十三世纪由于环境的变迁，频繁的自然灾害以及宋朝传统畜牧基地的丧失，畜牧业的发展受到了影响与制约。为了保护畜牧业发展，宋政府采取了一系列措施。

一、　加强牧地的管理

宋代疆域狭小，有限的牧地是牲畜赖以生存取食的物质基础。牧地质量的好坏不仅影响牲畜的健康还影响其载畜量的大小，因此宋政府特别重视加强对牧地的管理：

> 诸官牧草地，放私畜产践踏食者，一，答四十，二，加一等；

---

① （元）脱脱等：《宋史》卷173《食货志三上一》，北京：中华书局，1977年版，第4183—4184页。

猪、羊五，笞四十，五，加一等，并罪止杖六十（失者，听赎）。[①]

诸牧地，常以正月以后一面以次渐烧，至草生始遍。其乡土异宜，及彼境草短不须烧处，不用此令。[②]

宋政府颁布法律规定，官营牧地严禁私人牲畜践踏放牧，按放牧牲畜的数量给予相应的处罚。如果是无意走失的牲畜，可以赎回，不再惩罚；每年正月，官营牧地要进行烧荒，直至新草发芽。宋政府此举，既能有效地处理荒草，又能够给牧地施肥，提高土壤肥力，有利于新生牧草的生长。

不仅如此，宋政府还特别注重加强牧地棚井等设施的建设与监管，给牲畜提供更加舒适温馨的生活场所。马棚一般修建在牧地地势高爽，水草近便处。[③] 早在建国之初，宋太祖即下诏，诸州有战马、凉棚、露井，并令本县官管勾，诏令各地方官负责，地方招募邻近马棚的农户看管。如开封府中牟县在宋初有马棚 17 所，"募比近人户三两名看管，许于牧地耕种上等田三两顷，免纳租课，岁令栽榆柳以备棚材"[④]。政府为他们提供一些良田，免除其租课作为报酬。景德二年（1005），宋真宗下诏："河北诸州牧马凉棚乏材木者，当以闲散官厩、军营及伐官木充用，不足即市木以充。"[⑤]马棚建设需要大量的木材，宋政府因地制宜，就地取材，既能做到废物的充分利用，一定程度上也能够保证足够的木材供给。宋真宗统治时期，全国诸路陆续在牧地建设马棚 687 座。[⑥] 针对地方上"虚开棚井，十有四五……枉费财用，疲困民力"的浪费现象，政府规定在年终时"令诸县行移公文，计会殿前马步军司取索合要棚井数目"，让各县把明年所需修盖的棚井数目上报给殿前马步军司，由他们统一规划，以免造成浪费。[⑦] 棚圈是保证家畜安全越冬度春的重要条件之一。在冬春冷季，牧地上建设透光保温的棚圈是防御冷冻对家畜危害的有效措施，尤其对接羔保育期的母幼畜更为重要。[⑧] 宋政府加强对牧地棚井等设施的监管，既为官畜提供了

---

① （宋）谢深甫：《庆元条法事类》卷79《厩库勅》，哈尔滨：黑龙江人民出版社，2002 年版，第 872 页。

② 《天一阁藏明钞本天圣令校证》卷24《厩牧令》，北京：中华书局，2006 年版，第 291 页。

③ （清）徐松：《宋会要辑稿·兵》21 之 36 至 37，北京：中华书局，1957 年版，第 7142 页。

④ （宋）李焘：《续资治通鉴长编》卷 217，熙宁三年十一月己酉，北京：中华书局，2004 年版，第 5281 页。

⑤ 陈智超：《宋会要辑稿补编》，全国图书馆文献缩微复制中心 1987 年版，第 410 页。

⑥ （宋）王应麟：《玉海》卷 149《马政》下，南京：江苏古籍出版社；上海：上海书店，1987 年版，第 2733 页。

⑦ （清）徐松：《宋会要辑稿·兵》21 之 36，北京：中华书局，1957 年版，第 7142 页。

⑧ 中国牧区畜牧气候区划科研协作组：《中国牧区畜牧气候》，北京：气象出版社，1988 年版，第 149 页。

安全的防寒保暖场所，又在一定程度上避免了浪费，减轻了财政负担。

二、　加强牲畜疫病的治疗

两宋时期由于自然灾害的频繁发生，给畜牧业带来了深重的灾难，牲畜患病死亡的现象非常严重。为了减少疫病的发生及提高畜病的治疗效果，宋政府采取了一些有益措施，诸如成立兽医机构、编写兽医医方等。

首先，宋政府成立了兽医机构，加强牲畜疫病的治疗。宋建国伊始，就在中央设立了药蜜库，"监官二人，以京朝官充，掌受糖蜜药物以供马医之用"。药蜜库是一个存储和供应兽用药物的医疗机构。它的建立是古代兽医技术的一大发展。药蜜库每月定期向诸班军队提供啗马药，用于预防疾病的发生。[①] 为了更好地医治患病的牲畜，以防疫病的传染，宋政府建立了养马务，收养病马，派遣兽医、槽头、刷刨等人员进行治疗和饲养。随着国马的增多和官营牧马业的兴盛，宋真宗大中祥符四年（1011），在开封西开远门外草地又设置了牧养上下监，治疗和饲养在京诸坊监及诸军病马，马病重者送下监，轻者送上监。[②] 不久，又在同州设置了沙苑监，治疗各路送来的病马。[③] 宋孝宗乾道七年（1171）下诏，各军中都设置医马院，实行隔离治疗，以防传染。[④]

为了加强对患病牲畜的治疗，宋政府还制定了明确的奖惩措施，将兽医及相关管理人员医治病畜的数量与他们的绩效考核挂钩。

> 大中祥符元年四月，群牧司言："近以养马务医养病马，明立赏罚，今较一季死损至少，其使臣将士勤力者，望量与迁补及等第赐赏钱。"从之。

> 大中祥符三年二月七日，群牧司言："在京养马务医治病马，已令兽医各上槽分逐季比较，明示沮劝。其逐坊监医治病马及上下槽时，亦约此体例，以定赏罚。"从之。[⑤]

> 每年所管医疗马至年终，据本务应管病马内抛死数目比较，其使臣勾当二周年，即将前界医较抛马比较分数开坐（以抛马一分至三分，乞与改转；二分已下，赏钱五十贯；三分已上，一十六；四分、五分

---

① （清）徐松：《宋会要辑稿・食货》52 之 13，北京：中华书局，1957 年版，第 5705 页。

② （清）徐松：《宋会要辑稿・兵》21 之 1，北京：中华书局，1957 年版，第 7125 页。

③ （宋）李焘：《续资治通鉴长编》卷 75，大中祥符四年二月己酉，北京：中华书局，2004 年版，第 1710 页。

④ （清）徐松：《宋会要辑稿・兵》25 之 23，北京：中华书局，1957 年版，第 7211 页。

⑤ （清）徐松：《宋会要辑稿・兵》24 之 7，北京：中华书局，1957 年版，第 7182 页。

已上，不支赏；六分已上，罚一月俸；七分已上，罚一季俸；八分已上，堪罪以闻，乞行严断）。①

由上述史料可知，宋政府颁布的奖惩措施非常详尽，如治疗患病官马，如果死亡 10%—30%，相关管理人员可以迁转；死亡 20% 以下，则奖钱 50 贯。……死亡 40%—50%，不予奖励；病马死亡超过 60%，罚一月俸禄；死亡 80%，则要追求其刑事责任。

其次，注重兽医医方的编写和整理。为了减少牲畜疫病的发生和提高治疗疗效，宋政府特别重视医方的编写和整理。如宋真宗咸平年间，王曙为群牧判官时收集古今马政方略，著《群牧故事》6 卷；② 大中祥符年间，宋真宗下诏令兽医、副指挥使朱峭编《疗马集验方》，"颁给内外坊监并录付诸班军队。帝虑传写差误，令本司镂版模本以给之"③。由于宋政府的重视，有宋一代编写和整理的兽医著作有 44 种，记载了大量的兽医医方。如仅《蕃牧纂验方》中记载的医马方就有 66 种，医驼方有 34 种；《事林广记》中记载的医牛方有 16 种。④

总之，宋代药蜜库、牧养上下监、医马院诸医疗机构的建立及其相关奖惩措施的出台，兽医医方的编订与整理，对预防和治疗官畜，保证宋代畜牧业的健康发展意义重大。

三、 禁屠

所谓禁屠是指因禳灾祈福而禁止屠宰牲畜。《隋书·礼仪志二》云："秋分已后不雩，但祷而已，皆用酒脯，初请后二旬不雨者，即徙市禁屠。"禁屠的目的是帝王在重要节日为了祈福禳灾而进行的活动，但客观上对于牲畜的保护有一定的积极意义。宋代统治者曾多次诏令全国禁屠：

> 大中祥符七年正月壬寅，车驾奉天书发京师，禁天下屠宰十日。⑤
> 大中祥符九年八月丙子，禁京城杀鸡。⑥

---

① （清）徐松：《宋会要辑稿·兵》21 之 2，北京：中华书局，1957 年版，第 7125 页。

② （宋）李焘：《续资治通鉴长编》卷 60，景德三年七月丙辰，北京：中华书局，2004 年版，第 1350 页。

③ （清）徐松：《宋会要辑稿·兵》24 之 7，北京：中华书局，1957 年版，第 7182 页。

④ 张显运：《宋代畜牧业研究》，北京：中国文史出版社，2009 年版，第 324—336 页。

⑤ （宋）李焘：《续资治通鉴长编》卷 82，大中祥符七年正月壬寅，北京：中华书局，2004 年版，第 1862 页。

⑥ （宋）李焘：《续资治通鉴长编》卷 87，大中祥符九年八月丙子，北京：中华书局，2004 年版，第 2003 页。

乾兴元年十一月乙亥，以皇太后生日为长宁节……禁刑及屠宰七日。①

（景祐三年）十一月乙亥朔，诏天下干元节严断屠宰，节前仍毋得过杀物命。②

（绍兴）十七年十月二十一日，知荆门军赵士初言："恭详条法，畜有孕者不得杀，禽兽雏卵之类，仲春之月禁采捕。今来伏遇丁亥日禁屠宰，未尝禁渔猎，乞添入丁亥日禁渔猎之文。"诏依。详见《禁采捕》。③

（隆兴三年二月）二十七日，诏："雨泽稍多，令临安府止屠宰三日，及鸡鸭鱼虾应生命之属，并行禁断。"④

诸禁屠宰，天庆、先天、降圣、开基节，丁卯、戊子日，各一日（丁卯、戊子日仍禁渔猎）；圣节，三日。⑤

上述史料仅是从宋代浩繁的文献中摘录的几条而已，尽管只是点滴，但也可以窥一斑而知全豹。宋政府在重要节日和重大活动中禁止屠宰牲畜的现象非常普遍，客观上有利于畜牧业的保护和发展。

对于怀孕的母畜，宋朝统治者更是明令禁止宰杀，否则将施以重刑：

诸畜有孕者，不得杀。州县及巡尉常切禁止、觉察，仍岁首检举条制晓谕。

诸畜有孕而辄杀者，杖八十，厢者巡查人纵容者，与同罪。⑥

对屠杀怀孕牲畜者，州县官吏及巡检要及时巡查制止，对相关责任人要施以杖刑80的处罚；如果地方官员包庇纵容，与犯罪嫌疑人同罪论处。

---

① （宋）李焘：《续资治通鉴长编》卷99，乾兴元年十一月乙亥，北京：中华书局，2004年版，第2302页。

② （宋）李焘：《续资治通鉴长编》卷119，北京：中华书局，2004年版，景祐三年十一月乙亥，第2810页。

③ （清）徐松：《宋会要辑稿·刑法》2之151，北京：中华书局，1957年版，第6571页。

④ （清）徐松：《宋会要辑稿·礼》18之21，北京：中华书局，1957年版，第743页。

⑤ （宋）谢深甫：《庆元条法事类》卷79《採捕屠宰》，哈尔滨：黑龙江人民出版社，2002年版，第894页。

⑥ （宋）谢深甫：《庆元条法事类》卷79《杀畜产》，哈尔滨：黑龙江人民出版社，2002年版，第891页。

本 章 小 结

十至十三世纪是我国古代商品经济高度发展的一个时期，伴随着商品经济的发展和人口的急剧增长，生态环境遭到了不同程度的破坏，畜牧业的发展也受到了一定程度的影响，尤其是黄河中下游地区、长江中下游一带，以及淮河流域一些人口相对集中、经济繁荣的地区。为了保护生态环境，宋政府采取了一系列措施，加强对森林资源、野生动物资源和畜牧业进行保护，对水土流失进行治理。总括起来包括植树造林、兴修水利、禁止非时捕杀动物、废田为湖，加强牧地的管理与畜病的治疗等几个方面，虽然有些措施并没有不折不扣的落实，但它对于提高人们的环保意识，减轻水土流失的危害、促进畜牧业的发展仍起到一定的积极作用。

参考文献

一、古代文献

（汉）桓宽撰，王利器校注：《盐铁论校注》，北京：中华书局，1992 年版。

（汉）司马迁：《史记》，北京：中华书局，1982 年版。

（晋）郭璞：《穆天子传》，上海：上海古籍出版社，1990 年版。

（北魏）贾思勰著，石声汉校释：《齐民要术今释》，北京：科学出版社，1958 年版。

（齐）魏收：《魏书》，北京：中华书局，1974 年版。

（南朝·宋）范晔：《后汉书》，北京：中华书局，2003 年版。

（唐）李吉甫：《元和郡县图志》，北京：中华书局，1983 年版。

（唐）李林甫等：《唐六典》，北京：中华书局，1992 年版。

（后晋）刘昫：《旧唐书》，北京：中华书局，2000 年版。

（五代）尉迟稚：《中朝故事》，历代笔记小说集成本，石家庄：河北教育出版社，1995 年版。

（宋）蔡襄：《端明集》，文渊阁四库全书本。

（宋）曹勋：《北狩见闻录》，历代笔记小说集成本，石家庄：河北教育出版社，1995 年版。

（宋）陈旉著，万国鼎校注：《陈旉农书校注》，北京：农业出版社，1965 年版。

（宋）陈公亮、刘文富：《淳熙严州图经》，宋元方志丛刊本，北京：中华书局，1990 年版。

（宋）陈鹄：《耆旧续闻》，文渊阁四库全书本。

（宋）陈均：《九朝编年备要》，文渊阁四库全书本。

（宋）陈耆卿、齐硕：《嘉定赤城志》，宋元方志丛刊本，北京：中华书局，1990 年版。

（宋）陈起：《江湖小集》，文渊阁四库全书本。

（宋）陈师道：《后山谈丛》，上海：上海古籍出版社，1989 年版。

（宋）陈元靓：《事林广记》，北京：中华书局，1999 年版。

（宋）陈元靓：《岁时广记》，历代笔记小说集成本，石家庄：河北教育出版社，1995

　　　年版。

（宋）陈藻：《乐轩集》，文渊阁四库全书本。

（宋）陈直：《寿亲养老新书》，文渊阁四库全书本。

（宋）陈自明：《妇人大全良方》，文渊阁四库全书本。

（宋）程大昌：《雍录》，北京：中华书局，2002 年版。

（宋）丁特起：《靖康纪闻》，历代笔记小说集成本，石家庄：河北教育出版社，1995
　　　年版。

（宋）窦仪：《宋刑统》，北京：中华书局，1984 年版。

（宋）杜大珪：《名臣碑传琬琰集》，台北：文海出版社，1969 年版。

（宋）范成大：《范成大笔记六种》，北京：中华书局，2004 年版。

（宋）范成大：《范石湖集》，上海：上海古籍出版社，1981 年版。

（宋）范成大著，胡起望、覃光广校注：《桂海虞衡志辑佚校注》，成都：四川民族出版
　　　社，1986 年版。

（宋）范纯仁：《范忠宣集》，文渊阁四库全书本。

（宋）范公偁：《过庭录》，文渊阁四库全书本。

（宋）范镇：《东斋记事》，北京：中华书局，1980 年版。

（宋）方勺：《泊宅编》，北京：中华书局，1983 年版。

（宋）费衮：《梁溪漫志》，上海：上海古籍出版社，1985 年版。

（宋）高承：《事物纪原》，北京：中华书局，1989 年版。

（宋）郭祥正：《青山续集》，文渊阁四库全书本。

（宋）郭印：《云溪集》，文渊阁四库全书本。

（宋）韩淲：《涧泉集》，文渊阁四库全书本。

（宋）韩琦：《安阳集》，文渊阁四库全书本。

（宋）韩维：《南阳集》，文渊阁四库全书本。

（宋）何薳：《春渚纪闻》，北京：中华书局，1983 年版。

（宋）洪迈：《容斋随笔》，上海：上海古籍出版社，1978 年版。

（宋）洪迈：《夷坚志》，北京：中华书局，1981 年版。

（宋）胡宿：《文恭集》，文渊阁四库全书本。

（宋）黄朝英：《靖康缃素杂记》，北京：中华书局，1986 年版。

（宋）黄庶：《伐檀集》，文渊阁四库全书本。

（宋）惠洪：《冷斋夜话》，北京：中华书局，1988 年版。

（宋）江少虞：《宋朝事实类苑》，上海：上海古籍出版社，1981 年版。

（宋）江休复：《江邻几杂志》，全宋笔记本，郑州：大象出版社，2003 年版。

（宋）寇宗奭：《本草衍义》，丛书集成本。

（宋）乐史：《太平寰宇记》，北京：中华书局，2007 年版。

（宋）李焘：《续资治通鉴长编》，北京：中华书局，2004 年版。

（宋）李昉：《太平广记》，北京：中华书局，1981 年版。

（宋）李昉：《文苑英华》，北京：中华书局，1966 年版。

（宋）李觏：《李觏集》，北京：中华书局，1981 年版。

（宋）李心传：《建炎以来朝野杂记》，北京：中华书局，2000年版。

（宋）李心传：《建炎以来系年要录》，北京：中华书局，1956年版。

（宋）李心传：《旧闻证误》，北京：中华书局，1981年版。

（宋）李攸：《宋朝事实》，北京：中华书局，1955年版。

（宋）李之仪：《姑溪居士前集》，文渊阁四库全书本。

（宋）李廌：《师友谈记》，北京：中华书局，2002年版。

（宋）梁克家：《淳熙三山志》，宋元方志丛刊本，北京：中华书局，1990年版。

（宋）林駉驷：《古今源流至论》，文渊阁四库全书本。

（宋）刘攽：《彭城集》，文渊阁四库全书本。

（宋）刘斧：《青锁高议》，上海：上海古籍出版社，1983年版。

（宋）刘挚：《忠肃集》，北京：中华书局，2002年版。

（宋）楼钥：《攻媿集》，四部丛刊本。

（宋）陆游：《老学庵笔记》，北京：中华书局，1979年版。

（宋）陆游：《陆游集》，北京：中华书局，1976年版。

（宋）吕本中：《东莱诗集》，文渊阁四库全书本。

（宋）吕希哲：《吕氏杂说》，全宋笔记本，郑州：大象出版社，2003年版。

（宋）吕祖谦：《宋文鉴》，北京：中华书局，1992年版。

（宋）罗大经：《鹤林玉露》，北京：中华书局，1983年版。

（宋）罗濬：《宝庆四明志》，宋元方志丛刊本，北京：中华书局，1990年版。

（宋）罗叔韶、常棠：《澉水志》，宋元方志丛刊本，北京：中华书局，1990年版。

（宋）罗愿：《尔雅翼》，丛书集成本。

（宋）罗愿：《罗鄂州小集》，文渊阁四库全书本。

（宋）罗愿：《新安志》，宋元方志丛刊本，北京：中华书局，1990年版。

（宋）梅尧臣：《宛陵集》，四部丛刊本。

（宋）孟元老著，邓之诚注：《东京梦华录注》，北京：中华书局，2004年版。

（宋）耐得翁：《都城纪胜》，北京：中国商业出版社，1982年版。

（宋）欧阳修：《归田录》，北京：中华书局，1981年版。

（宋）欧阳修：《欧阳修全集》，北京：中华书局，2001年版。

（宋）欧阳修：《新唐书》，北京：中华书局，1975年版。

（宋）欧阳修：《新五代史》，北京：中华书局，2002年版。

（宋）潘自牧：《记纂渊海》，文渊阁四库全书本。

（宋）庞元英：《文昌杂录》，文渊阁四库全书本。

（宋）彭百川：《太平治迹统类》，北京：文物出版社，1991年版。

（宋）彭乘：《墨客挥犀》，北京：中华书局，2002年版。

（宋）彭乘：《续墨客挥犀》，北京：中华书局，2002年版。

（宋）潜说友：《咸淳临安志》，宋元方志丛刊本，北京：中华书局，1990年版。

（宋）强至：《祠部集》，文渊阁四库全书本。

（宋）邵伯温：《邵氏闻见录》，北京：中华书局，1983年版。

（宋）邵博：《邵氏闻见后录》，北京：中华书局，1983年版。

（宋）沈括：《梦溪笔谈》，呼和浩特：远方出版社，2004 年版。

（宋）沈作宾、施宿：《嘉泰会稽志》，宋元方志丛刊本，北京：中华书局，1990 年版。

（宋）施彦执：《北窗炙輠录》，历代笔记小说集成本，石家庄：河北教育出版社，1995
年版。

（宋）史能之：《咸淳毗陵志》，宋元方志丛刊本，北京：中华书局，1990 年版。

（宋）释晓莹：《罗湖野录》，丛书集成本。

（宋）司马光：《涑水记闻》，北京：中华书局，1989 年版。

（宋）司马光：《温国文正司马公文集》，四部丛刊本。

（宋）宋徽宗：《圣济总录篡要》，文渊阁四库全书本。

（宋）宋敏求：《长安志》，宋元方志丛刊本，北京：中华书局，1990 年版。

（宋）宋敏求：《春明退朝录》，北京：中华书局，1980 年版。

（宋）宋敏求：《唐大诏令集》，上海：上海古籍出版社，1987 年版。

（宋）宋祁：《景文集》，丛书集成本。

（宋）宋庠：《元宪集》，丛书集成本。

（宋）苏轼：《仇池笔记》，上海：华东师范大学出版社，1983 年版。

（宋）苏轼：《东坡志林》，全宋笔记本，郑州：大象出版社，2003 年版。

（宋）苏轼：《格物粗谈》，历代笔记小说集成本，石家庄：河北教育出版社，1995 年版。

（宋）苏轼：《苏轼文集》，北京：中华书局，1986 年版。

（宋）苏轼：《物类相感志》，丛书集成本。

（宋）苏颂：《苏魏公文集》，北京：中华书局，1988 年版。

（宋）苏易简：《文房四谱》，文渊阁四库全书本。

（宋）苏辙：《苏辙文集》，北京：中华书局，1997 年版。

（宋）孙逢吉：《职官分纪》，北京：中华书局，1988 年版。

（宋）谈钥：《嘉泰吴兴志》，宋元方志丛刊本，北京：中华书局，1990 年版。

（宋）唐慎微：《重修政和证类本草》，四部丛刊本。

（宋）汪应辰：《文定集》，北京：学林出版社，2009 年版。

（宋）王安礼：《王魏公集》，文渊阁四库全书本。

（宋）王安石：《王文公文集》，上海：上海人民出版社，1974 年版。

（宋）王辟之：《渑水燕谈录》，北京：中华书局，1981 年版。

（宋）王称：《东都事略》，台北：文海出版社，1979 年版。

（宋）王存、曾肇等：《元丰九域志》，北京：中华书局，1984 年版。

（宋）王谠：《唐语林》，上海：上海古籍出版社，1978 年版。

（宋）王得臣：《麈史》，上海：上海古籍出版社，1986 年版。

（宋）王珪：《华阳集》，丛书集成本。

（宋）王溥：《唐会要》，北京：中华书局，1955 年版。

（宋）王钦若、杨亿等：《册府元龟》，北京：中华书局，1960 年版。

（宋）王十朋：《王十朋全集》，上海：上海古籍出版社，1998 年版。

（宋）王庭珪：《卢溪文集》，文渊阁四库全书本。

（宋）王象之：《舆地纪胜》，北京：中华书局，1992 年版。

（宋）王象之：《舆地纪胜》，成都：四川大学出版社，2005 年版。

（宋）王应麟：《玉海》，南京：江苏古籍出版社，上海：上海书店，1987 年版。

（宋）王禹偁：《小畜集》，四部丛刊本。

（宋）王愈：《安骥药方》，南京：江苏人民出版社，1958 年版。

（宋）王愈：《蕃牧纂验方》，南京：江苏人民出版社，1958 年版。

（宋）王质：《雪山集》，文渊阁四库全书本。

（宋）魏泰：《东轩笔录》，北京：中华书局，1983 年版。

（宋）魏野：《东观集》，文渊阁四库全书本。

（宋）文同：《丹渊集》，四部丛刊本。

（宋）文彦博：《潞公文集》，文渊阁四库全书本。

（宋）吴曾：《能改斋漫录》，上海：上海古籍出版社，1979 年版。

（宋）吴自牧：《梦粱录》，杭州：浙江人民出版社，1980 年版。

（宋）夏竦：《文庄集》，文渊阁四库全书本。

（宋）谢深甫：《庆元条法事类》，哈尔滨：黑龙江人民出版社，2002 年版。

（宋）谢维新：《古今合璧事类备要》，文渊阁四库全书本。

（宋）徐梦莘：《三朝北盟会编》，上海：上海古籍出版社，1987 年版。

（宋）徐自明：《宋宰辅编年录》，北京：中华书局，1986 年版。

（宋）许洞：《虎钤经》，文渊阁四库全书本。

（宋）薛居正：《旧五代史》，北京：中华书局，1976 年版。

（宋）杨仲良：《皇宋通鉴长编纪事本末》，哈尔滨：黑龙江人民出版社，2006 年版。

（宋）叶梦得：《石林燕语》，北京：中华书局，1984 年版。

（宋）佚名：《爱日斋丛钞》，历代笔记小说集成本，石家庄：河北教育出版社，1995
　　　年版。

（宋）佚名：《东南纪闻》，文渊阁四库全书本。

（宋）佚名：《靖康要录》，台北：文海出版社，1967 年版。

（宋）佚名：《名公书判清明集》，北京：中华书局，1987 年版。

（宋）佚名：《宋大诏令集》，北京：中华书局，1997 年版。

（宋）佚名：《西湖老人繁盛录》，北京：中国商业出版社，1982 年版。

（宋）佚名：《续编两朝纲目备要》，北京：中华书局，1995 年版。

（宋）尹洙：《河南集》，四部丛刊本。

（宋）岳柯：《桯史》，北京：中华书局，1981 年版。

（宋）曾公亮等：《武经总要》，文渊阁四库全书本。

（宋）曾巩：《曾巩集》，北京：中华书局，1984 年版。

（宋）曾敏行：《独醒杂志》，上海：上海古籍出版社，1986 年版。

（宋）曾慥：《类说》，文渊阁四库全书本。

（宋）张邦基：《墨庄漫录》，北京：中华书局，2002 年版。

（宋）张方平：《张方平集》，郑州：中州古籍出版社，2000 年版。

（宋）张耒撰，李逸安等点校：《张耒集》，北京：中华书局，1990 年版。

（宋）张守：《毗陵集》，文渊阁四库全书本。

（宋）张唐英：《蜀梼杌》，全宋笔记本，郑州：大象出版社，2003 年版。

（宋）张田：《包拯集》，北京：中华书局，1963 年版。

（宋）章如愚：《群书考索》，北京：书目文献出版社，1992 年版。

（宋）赵抃：《清献集》，文渊阁四库全书本。

（宋）赵令畤：《侯鲭录》，北京：中华书局，2002 年版。

（宋）赵汝愚：《宋朝诸臣奏议》，上海古籍出版社，1999 年版。

（宋）赵叔向：《肯綮录》，历代笔记小说集成本，石家庄：河北教育出版社，1995 年版。

（宋）赵希鹄：《调燮类编》，丛书集成本。

（宋）赵彦卫：《云麓漫抄》，丛书集成本。

（宋）赵彦卫：《云麓漫钞》，北京：中华书局，1996 年版。

（宋）赵与衮：《辛巳泣蕲录》。历代笔记小说集成本，石家庄：河北教育出版社，1995 年版。

（宋）赵溍：《养疴漫笔》，历代笔记小说集成本，石家庄：河北教育出版社，1995 年版。

（宋）郑刚中：《北山集》，文渊阁四库全书本。

（宋）郑獬：《郧溪集》，文渊阁四库全书本。

（宋）周淙：《乾道临安志》，杭州：浙江人民出版社，1983 年版。

（宋）周辉著，刘永翔校注：《清波杂志校注》，北京：中华书局，1994 年版。

（宋）周密：《癸辛杂识》，北京：中华书局，1988 年版。

（宋）周密：《武林旧事》，北京：中国商业出版社，1982 年版。

（宋）周去非著，杨武泉校注：《岭外代答校注》，北京：中华书局，1999 年版。

（宋）周应合：《景定建康志》，宋元方志丛刊本，北京：中华书局，1990 年版。

（宋）朱弁：《曲洧旧闻》，北京：中华书局，2002 年版。

（宋）朱辅：《溪蛮丛笑》，北京：中华书局，1991 年版。

（宋）朱肱：《酒经》，历代笔记小说集成本，石家庄：河北教育出版社，1995 年版。

（宋）朱熹、李幼武：《宋名臣言行录》，台北：文海出版社，1967 年版。

（宋）朱彧：《萍州可谈》，历代笔记小说集成本，石家庄：河北教育出版社，1995 年版。

（宋）祝穆：《方舆胜览》，北京：中华书局，2003 年版。

（宋）庄绰：《鸡肋编》，北京：中华书局，1983 年版。

（宋）宗泽：《忠简集》，文渊阁四库全书本。

（金）元好问：《续夷坚志》，北京：中华书局，1986 年版。

（元）马端临：《文献通考》，北京：中华书局，1986 年版。

（元）司农司编，石声汉校注：《农桑辑要校注》，北京：农业出版社，1982 年版。

（元）脱脱等：《金史》，北京：中华书局，1975 年版。

（元）脱脱等：《辽史》，北京：中华书局，1974 年版。

（元）脱脱等：《宋史》，北京：中华书局，1977 年版。

（元）佚名：《湖海新闻夷坚续志》，北京：中华书局，1986 年版。

（元）佚名：《宋史全文》，哈尔滨：黑龙江人民出版社，2003 年版。

（明）宋濂：《元史》，北京：中华书局，1976 年版。

（明）陶宗仪：《说郛三种》，上海：上海古籍出版社，1988 年版。

（明）杨士奇：《历代名臣奏议》，上海：上海古籍出版社，1989 年版。

（清）范能濬：《范仲淹全集》，南京：凤凰出版社，2004 年版。

（清）徐松：《宋会要辑稿》，北京：中华书局，1957 年版。

《天一阁藏明钞本天圣令校证》，北京：中华书局，2006 年版。

陈智超：《宋会要辑稿补编》，全国图书馆文献缩微复制中心，1988 年版。

四川大学古籍整理研究所整理：《全宋文》，上海：上海辞书出版社，合肥：安徽教育
　　出版社，2006 年版。

魏了翁：《鹤山集》，文渊阁四库全书本。

〔日〕成寻著，王丽萍校点：《新校参天台五台山记》，上海：上海古籍出版社，2009
　　年版。

二、今 人 论 著

（一）著作

曹家齐：《宋代交通管理制度》，开封：河南大学出版社，2002 年版。

钞晓鸿：《生态环境与明清社会经济》，黄山：黄山书社，2004 年版。

陈高佣：《中国历代天灾人祸表》，上海：上海书店，1986 年版。

程民生：《河南经济简史》，北京：中国社会科学出版社，2005 年版。

程民生：《宋代地域经济》，开封：河南大学出版社，1992 年版。

程民生：《中国北方经济史》，北京：人民出版社，2004 年版。

程民生：《中国祠神文化》，开封：河南大学出版社，2004 年版。

程民生：《河南经济通史》，开封：河南大学出版社，2012 年版。

程遂营：《唐宋开封生态环境研究》，北京：中国社会科学出版社，2002 年版。

邓拓：《中国救荒史》，上海：上海书店，1984 年版。

傅璇琮等：《全宋诗》，北京：北京大学出版社，1998 年版。

葛金芳：《中国经济通史》（第五卷），长沙：湖南人民出版社，2002 年版。

龚延明：《宋代官制辞典》，北京：中华书局，1997 年版。

韩茂莉：《草原与田园——辽金时期西辽河流域农牧业与环境》，北京：生活·读书·
　　新知三联书店，2006 年版。

韩茂莉：《宋代农业地理》，太原：山西古籍出版社，1993 年版。

侯文通，侯宝申：《驴的养殖与肉用》，北京：金盾出版社，2002 年版。

胡小鹏：《中国手工业经济通史》（宋元卷），福州：福建人民出版社，2004 年版。

贾慎修：《草地学》，北京：农业出版社，1982 年版。

江天健：《北宋市马之研究》，台北：台湾"国立"编译馆，1995 年版。

蓝勇：《历史时期西南经济开发与生态变迁》，昆明：云南教育出版社，1992 年版。

李丙寅：《中国古代环境保护》，开封：河南大学出版社，2001 年版。

李根蟠、原宗子、曹幸穗：《中国经济史上的天人关系》，北京：中国农业出版社，
　　2002 年版。

李桂枝：《辽金简史》，福州：福建人民出版社，2001 年版。

李心纯：《黄河流域与绿色文明——明代山西河北的农业生态环境》，北京：人民出版

社，1999 年版。

刘培桐：《环境学概论》，北京：高等教育出版社，1985 年版。

刘湘溶：《生态文明论》，长沙：湖南教育出版社，1999 年版。

乜小红：《唐五代畜牧经济研究》，北京：中华书局，2006 年版。

牟重行：《中国五千年气候变迁的再考证》，北京：气象出版社，1996 年版。

中国牧区畜牧气候区划科研协作组：《中国牧区畜牧气候》，北京：气象出版社，1988
　　年版。

漆侠：《宋代经济史》（上、下），上海：上海人民出版社，1987、1988 年版。

邱云飞：《中国灾害通史·宋代卷》，郑州：郑州大学出版社，2008 年版。

石涛：《北宋时期自然灾害与政府管理体系研究》，北京：社会科学文献出版社，2010
　　年版。

史念海：《河山集》二集，北京：生活·读书·新知三联书店，1981 年版。

史念海：《河山集》三集，北京：人民出版社，1988 年版。

史念海：《河山集》五集，太原：山西人民出版社，1991 版。

史念海：《黄河流域诸河流的演变与治理》，西安：陕西人民出版社，1999 年版。

史念海：《黄土高原历史地理研究》，郑州：黄河水利出版社，2001 年版。

汤逸人、蒋英：《普通畜牧学》，北京：农业出版社，1958 年版。

田家良：《马驴骡的饲养管理》，北京：金盾出版社，2002 年版。

王琉瑚：《中国畜牧史料》，北京：科学出版社，1958 年版。

王清义等：《中国现代畜牧业生态学》，北京：中国农业出版社，2008 年版。

王文楷等：《河南地理志》，郑州：河南人民出版社 1990 年版。

王玉德、张全明：《中华五千年生态文化》（上、下），武汉：华中师范大学出版社，
　　1999 年版。

王元林：《泾洛流域自然环境变迁研究》，北京：中华书局，2005 年版。

王子金：《秦汉时期生态环境研究》，北京：北京大学出版社，2007 年版。

吴传钧、郭焕成：《中国农业地理总论》，北京：科学出版社，1980 年版。

吴晓亮：《宋代经济史研究》，昆明：云南大学出版社，1994 年版。

谢成侠：《中国养马史》，北京：科学出版社，1959 年版。

谢成侠：《中国养牛羊史》，北京：农业出版社，1985 年版。

徐旺生：《中国养猪史》，北京：中国农业出版社，2009 年版。

杨文衡：《易学与生态环境》，北京：中国书店，2003 年版。

杨珍：《清代西北生态变迁研究》，北京：人民出版社，2005 年版。

于希贤、于涌：《沧海桑田：历史时期地理环境的渐变与突变》，广州：广东教育出版
　　社，2002 年版。

余正荣：《中国生态伦理传统的诠释与重建》，北京：人民出版社，2002 年版。

詹武等：《要重视发展畜牧业》，北京：中国社会科学出版社，1980 年版。

张国庆：《辽代社会史研究》，北京：中国社会科学出版社，2006 年版。

张建民：《灾害历史学》，长沙：湖南人民出版社，1998 年版。

张全明：《生态环境与区域文化史研究》，北京：崇文书局，2005 年版。

张全明：《中国历史地理学导论》，武汉：华中师范大学出版社，2006 年版。

张显运：《宋代畜牧业研究》，北京：中国文史出版社，2009 年版。

张展羽、俞双恩等：《水土资源规划与管理》，北京：中国水利水电出版社，2009 年版。

张仲葛、朱先煌：《中国畜牧史料集》，北京：科学出版社，1986 年版。

郑学檬：《中国古代经济重心南移和唐宋江南经济研究》，长沙：岳麓书社，2003 年版。

周宝珠：《宋代东京研究》，开封：河南大学出版社，1992 年版。

诸葛群：《养蜂法》，北京：农业出版社，1970 年版。

竺可桢：《竺可桢文集》，北京：科学出版社，1979 年版。

邹介正、和文龙：《中国古代畜牧兽医史》，北京：中国农业出版社，1994 年版。

邹逸麟：《黄淮海平原历史地理》，合肥：安徽教育出版社，1993 年版。

〔美〕Mark Elvin：*The Retreat of the Elephants*：*An Environmental History of China*，New Haven and London：Yale University Press，2004.

〔美〕费里朴著，汤逸人译：《中国之畜牧》，北京：中华书局，1948 年版。

〔日〕原宗子：《古代中国の开发と环境——〈管子〉地员篇研究》，北京：研文出版社，1994 年版。

〔日〕原宗子：《"农本"主义与"黄土"の发生——古代中国的开发与环境 2》，北京：研文出版社，2005 年版。

〔苏〕道木拉捷夫著，赵木齐译：《畜牧业》，北京：人民出版社，1954 年版。

（二）学术论文

安岚：《中国古代畜牧业发展简史》，《农业考古》1988 年第 1、2 期，1989 年第 1 期。

曹银真：《中国东部地区河湖水系与气候变化》，《中国环境科学》1989 年第 4 期。

陈名实：《宋代莆田人的水土保持意识》，《亚热带水土保持》2009 年第 2 期。

陈桥驿：《历史上浙江省的山地垦殖与山林破坏》，《中国社会科学》1983 年第 4 期。

陈汛舟：《北宋时期川陕的茶马贸易》，《西南民族学院学报》1983 年第 2 期。

陈汛舟：《南宋茶马贸易与西南少数民族》，《西南民族学院学报》1980 年第 1 期。

陈振：《论保马法》，《宋史研究论文集》（中华文史论丛增刊），上海：上海古籍出版社，1982 年版。

程民生：《北宋开封气象对历史的影响》，《史学月刊》2011 年第 1 期。

程民生：《靖康年间开封的异常天气述略》，《河南社会科学》2011 年第 1 期。

程民生：《宋代牲畜价格考》，《中国农史》2008 年第 1 期。

程民生：《宋代畜牧业略述》，《河北学刊》1990 年第 4 期。

程民生：《宋代饮食生活中羊的地位》，《中国烹饪》1986 年第 12 期。

程民生：《宋徽宗朝开封气象编年》，《河南理工大学学报》2011 年第 4 期。

程民生：《宋太宗朝开封气象编年》（一、二），《许昌学院学报》2012 年第 1、3 期。

程民生：《宋英宗朝开封气象编年》，《开封教育学院学报》2011 年第 2 期。

楚生：《论宋元丰八年的于阗贡马》，《新疆社会科学》1984 年第 1 期。

戴建国：《唐'开元二十五年令 6田令'研究》，《历史研究》2000 年第 2 期。

杜建录：《论宋代民间养马》，《固原师专学报》1993 年第 4 期。

杜建录：《论宋代民间养马制度》，《固原师专学报》1993 年第 4 期。

杜建录：《论西夏畜牧业的几个问题》，《西北民族研究》2001 年第 2 期。

杜建录：《宋代市马钱物考》，《固原师专学报》1992 年第 1 期。

杜建录：《宋代沿边市马贸易述论》，《固原师专学报》1991 年第 3 期。

杜建录：《西夏官牧制度初探》，《宁夏社会科学》1997 年第 3 期。

杜建录：《西夏畜牧法初探》，《宁夏社会科学》1999 年第 3 期。

杜文玉：《宋代马政研究》，《中国史研究》1990 年第 2 期。

方宝璋：《略论宋代水土生态综合治理思想》，《江西财经大学学报》2007 年第 6 期。

方健：《茶马贸易之始考》，《农业考古》1997 年第 4 期。

冯永林：《宋代的茶马贸易》，《中国史研究》1986 年第 2 期。

韩茂莉：《辽代西拉木伦河流域聚落分布与环境选择》，《地理学报》2004 年第 4 期。

韩茂莉：《辽代西辽河流域气候变化及其环境特征》，《地理科学》2004 年第 5 期

韩茂莉：《辽金时期西辽河流域农业开发核心区的转移与环境变迁》，《北京大学学报》
    2003 年第 4 期。

韩茂莉：《辽金时期西辽河流域农业开发与人口容量》，《地理研究》2004 年第 5 期。

韩茂莉：《唐宋牧马业地理分布论析》，《中国历史地理论丛》1987 年第 2 期。

韩茂莉：《中国与北方农牧交错带的形成与气候变迁》，《考古》2005 年第 10 期。

韩毅：《宋代的牲畜疫病及政府的应对——以宋代政府诏令为中心的讨论》，《中国科技
    史杂志》2007 年第 2 期。

杭红秋：《宋代长江鱼类及水生动物资源蠡测》，《农业考古》1985 年第 2 期。

何天明：《试论辽代牧场分布与群牧管理》，《内蒙古社会科学》1994 年第 5 期。

华山：《从茶叶经济看宋代社会》，《文史哲》1957 年 2 卷第 3 期。

黄宽重：《马扩与两宋之际的政局变动》，《"中央研究院"史语所集刊》1990 年第 12 期。

贾大泉：《宋代四川同吐蕃民族的茶马贸易》，《西藏研究》1982 年第 1 期。

金勇强：《军事屯田背景下北宋西北地区生态环境变迁》，《古今农业》2010 年第 1 期。

康弘：《宋代灾害与荒政述论》，《中州学刊》1994 年第 5 期。

蓝勇：《历史上长江上游水土流失及其危害》，《光明日报》1998.9 月 25 日。

林瑞翰：《宋代监牧》，《宋史研究集》第 14 辑，台北：台湾编译馆，1984 年版。

林文勋：《宋代西南地区的市马与民族关系》，《思想战线》1989 年第 2 期。

刘敦愿、张仲葛：《我国养猪史话》，《农业考古》1981 年第 1 期。

刘复生：《宋代"马"以及相关问题》，《中国史研究》1995 年第 3 期。

满志敏：《黄淮海平原北宋至元中叶的气候冷暖状况》，《历史地理》第 11 辑，上海：上
    海人民出版社，1993 年版。

蒙文通：《由禹贡至职方时代之地理知识所见古今之变》，《图书月刊》1933 年第 4 期。

蒙文通：《中国古代北方气候方略》，《史学杂志》2 卷 3、4 期合刊，南京中国史学会
    1920 年版。

唐晔：《宋代政府对耕牛贸易的干预与评价》，《中国经济史研究》2010 年第 2 期。

王海明等：《浙江河姆渡遗址第二期发掘的主要收获》，《文物》1980 年第 5 期。

王会昌：《一万年来白洋淀的扩张与收缩》，《地理研究》1983 年第 3 期。

王嘉川：《气候变迁与中华文明》，《学术研究》2007 年第 12 期。

王铭农：《养蜂技术发展简史》，《农业考古》1993 年第 3 期。

王树民：《古代河域有如今江域说》，《禹贡》半月刊 1 卷 2 期，北京：北平禹贡年社，
　　1934 年 3 月版。

王晓燕：《宋代都大提举茶马司沿革——宋代茶马职官研究之一》，《青海民族研究》
　　2002 年第 2 期。

魏天安：《北宋买马社考》，《晋阳学刊》1988 年第 4 期。

谢成侠、孙玉民：《关于中国畜牧史研究的若干问题》，《古今农业》1992 年第 4 期。

谢成侠：《中国兽医学史略》，《畜牧与兽医》1958 年第 3 期。

谢志诚：《从生态效益看宋代在平原区造林的意义》，《中国农史》1997 年第 3 期。

谢志诚：《宋代的造林毁林对生态环境的影响》，《河北学刊》1996 年第 4 期。

邢铁：《宋代的耕牛出租与客户地位》，《中国史研究》1985 年第 3 期。

徐黎丽：《两宋牧田探析》，《开发研究》1994 年第 4 期。

徐润滋：《红水河阶地与极限洪水》，《地理研究》1986 年第 1 期。

薛瑞泽：《唐宋时期沙苑地区的畜牧业》，《渭南师范学院学报》2006 年第 6 期。

杨达源：《洞庭湖的演变及其整治》，《地理研究》1986 年第 3 期。

杨淑培：《中国古代对蜜蜂的认识和养蜂技术》，《农业考古》1988 年第 1 期。

余和祥：《唐宋时期的马政初探》，《中南民族大学学报》2007 年第 5 期。

张显运：《近三十年宋代畜牧业研究述评》，《中国史研究动态》2009 年第 8 期。

张显运：《试论北宋前期官营牧马业的兴盛及原因》，《东北师大学报》2010 年第 1 期。

张显运：《试论北宋时期的马监牧地》，《兰州学刊》2012 年第 8 期。

张显运：《试论北宋时期西北地区的畜牧业》，《中国社会经济史研究》2009 年第 1 期。

张显运：《宋代耕牛贸易述论》，《信阳师范学院学报》2008 年第 2 期。

张显运：《宋代耕牛牧养技术探析》，《安徽农业科学》2009 年第 4 期。

张显运：《宋代官营牧牛业述论》，《河南大学学报》2008 年第 4 期。

张显运：《宋代牛羊司述论》，《中国农史》2011 年第 1 期。

张显运：《宋代私营牧牛业述论》，《农业考古》2007 年第 6 期。

郑学檬、陈衍德：《略论唐宋时期自然环境变化对经济重心南移的影响》，《厦门大学学
　　报》1991 年第 4 期。

周云庵：《秦岭森林的历史变迁及其反思》，《中国历史地理论丛》1993 年第 1 期。

朱士光：《历史时期我国东北地区的植被变迁》，《中国历史地理论丛》1992 年第 4 期。

竺可桢：《中国近五千年来气候变迁的初步研究》，《考古学报》1972 年第 1 期。

竺可桢：《中国历史上之气候变迁》，《东方杂志》22 卷 3 号，上海：商务印书馆，1925
　　年版；《竺可桢文集》，北京：科学出版社，1979 年版。

竺可桢：《中国历史时代气候之变迁》，《国风》半月刊 2 卷 4 期，南京：南京国风社，
　　1933 年 2 月版。

邹介正：《我国古代养羊技术成就史略》，《农业考古》1982 年第 2 期。

〔日〕曾我部静雄：《宋代之马政》，《东北大学文学部研究年报》第 10 号，1959 年版。

（三）硕、博论文

陈静：《元代畜牧业地理》，暨南大学 2008 年硕士学位论文。

唐晔：《宋代牧牛业》，河北大学 2008 年硕士学位论文。

丁欢：《宋代以来江西八景与生态环境变迁》，江西师范大学 2011 年硕士学位论文。

李群：《中国近代畜牧业发展研究》，南京农业大学 2003 年博士学位论文。

乜小红：《唐五代宋初敦煌畜牧业研究》，西北师范大学 2001 年硕士学位论文。

金勇强：《宋夏战争与黄土高原地区生态环境关系研究》，陕西师范大学 2007 年硕士学位论文。

王磊：《元代的畜牧业及马政之探析》，中国农业大学 2005 年硕士学位论文。

杨蕤：《西夏地理初探》，复旦大学 2005 年博士学位论文。

也谈《清明上河图》中"少马无羊"

——对黄仁宇先生的一点质疑

北宋画家张择端的《清明上河图》，描绘了北宋中后期开封汴河沿岸的繁华景象以及社会生活的诸多场面，是我国古代绘画宝库中的一部伟大的现实主义风俗画，堪称中国艺术史上的不朽之作。作品自问世以来就深受文人、画家、学者的喜爱，对其研究的论著层出不穷，研究的内容涉及诸多方面。近年来，华道敬、陈刚等人在《〈清明上河图〉泄露"军事机密"》一文中指出："《清明上河图》中缺少了市井常见动物——马和羊。马和羊是当时的重要战备物资。马匹是必不可少的交通工具；羊皮则要制作营帐、军服……想不到，张择端现实主义的画风，竟泄露了北宋王朝的军事机密。"①张继合在《〈清明上河图〉的军事机密》一文中鹦鹉学舌，进一步重复了这种观点。② 之所以得出如此结论，是因为他们均引用了著名历史学家黄仁宇先生似是而非的结论。黄先生的名著《中国大历史》是这样描述的：

操纵牧马的场所也与双方战力之盛衰有决定性的关系。《辽史》说得很清楚，与宋互市时，马与羊不许出境。同书也说及辽与金决战时不失去战马之来源关系极为重大。这限制马匹南下的禁令，也可以从张择端的《清明上河图》上看出，画幅上开封之大车都用黄牛水牛拖拉，可见马匹短少情景迫切。马匹原来也可以在华中繁殖，只是受当

---

① 华道敬、陈刚：《〈清明上河图〉泄露"军事机密"》，《历史教学》（高教版）2008 年第 2 期，第 88 页。

② 张继合：《〈清明上河图〉的军事机密》，《人才资源开发》2012 年第 2 期，第 11 页。

地农业经济的限制，其耗费极难维持，而且在精密耕作地区所育马匹一般较为瘠劣。[1]

黄仁宇的观点可概括为：辽与宋互市时，辽政府禁止马和羊出境，因此《清明上河图》上没有这两种牲畜。事实真是如此吗？其实，《清明上河图》中是有马匹的。据笔者统计《清明上河图》中共牲畜 92 头，其中驴 49 头，马 21 匹，牛 14 头，骆驼 3 头，猪 5 头。[2] 另据周宝珠先生统计，《清明上河图》中有牲畜 94 头[3]，遗憾的是他没有具体指出分别是哪几种牲畜，不过其统计结果与笔者基本差别不大。诚然，马可以称得上北宋王朝的战备物质，至于羊，北宋政府并不怎么缺乏，且不是什么重要的战备物质。

一、 宋辽榷场互市中并未严格限制马、羊进入宋境

宋辽边境榷场贸易中，辽朝并未严格限制马、羊进入宋境。

辽政府在历史上确实曾诏令过马与羊不许出境贸易，有宋一代也确曾出现过马匹短缺。但如果仔细分析上文黄仁宇先生的这段话，至少存在以下两个不统一之处。其一，《清明上河图》中有水牛、黄牛拉车的情景，图中总共画了 14 头牛，但也存在马拉大车和驮载的场景，图中共有马 21 匹。但就数量而言，马的总额超过牛。其二，辽代历史上确实曾诏令羊、马等不能出境。笔者对《辽史》进行了认真的爬梳，发现《辽史》记载有三次，分别是辽太宗耶律德光会同二年（939），辽兴宗耶律宗真重熙八年（1039）与辽道宗耶律洪基咸雍五年（1069）。具体情况史料是这样记载的：辽太宗会同二年五月乙巳诏令，"禁南京鬻牝羊出境"[4]禁止南京（今北京一带）的母羊与中原王朝的后晋互市，如果是公羊则可以出境贸易。辽兴宗耶律宗真重熙八年"禁朔州鬻羊于宋"[5]，辽道宗咸雍五年"仍禁朔州路羊马入宋，吐浑、党项马鬻于夏"。由此可见，辽朝历史上虽然颁布过羊马入宋的禁令，但不是有辽一朝都是这样，也不是所有的榷场都限制羊马进入宋境。一般而言，宋辽关系紧张，或辽朝马匹短缺时才颁布此禁令。如辽道宗咸雍五年的禁令就是在其马匹短缺的情况下颁布的：

> 咸雍五年，萧陶隗为马群太保，上书犹言群牧名存实亡，上下相

---

① 黄仁宇：《中国大历史》，北京：生活·读书·新知三联书店，2007 年版，第 139—140 页。

② 张显运：《〈清明上河图〉创作时间新论》，《史林》2012 年第 6 期，第 65 页。

③ 周宝珠：《宋代东京研究》，开封：河南大学出版社，1999 年版，第 383 页。

④ （元）脱脱等：《辽史》卷 4《太宗本纪》，北京：中华书局，1974 年版，第 46 页。

⑤ （元）脱脱等：《辽史》卷 18《兴宗本纪》，北京：中华书局，1974 年版，第 221 页。

欺，宜括实数以为定籍……仍禁朔州路羊马入宋，吐浑、党项马鬻于夏。以故群牧滋繁，数至百有馀万，诸司牧官以次进阶。①

由史料可知，辽道宗时期由于群牧名存实亡，辽政府规定朔州路榷场羊马不能和北宋互市贸易。朔州路榷场设置于辽圣宗耶律隆绪统和二十八年（1010），即宋真宗大中祥符三年（1010），"（大中祥符三年十一月）二十日，河东沿边安抚司言：契丹于朔州南再置榷场"②。"仍禁朔州路羊马入宋"，可见从朔州路榷场设立一直到辽道宗咸雍五年的 60 年间，朔州路榷场先后两次禁止羊马进入宋境。

当然，宋辽关系紧张时，契丹也曾诏令禁止马匹流入中原，"每擒获鬻马出界人，皆戮之，远配其家"③。甚至对私下贩马出境者施以重刑。但由于经济利益的驱动，辽政府"虽设禁制，仅成空文"④甚至在辽圣宗统和二十八年（1010）至辽兴宗重熙八年（1039）的 30 年间，并未禁止朔州榷场的羊马进入宋境。其他路榷场则可以进行羊马贸易，比如河北沿边的一些榷场。

宋辽榷场贸易早在宋初就已经开始了，"榷场，与敌国互市之所也，皆设场官，严厉禁，广屋宇，以通二国之货"⑤。榷场是宋辽双方商品经济交流的重要场所。早在宋太宗太平兴国年间，宋政府就在雄州（今河北雄县）、霸州（今河北霸州）、沧州（今河北沧州东南）等置榷场。⑥ 辽则在其境内的新城⑦（今河北新城东南）、振武军⑧（今内蒙古自治区土城子）等地设置榷场，双方互市往来的大宗物品中就有马、羊。如宋真宗景德二年（1005），契丹请求宋政府在边境开展马匹贸易，宋政府责令雄州："契丹诣榷场求市马者，优其直以与之。"⑨给予契丹马匹优惠的价格。为了双方马匹贸易的便利，宋仁宗庆历二年（1042），宋政府诏令："河北缘边州军置场买马。"⑩宋辽榷场贸易中，宋政府"所入者有银钱、布、羊马、橐驼，

①　（元）脱脱等：《辽史》卷 60《食货志下》，北京：中华书局，1974 年版，第 931—932 页。

②　（清）徐松：《宋会要辑稿·蕃夷》1 之 2，北京：中华书局，1957 年版，第 7673 页。

③　（宋）李焘：《续资治通鉴长编》卷 82，大中祥符七年六月壬戌，北京：中华书局，2004 年版，第 1880 页。

④　（清）徐松：《宋会要辑稿·刑法》2 之 16，北京：中华书局，1957 年版，第 6503 页。

⑤　（元）脱脱等：《金史》卷 50《食货志》5，北京：中华书局，1995 年版，第 1113 页。

⑥　（元）马端临：《文献通考》卷 20《市籴考一》，北京：中华书局，2011 年版，第 521 页。

⑦　（清）徐松：《宋会要辑稿·蕃夷》1 之 26，北京：中华书局，1957 年版，第 7685 页。

⑧　（元）脱脱等：《辽史》卷 14《圣宗纪五》，北京：中华书局，1974 年版，第 161 页。

⑨　（清）徐松：《宋会要辑稿·蕃夷》1 之 34，北京：中华书局，1957 年版，第 7689 页。

⑩　（宋）李焘：《续资治通鉴长编》卷 135，庆历二年三月甲子，北京：中华书局，2004 年版，第 3228 页。

岁获四十余万"①。获得大批的马、羊、橐驼，每年获利 40 余万缗。

宋朝由于西北地区传统的畜牧业基地的丧失，其官营马匹主要来源于榷场贸易。北宋一朝主要在河北、河东、陕西、川峡一带置场买马，少则 5000 匹，② 多者 6.2 万余匹。③ 据笔者统计，从宋真宗咸平元年(998)到宋徽宗宣和三年(1121)123 年间，有 14 个年份明确记载买马总额为 340 554 匹，④ 每年平均买马数额为 24325 匹，这其中一部分就来源于宋辽之间的榷场贸易。关于宋政府向西北地区博买马匹的情况，笔者在《宋代畜牧业研究》一书中有详细的论述。总之，通过对宋代马匹博买状况之分析可知，黄仁宇先生"与宋互市时，马与羊不许出境"的论断未免武断。

羊是榷场贸易中进入宋朝的大宗商品之一。宋真宗景德二年(1005)，知雄州何承矩言道："契丹新城榷场都监刘日新致书，遗毡、羊、酒、果。"⑤由于长途贩运，契丹羊在途中死损严重。大中祥符五年(1012)闰十月丁卯，"诏河北榷场所市食羊死于路者，无得抑市人鬻之"⑥。官员不允许强令百姓购买死于路途的契丹羊。宋仁宗庆历年间，欧阳修在河北为官时曾上奏停止购买契丹羊。

> 勘会河北自前不曾配买羊畜，自西事已来，分配于河北收买。窃见京师羊畜有备，准三司指挥，截住榷场上供羊纲，于西路州军牧放一万六千余口，至冬深死却五千余口，所有今年人户配买羊已上京送纳讫，却偿下榷场羊纲在邢、洺等州牧养，窃虑冬深，枉有死损。臣等相度剩数羊纲见在河北州军牧养，只以尽数上京，自可供用得足，乞今后河北特住配买羊数，委得公私俱利。仍乞今后京师羊少，却于陕西依旧配买。取进止。⑦

在奏章中，欧阳修针对宋政府在河北榷场购买的羊在邢、洺等州牧养死损严重的情况，建议停止购买，羊群互市地点由河北路榷场转到陕西。可

---

① (元)脱脱等：《宋史》卷 186《食货志八》，北京：中华书局，1977 年版，第 4563 页。

② (宋)李焘：《续资治通鉴长编》卷 43，北京：中华书局，2004 年版，咸平元年十一月戊辰，第 922 页。

③ (元)脱脱等：《宋史》卷 198《兵志》12，北京：中华书局，1977 年版，第 4936、4952 页。

④ 张显运：《宋代畜牧业研究》，北京：中国文史出版社，2009 年版，第 114—117 页。

⑤ (清)徐松：《宋会要辑稿·蕃夷》1 之 34，北京：中华书局，1957 年版，第 7689 页。

⑥ (宋)李焘：《续资治通鉴长编》卷 79，大中祥符五年闰十月丁卯，北京：中华书局，2004 年版，第 1800 页。

⑦ (宋)欧阳修：《欧阳修全集》卷 118《乞住买羊》，北京：中华书局，2001 年版，第 1818—1819 页。

见，在河北边境诸榷场，宋辽双方互市贸易中，契丹是没有限制羊群出口的。考虑到双方的外交往来与政治关系，欧阳修的建议并未得到宋政府的批准。之后，仍有大量的契丹羊通过榷场进入宋境。如宋神宗熙宁年间，"河北榷场博买契丹羊岁数万，路远抵京则皆瘦恶耗死，屡更法不能止，公私岁费钱四十余万缗"①。每年数以万计的契丹羊进入中原，因路途遥远，到达京师开封时已瘦损不堪，宋政府每年还为此支付40余万贯钱。

除榷场贸易外，宋辽双方的外交往来中辽朝也未禁止马、羊流入中原，甚至曾多次主动向宋政府进献。为避免芜杂，笔者仅就《宋会要辑稿·蕃夷》中的相关史料整理如附表1所示。

附表1　辽朝进献马、羊等统计表

时间	进献马、羊等数量	史料记载	史料来源
开宝八年(975)八月	御马3匹，带甲马50匹	御马三并鞍辔、带甲马五十	《宋会要辑稿·蕃夷》1之3，第7674页
开宝八年(975)十二月	72余匹	金鞍辔马一、银花镂鞍辔马一、散马七十匹，乌正等各献朝见马有差	同上
开宝九年(976)二月	102匹马	契丹遣使邪律延·来贺长春节，献御衣、玉带、名马二匹，鞍勒副之，散马百匹、白鹘二	同上
太平兴国二年(977)	100匹马	契丹遣使……献马百匹来贺太宗登极	《宋会要辑稿·蕃夷》1之4，第7674页
太平兴国二年(977)四月	33匹	契丹……献助山陵马三十匹，御马三匹	同上
太平兴国二年(977)十月	马100匹	契丹……献马百匹	同上
太平兴国二年(977)十二月	马，数量不详	契丹……以良马方物贺正至上元	同上
太平兴国三年(978)十月	马104匹	契丹遣使……献御马四匹、散马百匹来贺乾明节	同上
太平兴国三年(978)十二月	马，数量不详	契丹……以良马方物来贡	同上
景德二年(1005)五月	羊，数量不详	雄州何承矩言："契丹新城榷场都监刘日新致书，遗毡、羊、酒、果。"诏承矩受之，答以药物	《宋会要辑稿·蕃夷》1之34，第7689页

---

① (宋)李焘：《续资治通鉴长编》卷211，熙宁三年五月庚戌，北京：中华书局，2004年版，第5136页。

续表

时间	进献马、羊等数量	史料记载	史料来源
景德二年(1005)十一月	马 408 匹，肉羊等	国母遣使左金吾卫上将军耶律留宁、副使崇禄卿刘经来贺承天节，奉书，致御衣七袭、金玉鞍勒马四匹、散马二百匹、锦绮春、肉羊、鹿舌、酒果；国主遣使左武卫上将军耶律委演、副使卫尉卿张肃致御衣五袭、金玉鞍勒马四匹、散马二百匹	《宋会要辑稿·蕃夷》1 之 35，第 7690 页
景德二年(1005)十二月	马 308 匹	国母遣使保静军节度使耶律乾宁、副使宗正卿高正，国主同遣使左卫大将军耶律昌主、右金吾卫将军韩椅椅奉书礼来贺来年正旦……御马六匹，散马二百匹。其正旦，御衣三袭，鞍勒马二匹，散马一百匹	《宋会要辑稿·蕃夷》1 之 35 至 36，第 7690 页
庆历五年(1045)二月	马 300 匹，羊 20 000 口	契丹遣林牙保静军节度使耶律翰林、枢密直学士王纲来献西征所获马三百匹，羊二万口，又献九龙车一乘，见于紫宸殿	《宋会要辑稿·蕃夷》2 之 16，第 7700 页

从上述表格来看，宋初至宋仁宗时期，契丹十余次向宋政府进献马匹、羊等牲畜，多者达 2 万余只，少者亦有数十匹。可见，契丹政府并没有严格禁止羊、马等牲畜进入宋朝境内，甚至还多次主动奉送。

契丹之所以并未严格禁止羊马等牲畜进入宋境有着深刻的经济原因。辽是以畜牧立国的王朝，对以农为根本的中原王朝有着极强的经济依赖，同时，中原王朝也需要从契丹购买牲畜等畜牧产品，这是双方榷场贸易的经济基础。辽国"牧马蕃息多至百万"[1]，"自太祖及兴宗垂二百年，群牧之盛如一日"。甚至在辽天祚帝初年，契丹即将灭亡时，"马犹有数万群，每群不下千匹"[2]。还有上百万的马匹。"游牧社会不能形成一个自给自足的社会，如果没有与比邻的农业区的密切联系是不能够生存和发展的"。[3] 通过榷场贸易，辽朝"以嬴老之羊及皮毛，岁易南中绢，彼此利之"[4]。每年以自己的羊马等畜牧产品"都能从中原地区获得较为充裕的香药、茶叶、丝绸、漆器等重要生活物资，以弥补其不足"[5]。对于宋王朝而言，"盖祖宗时赐予之费，皆处于榷场。岁得之息，取之于虏而复之予虏，中国初无

---

① （元）脱脱等：《辽史》卷 24《道宗纪》4，北京：中华书局，1974 年版，第 291 页。
② （元）脱脱等：《辽史》卷 60《食货志下》，北京：中华书局，1974 年版，第 932 页。
③ 田光林等：《契丹货币经济史》，哈尔滨：哈尔滨出版社，2001 年版，第 193 页。
④ （元）脱脱等：《辽史》卷 81《耶律室鲁传》，北京：中华书局，1974 年版，第 1283 页。
⑤ 张国庆：《辽代社会史研究》，北京：中国社会科学出版社，2006 年版，第 54 页。

毫发损也"①。榷场贸易又赚回了送给契丹的岁币。因此,榷场贸易对于双方而言是一个双赢的策略。

二、 《清明上河图》中的马与开封养马业

《清明上河图》中有驴 49 头,马 21 匹。在古代马匹是最迅速、便捷的交通运输工具,无论从速度还是承载量上看马均优于驴,为什么《清明上河图》中马匹的数量远远少于驴呢?其实这与宋代马政不昌息息相关。宋朝是我国历史上的后三国时期,北部、西北这些传统的适合养马的区域均不在宋的版图之内,而是被辽夏金等周边民族占有,再加之北宋前期战乱频繁,民间有限的马匹也被大规模地征用。宋神宗时,为保证马匹供给实施保马法,由政府招募民间牧马。宋神宗熙宁五年(1072),首先在开封府界实施,"开封府界诸县保甲愿养马者听,仍令提点司于陕西所买马,除良马外,选骁骑以上马给之,岁毋过三千匹"。保马法采取自愿原则,而且由政府提供马匹,国家还免去养马户每年所输草料,并赐给钱布。这种优惠政策对一般民户来说是一个极大的诱惑,当时就有自愿养马者 1500户。甚至京师开封出现了,"畜马者众,马不可得,民至持金帛买马于江淮"的局面,极大地促进了民间养马业的发展。据陈振先生估计,当时仅京东路、京西路、京畿地区民间所养马就在 10 万匹左右。由于马匹增多,在北宋中后期马被广泛用于交通运输中去,尤其是宋神宗熙宁以后。史载:"京师赁驴,途之人相逢无非驴也。熙宁以来,皆乘马也。"②"京师人多赁马出入"③,"逐坊巷桥市,自有假赁鞍马者,不过百钱"④。日僧成寻在前往五台山的途中路经开封,"借马九匹,与钱一贯五百文了"⑤。可见,宋神宗以后,马匹在京师开封几乎随处可见,因《清明上河图》创作早于宋神宗熙丰年间以前,故图中所画马匹相对较少,交通运输主要以驴为主,但并不是没有马匹。

黄仁宇先生谈到"这限制马匹南下的禁令,也可以从张择端的《清明上河图》上看出,画幅上开封之大车都用黄牛水牛拖拉,可见马匹短少情景迫切"。《清明上河图》中确实有 14 头牛拖拉大车的情景,北宋时期,京师

---

① (宋)徐梦莘:《三朝北盟会编》卷 8,宣和四年六月三日,上海:上海古籍出版社,1987年版,第 121 页。

② (宋)王得臣:《麈史》卷下《杂志》,郑州:大象出版社,2003 年版,第 84 页。

③ (宋)魏泰:《东轩笔录》卷 9,北京:中华书局,1983 年版,第 100 页。

④ (宋)孟元老著,邓之诚注:《东京梦华录注》卷 4《杂赁》,北京:中华书局,2004 年版,第 125 页。

⑤ 〔日〕成寻著,平林文雄校注:《参天台五台山记》第四,风间书房,1978 年版,第 131 页。

开封牛的使用也相当普遍，但综合分析以上所论，《清明上河图》中亦有不少马匹驮载运输的场景，宋神宗熙宁以后，马匹则成为开封主要的交通运输工具。

三、 《清明上河图》中为何无羊与开封牧羊业

诚如黄仁宇先生所言，《清明上河图》中的确无羊，但这不能说明京师开封无羊。相反，北宋时期开封牧羊业相当发达。

《清明上河图》中为何无羊呢？笔者以为这和京师开封官牧羊的管理机构牛羊司的地理位置有关。牛羊司是官方养羊业的主要机构，至迟设置于宋太祖开宝二年(969)。据宋人高承记载："牛羊，《通典》曰太仆之属。北齐有牛羊置令，《宋朝会要》诸司使副有牛羊使，诸司库务有牛羊司。开宝二年六月诏文已有'大祀所供犠自今委牛羊司豢养'之语，疑国初官也。"[①]北宋时期，牛羊司设在开封的普宁坊。[②]《宋会要辑稿·职官》牛羊司条亦言道："牛羊司在普宁坊，掌畜牧羔羊栈饲以给烹宰只用。"[③]普宁坊位于开封西郊的新城西厢，《宋会要辑稿·方域》有明确记载：

> 城西厢二十六坊，曰建隆、延秋、咸宁、惠宁、福昌、隆安、庆成、兴化、徽安、延禧、永丰、丰安、义康、顺成、善利、安远、宣义、景福、保义、顺政、崇节、通义、普宁、通化、归德、敦化。[④]

新城西厢共分布26坊，是北宋开封最主要的住宅区，普宁坊是其中之一。宋人王瓘在《北道刊误志》里亦有记载[⑤]；著名宋史专家周宝珠先生在《宋代东京研究》中也曾考证普宁坊在京师开封的新城西部。[⑥] 牛羊司设在普宁坊，显然也位于东京新城的西部。

国内学者虽然针对《清明上河图》所描绘的地点存在着争议，但基本上都认为所画区域是在东京开封的东南部汴河沿岸地区。具体到某一地点又存在着不同的看法。如徐邦达、郑振铎先生认为是东京新城东水门内外[⑦]；

---

① （宋）高承：《事物纪原》卷6《牛羊》，北京：中华书局，1989年版，第299页。
② （宋）吴自牧：《梦粱录》卷9《监当诸局》，北京：中国商业出版社，1982年版，第73页。
③ （清）徐松：《宋会要辑稿·职官》21之10，北京：中华书局，1957年版，第2857页。
④ （清）徐松：《宋会要辑稿·方域》1之12，北京：中华书局，1957年版，第7324页。
⑤ （宋）王瓘：《北道刊误志》丛书集成初编本，第163页。
⑥ 周宝珠：《宋代东京研究》，开封：河南大学出版社，1992年版，第71页。
⑦ 徐邦达：《清明上河图的初步研究》，《故宫博物院院刊》1958年第1期；郑振铎：《清明上河图的研究》，《文物精华》1959年第1期。

孔宪易主张是东水门外及虹桥上下一带①；姜庆湘等提出为旧城东角子门内外②；张安治先生则认为是汴京城郊到城内街市③；周宝珠先生则笼统地指出当为京师开封东南部地区。④ 正因为如此，牛羊司位于东京开封的西部郊区，而《清明上河图》所绘地点为开封东南，所以画中很难见到羊也就不足为怪了。

　　换句话说，即使牛羊司位于东京城东南区域，在《清明上河图》中也不会见到羊群。这是因为，宋代官牧羊采取栈养的方式（用竹木等编制的围栏，将羊圈养在里面）。前文提到，牛羊司最多时栈养羊达 14 万余只。因不是散养，故很难出现羊群在街上走动的情况，因为栈养羊有专人看管。"在京三栈羊千口，给牧子七人，群头一人"。若羊群走失，相关责任人要受到严厉处罚。

　　　　牛羊司牧羊少、失羊决罚之数：一口至三口，群头笞四十，牧子加一等；四口至六口，群头杖六十；七口至十口，群头杖七十，巡羊十将笞三十；十口至十五口，群头杖八十。已上牧子递加一等，巡羊十将杖六十，员僚笞三十；十五口至二十口，牧子徒一年，配外州牢城，群头杖一百，降充牧子，巡羊十将杖八十，降一资，员僚杖六十；二十口以上，牧子徒一年半，群头徒一年，并配远恶州府，十将杖一百，降二资，员僚杖八十，降一资，巡羊使臣奏勘替与降等差遣。⑤

牛羊司对牧放中导致羊群走失的处罚情况进行了量化，从牧子到巡羊使臣各级牧放和管理人员，根据所承担责任的大小都要受到相应的处罚，轻者"笞四十"，重者"并配远恶州府"。总体而言，处罚较为严重，所以一般不会看到羊群出现在闹市区的情况。

　　在京羊群除枯草季节栈养外，青草返青时，官牧羊就青牧养，其牧地在开封的西部和北部。开封之北开辟了大片牧地，"乃官民放养羊地"⑥，京师西部的中牟也放养了为数众多的官羊，宋政府专门设置了牧羊使臣、

　　① 孔宪易：《清明上河图的清明质疑》，《美术》1981 年第 2 期，第 58—60 页。
　　② 姜庆湘等：《从〈清明上河图〉和〈东京梦华录〉看北宋汴京的城市经济》，《中国社会科学》1984 年第 4 期，第 186 页。
　　③ 张安治：《张择端清明上河图研究》，北京：朝花美术出版社，1962 年版，第 8 页。
　　④ 周宝珠：《〈清明上河图〉与清明上河学》，开封：河南大学出版社，1997 年版，第 177 页。
　　⑤ （清）徐松：《宋会要辑稿·职官》21 之 11，北京：中华书局，1957 年版，第 2858 页。
　　⑥ （明）陶宗仪：《说郛三种》卷 43，孔偁《宣靖妖化录》，上海：上海古籍出版社，1988 年版，第 700 页。

群头、牧子等进行管理和放养。① 所以，就青牧养的羊群因在京师西部和北部放养，枯草季节回到牛羊司栈养，其间也不会出现在京师东南区域，《清明上河图》中也就难觅其踪。

也许有人认为《清明上河图》中既然描绘的是开封东南地区汴河沿岸的商业繁华景象，那么市场上应该有民间所养活羊等牲畜的交易，因为北宋时期开封居民肉食以羊肉为主。其实，早在宋真宗时期，政府就下诏："不令在城中杀畜，不许悬肉街市。凡屠家只在城外僻绝不通人处居止，贩者用竹器，遮覆入城，投税然后巡街而卖。"认为这样可以"去杀气以养仁心。移恶习以趋善道……有益于国家之政化者"②，正因为如此，我们在《东京梦华录》中看到了"每人担猪、羊及车子上市，动即百数"。许多民间小贩沿街叫卖猪羊肉的场景。在东京开封的市场上很难见到活羊，所以《清明上河图》中也就难以找到羊的身影。

既然如此，《清明上河图》中为何会出现几头猪呢？笔者以为，这些猪是宋政府专门豢养的用以祭祀的"神牲"，是不能随意打杀的。"祀天神必养大豕，目曰神牲。人见神牲则莫敢犯伤，养之率百日外，成矣始见而祀之"。③

四、 余论

一千年来，由于可靠文献的阙如，围绕《清明上河图》的论争一直没有停止过，甚至于亡羊歧路。亚里士多德说："吾爱吾师，吾更爱真理!"；韩愈言道："弟子不必不如师，师不必贤于弟子，闻道有先后，术业有专攻，如是而已。"作为后学应该敢于质疑先贤，学术问题需要明辨、争论。如果一味地盲从大师，那么我们离真理也就会越来越远。黄仁宇先生是近年来享誉海内外的美籍华裔著名学者，他的《万历十五年》、《中国大历史》等论著在史学界影响深远。但笔者以为，由于其对一些历史史料的掌握还有欠缺，容易犯以偏概全之弊病。中国学术界虽对其褒扬有加，但也有不同的声音。如耿立群先生在《黄仁宇研究资料目录》一文指出："黄仁宇在学术界却是毁誉参半，褒贬互见，未能获得一致的肯定，历史学者或汉学家常质疑其半路出家，学术著作不够严谨；骤然处理数百年、上千年的大历史架构，总让历史学者觉得过于冒险，将历史解释简单化。"④胡文辉先

① （清）徐松：《宋会要辑稿·职官》2之11，北京：中华书局，1957年版，第2377页。
② （宋）释志磐：《佛祖统纪》卷44，上海：上海古籍出版社，2002年版，第82页。
③ （宋）蔡絛：《铁围山丛谈》卷4，北京：中华书局，1983年版，第75页。
④ 胡戟：《高等教育学养丛书·史学名篇》，西安：陕西师范大学出版社，2005年版，第474页。

生认为："从纯学术的角度，他对历史学及相关社会科学的知识准备仍较欠缺，对历史的体认往往先入为主，其史学实有严重欠缺，他不为美国主流学界接纳亦可以说事出有因。"①台湾龚鹏程教授谈到黄仁宇先生时曾说：他"技仅止此，便欲纵论上下古今，可乎？"②正因为如此，黄仁宇先生在《中国大历史》中得出："《辽史》说得很清楚，与宋互市时，马与羊不许出境……《清明上河图》上看出，画幅上开封之大车都用黄牛水牛拖拉，可见马匹短少情景迫切。"的结论。如此结论，可谓有不顾及历史事实，一叶障目之嫌。"始作俑者，必有后乎！"后来一些学人亦人云亦云，竟然认为，《清明上河图》中缺少了两种市井中常见的动物马和羊，与辽政府互市时马与羊不许出境有关，《清明上河图》泄露了宋朝的军事机密。可谓谬以千里。因此，对于学术研究，我们必须采取极端审慎的态度，有一分材料说一分话，千万不可主观臆断，以偏概全。对《清明上河图》研究是如此，对其他学术问题的研究同样如此。

① 胡文辉：《洛城论学集》，杭州：浙江大学出版社，2012 年版，第 190 页。
② 〔美〕黄仁宇：《大历史不会萎缩》，桂林：广西师范大学出版社，2004 年版，第 14 页。

后 记

　　环境史的兴起是当前史学领域备受关注、意义深远的大事。十九世纪以来，随着工业化的进程，人类社会经济得到了迅猛的发展，但同时也带来了日益严重的生态环境危机，给人类生存与社会发展造成了巨大的威胁，环境保护研究逐渐引起了学者的广泛关注，环境史学科亦应运而生。至二十世纪末的西方国家，环境史研究已蔚然成风，并发展成为一门显学；在中国，环境史的研究起步较晚，直到二十世纪八九十年代，随着环境污染的越演越烈，一些学者才开始给予重视。但目前国内的环境史研究仍处于起步阶段，就整体水平而言，与西方相比存在一定的差距。十至十三世纪是生态环境变迁的一个关键时期，已引起了许多研究者的关注。但这一时期生态环境变迁与畜牧业之间的互动关系问题，学界似乎重视不够，目前仅有零星研究，而畜牧业的发展是导致这一时期生态环境变迁的一个重要因素。2006 年，联合国发表的一份关于牲畜与环境的报告中指出："无论是从地方或全球的角度而言，畜牧业都是造成严重环境危机前三名最主要的元凶之一"。如何改善人类赖以生存的地球的生态环境，促进畜牧业的和谐发展，成了当前普遍关心的问题。因此，探讨十至十三世纪生态环境变迁与宋代畜牧业发展之间的互动关系有着重要的学术价值和现实意义。基于此，笔者 2011 年成功申报了教育部人文社科青年基金项目"十至十三世纪环境变迁与宋代畜牧业发展研究"，本书便是这项课题的最终结项成果。（这里需要指出的是，从出版的角度而言，应编辑的要求，本书在出版的过程中，将书名定为《十至十三世纪生态环境变迁与宋代畜牧业发展响应》）

　　本书在写作的过程中，首先要感谢我的恩师张全明先生。先生是环境史研究方向专家学者，是我在华中师范大学读书时的硕士导师，无论求学期间还是毕业后，都给予我悉心的关怀和指导。拙作完成后，恩师又欣然赐序。先生提携后生拳拳之情，没齿难忘！同时，还要感谢业师程民生先生，本书写作过程中，他提出了一些有价值的意见和建议。

本书的出版得到了洛阳师范学院历史文化学院重点学科基金以及河洛文化国际研究中心的大力资助，在此，衷心感谢历史文化学院院长郭红娟教授、河洛文化国际研究中心主任毛阳光教授以及院里其他同志对我不遗余力的支持和帮助。本书在写作的过程中还得到了我的朋友顾飞和学生石悦、王战扬的帮助，他们校对了书中部分参考文献，在此向他们表达诚挚的谢意。本书得以出版，还要感谢科学出版社的大力支持，分社长陈亮、编辑杨静同志付出了艰辛的劳动。

当然，不可否认，本书得以付梓，妻子也付出了辛勤的劳动，承担了大部分家务劳动，"军功章有我的一半，也有她的一半"。

总之，正是这些良师益友和亲人的鞭策、鼓励和帮助，我在学术研究的道路上才不敢有丝毫懈怠，"路漫漫其修远兮，吾将上下而求索"。

张显运

2015 年 3 月于鸿儒小区寓所